科学出版社"十四五"普通高等教育本科规划教材

新一代信息通信技术
新兴领域
"十四五"高等教育系列教材

新一代全球卫星导航系统原理与技术

刘小汇 刘瀛翔 欧 钢 李宗楠 编著

科学出版社

北 京

内 容 简 介

本书系统全面地阐述了全球卫星导航系统的原理与技术,主要内容包括系统组成与性能、坐标系与时间系统、导航信号的设计、导航信号的捕获、导航信号的跟踪、普通导航定位解算和高精度导航定位解算、接收机设计等。全书充分体现了团队近年来的研究成果,内容丰富,语言精练,例题翔实,工程实用性强。

本书可作为高等院校卫星导航相关专业高年级本科生和低年级研究生的教材,还可供从事卫星导航系统建设、卫星导航终端设计与应用的科技工作者参考。

图书在版编目(CIP)数据

新一代全球卫星导航系统原理与技术 / 刘小汇等编著. —北京 : 科学出版社,2024.12
科学出版社"十四五"普通高等教育本科规划教材 新一代信息通信技术新兴领域"十四五"高等教育系列教材
ISBN 978-7-03-077170-4

Ⅰ. ①新… Ⅱ. ①刘… Ⅲ. ①卫星导航-全球定位系统-高等学校-教材 Ⅳ. ①P228.4

中国国家版本馆 CIP 数据核字(2023)第 235038 号

责任编辑:潘斯斯/责任校对:王 瑞
责任印制:师艳茹/封面设计:迷底书装

科 学 出 版 社 出版
北京东黄城根北街 16 号
邮政编码:100717
http://www.sciencep.com

北京厚诚则铭印刷科技有限公司印刷
科学出版社发行 各地新华书店经销
*

2024 年 12 月第 一 版 开本:889×1194 1/16
2024 年 12 月第一次印刷 印张:18 3/4
字数:460 000
定价:88.00 元
(如有印装质量问题,我社负责调换)

序

习近平总书记强调，"要乘势而上，把握新兴领域发展特点规律，推动新质生产力同新质战斗力高效融合、双向拉动。"以新一代信息技术为主要标志的高新技术的迅猛发展，尤其在军事斗争领域的广泛应用，深刻改变着战斗力要素的内涵和战斗力生成模式。

为适应信息化条件下联合作战的发展趋势，以新一代信息技术领域前沿发展为牵引，本系列教材汇聚军地知名高校、相关企业单位的专家和学者，团队成员包括两院院士、全国优秀教师、国家级一流课程负责人，以及来自北斗导航、天基预警等国之重器的一线建设者和工程师，精心打造了"基础前沿贯通、知识结构合理、表现形式灵活、配套资源丰富"的新一代信息通信技术新兴领域"十四五"高等教育系列教材。

总的来说，本系列教材有以下三个明显特色：

(1)注重基础内容与前沿技术的融会贯通。教材体系按照"基础—应用—前沿"来构建，基础部分即"场—路—信号—信息"课程教材，应用部分涵盖卫星通信、通信网络安全、光通信等，前沿部分包括5G通信、IPv6、区块链、物联网等。教材团队在信息与通信工程、电子科学与技术、软件工程等相关领域学科优势明显，确保了教学内容经典性、完备性和先进性的统一，为高水平教材建设奠定了坚实的基础。

(2)强调工程实践。课程知识是否管用，是否跟得上产业的发展，一定要靠工程实践来检验。姚富强院士主编的教材《通信抗干扰工程与实践》，系统总结了他几十年来在通信抗干扰方面的装备研发、工程经验和技术前瞻。国防科技大学北斗团队编著的《新一代全球卫星导航系统原理与技术》，着眼我国新一代北斗全球系统建设，将卫星导航的经典理论与工程实践、前沿技术相结合，突出北斗系统的技术特色和发展方向。

(3)广泛使用数字化教学手段。本系列教材依托教育部电子科学课程群虚拟教研室，打通院校、企业和部队之间的协作交流渠道，构建了新一代信息通信领域核心课程的知识图谱，建设了一系列"云端支撑，扫码交互"的新形态教材和数字教材，提供了丰富的动图动画、MOOC、工程案例、虚拟仿真实验等数字化教学资源。

教材是立德树人的基本载体，也是教育教学的基本工具。我们衷心希望以本系列教材建设为契机，全面牵引和带动信息通信领域核心课程和高水平教学团队建设，为加快新质战斗力生成提供有力支撑。

国防科技大学校长

中国科学院院士

新一代信息通信技术新兴领域

"十四五"高等教育系列教材主编

2024 年 6 月

前　言

全球卫星导航系统(GNSS)是于 20 世纪 60 年代产生并在 90 年代异军突起的无线电导航系统，它以高精度、全天时、全天候且全球覆盖的特点迅速成为主流的导航系统。GPS 作为全球卫星导航系统的代表，曾与"阿波罗"飞船登月、航天飞机升空一起列为美国 20 世纪三大航天工程。在信息技术高速发展的今天，全球卫星导航系统仍然作为全球时空信息的基石，深刻影响着国民经济各行业和国防武器装备的发展。经过数十年的建设，以北斗卫星导航系统、Galileo、GPS、GLONASS 为代表的新一代卫星导航系统，在传统卫星导航系统的基础上，从卫星载荷设计、信号体制、服务类型和接收技术上都做了较大改进，旨在提供精度、可靠性、完好性更高的导航定位授时服务。

本书从卫星导航原理出发，力求体现卫星导航系统建设和应用的最新成果。本书共 8 章。第 1 章介绍全球卫星导航系统的定位原理和性能；第 2 章介绍卫星导航的坐标系、坐标转换与时间系统；第 3 章是导航信号的设计，从新体制信号设计方面介绍卫星导航信号各组成部分的设计原理和思路；第 4 章是导航信号的捕获，从参数未知的随机信号检测视角，深入分析卫星导航信号捕获的基本原理；第 5 章是导航信号的跟踪，从非平稳连续信号的参数估计视角，深入分析卫星导航信号跟踪的基本原理；第 6 章是导航信息的卫星速度时间(PVT)解算，介绍 PVT 的定位基本理论、观测量及观测方程，从实际数据处理的角度，归纳 PVT 解算的具体步骤和精度评估指标；第 7 章是定位精度提升，在第 6 章的基础上归纳总结了提高定位精度的技术和方法；第 8 章是导航接收机，主要总结接收机组成各部分的工作原理，也是对前面所有章节的综合应用。

本书内容丰富，理论联系实际，提炼出大量例题和应用实例，同时注重基本概念、基本理论和基本模型的阐述，力求内容不针对具体某个全球卫星导航系统，更具普适性和通用性。本书配有微课视频和动画，书末还附有中英文对照缩写表，供读者学习使用。

本书是科学出版社"十四五"普通高等教育本科规划教材，获国防科技大学"十四五"规划教材项目资助。在本书编写过程中，黄新明副教授，博士生付栋、郭宇，硕士生稽志敏、张树干等参与了本书的文稿整理和课件编写工作，在此向他们一并表示感谢，并向本书参考文献的有关作者致以诚挚的谢意。

由于新理论、新思想与新方法不断涌现，加上作者水平有限，书中疏漏之处在所难免，敬请读者批评指正。

作　者

2024 年 6 月于湖南长沙

目　　录

第1章 概　　论

　　导航是确定从出发地至目的地的技术，而定位是确定空间位置的技术。导航与定位技术一直伴随着人类文明的发展而进步。无论是中国古代四大发明之一的指南针，还是航海标配的六分仪、航海钟，无一不体现着当时最高的工艺制造和科学技术水平。随着 19 世纪中叶麦克斯韦电磁场理论和 20 世纪初无线电技术的兴起，无线电导航系统在众多的导航系统中异军突起，成为 20 世纪主流的导航系统。在航空方面，出现了塔康导航系统、伏尔导航系统、微波着陆系统等；在航海方面，出现了台卡导航系统、罗兰导航系统等。虽然这些无线电导航系统相比于传统的导航系统具有作用距离更远和精度更高的优点，但是随着飞机、导弹等长距离、高动态飞行设备和武器的发展，迫切需要一种覆盖范围更大、导航精度更高的导航系统。20 世纪 50 年代，第一颗人造地球卫星(简称"人造卫星")的出现，使得无线电导航台由地面搬至卫星成为可能。卫星导航系统，就是将人造卫星作为导航台，地面用户利用接收到的卫星信号进行几何测量，实时获取自身位置、速度以及时间的一种导航系统。卫星导航系统的出现，彻底颠覆了传统导航系统在作用距离、服务精度、使用时间等方面的制约，使全球各种用户能便捷获得实时、精确的位置和时间信息，从而极大地推动了高精度测绘、智慧交通、新型能源和智慧农业等各个行业的发展，成为当今应用最广泛、受众范围最庞大的导航系统。

微课视频

1.1　GNSS 概述

　　卫星导航系统是指利用人造卫星来实现导航定位授时的无线电导航系统，它包括全球覆盖的全球卫星导航系统(GNSS)和区域覆盖的区域导航系统(RNSS)。目前正式提供服务的全球卫星导航系统包括美国的全球定位系统(GPS)、俄罗斯的全球卫星导航系统(GLONASS)、中国的北斗卫星导航系统(BDS)和欧洲联盟(简称欧盟)的伽利略卫星导航系统(Galileo)，区域导航系统包括日本准天顶卫星导航系统(QZSS)和印度区域卫星导航系统(NavIC)。本书主要围绕四大全球卫星导航系统的相关技术进行介绍。

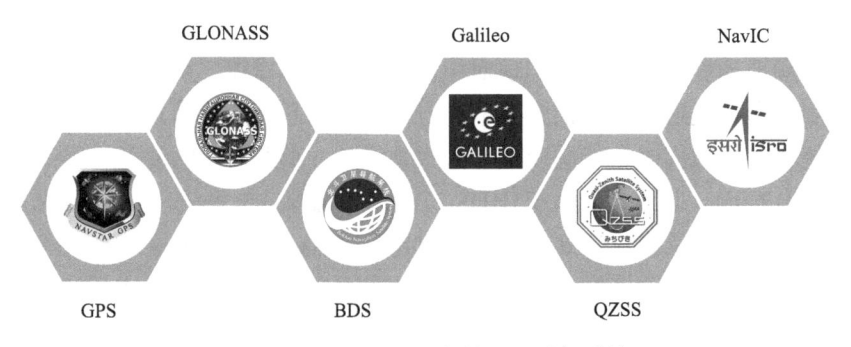

图 1.1.1　正式提供服务的卫星导航系统

1.1.1 GNSS 的发展历史

卫星导航定位系统的研究始于 1958 年，也就是第一颗人造地球卫星入轨运行的次年。美国的子午仪(Transit)卫星导航系统，也称为海军卫星导航系统(NNSS)，是世界上研制最早并实验成功的卫星导航系统，该系统由美国海军和约翰斯·霍普金斯大学应用物理实验室共同研制，1964 年 1 月系统正式投入使用，1967 年 7 月美国政府宣布子午仪卫星导航系统兼顾民用。子午仪卫星导航系统能在全球范围内实现二维(经度和纬度)定位，精度为 0.1～0.3n mile，但每一次定位都需要 10～15min 才能完成，其适用于运行速度低且定位精度要求不高的二维定位载体，如海面运行的船舶。对于飞机、火箭等高动态且需要三维位置(经度、纬度和高程)信息的用户，子午仪卫星导航系统就不适用了。

1973 年，在军事航空、海洋航行和陆地作战的军事需求牵引下，美国开始了"导航星"(NAVSTAR)系统的研制，也称全球定位系统(GPS)。相比于子午仪卫星导航系统，它具有更高的定位精度，且能连续提供三维位置、速度和时间信息，可实现全球全天候连续实时导航定位。GPS 的研制分为三个阶段，第一阶段(1973～1978 年)是方案论证阶段，第二阶段(1979～1985 年)是工程研制和系统试验阶段，第三阶段(1986～1995 年)为系统性能改善和投入使用阶段。经过近 20 年的建设，1993 年 12 月 GPS 达到初始运行能力，1995 年 7 月 GPS 达到完全运行能力。GPS 的建成，标志着无线电导航技术进入了一个崭新时代，它极大地提高了军事行动的精确性和效率，同时也推动了大地测绘、地质勘探等民用领域的技术革命。

苏联在 20 世纪 60 年代(1967～1968 年)建立了类似子午仪卫星导航系统的西科林(Tsiklon)卫星导航系统，它由 6 颗卫星组成，卫星的轨道高度约为 1000km，绕地球一周的时间为 105min，工作频率为 400MHz 和 150MHz，它与子午仪卫星导航系统类似，具有同样的缺点。苏联在 1976 年也开始研制全球卫星导航系统(GLONASS)，它类似于 GPS，同样也为军用设计，只留出信号的一个子集提供民用。苏联解体后由俄罗斯负责 GLONASS 的建设运行与维护，于 1996 年建成 24 颗卫星组成的完全星座。它的研制成功，改变了 GPS 一统天下的局面，在全球建立了一个多系统兼容共用的无线电导航新局面，给大地测量学、地球物理学、地球动力学、载人航天以及全球气象学等各领域带来了一场深刻的技术革命。

中国的北斗卫星导航系统于 20 世纪 90 年代开始启动研制，2020 年 7 月完成全球系统的卫星部署并具备完全服务能力。北斗卫星导航系统的研制也经历了三个阶段，第一阶段为北斗一号系统研制阶段(1994～2003 年)，北斗一号系统是区域有源定位系统，采用两颗地球静止轨道卫星实现对中国地区的导航覆盖，所以也称为"双星定位系统"。用户通过发射定位申请来获取自身的位置信息，由于用户具备发射链路，北斗一号系统在定位的同时也能实现双向短报文通信。第二阶段为北斗二号系统研制阶段(2004～2012 年)，北斗二号系统(BDS-2)是区域无源定位系统，采用 14 颗卫星利用混合轨道实现对中国及周边部分亚太地区的导航覆盖，定位模式与 GPS 完全一样，用户不需要发射信号，被动接收 4 颗以上的卫星信号就能定位，同时也保留了北斗一号系统的短报文通信功能。第三阶段为北斗三号系统研制阶段(2009～2020 年)，北斗三号系统(BDS-3)也称北斗全球系统，它利用 30 颗卫星采用混合轨道，实现全球覆盖下的导航、定位和授时服务。中国成为继美国、俄罗斯之后世界上第三个拥有独立自主

扩展阅读：目前我们使用的北斗卫星导航系统包括北斗二号系统部分在轨卫星和北斗三号系统的全部卫星，以及它们对应的地面运行控制系统。北斗一号系统已经退出服务。

的全球卫星导航系统的国家。

欧盟的 Galileo 系统于 2002 年正式启动,规划为"开放、全球系统、与 GPS 兼容",它既沿着 GPS 的技术路线设计又立足于超越 GPS 的性能,是第二代的 GNSS。2016 年该系统具备全球初始服务能力,2020 年具备完全服务能力。

QZSS 是 2002 年由日本政府提出并于 2006 年开始建设的一个为日本及其邻近国家提供高精度导航服务的区域卫星导航系统,它除了发射与 GPS 和 Galileo 卫星信号兼容的导航信号以外,还播发 GNSS 差分校正信息。QZSS 卫星星座由 7 颗卫星构成,包括 1 颗地球同步轨道(GEO)卫星、3 颗倾斜地球同步轨道(IGSO)卫星和 3 颗高椭圆轨道(HEO)卫星。QZSS 星座在设计上保证任何时刻至少有一颗卫星位于日本的天顶方向附近,它希望通过提供接近于日本天顶方向的卫星信号,帮助解决由高楼林立而被阻挡的低仰角 GNSS 卫星信号中断所造成的城市峡谷问题,QZSS 在可用性和准确性两方面增强了全球定位系统的效能。

印度建设区域卫星导航系统是出于军用和民用两方面的考虑,印度空间研究组织负责其设计、开发和部署。在过去的十年中,印度建成了印度星基增强系统(GAGAN)和印度区域卫星导航系统(IRNSS),二者最终合并重命名为印度导航星座(NavIC),该系统提供两种服务,包括民用公开的标准定位服务和供特定授权使用者(军用)的授权型服务,2016 年该系统开通并正式提供服务。NavIC 系统包含 7 颗卫星,其中 3 颗卫星为 GEO 卫星,4 颗卫星为 IGSO 卫星,可实现全天候为覆盖印度及其周边约 1500km 范围的用户提供较为精确的卫星定位、导航和授时服务。

1.1.2　GNSS 的组成

微课视频

GNSS 是一个复杂的航天系统,涉及的设备众多,从系统的运行任务规划角度来划分,GNSS 可分为空间部分、地面运控部分和用户部分等三部分。空间部分由若干运行在规定轨道上的卫星组成,能为用户提供无线电导航信号,导航信号具有测量和通信的功能,用户能使用导航信号测量与卫星的距离以及获取卫星的精确位置;地面运控部分跟踪并维护在轨卫星的运行,监测卫星运行状态,并对卫星上行注入信号,以确保卫星精确地在预定轨道运行;用户部分由各种用户接收设备组成,接收卫星信号并完成设备自身的位置、速度和时间的解算。

1. 空间部分

GNSS 的空间部分由若干运行在规定轨道上的卫星组成,目前 GNSS 正常提供服务的卫星已超过 100 颗,不同导航系统的卫星在信号频点、信号体制、功能服务上均具有相似性,相互可兼容互操作,由此带来的好处是可供选择的卫星更多,使用户在定位精度、完好性、可用性和连续性等性能指标上得以提高。

1)导航卫星的星座

GNSS 的星座由运行在规定轨道上的若干卫星组成,星座设计的目的是在一定的观测截止角(通常为 5°)上,以最少的卫星数目实现全球多重覆盖下的定位性能最优。卫星轨道的分类方式有很多,最常见的是按照轨道高度、偏心率以及轨道倾角进行分类。

轨道高度指卫星与地球表面的距离,按照轨道高度可以将卫星轨道分为以下几类。

(1)地球同步轨道:包括 GEO 和 IGSO,其运行周期等于一个恒星日的持续时间

扩展阅读: 观测角也称为仰角,指卫星与用户接收机的连线与用户所在地球水平面的夹角。当卫星处于水平面时,仰角为 0°;当卫星处于接收机正上方时,仰角为 90°。

扩展阅读: 全球多重覆盖指在全球任何地方都能同时接收到多个卫星的信号,如 4 重覆盖指能同时收到 4 颗卫星信号。

（23h56min4s），轨道高度为 35786km。其中，GEO 卫星相对于地面观测者是固定不动的（实际上也有微小扰动），而 IGSO 卫星因为轨道与赤道平面的夹角不为零，相对于地面观测者的运行轨迹是一个在赤道平面上下分布的"8"字形。

（2）地球低轨道（LEO）：轨道高度一般低于 2000km。

（3）地球中轨道（MEO）：轨道高度位于 GEO 和 LEO 之间，一般为 2000～20000km。

（4）超同步轨道：轨道高度大于 GEO。

卫星运行轨道通常是一个椭圆形，一般使用偏心率来描述椭圆的形状，偏心率为椭圆焦点间的距离与长轴的比值，表示椭圆轨道与理想圆轨道的偏离程度，偏心率越小，表明越接近于理想圆。

按照偏心率的大小，卫星轨道又可以分为以下几类。

（1）圆轨道：偏心率为零。

（2）近圆轨道：偏心率小于 0.1，接近零。

（3）椭圆轨道：偏心率为 0.1～1。

微课视频

卫星轨道倾角是卫星轨道面与地球赤道面的夹角。另外，还可以按照卫星运行轨道面的倾角大小对轨道进行分类。

（1）赤道轨道：倾角为 0°，卫星在地球赤道平面上运行。

（2）极轨道：倾角为 90°，运行时会穿过地球自转轴。

（3）倾斜轨道：倾角为 0°～90°或者 90°～180°，分为顺行轨道和逆行轨道，其中顺行轨道倾角为 0°～90°，它是顺着地球自转方向运动的轨道，在地面投影的轨迹一般是自西南向东北运行；逆行轨道倾角为 90°～180°，它是逆着地球自转方向运动的轨道，地面轨迹一般是自西北向东南运行。

导航卫星的星座

在设计 GNSS 的卫星星座时首先需要满足多重覆盖的条件，即在任意时刻和地点需要多颗同时可视的卫星。由后面 1.2 节介绍的 GNSS 的定位原理可知，为确定用户的三维位置坐标和时间，必须最少有 4 颗卫星可同时观测。因此，对卫星导航定位系统而言，其星座设计的一个主要限制条件是必须一直提供至少四重覆盖（这一点与卫星通信有较大差异）。同时为了避免某颗卫星发生故障影响整个系统的正常运行，实际上都会提供四重以上的覆盖。此外，多重覆盖还可以帮助用户自主判断是否有某颗卫星发生异常。

在 GNSS 中，典型的卫星星座包括 Walker 星座和混合星座。

（1）Walker 星座。

Walker 星座使用等高度、等倾角的倾斜圆轨道，轨道面关于赤道面等间距分布，在轨道面内各卫星间也呈等间距分布。研究表明，对于 20000km 高度的 MEO Walker 星座，无论卫星总数是 24 颗、27 颗还是 30 颗，采用 3 个轨道平面的可用度最高。采用 MEO Walker 星座的卫星导航系统有 Galileo、BDS 以及 GLONASS。

扩展阅读：Walker 星座构形由英国人 Walker 于 1971 年提出，具体为 Walker-δ 星座，星座中所有卫星均匀对称分布，其中同一轨道面内卫星均匀分布，不同轨道面间卫星的相位保持一定的相对关系。

扩展阅读：GPS 的星座设计没有采用 Walker 星座。

Walker 星座的几何形状可以由 $T/P/F$ 三个参数表示，其中星座中的卫星总数为 T；P 为轨道面的数量；F 为相位因子，F 取值 $[0, P-1]$ 且为整数，它表示在 Walker 星座中，相邻两个轨道平面上对应卫星之间的相位关系。如图 1.1.2 所示的 24/3/1 星座，共有 24 颗卫星、3 个轨道面，每个轨道面均匀分布 8 颗卫星，若 3 个轨道面的卫星序号分别定义为 1～8、9～16 和 17～24，则在同一个轨道面上卫星间隔为 360°/8=45°，在相邻轨道上同一序号卫星（如第 1 颗卫星和第 9 颗卫星）之间的纬度相差 360°·F/T=15°。

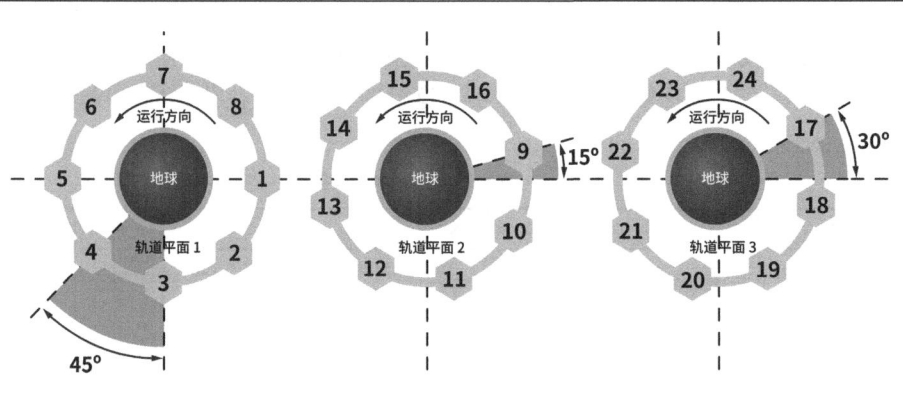

图 1.1.2　Walker 24/3/1 星座示意图

北斗星座

（2）MEO+IGSO+GEO 混合星座。

BDS 是一种典型的混合星座系统，其具体采用的是 MEO+IGSO+GEO 的混合星座，既可以实现全球覆盖，又可以提升区域导航的性能。BDS 中每种轨道面卫星的分布及数量如下。

① 3 颗 GEO：分别位于东经 80°、东经 110.5°和东经 140°。

② 24 颗 MEO：分别位于 24/3/1 Walker 星座上，轨道倾角为 55°。

③ 3 颗 IGSO：分别位于 3 个轨道上，轨道倾角为 55°，星下点共迹，相位差为 120°，轨迹对称中心为东经 118°。

BDS 卫星的星下点轨迹图如图 1.1.3 所示。星下点指的是卫星与地心连线在地球表面上的交点，星下点的集合称为星下点轨迹。星下点轨迹的形状取决于卫星的轨道类型，MEO 卫星的星下点轨迹呈正弦曲线（图 1.1.3 中虚线曲线），IGSO 卫星的星下点轨迹是一条"8"字形的封闭曲线，GEO 卫星的轨迹则是一个点（图 1.1.3 中的星形点）。理想轨道下（不考虑轨道摄动），星下点轨迹所能达到的最南和最北的地理纬度值等于轨道倾角值。

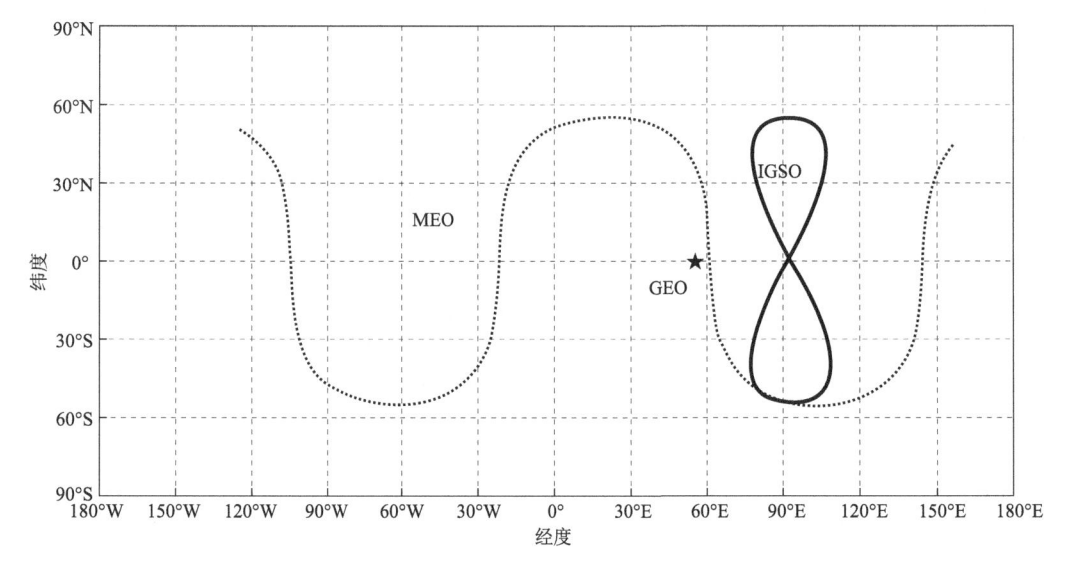

图 1.1.3　BDS 卫星的星下点轨迹图

根据以上的设计约束，目前 GNSS 均采用了轨道高度为 20000km 左右的中轨道卫星，在轨道面的倾角设计上均采用倾斜轨道的星座设计。除此之外，BDS 为了实现星基增强、全球和区域短报文通信功能还采用了 GEO 和 IGSO 卫星。GNSS 的主要轨道参数如表 1.1.1 所示，每个卫星系统的卫星总数是标称设计值，实际系统中的卫星数量是动态变化的，有大量在轨备份卫星，实际运行的卫星数量往往比标称设计值要多。

表 1.1.1 GNSS 的主要轨道参数

参数名称	GPS	GLONASS	BDS	Galileo
卫星轨道数	6，轨道间隔 60°	3，轨道间隔 120°	MEO：3，轨道间隔 120° IGSO：3	3，轨道间隔 120°
每个轨道的卫星数	4，非均匀分布	8，均匀分布 Walker24/3/1	MEO：8，均匀分布 Walker24/3/1 IGSO：1	8，均匀分布 Walker24/3/1
轨道高度/km	20180	19100	MEO：21528 GEO/IGSO：35786	23220
轨道倾角/(°)	55	64.8	MEO：55 IGSO：55 GEO：0	56
卫星轨道长半轴/km	26559.7	25510	MEO：27910 IGSO：42160 GEO：42160	29600
卫星运行周期	1/2 个恒星日 （约 11h58min）	8/17 个恒星日 （约 11h16min）	MEO：7/13 个恒星日 （约 12h53min） GEO/IGSO：1 个恒星日 （约 23h56min）	10/17 个恒星日 （约 14h 5min）
地面跟踪重复周期	1 个恒星日重复 2 次	8 个恒星日重复 17 次	7 个恒星日重复 13 次	10 个恒星日重复 17 次

2）导航卫星的载荷

导航卫星由卫星平台和有效载荷组成，卫星平台主要负责提供卫星运行所需的基本支持，包括电力供应、姿态控制、地面数传控制等组成部分；有效载荷则是导航任务和科学目标的实现者，是直接执行特定导航任务的仪器、设备或分系统的统称。各 GNSS 建设的时间长短不一，卫星有效载荷均经过不断改进，功能越来越丰富，可靠性越来越高，寿命越来越长，价格越来越低。目前通用的导航卫星有效载荷包括天线分系统、原子频标分系统、射频分系统、导航任务处理分系统（包括星间链路单元、完好性监测单元、信号生成单元等）等。图 1.1.4 为卫星有效载荷的组成示意图，天线分系统为指向地球的天线，GNSS 卫星的高度为 2 万多千米，这个高度对地球边缘之间的视角约为 28°，卫星天线要求能具有大于 28° 的覆盖视角，保证对地球的覆盖。原子频标分系统为有效载荷提供精确的时间频率，保证导航系统的精度，是整个有效载荷的心脏。一颗卫星上通常使用 2～3 台原子频标互为备份，保证当某个频标发生故障时卫星仍可正常工作。射频分系统包括频率合成器、功率放大器、调制器等，用于将数字信号调制成射频信号送入天线分系统。导航任务处理分系统包括星间链路单元、自主导航单元、上行注入信号处理单元、搜救单元等功能单元，其中星间链路单元提供卫星之间的测距与通信信息，以实现卫星的自主导航功能；自主导航单元完成自主估计星历参数并生成导航电文的功能，使卫星能独立于地面控制系统运行，提高卫星系统的生存能力。导航任务处理分系统是将导航卫星所有的任务（如上行注入信号处理、导航信息生成、伪码生成、数据加密、星历计算）集成在一起，是整个有效载荷的大脑。

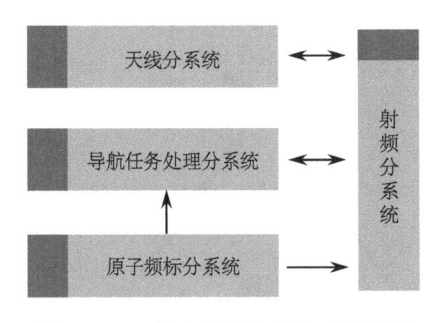

图 1.1.4　卫星有效载荷的组成示意图

　　导航卫星载荷的发展是一个逐渐演进的过程，载荷的种类、功能都随技术的发展而发展。以 GPS 为例，第一批 GPS 卫星(Block Ⅰ)在 1978～1985 年发射，为原理验证卫星，用于验证 GPS 的可行性。经过抗辐照等技术改进后，第二批卫星(Block Ⅱ/ⅡA)为正样卫星，于 1989 年 2 月首次发射。GPS 在 10 多年时间内共发射 28 颗 Block Ⅱ/ⅡA 卫星，最后一颗 Block ⅡA 卫星于 2016 年 1 月终止服务。Block Ⅱ 卫星的平均寿命为 11.92 年，而 Block ⅡA 卫星的平均寿命更是达到了 17.3 年。之后发射的卫星称为补给卫星(Block ⅡR/Block ⅡR-M(R 是"补给"(replenishment)的意思，M 是"现代化"(modernization)的意思))。继 Block ⅡR 卫星后的新一代卫星是 Block ⅡF(F 是指后续(follow-on))，它增加了新的军用信号和民用信号，于 2010 年 5 月首次发射，设计寿命为 12 年。最新一代的 GPS 卫星是 GPS Ⅲ，它是 GPS 现代化改造的产物，与前面型号的卫星相比，GPS Ⅲ 在功能和性能方面都有了质的飞跃，在功能上除了能播发现代化的民用信号(L1C)外，还搭载了搜索与救援载荷，能接收用户遇险信号并转发到搜救中心，实现全球用户的搜索与救援。GPS Ⅲ 卫星在性能上除了拥有更高精度的卫星原子钟，还搭载了激光反射阵列(LRA)，可用于地面站对卫星进行激光测距，能对卫星进行精密定轨，这使得 GPS Ⅲ 卫星具有更高的可靠性、安全性、定位精度及抗干扰性能。目前北斗三号系统的卫星载荷上也搭载了激光反射阵列，支持地面站对卫星的激光测距功能。

微课视频

　　2. 地面运控部分

　　GNSS 的地面运行控制部分(简称"地面运控部分")通常由主控站(包括备份主控站)、时间同步注入站、监测站等组成，主要功能是对卫星运行情况进行监控和测量，以及控制与维持卫星轨道、监测维护卫星的健康、保持卫星和系统的时间、测量预报卫星星历和时钟参数、生成更新卫星导航电文、监测下行导航电文的正确性等。图 1.1.5 为地面运控系统的各组成部分，地面运控与卫星在信号链路上形成闭环结构，一方面卫星播发的导航信号被地面运控的各个站点接收，用于计算和生成控制信息，另一方面地面运控系统又将各种计算后的信息上行注入给卫星以维持卫星的正常运行。主控站是地面运控系统的大脑和核心，具有信息计算功能、时间基准生成与维持功能和系统信号控制功能。

　　(1)信息计算功能：卫星定轨和时间同步计算，生成每颗卫星的导航电文，并把这些数据传送到注入站。

　　(2)时间基准生成与维持功能：提供 GNSS 的时间基准，并溯源到国际原子时。地面监测站和 GNSS 卫星的原子钟均要与主控站的原子钟同步。

（3）系统信号控制功能：监视卫星运行轨道，发送调整卫星轨道的控制命令；监视卫星工作状态，启动备用卫星。

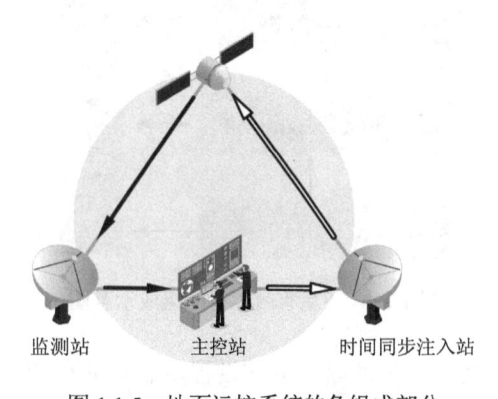

图 1.1.5 地面运控系统的各组成部分

监测站   主控站   时间同步注入站

监测站可以比作地面运控系统的眼睛，一般是全球布站，且监测站的位置事先经过测绘精确已知。在监测站内设有监测接收机、高精度原子钟、计算机和环境数据传感器。监测接收机对 GNSS 卫星进行连续观测，以采集数据和监测卫星的工作状况。高精度原子钟提供时间标准，而环境数据传感器收集有关当地的气象数据。监测站所有的观测资料传送到主控站，用以确定卫星的轨道，修订导航电文参数等。

时间同步注入站在主控站的控制下，将主控站发送来的卫星导航电文和控制命令发送给相应的卫星。

3. 用户部分

GNSS 的用户部分主要指通过接收卫星导航信号来实现导航、定位、授时的终端设备，终端设备主要包括天线、射频、基带数字信号处理模块和定位解算模块等，它可以是独立完整的设备，也可以嵌入或集成到其他系统中。

卫星导航终端设备及其相关技术是伴随着卫星导航定位系统的发展而逐步发展起来的。最早的卫星信号接收设备只能采集和储存定位数据，要想实现对数据的加工和处理，还需要另外配备处理器和小型计算机，最终才能得到用户的点位坐标。因此，这种形式的接收机定位速度慢、定位精度也不高。随着微波集成电路和计算机技术的迅速发展，目前的卫星导航接收机已经实现小型化、低功耗和高精度，大量芯片化的接收机已经嵌入各种应用设备中，如智能手机、自动驾驶汽车、共享单车等。卫星导航接收机可进行如下分类。

1）按用途分类

按用途可以将卫星导航接收机分为测量型接收机、导航型接收机和授时型接收机，如图 1.1.6 所示。

(a) 测量型接收机   (b) 导航型接收机   (c) 授时型接收机

图 1.1.6 卫星导航接收机的分类

（1）测量型接收机：主要用于精密大地测量和精密工程测量，定位精度可达厘米级。此类接收机仪器结构复杂，价格较贵。

（2）导航型接收机：主要用于运动载体的导航，可以实时给出载体的位置和速度，定位精度一般为米级。此类接收机价格便宜，应用广泛。此类接收机可进一步分为以下几类。

① 车载型：用于车辆导航定位。

② 航海型：用于船舶导航定位。

③ 航空型：用于飞机导航定位（由于飞机运行速度较快，此类接收机要能适应高速运动的要求）。

④ 星载型：用于卫星的导航定位（卫星的运行速度高达 7km/s，对接收机器件、性能的要求更高）。

（3）授时型接收机：主要用于时间测定和频率控制，常用于天文台及电力、银行、电信等行业的系统时间同步。

2）按接收信号频点数量分类

目前的 GNSS 中，各卫星信号至少能播发三个不同频率的信号，根据接收信号频点数量的不同，可将接收机分为单频接收机和双频/多频接收机。

接收机接收多个频率的信号，有利于消除信号传播过程中电离层、对流层延时等误差，定位精度比单频点的接收机更高，但前端射频模块的结构和基带信号处理模块相对复杂。随着射频芯片和数字基带芯片技术的发展，目前双频/多频接收机已成为主流。

3）按接收导航系统数量分类

卫星导航接收机可以接收一个导航系统的信号，也可以接收多个导航系统的信号，按照接收导航系统信号的能力将接收机分为单系统接收机和多系统接收机。

目前民用市场上的接收机基本上是 GPS/BDS/Galileo 三系统接收机，由于 GLONASS 的信号调制方式与其余三个卫星导航系统不同，所以射频前端设计要复杂，因此 GPS/BDS/Galileo/GLONASS 四系统接收机的普及度没有前者三系统的高。但随着 GLONASS 现代化的进展，GLONASS 也开始播发与其余三个系统相同调制方式的信号，越来越多的接收机也具备四系统信号接收的能力。

虽然面向不同应用的接收机在设计构造和实现形式上会存在一些差异，但卫星导航接收机归根结底还是一种传感器，它通过感应、测量卫星相对于接收机的距离或相对速度来确定接收机的位置和速度。因此它们内部基本软硬件功能块划分和工作原理大体相近。图 1.1.7 为通用 GNSS 接收机的组成框图，包括模拟和数字两个部分，模拟

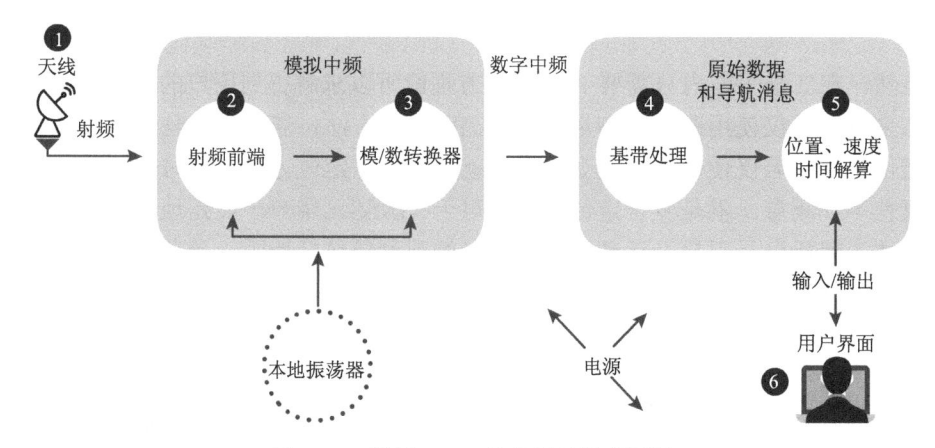

图 1.1.7　通用 GNSS 接收机的组成框图

部分包括天线、模拟中频模块等，主要对接收的射频模拟信号进行处理得到中频或基带数字信号；数字部分包括基带处理器和位置速度时间解算模块，基带处理器对不同卫星、频点的数字信号进行跟踪解调，得到伪距、载波相位和多普勒测量值，送入位置速度时间解算模块进行计算，最终得到接收机的位置、速度和时间等信息。接收机的具体工作原理将在第 8 章中详细介绍。

1.2　GNSS 的定位原理

GNSS 是一种无线电导航系统，它利用无线电波的测量信息得到用户位置估算结果。从定位体制来看，GNSS 是一种典型的几何式定位体制。所谓几何式定位体制，就是通过测量用户与位置已知的信标台之间的距离、角度、距离差等物理量，利用几何方法唯一确定用户空间位置的定位体制。

几何式导航定位原理如图 1.2.1 所示，假设有 n 个位置已知的信标台，用户与信标台 $i(i=1,2,\cdots,n)$ 之间的距离 d_i 和角度 θ_i，或与信标台 $i,j(i,j=1,2,\cdots,n)$ 之间的距离差 $r_{i,j}$ 等观测量都是信标台的位置和用户位置的函数，在已知信标台位置 $\boldsymbol{p}_i$ $(i=1,2,\cdots,n)$ 的基础上，通过联立式(1.2.1)的多个观测方程就可以解算得到用户的位置 $\boldsymbol{p}_\mathrm{r}$：

$$\begin{cases} f\left(\boldsymbol{p}_\mathrm{r},\boldsymbol{p}_i\right)=d_i \\ g\left(\boldsymbol{p}_\mathrm{r},\boldsymbol{p}_i\right)=\theta_i \\ h\left(\boldsymbol{p}_\mathrm{r},\boldsymbol{p}_i,\boldsymbol{p}_j\right)=r_{i,j} \end{cases} \tag{1.2.1}$$

其中，$f(\cdot)$、$g(\cdot)$、$h(\cdot)$ 表示非线性函数。

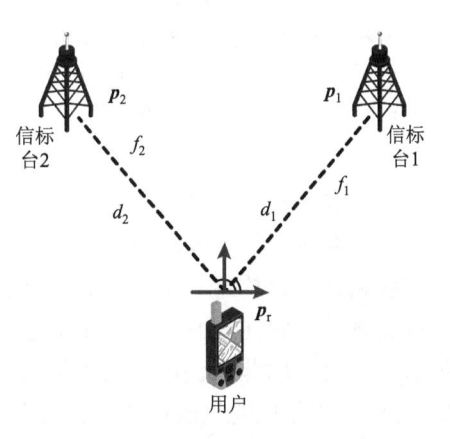

图 1.2.1　几何式导航定位原理

显然，在二维平面内只需要 2 个观测方程就可以求解得到用户的二维位置。从定位方法来看，若仅使用距离观测量，就是测距定位方法；若仅使用角度观测量，就是测向定位方法；若仅使用距离差观测量，就是距离差定位方法；同时使用距离、角度或距离差等观测量，就是复合定位方法。对于 GNSS，用户一般是地表和近地空间的运动载体，信标台是卫星，运动载体对卫星的观测量包括伪距、多普勒频率和载波相位等参数，这些参数的定义和几何意义将在第 6 章介绍。伪距、多普勒频率和载波相位可以归算到距离观测量或距离差观测量，对应的定位方法就有测距定位方法和测距差定位方法两种。

由上述几何式导航定位原理可知，用户只要处于数量足够多的卫星覆盖范围内就能完成定位，而不受特定时间和空间的限制。同时，在伪距或载波相位、多普勒频率测量误差一定的情况下，定位误差主要取决于用户与卫星之间的几何分布位置，且误差不会随着时间推移而积累。上述特点保证了用户能够在导航信号覆盖范围内进行长时间、高精度的连续导航，这也是几何式导航定位相比于其他定位方式最大的优点。

从定位类型来看，GNSS 还可以分为有源定位和无源定位，有源和无源是以用户接收机是否发射信号来区分的。如图 1.2.2(a)所示，对于无源定位，卫星作为信号发射机，位置精确已知，用户接收机只需接收卫星信号并在用户端完成位置解算，其特点是用户不需要发射信号，只需被动接收卫星信号且在本地完成定位解算，系统在单位时间内能服务的用户数量无限。而对于有源定位，如图 1.2.2(b)所示，用户接收机首先需要发射定位申请信号至卫星，再由卫星转发至地面中心站，用户位置的解算是在地面中心站完成的。卫星作为信号转发器，再将地面中心站处理得到的用户位置转发给用户。有源定位的特点是用户端的设计复杂度低，但系统在单位时间内能服务的用户数量有限。

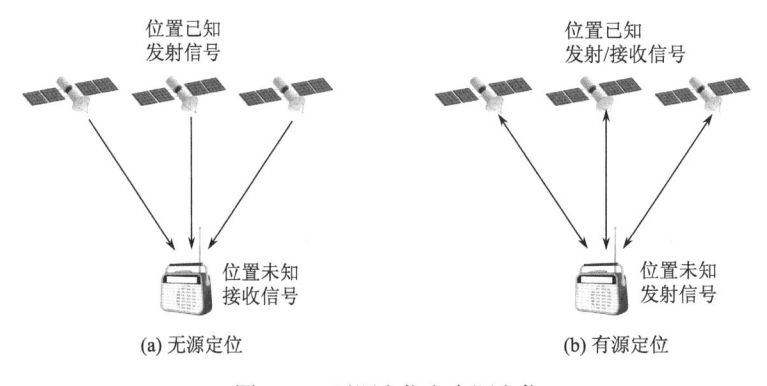

图 1.2.2　无源定位和有源定位

从定位体制来看，GNSS 属于几何式定位体制，使用的定位方法有测距定位和测距差定位两种，其中测距定位是 GNSS 最基本和常用的方法，而测距差定位是第一个卫星导航系统(子午仪)使用的定位方法，已不属于现阶段 GNSS 的主要定位方式，但目前铱星系统等低轨卫星系统仍在使用。

1.2.1　测距定位

测距定位是测量用户到已知位置卫星的距离来确定用户位置的定位方法。测距定位也称"距离–距离"定位，它通过测量信号从卫星至用户的飞行时间(TOF)来获取距离信息。在无源定位类型中，可以通过测量信号从卫星至用户接收机的到达时间(TOA)来定位。在有源定位类型中，可以通过测量信号从用户至卫星的往返时间(RTT)来定位。

1. 基于 TOA 的测距定位

基于 TOA 的测距也称为单向测距，即用户接收机通过测量与多个卫星之间的距离来确定自身的位置。下面以三维空间用户的定位为例来进行说明，假设用户 r 同时观测到 $K(K \geqslant 4)$ 颗卫星，每颗卫星的位置已知，用户与卫星之间的距离观测量为 d_i，那么用户位置 $\boldsymbol{p}_\mathrm{r} = (x_\mathrm{r}, y_\mathrm{r}, z_\mathrm{r})^\mathrm{T}$ 满足如下的方程组：

$$\begin{cases} \|\boldsymbol{p}_r - \boldsymbol{p}_1\| = d_1 \\ \|\boldsymbol{p}_r - \boldsymbol{p}_2\| = d_2 \\ \quad\vdots \\ \|\boldsymbol{p}_r - \boldsymbol{p}_K\| = d_K \end{cases} \tag{1.2.2}$$

其中，$\boldsymbol{p}_i = (x_i, y_i, z_i)^{\mathrm{T}}$ $(i=1,2,\cdots,K)$ 表示卫星 i 的三维位置；$\|\boldsymbol{p}_r - \boldsymbol{p}_i\| = \sqrt{(x_r-x_i)^2 + (y_r-y_i)^2 + (z_r-z_i)^2}$ 表示用户 r 与卫星 i 的欧氏距离。在实际情况中，欧氏距离的观测量 d_i 不可避免地存在误差。

观测距离 d_i 的测量，是通过测量信号从卫星 i 至用户的传输时延实现的，具体为卫星 i 播发带有时间信息的时标信号，用户收到时标信号后，计算本地时间和接收信号的差，即传输时延，再乘以光速得到两者之间的距离 d_i。

如图 1.2.3 所示，对于任意一颗卫星 i，假设在卫星的时间系统 T_{si} 时刻发射时标信号，该时标信号传输一段距离 d_i 之后被用户接收，接收时刻为用户时间系统的 T_r 时刻，在卫星与用户的时间系统完全同步的情况下，时延观测量 $T_r - T_{si}$ 反映了用户位置 $\boldsymbol{p}_r(T_r)$ 与卫星位置 $\boldsymbol{p}_i(T_{si})$ 之间的几何距离 d_i，几何距离的具体表达式为

$$d_i = \|\boldsymbol{p}_i(T_{si}) - \boldsymbol{p}_r(T_r)\| = c(T_r - T_{si}) \tag{1.2.3}$$

其中，c 为光速。但在实际情况中，用户和卫星两个时间系统并不同步，存在着时变的钟差，下面分析这种情况下时延观测量的实际含义。

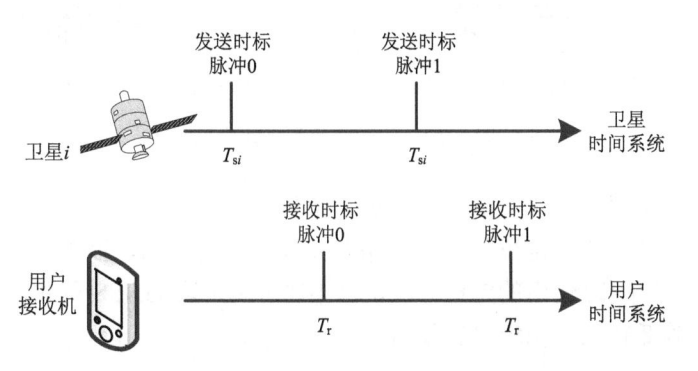

图 1.2.3　TOA 的测距定位

假设卫星 i 与导航系统的钟差为 δ_{si}，卫星时间 T_{si} 转换到系统时间 t_{si} 为

$$t_{si} = T_{si} + \delta_{si} \tag{1.2.4}$$

卫星钟差 δ_{si} 一般通过卫星播发的导航信号获取。同样地，假设用户与导航系统的钟差为 δ_r，用户时间 T_r 转换到系统时间 t_r 为

$$t_r = T_r + \delta_r \tag{1.2.5}$$

与卫星钟差不同的是，用户钟差 δ_r 是未知的，在这种情况下，时延观测量与几何距离之间的关系就变成：

$$\begin{aligned} d_i &= c(t_r - t_{si}) \\ &= c(T_r - T_{si}) - c(\delta_r - \delta_{si}) \\ &= \rho_i - c(\delta_r - \delta_{si}) \end{aligned} \tag{1.2.6}$$

其中，$\rho_i = c(T_r - T_{si})$ 为用户测量得到的时延。忽略信号传播过程中的其他误差，由式 (1.2.6) 可知，当用户时间和卫星时间不同步时，用户得到的时延观测量 ρ_i 除了包含

几何距离 d_i 传播引入的时间以外，还包含用户与卫星之间的钟差 $\delta_r - \delta_{si}$，因此时延观测量 ρ_i 通常称为伪距。

在考虑了钟差的基础上，使用 4 颗卫星的伪距测量值重写定位方程组为

$$\begin{cases} \|p_r - p_1\| = \rho_1 - c(\delta_r - \delta_{s1}) \\ \|p_r - p_2\| = \rho_2 - c(\delta_r - \delta_{s2}) \\ \|p_r - p_3\| = \rho_3 - c(\delta_r - \delta_{s3}) \\ \|p_r - p_4\| = \rho_4 - c(\delta_r - \delta_{s4}) \end{cases} \tag{1.2.7}$$

由上述方程组可知，在卫星钟差 δ_{si} $(i=1,2,\cdots)$ 完全已知的情况下，最少通过 4 个观测方程就能解算出用户的位置 p_r 和钟差 δ_r。

2. 基于 RTT 的测距定位

基于 RTT 的测距定位，也称为双向测距定位，测距定位原理图如图 1.2.4 所示，与图 1.2.3 所示的 TOA 测距定位原理相比，由地面中心站取代了卫星充当信号发射源。RTT 模式下的用户定位解算工作是在地面中心站完成的，卫星只是信号转发器，将信号在用户与地面中心站之间进行透明转发。忽略卫星处理时延影响，双向测距过程具体如图 1.2.4 所示。假设用户接收机静止，在地面中心站的时间系统下，地面中心站首先于 T_{b0} 时刻发送带有时标的询问信号经卫星转发给用户接收机，但由于地面中心站时钟漂移的影响，实际信号在时刻 T_{b0}' 发送，$\delta t_0 = T_{b0}' - T_{b0}$ 为时钟偏移带来的误差；经过距离 d 传播后由接收机在 T_{r0} 时刻接收，又经过时间间隔 Δ（可以理解为接收机的处理时延）后，用户接收机在 T_{r1} 时刻发射应答信号，信号中带有已知的时间间隔 Δ 信息，又经由卫星转发后于 T_{b1} 时刻传到地面中心站，但由于时钟漂移影响，实际在 T_{b1}' 时刻到达，$\delta t_1 = T_{b1}' - T_{b1}$ 也是由地面中心站时钟漂移带来的误差。因此用户经由卫星至地面中心站之间的平均距离 d 为

$$\begin{aligned} d &= \frac{c}{2}(T_{b1} - T_{b0} - \Delta) \\ &= \frac{c}{2}(\delta T - \Delta) \\ &= \frac{c}{2}(\delta \tilde{T} - \delta t_1 + \delta t_0 - \Delta) \end{aligned} \tag{1.2.8}$$

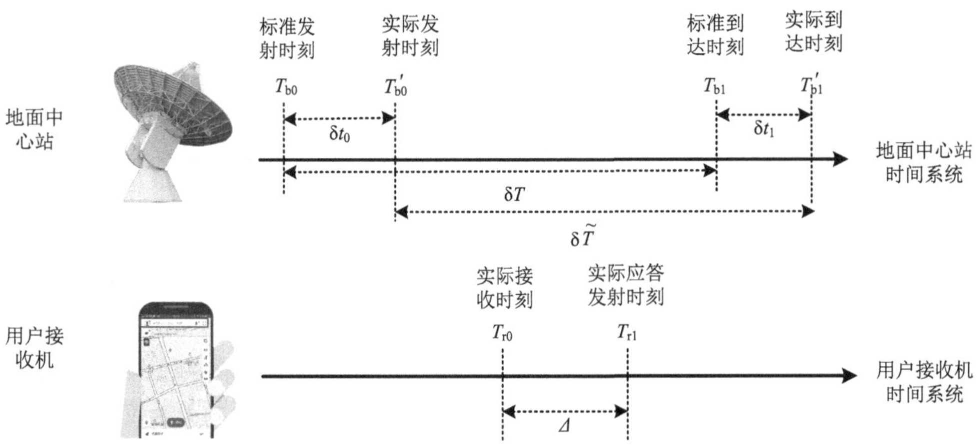

图 1.2.4　RTT 的测距定位

其中，δT 表示信号真实从地面中心站发射至返回的时间延迟，而 $\delta \tilde{T} = T'_{b1} - T'_{b0}$ 是地面中心站实际测量得到的时间延迟，它与 δT 相差 $\delta t_1 - \delta t_0$，δt_0 和 δt_1 都是由地面中心站时钟漂移带来的误差。可见在 RTT 的测距定位方法中，用户至卫星的距离测量在地面中心站完成，且不需要用户时钟与系统时钟同步，对用户端设备的时钟稳定度要求较低。

实际上，卫星与用户存在相对运动时，信号在地面中心站至用户和用户至地面中心站传输的这两段距离可能不同，而多普勒效应也会导致时间间隔 Δ 存在偏差，这两个因素均会导致测距误差。因此双向测距主要适合低速运动载体的导航。

由于地面中心站与卫星的位置已知，将由式(1.2.8)得到的 d 扣除地面中心站至卫星的距离，即可以得到卫星至用户的距离。将这个距离值代入式(1.2.2)得到非线性方程组，通过牛顿迭代法可求解用户位置。对于用户三维位置的求解，需要三个方程即可，即利用三颗卫星就可以定位，相比于单向测距方法可以减少一颗卫星，若用户的高程已知，则只需两颗卫星就可以定位，因为地面中心站利用事先存储的数字地球模型即可作为定位解算中的一个球面，这也是双向测距定位的优点。如图 1.2.5 所示，这种双向测距定位方法是我国第一代北斗卫星导航系统采用的方法，给用户提供的定位服务也称为卫星无线电定位业务(RDSS)。

扩展阅读：北斗一号的 RDSS 包括有源定位和短报文通信、授时等服务。目前北斗全球系统全面兼容北斗一号的 RDSS，短报文服务从区域短报文扩展到了全球短报文。RDSS 的定位精度不高，目前已经被卫星无线电导航业务(RNSS)的定位模式所取代。

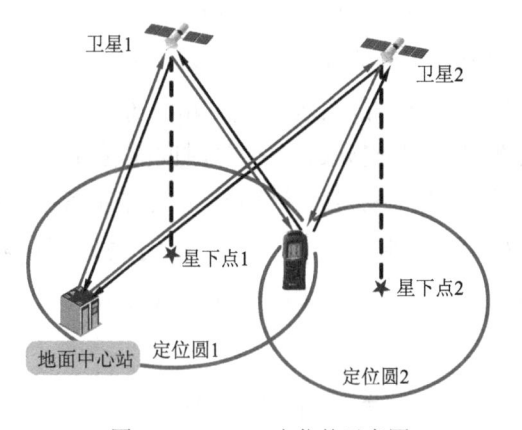

图 1.2.5 RDSS 定位的示意图

1.2.2 测距差定位

测距差定位是利用用户到两个已知位置卫星的距离差来定位的一种定位方式。其具体的定位原理是：当用户与空间两个已知点的距离差已知时，用户的轨迹是以这两个已知点为焦点的旋转双曲面，若用户处于地球表面，则该旋转双曲面与地面表面的交线就是用户的位置线，而用户利用多个位置线相交得到的点就是用户的位置点。

最初的卫星导航系统——子午仪卫星导航系统就采用了这种定位方式，地面的用户接收机通过观测同一颗卫星在不同时刻位置的距离差来定位，而距离差是通过测量观测时间段内卫星信号的多普勒频率积分值来实现的。具体如图 1.2.6 所示，假设卫星在 $t_k (k=1,2,\cdots)$ 时刻的位置为 S_k 且已知，若用户接收机测量出卫星在 $[t_k, t_{k+1}]$ 时间段内卫星至用户接收机的距离变化量(即距离差)，则用户接收机就位于以 S_k 和 S_{k+1} 为焦点的旋转双曲面上。当用户接收机在地球表面时，双曲面与地面表面的交线就是位置线 $L_{k,k+1}$。当用户接收机静止时，通过测量多个时刻的距离变化量得到多条位置线，位置线的交点就是用户接收机的位置。

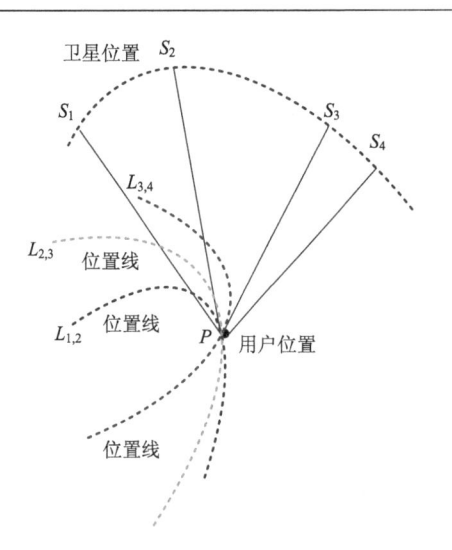

图 1.2.6　距离差定位示意图

如何由多普勒频率值得到距离差呢？所谓多普勒频率，是指由于信号收发双方存在径向相对运动，接收频率相对于发射频率产生的变化量。这个由收发双方相对运动产生的收发频率差就是多普勒频率，定义为接收频率减去发射频率，当收发双方相向运动时多普勒频率为正数，当收发双方反向运动时多普勒频率为负数。

一般情况下，多普勒频率 f_d 与收发双方距离变化率 $\dot{r}$ 的关系为

$$f_\mathrm{d} = -\frac{\dot{r}}{\lambda_0} \tag{1.2.9}$$

其中，λ_0 为发射信号载波的波长，相应的发射信号频率为 f_0。

因为信号频率对时间的积分表现为信号相位变化的周数，所以多普勒频率积分又称为多普勒计数。当用户静止时，选取间隔相等的时刻 $t_1, t_2, \cdots, t_k, \cdots$，多普勒频率积分的间隔为 $\Delta = t_{k+1} - t_k$，多普勒计数可以表示为

$$N_{k,k+1} = \int_{t_k}^{t_{k+1}} (f_\mathrm{g} - f_\mathrm{r})\mathrm{d}t = N_\Delta + \frac{1}{\lambda_0} \int_{t_k}^{t_{k+1}} \dot{r}(t)\mathrm{d}t = N_\Delta + \frac{1}{\lambda_0}\big[r(t_{k+1}) - r(t_k) \big] \tag{1.2.10}$$

其中，$r(t_k)$ 为 t_k 时刻卫星与接收机的距离；$f_\mathrm{g} = f_0 + f_\Delta$ 为接收机的基准频率；f_r 为接收到的频率；$f_\Delta \geqslant |f_\mathrm{dmax}|$ 为一个大于最大可能多普勒频率绝对值的偏移量，这样做的目的是避免当接收的多普勒频率为负数时，出现积分多普勒计数也出现负值的情况。如图 1.2.7 所示，接收机的基准频率 f_g 在卫星信号发射频率 f_0 的基准上增加了 f_Δ，使

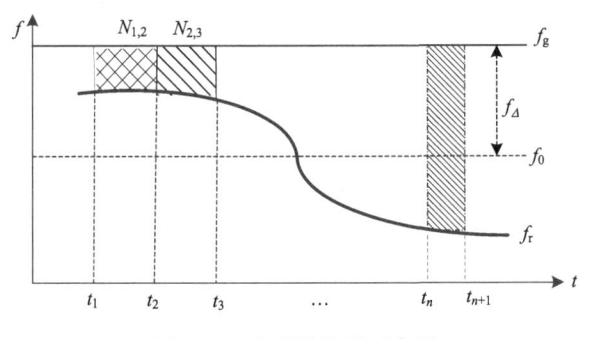

图 1.2.7　多普勒计数示意图

得 f_g 始终位于接收频率 f_r 的上方,而阴影部分的面积就是积分多普勒计数值。多普勒计数体现了卫星与用户接收机在 Δ 时间内的距离变化量,若接收机静止,当使用多普勒频率进行定位解算时,只需对一颗卫星进行多个时间段的观测,再联立方程组,用最小二乘方法即可完成定位解算。这种多普勒定位方法适用于静止或低动态用户的不连续定位,且用户时间也无须同步。

微课视频

1.3 GNSS 的性能

GNSS 实质上是无线电导航系统,它通过卫星发射无线电波来实现导航和定位。对无线电导航系统的性能描述和评估,通常可以用 9 个指标来衡量:覆盖范围、可用性、连续性、完好性、精度、导航信息更新率、导航信息多值性处理、系统容量、导航信息的维数。美国在 1993 年发布的第一版 GPS 性能评估报告 *Global Position System Standard Positioning Service Performance Standard* 中提出了 GPS 的性能指标区别于其他无线电导航系统,其更关注于定位精度、信号覆盖性、服务的连续性和安全性等,详细指标如图 1.3.1 所示。但随着民用航空等高安全性需求行业对卫星导航的大量使用,这些行业除了对系统提供服务的可靠性和可用性具有较高要求外,更关心当信号不可用时,系统能否及时向用户提供告警信息的能力,即系统完好性能力。随着全球四大卫星导航系统的相继建成,系统建设方对各自的性能指标标准均做了不同要求,从总体来看基本分为基础性能和高维性能。

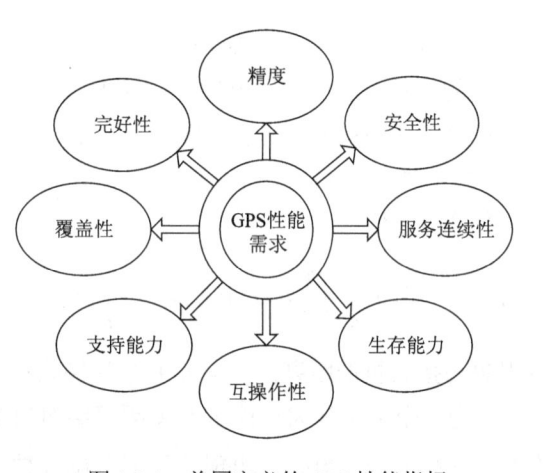

图 1.3.1 美国定义的 GPS 性能指标

如图 1.3.2 所示,在基础性能上主要关注系统的精度、完好性、连续性和可用性,在高维性能上更关注系统的自主导航能力、安全性、兼容与互操作性。本节将重点说明 GNSS 的四个基础性能指标。对于这四个基础性能指标,K. Kovach 给出了一种如图 1.3.3 所示的球壳模型来描述它们之间的关系,将这四个指标由内到外设置成精度、完好性、连续性、可用性,它们具有包含的关系,精度作为最核心的基础指标,直接决定了其他指标的好坏,可用性作为最外层的指标,其实也是精度、完好性、连续性的体现,只有满足一定的精度、完好性和连续性,才有可用性。这四个指标都是基于一定的服务空间和服务周期来定义的,即脱离了 GNSS 的服务空间和时间的覆盖范围约束,谈指标将无意义。

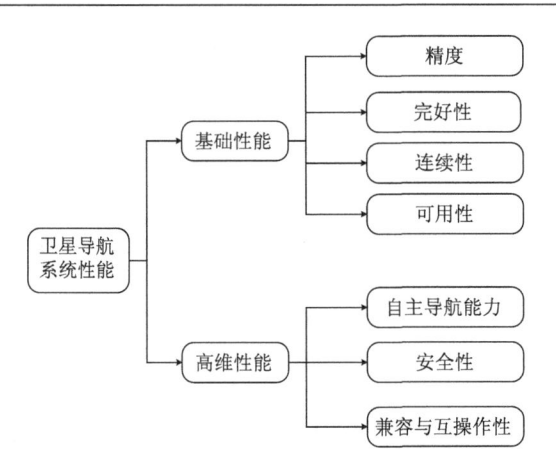

图 1.3.2　GNSS 的性能指标

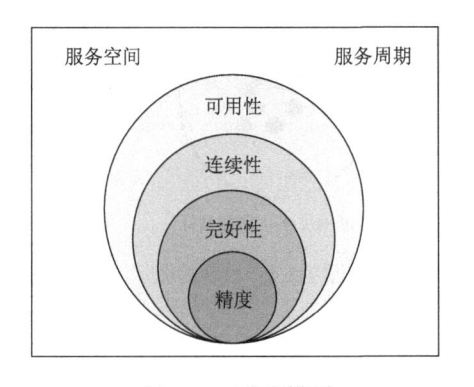

图 1.3.3　球壳模型

1.3.1　精度

　　GNSS 的精度(accuracy)包括定位精度、测速精度和授时精度，指在规定条件下，通过卫星导航系统提供的信号解算得到的用户位置、速度和时间等导航信息测量值与真实值之间的差。也可以理解为在一定置信水平下所有误差不会超过的一个门限值。

　　测量值与真实值之间的差称为误差，包括系统误差和随机误差。系统误差是指设计的原因导致测量值中固定的偏差，而随机误差指各种不可预测的因素造成的随机测量误差。因此要准确描述测量值的精度，就必须考虑两种误差，一种是测量值的数学期望与真实值的接近程度(即准确度)，另一种是测量值与其数学期望的接近程度(即离散度)。假设对一个随机变量进行测量得到测量值 x，若用 x^* 表示真实值，用 $E(x)$ 表示测量值 x 的数学期望，则 x 的均方误差(MSE)(即精度)可以表示为

$$
\begin{aligned}
\mathrm{MSE}(x) &= E\left[\left(x-x^*\right)^2\right] \\
&= E\left[\left(x-E(x)+E(x)-x^*\right)^2\right] \\
&= E\left[\left(x-E(x)\right)^2\right]+\left[E(x)-x^*\right]^2 \\
&= \mathrm{var}(x)+\left[E(x)-x^*\right]^2
\end{aligned}
\tag{1.3.1}
$$

其中，$\mathrm{var}(x)$ 表示测量值与其数学期望的接近程度，即离散度；$\left[E(x)-x^*\right]^2$ 表示测量值的数学期望与真实值的接近程度，即准确度。

图 1.3.4 给出了测量的准确度、离散度与精度之间的关系，只有在准确度高和离散度小的情况下，测量值才能具备精度高的性能。通常情况下，测量的系统误差是固定偏差，可以消除，所以我们更关注测量的离散度，而对精度的分析也立足于离散度的分析。

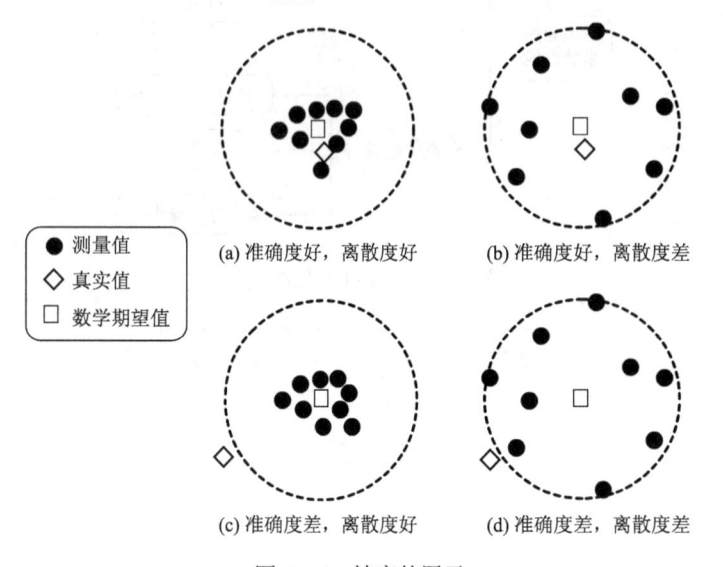

图 1.3.4　精度的图示

精度常用标准差、均方根误差和百分位误差来衡量。

1. 标准差

标准差表示测量值与其均值(或数学期望)之间的偏差。标准差越小，表示测量值越紧密地聚集在期望值周围，测量值的波动性或差异性就越小；反之，则表示测量值分布越分散，波动性或差异性越大。假设对随机变量 x 进行 N 次测量，得到的均值为

$$\bar{x} = \frac{1}{N}\sum_{i=1}^{N} x_i \tag{1.3.2}$$

其中，x_i 表示对 x 进行第 $i(i=1,2,\cdots,N)$ 次测量得到的值；$\bar{x}$ 表示 x 的均值。在此情况下，可以用方差来表示测量值与均值的离散程度：

$$\sigma_x^2 = \frac{1}{N-1}\sum_{i=1}^{N}(x_i - \bar{x})^2 \tag{1.3.3}$$

对式(1.3.3)开根号就得到标准差(STD) σ_x：

$$\sigma_x = \sqrt{\frac{1}{N-1}\sum_{i=1}^{N}(x_i - \bar{x})^2} \tag{1.3.4}$$

当测量值的数目 N 足够大时，方差(或标准差)反映了测量值相对其均值(数学期望)的离散度。方差越大，说明测量值越分散(对应图 1.3.4(b)和(d)的情况)，即测量效果越差；反之，则说明测量值越集中(对应图 1.3.4(a)和(c)的情况)，即测量效果越好。

2. 均方根误差

方差(或标准差)只反映了测量值与其均值的离散程度，不能反映测量值与真实值的关系。实际测量中真实值是未知的，但可以用其他测量精度更高的方法得到的值作

为真实值，在此情况下可以定义均方根误差（RMSE）来描述测量精度，其定义式为

$$\mathrm{rmse}(x) = \sqrt{\mathrm{MSE}(x)} \qquad (1.3.5)$$

其中，$\mathrm{MSE}(x)$为x的均方误差，定义式见式(1.3.1)。可见均方误差（或均方根误差）包括了系统误差和随机误差，能准确描述和评估测量精度。

3. 百分位误差

百分位数是统计学常用来描述数据分布的指标，它给出了数据在最小值和最大值之间的分布信息。假设对随机变量x进行N次测量，将N个测量值由小到大进行排列，其序号分别记为 $1,2,\cdots,N$，对应的测量值为$x_1,x_2,\cdots,x_N$。对于任意一个百分位数$n(0 \leqslant n \leqslant 100)$，其对应的数值$x_n$计算方法如下：计算$i = N \times n\%$，若$i$为整数，则第$n$百分位数为$x_n = (x_i + x_{i+1})/2$，即取第$i$位与第$i+1$位数据的均值；若$i$为非整数，则$n$取最接近$i$的整数，即$n = \min(\mathrm{floor}(i+0.5), N)$。其中，$\min(a,b)$表示取$a$和$b$的最小值；$\mathrm{floor}(x)$表示取最接近$x$的整数。

n百分位数的含义是指在所有测量值中，有$n\%$的数据小于或等于x_n，或者有$(1-n)\%$的数据大于x_n。百分位数适用于小样本数据的分析，它与服从正态分布的大样本数据的关系如图 1.3.5 所示。图中，钟形的曲线表示正态概率密度分布函数，曲线下方对应的面积表示概率值，曲线下方全部面积取值为 1。由图中的曲线可以看出，随机变量服从$N(\mu,\sigma^2)$的正态分布，以均值μ为中心左右各偏移σ得到曲线下方对应的面积约为 0.68，表示服从$N(\mu,\sigma^2)$分布的一组测量值中，有 68%的测量值落在$[\mu-\sigma, \mu+\sigma]$范围内。若以均值μ为中心，左右各偏移2σ得到曲线下方对应的面积约为 0.955，表示服从$N(\mu,\sigma^2)$分布的一组测量值中，有 95.5%的测量值落在$[\mu-2\sigma, \mu+2\sigma]$范围内。在 GNSS 中常用 95%百分位数来描述精度指标，如垂直定位精度 10m(95%)，说明在一组测量值中，有 95%的测量值与真实值的偏差小于 10m。也有用几倍标准差来描述精度的，如垂直定位精度 10m(2σ)，说明在一组测量值中，有 95.5%的测量值与真实值的偏差小于 10m。

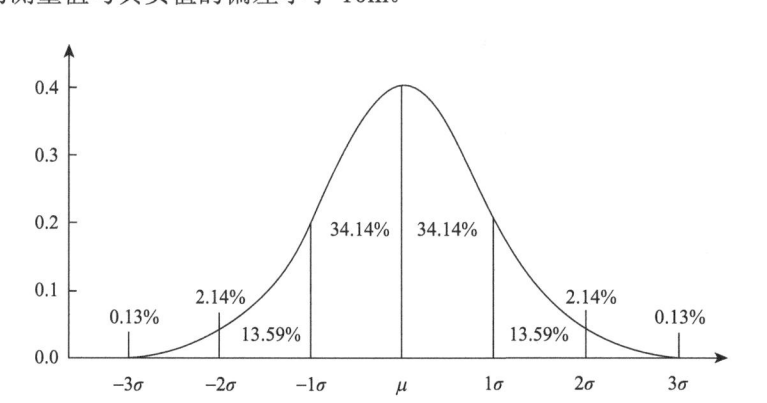

图 1.3.5 百分位数与正态分布的关系

进一步，由图 1.3.5 还可以得到更一般的百分位n与正态分布标准差σ倍数的对应关系表，如表 1.3.1 所示。

表 1.3.1　百分位与正态分布标准差的关系

标准差	σ	1.96σ	2σ	3σ	4.42σ
百分位 $n\%$	68.27%	95.00%	95.45%	99.73%	99.99%

以上是常用的衡量精度的指标，对于 GNSS 而言，精度主要是指系统提供位置、速度、时间服务的准确度，即用户利用原始的伪距、载波、多普勒频率等测量值进行解算得到的位置、速度、时间与真实值的重合度。像 GNSS 这种几何式定位体制的导航系统，用户的位置、速度、授时精度与用户等效距离误差(UERE)、用户等效测距率误差(UERRE)和精度因子(DOP)有关。

其中，用户等效距离误差是用户测距误差(URE)和用户设备误差(UEE)的总和，如图 1.3.6 所示。用户测距误差主要反映了卫星的空间信号精度情况，所以也称为空间信号测距误差(SISRE)，它是卫星位置和钟差的真实值与利用广播星历计算得到的卫星位置和钟差的预报值之差在用户接收机到卫星视线方向上的投影值。它体现了预报星历和钟差的精确程度，是由地面运控系统对卫星星历数据拟合和预报的误差，以及卫星受摄运动等不确定性造成的。而用户设备误差是利用用户接收设备测量空间信号的误差，包括信号传播过程中的电离层误差、对流层误差、多路径误差，以及接收机的时钟误差、天线相位中心误差等。

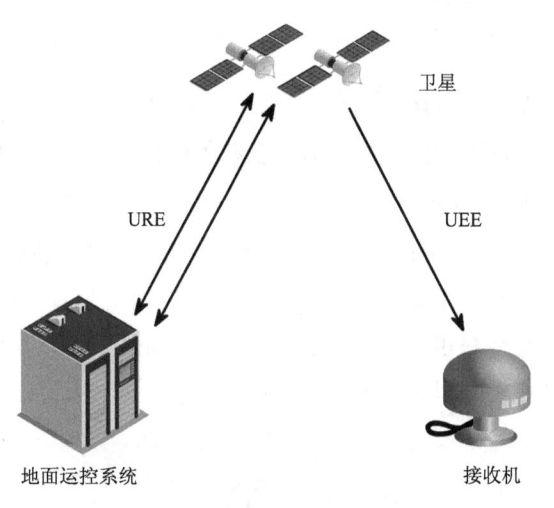

图 1.3.6　用户等效距离误差组成图

用户等效测距率误差是用户等效距离误差对时间的导数，即用户等效距离误差的单位时间变化量，具体关系的表达式为

$$\mathrm{UERRE} = \frac{\partial \mathrm{UERE}}{\partial t} \tag{1.3.6}$$

其中，UERE 表示用户等效距离误差；UERRE 表示用户等效测距率误差。

此外，GNSS 的定位和授时精度还与用户接收机与卫星之间的空间几何构型有关，精度因子就是描述空间几何构型的参数。精度因子也称为精度衰减因子，其大小由卫星与用户在空间的几何分布构型决定，精度因子包括位置精度因子(PDOP)、垂直精度因子(VDOP)、水平精度因子(HDOP)和时间精度因子(TDOP)等，其中 PDOP、VDOP、HDOP 又统称为几何精度因子(GDOP)。这些因子对定位授时精度的贡献就是把用户等效距离误差放大了 DOP 倍，所以当用户等效距离误差一定时，要提高定位授时精度，就要选取空间几何构型好的卫星，使得精度因子越小越好，相应的定位授时精度就越高。对于空间卫星的选取和精度因子的具体计算方法将在第 6 章进行说明。

对于用户的测速精度，则是由精度因子和用户等效测距率误差共同决定的。

前面提到，用户等效距离误差是用户测距误差和用户设备误差的总和，而当用户测距误差和用户设备误差相互独立时，用户等效距离误差与用户测距误差和用户设备误差的关系可用式(1.3.7)来表示：

$$UERE = \sqrt{UEE^2 + URE^2} \tag{1.3.7}$$

其中，UERE 表示用户等效距离误差；URE 表示用户测距误差；UEE 表示用户设备误差。

图 1.3.7 给出了定位授时精度的影响因素及其之间的关系，而定位授时精度如果用均方根 σ_0 表示，则 σ_0 与用户等效距离误差和精度因子的关系可以用式(1.3.8)来表示：

$$\sigma_0 = UERE \times DOP \tag{1.3.8}$$

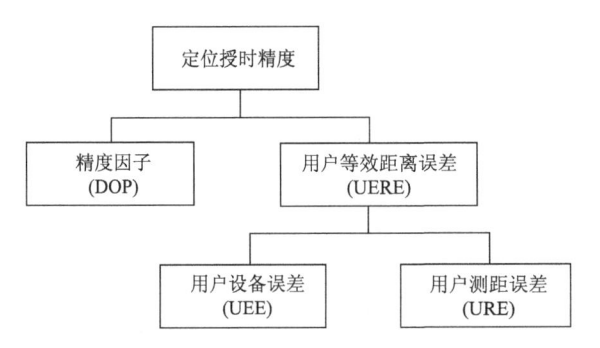

图 1.3.7 定位授时精度的影响因素及其之间的关系

表 1.3.2 给出了 GNSS 各个系统的定位导航授时精度指标，用户测距误差是所有卫星的平均测距误差。

表 1.3.2 GNSS 各个系统的定位导航授时精度指标

指标	GPS	BDS	Galileo	GLONASS
用户测距误差(95%)	2m	2m	2m	7.8m
水平定位精度(95%)	8m	9m	单频：7.6～11.3m 双频：1.5～2.3m	5m
垂直定位精度(95%)	13m	10m	单频：12.8～17.2m 双频：2.6～3.5m	9m
授时精度(95%)	30ns	20ns	31ns	40ns
测速精度(95%)	0.2m/s	0.2m/s	—	—

1.3.2 完好性

完好性(integrity)是指系统在不能用于导航定位授时服务时，及时向用户发出告警的能力，它是系统提供信息可信度的一种度量。完好性对于航空等涉及生命安全的用户特别关键，是一项重要的系统指标。GNSS 的完好性包括空间信号的完好性和服务的完好性。

1. 空间信号的完好性

空间信号的完好性指对卫星导航系统空间播发信号提供的导航定位授时信息正确

微课视频

性的信任度,包括当空间信号不可用时向用户及时发出告警的能力。描述空间信号的完好性主要有以下四个参数。

1)服务失败概率

服务失败概率,指空间信号提供的瞬时用户测距误差(IURE)超过阈值而没有及时发出告警的概率。

其中,瞬时用户测距误差指某一时刻的用户测距误差,即某时刻卫星的预报误差和卫星钟差在用户至卫星视线上的投影。假设用户测距误差服从零均值的正态分布 $N(0, \sigma^2)$,则用户测距误差的标准差 σ 也称为用户测距精度。关于阈值的大小,一般设置为 4.42 倍的用户测距精度。

经过长时间对用户测距精度进行观测,得到用户测距精度值 σ,则 σ 为瞬时用户测距误差的标准差,那么任意时刻瞬时用户测距误差大于等于 σ 的概率为

$$
\begin{aligned}
&P\{|\text{IURE}| \geqslant \sigma\} \\
&= 1 - P\{-\sigma < \text{IURE} < \sigma\} \\
&\approx 1 - 0.683 \\
&= 0.317
\end{aligned}
\tag{1.3.9}
$$

式 (1.3.9) 说明当阈值设置为 σ 时,瞬时用户测距误差大于等于阈值的概率为 31.7%,而当阈值设置为 4.42σ 时,瞬时用户测距误差大于等于阈值的概率为

$$
\begin{aligned}
&P\{|\text{IURE}| \geqslant 4.42\sigma\} \\
&= 1 - P\{-4.42\sigma < \text{IURE} < 4.42\sigma\} \\
&\approx 1 - 0.9999994 \\
&= 6 \times 10^{-7}
\end{aligned}
\tag{1.3.10}
$$

可见,在正常观测的情况下,瞬时用户测距误差大于阈值的概率很小,几乎不可能发生。而实际若发生了,则认为系统出现了异常。因此可设置阈值为 4.42σ,即当瞬时用户测距误差大于 4.42σ 时,认为系统异常。

2)告警耗时

告警耗时指从导航系统识别到错误的空间信号开始,到完整告警信息发送到接收机的时间间隔。国际民用航空组织规定,在飞机的一类垂直引导进近(APV-Ⅰ)和二类垂直引导进近(APV-Ⅱ)中,告警耗时分别为 10s 和 6s,而二类精密进行(CAT-Ⅱ)、三类精密进近(CAT-Ⅲ)的告警耗时为 1~2s。

3)空间信号的用户距离误差阈值

空间信号的用户距离误差阈值指当信号的瞬时用户距离误差大于一个门限值时,系统需要发出告警信息。阈值一般取 4.42σ,即 4.42 倍的用户测距精度。

4)告警标志

当空间信号处于不健康状态时,系统在导航电文中给出相应的告警标志,提示用户此时信号是否可用。

2. 服务的完好性

服务的完好性指用户接收机在卫星出现故障而未提供告警信息时,能自主识别出故障卫星,且将其排除在定位解算外的能力。对用户接收机而言,当使用卫星信号进行定位解算时,定位信息是否可用与参与解算的卫星信号息息相关。接收机除了能识别卫星信号播发的告警信息,在定位时也要能自主识别在接收信号中是否存在传输过

程中由电离层闪烁、电磁干扰等造成的测量信息不可用情况，即接收机需要有自主判断接收的信号是否能使用的能力。

服务的完好性指标包括告警阈值、告警时间、完好性风险等。告警阈值包括水平告警阈值和垂直告警阈值，指用户定位误差超过该阈值时须能识别且告警。告警时间指当用户定位误差超过阈值时能被识别出来的时间。完好性风险指用户定位误差超过告警阈值时而没被识别和告警的概率。

表 1.3.3 给出了 GPS 和 GLONASS 的空间信号完好性指标，其中 BDS 和 Galileo 在官方文件中未给出完好性指标，但是 BDS 在用户测距误差指标的约束条件中规定了全星座卫星每年故障次数不大于 3 次，持续时间不大于 6h，按照星座全年服务时间计算，相当于满足完好性 1×10^{-5} 的要求。

表 1.3.3　GNSS 的完好性指标

指标	GPS	BDS	Galileo	GLONASS
告警时间	10s	—	—	—
告警阈值	4.42URA	—	—	70m
用户测距误差完好性	1×10^{-5}	—	—	1×10^{-4}

注：URA 指用户测距精度。

1.3.3　连续性

连续性(continuity)是指在一段时间内，系统持续提供导航定位授时服务而不发生非计划中断的能力。它是系统满足精度和完好性要求的概率，包括空间信号的连续性和服务的连续性。

1. 空间信号的连续性

空间信号的连续性是指在正常轨道上运行的卫星持续提供满足导航定位授时服务的信号的概率。单颗卫星在轨运行过程中会出现长期故障、短期硬故障、退役硬故障三类故障，长期故障指不可恢复的故障，短期硬故障指可恢复的故障，退役硬故障指卫星设计寿命。对于故障的描述，通常用平均故障间隔时间(MTBF)来表示。平均故障间隔时间指设备在相邻两次故障间隔期内正常工作的平均时间，也称平均无故障工作时间，它是对设备平均正常工作时间的度量。若已知单颗卫星发生的平均故障间隔时间为 T_{BF} (单位：h)，则这颗卫星的连续性概率 P_c 可以计算为

$$P_c = e^{-1/T_{BF}} \tag{1.3.11}$$

其中，e 表示自然对数。例如，某卫星的长期故障为 10 年，即 $T_{BF} = 10 \times 365 \times 24 = 87600(h)$，则连续性概率(可靠性)可计算得 99.99886%。

2. 服务的连续性

服务的连续性包括定位连续性和完好性连续性。

(1)定位连续性指不发生定位精度超标的概率，当某用户的水平和垂直定位精度分别为 H_a 和 V_a 时，定位精度是否超标可以使用如下条件进行判断：

$$\begin{cases} H_a > H_{AL} \\ V_a > V_{AL} \end{cases} \tag{1.3.12}$$

其中，H_{AL} 和 V_{AL} 分别为水平方向和垂直方向的定位精度门限值，它们的具体值通常会在导航电文中给出。对于一段时间内(假设有 w 个历元的定位结果)用户定位精度的连续性，可以使用式(1.3.13)计算：

扩展阅读：历元是指确定卫星轨道参数或位置的特定时刻，具体来说，历元可以表示为一个时间戳，如 1 秒 1 次的定位结果，这里的 1 秒就是 1 个历元。

$$C = \frac{\sum\limits_{t=t_1}^{t_2-w}\left\{\prod\limits_{u=t}^{t_2+w} B\big(f(u)\big)\right\}}{\sum\limits_{t=t_1}^{t_2-w} B\big(f(t)\big)} \tag{1.3.13}$$

其中，$t \in \mathbf{Z}^+$ 为采样历元，通常以整秒为采样时刻；t_1 和 t_2 分别表示测量数据的起始历元和结束历元，按照每个历元一个数据采样点计算；$f(t)$ 表示当前时刻 t 的定位结果的水平误差或高程误差；$B\big(f(t)\big)$ 表示当前时刻 t 的定位误差是否超标，未超标取值 1，否则取值 0。

(2)完好性连续性指在系统完好性功能正常的条件下，完好性功能连续工作的概率。计算完好性的连续性，需计算并统计在一定时间周期内发生完好性连续性故障的平均无故障工作时间。假设一段时间内共发生了 N 次故障，则平均无故障工作时间 T_{BF} (单位：h)的计算公式为

$$T_{BF} = \frac{1}{N-1}\sum_{j=1}^{N-1}\Delta T_j \tag{1.3.14}$$

其中，ΔT_j 表示第 j 次故障到第 $j+1$ 次故障间隔内的正常工作时间(h)。由式(1.3.14)即可得到在 N 次故障发生时的平均无故障工作时间，将此结果代入式(1.3.11)即得到完好性连续性结果。表 1.3.4 为 GNSS 空间信号的连续性指标，由表可见各系统的空间信号连续性均达到 99%/h 以上，其中 GPS 的连续性指标最高，Galileo 未给出该指标。

表 1.3.4　GNSS 空间信号的连续性指标

指标	GPS	BDS	Galileo	GLONASS
空间信号连续性	99.98%/h/星	99.5%/h/星 (GEO,IGSO) 99.8%/h/星 (MEO)	—	99.8%/h/星
计划中断通知	48h	48h	24h	—
非计划中断通知	尽快	72h	72h	尽快

1.3.4　可用性

可用性(availability)是 GNSS 的又一项重要指标，它是对系统工作性能概率的描述，也是用户将卫星导航系统是作为主要导航手段还是辅助导航手段的重要依据，如图 1.3.8 所示，可用性主要包括空间信号可用性和服务可用性。

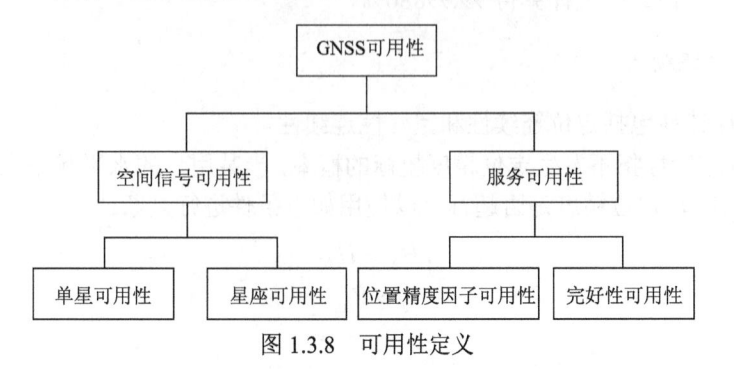

图 1.3.8　可用性定义

1. 空间信号可用性

空间信号可用性指卫星信号可正常提供导航定位授时服务的时间占整个导航系统运行时间的百分比，包括单星可用性和星座可用性两个部分。

首先介绍几个与可用性相关的概念。

按照前面的定义，平均故障间隔时间的计算公式可定义为

$$T_{\mathrm{BF}} = \frac{T(t)}{r(t)} \tag{1.3.15}$$

其中，$T(t)$ 为在规定时间 t 内，系统或产品的总工作时间；$r(t)$ 为在规定时间 t 内该系统或产品发生的故障总次数。平均故障间隔时间体现了产品多长时间就会发生一次故障。

平均修复时间（MTTR）：系统或产品由故障状态转为工作状态时进行维修的平均时间，具体定义式为

$$T_{\mathrm{TR}} = \frac{\sum\limits_{i=1}^{N} t_i}{N} \tag{1.3.16}$$

其中，t_i 为第 i 次维修的时间长度；N 为修复的总次数。

单星可用性指单颗卫星正常工作的时间占该卫星在轨运行时间的百分比。它主要依赖于卫星的设计、地面运控系统对卫星在轨维护处理的策略以及对异常问题的响应处理时间等。其中卫星在空间运行过程中出现的故障可分为长期故障、短期故障和维护故障。长期故障也称为不可恢复性故障，对于卫星来说是致命且不可维修的，只能等待新的卫星来接替，它在一定程度上反映了卫星的寿命。短期故障指可恢复的故障，卫星在数小时或数天内可以维修恢复正常。维护故障指有计划的停机修护操作活动，包括卫星上的原子钟切换、卫星轨道机动等。

假设故障出现的概率是随时间均匀分布的，且故障之间不相关，可以利用马尔可夫链模型来计算单星的可用性：

$$\mathrm{PA} = \frac{T_{\mathrm{BF}}}{T_{\mathrm{BF}} + T_{\mathrm{TR}}} \tag{1.3.17}$$

其中，PA 为某颗卫星的可用性；T_{BF} 为该卫星出现故障时的平均故障间隔时间；T_{TR} 为故障平均修复时间。

例如，某在轨卫星由于单粒子效应导致信号生成载荷出现故障，这属于短期故障，两次单粒子效应造成的故障间隔为 1000h（即 $T_{\mathrm{BF}}=1000\mathrm{h}$），出现故障后经过排查和重启载荷的时间是 1h（$T_{\mathrm{TR}}=1\mathrm{h}$），则在短期故障中，该卫星的可用性为 $1000/(1000+1)=99.9\%$。更为具体的是，图 1.3.9 给出了 MTBF 和 MTTR 的关系，由图可见，增加 MTBF 或者减小 MTTR 都可以有效提高可用性指标。

图 1.3.9　可用性示意图

星座可用性是整个卫星星座正常工作的时间占在轨运行时间的百分比。星座可用性不仅与单星可用性有关，还与卫星的发射、备份及替代策略有关。为了不使星座服务中断或性能降低，需要仔细规划星座的在轨备份卫星数、地面备份卫星数、发射周期以及入轨开通周期等条件。

星座备份策略包括在轨备份、停泊轨道备份和按需发射备份，其中在轨备份和停泊轨道备份统称为空间备份。在轨备份又可以分为单星备份和双星备份两种模式，单星备份是指单个轨道面增加一颗备份卫星，双星备份是指单个轨道面增加两颗备份卫星。星座可用性的计算需要考虑标称轨道卫星数、备份卫星数、卫星可用性等因素，计算较复杂。

2. 服务可用性

服务可用性指导航系统为服务区内用户提供满足要求的导航定位授时服务的概率，也就是可服务时间与期望服务时间之比。可服务时间指在给定区域内服务精度满足性能标准的时间。对于用户而言，服务可用性包括位置精度因子可用性和定位服务可用性(即完好性可用性)。

(1)位置精度因子可用性指在规定的时间、条件和服务区内，位置精度因子值满足限值要求的时间百分比。

(2)定位服务可用性指在规定的时间、条件和服务区内，水平和垂直定位精度满足定位精度限值要求的时间百分比。

假设在 $[t_1, t_2]$ 时间段内，对用户定位数据进行采样，采样间隔为 T，共采样了 N 个数据，利用式(1.3.18)可计算定位服务的可用性：

$$A_{\mathrm{oa}} = \frac{\sum\limits_{i=1}^{N} B(i)}{1 + \dfrac{t_2 - t_1}{T}} \tag{1.3.18}$$

其中，A_{oa} 表示定位结果满足可用性条件的历元个数占总历元数的百分比；$B(i)$ 表示第 i 个定位数据是否满足精度限值要求，满足取 1，否则取 0。表 1.3.5 给出了 GNSS 的服务可用性指标，由表可见，无论从空间信号可用性还是服务可用性来看，BDS 的可用性指标均较高，而 Galileo 由于系统建设进度延后，指标偏低。同时，随着系统建设和技术的不断进步，这些指标也在动态调整变化中。

表 1.3.5 GNSS 的服务可用性指标

指标	GPS	BDS	Galileo	GLONASS
单星可用性	95.7%	98%	87%	95%
星座可用性	98%(21 星)	99.8%(24 星)	—	98%(21 星)
	99.999%(20 星)	99.9999%(27 星)		
PDOP(≤6)可用性	98%	99%	90%	98%
定位服务可用性	99%	99%	90%	99%

作为对 GNSS 指标相关内容的总结，表 1.3.6 列出了 GNSS 在部分民用信号频点上的指标实现情况，从具体数据来看，GPS 的指标实现情况略优于其他系统，GLONASS 的性能实现情况稍逊，BDS 和 Galileo 在测距精度和定位性能方面均表现出较优的水

平。这些性能指标实现数据也是动态变化的，随着系统建设的不断进步，以及新型信号体制的出现，其性能指标也将不断提升。

表 1.3.6　GNSS 服务性能指标实现情况

指标	GPS（L1）	BDS（B1 I ）	Galileo（E1）	GLONASS（G1）
测距精度（95%）	1m	1m	1m	4m
水平定位精度（95%）	1～3m	1～3m	1～3m	7～8m
垂直定位精度（95%）	3～5m	2～4m	2～4m	13～14m
空间信号连续性	优于 99.98%	优于 99.98%	优于 99.9%	优于 99.98%
空间信号可用性	优于 99.5%	优于 99%	优于 99.5%	优于 96.7%
水平定位可用性	优于 99.8%	优于 99.5%	优于 99%	优于 99%
垂直定位可用性	优于 99.8%	优于 99.5%	优于 99%	优于 99%

1.4　本 章 小 结

本章主要介绍了 GNSS 的概念、系统组成、定位原理和系统指标，其中定位原理和系统指标是本章的重点，也是后面章节的基础。GNSS 是以无线电信号测量为基础的导航系统，从定位体制来看属于几何式定位；从定位方法来看有测距定位方法和多普勒定位方法，其中测距定位方法又是 GNSS 最常用的定位方法；从定位类型来看，GNSS 还可以分为有源定位和无源定位，其中 BDS 中的 RDSS 服务中提供的定位属于有源定位。

评估 GNSS 性能的指标，主要包括精度、可用性、连续性和完好性，这四个指标是基础指标。随着导航技术的不断发展和 GNSS 在轨卫星数量的增多，还出现了自主导航能力、安全性和兼容与互操作性等描述 GNSS 性能的高阶指标。本书主要是对基础指标的介绍和说明，对高阶指标感兴趣的读者可以查阅相关的论文和著作。

习　题　1

1-1　某接收机进行 10 次测量，得到高程测量值（单位：m）为 10.21, 10.18, 10.20, 10.19, 10.23, 10.22, 10.38, 10.24, 10.28, 10.25。若已知高程真实值为 10m，请计算测量值的标准差和均方根误差。

1-2　若接收机的定位测量值服从正态分布，其测量得到的垂直定位精度为 10m（95%），即于 95% 的置信度下的精度为 10m，对应 68% 置信度的精度是多少米？

1-3　已知某颗卫星单星工作连续性设计指标为 99.7%，则最小允许多长时间发生一次故障？

1-4　北斗卫星导航系统的 MEO 卫星采用了 24/3/1 Walker 星座，则相邻轨道上同一序号的卫星相位相差多少度？

1-5　测距定位是 GNSS 的一个重要定位方式，其中基于测量信号往返时间的定位是我国北斗导航系统所特有的，它利用两颗地球同步轨道卫星进行信号转发，用户位置解算在中心站完成。请思考这种利用两颗卫星转发的定位体制，是否实现了三维定位？

1-6　在测距定位的方式中，有基于到达时间的定位方式和基于往返时间的定位方式，请思考这两种方式中，哪种对用户终端的时钟误差（时钟准确度）要求高？为什么？

第 2 章 坐标系、坐标转换与时间系统

在卫星导航技术中，时空关系是一一对应且成对存在的，卫星导航系统同时也是一个精确的时空基准系统，系统中的卫星和地面站都需要统一在标准时间系统和坐标系统上，以确保用户接收设备能得到准确的位置和时间服务。而统一的时间系统和坐标系统如何建立和描述，是卫星导航技术的基础，目前 GNSS 都建立了各自的坐标基准和时间基准，这些坐标基准可以相互转换，时间基准能溯源，以此为基础可实现多 GNSS 之间的兼容互操作。本章的 2.1 节将介绍 GNSS 用到的各种坐标系，2.2 节介绍它们之间的相互转换方法，2.3 节介绍 GNSS 用到的时间系统和它们之间的转换关系。本章涉及的名词和概念较多，是后续章节的基础。

2.1 坐 标 系

微课视频

为了描述卫星运动，处理观测数据和表示用户的位置，需要建立坐标系统。坐标系统也称坐标系，是描述物质存在的空间位置的参照系，通过定义特定基准及其参数形式来实现。空间中任意一点的位置，可以使用多种坐标系来描述，但无论使用哪种坐标系，这个点必须是唯一且无歧义地被表示出来。

坐标系的确定包含三个要素，即坐标原点、坐标轴的指向和坐标尺度。除此以外还有随时间演变的一系列协议、算法和常数。GNSS 常使用两类坐标系统，一类是在空间固定的坐标系统，也称空固坐标系，它与地球运动无关，在空间的位置和方向保持不变或仅做匀速直线运动，对于描述卫星运行位置和状态极其方便；另一类是与地球固联的坐标系统，也称地固坐标系，它随地球自转而同步旋转，对于描述地面观测站或用户接收机相对于地球的位置尤为方便。空固坐标系有时也称为惯性坐标系，地固坐标系也称为非惯性坐标系。

为了使用方便，以上两类坐标系的定义中，国际上都通过协议来确定坐标原点、坐标轴的指向，这种经过共同确认的坐标系，称为协议坐标系。

2.1.1 地球参考模型

地球参考模型就是一组描述地球形状的参数，作为对地球表面物体位置测量的基础。自 17 世纪以来大地测量的结果表明，地球是一个南北稍扁的旋转椭球体，其表面沟壑起伏非平整光滑。而为了方便在地球表面开展一系列的导航计算，则需要将地球近似为一个规则光滑曲面，各 GNSS 都定义了一套自己的地球参考模型，在大地测量中通常采用的地球参考模型就是地球参考椭球，以此近似表示地球的几何形状。如图 2.1.1 所示，假设一个圆心为 O、长半轴为 a、短半轴为 b 的椭圆，绕着其短半轴旋转得到地球参考椭球。其中包含自转轴 NS 并通过椭球上任一点的平面，称为子午面，子午面与椭球相交的大圆称为子午圈。过地球参考椭球球心 O 与子午面垂直的平面为赤道面，赤道面与椭球相交的大圆称为赤道。参考椭球的扁率 f 和偏心率 e 与椭球长半轴 a、短半轴 b 的关系分别为

$$\begin{cases} f = \dfrac{a-b}{a} \\ e^2 = \dfrac{a^2-b^2}{a^2} \end{cases} \tag{2.1.1}$$

扁率和偏心率的转换关系为

$$e^2 = 2f - f^2 \tag{2.1.2}$$

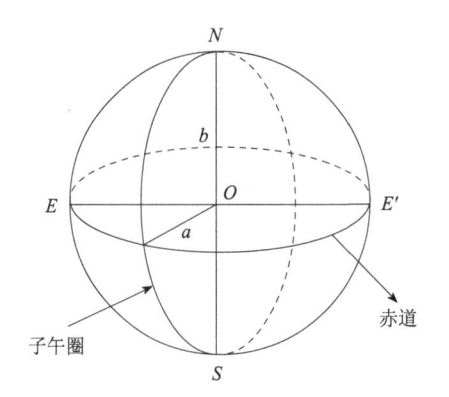

图 2.1.1　地球参考椭球示意图

地球参考椭球的基本参数还包括地球自转角速度 ω 和地心引力常数 GM，其中地球自转角速度 ω 是卫星轨道计算的基本参数，地心引力常数 GM 是决定参考椭球大地水准面的重要参数，同时也是卫星轨道计算的重要参数。

各大卫星导航系统均有自己的地球参考椭球模型，例如，GPS 采用的地球参考椭球模型是由美国国防部下属的国防制图局制定的 1984 年版大地系（WGS-84）的参考椭球。我国 BDS 目前采用的地球参考椭球模型是 2000 国家大地坐标系（CGCS-2000）的参考椭球，CGCS-2000 是由分布于我国的 2000 多个测绘网点数据进行精确处理计算的结果，在 2008 年 7 月 1 日正式启用，是当前最新的国家大地坐标系。GLONASS 采用的地球参考椭球模型是由俄罗斯建立的，由 26 个地面观测基准站共同测量确定的坐标系 PZ-90（Parametry Zemli 1990）。Galileo 系统采用的地球参考椭球模型称为 Galileo 地球参考框架（GTRF），它与由国际地球自转服务（IERS）负责建立的国际地球参考框架（ITRF）紧密相关，由伽利略的传感站（GSS）和部分全球 GNSS 服务站（IGS）提供的数据经过计算得到。

表 2.1.1 给出了 GNSS 各自定义的地球参考椭球的主要参数，各 GNSS 中对卫星轨道、地面站点等空间位置的描述都是建立在这一套参数上的，即空间中相同的点使用不同 GNSS 定义的参考椭球模型，得到位置的坐标值可能不同。这些椭球参数会随着测绘技术不断提高而动态调整，如 WGS-84 坐标系的参数在 2002 年就进行过调整。

表 2.1.1　GNSS 地球参考椭球的主要参数

卫星导航系统	坐标框架	长半轴/m	扁率	地球自转角速度/(rad/s)	地心引力常数 GM/(m³/s²)
GPS	WGS-84	6378137	1/298.257223563	$7.2921151467 \times 10^{-5}$	3.986005×10^{14}
BDS	CGCS-2000	6378137	1/298.257222101	$7.2921151467 \times 10^{-5}$	$3.986004418 \times 10^{14}$
GLONASS	PZ-90	6378136	1/298.257839303	7.292115×10^{-5}	3.9860044×10^{14}
Galileo	GTRF	6378137	1/298.257222101	$7.2921151467 \times 10^{-5}$	$3.986004418 \times 10^{14}$

2.1.2 基本概念及定义

在定义坐标系之前，本节首先介绍与坐标系紧密相关的几个天文学基本概念以及坐标系基本点、线、面的定义。

1. 岁差

月球和太阳对地球的引力作用使地球自转轴产生进动现象，即地球自转轴绕固定点运动，进动角度为 23.5°，进动方向与地球自转方向相反，周期约为 26000 年。

2. 章动

月球和太阳运行的轨道面与地球赤道面不重合以及月地、日地的距离变化，导致地球自转轴的进动力矩不断变化，进动轨迹可以看成在平均位置附近做短周期的微小摆动，称为章动。章动的周期约为 18.6 年。

3. 极移

地球自转轴在地球内部绕行，表现为地球的地极发生运动，这种现象称为极移。极移导致地球南北极在地球表面上的位置发生变化，也引起各地的经纬度发生变化。

4. 天球

天球是以地球质心为中心、任意长度为半径的一个假想球面。

5. 天极

地球自转轴的延伸直线称为天轴，天轴与天球有两个交点，如图 2.1.2 所示，北向的交点 P_N 称为天北极，南向的交点 P_S 称为天南极。天极在天球上并不是固定不动的，其位置受岁差和章动的影响变化，消除了岁差和章动影响的天极称为平天极，包含岁差和章动影响的天极称为真天极。

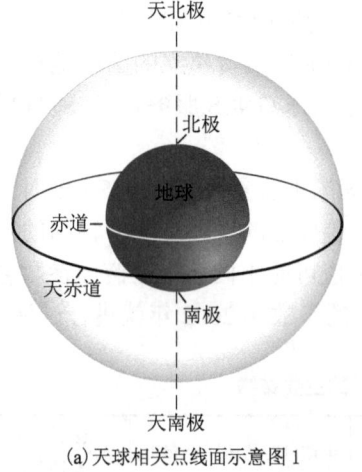

(a) 天球相关点线面示意图 1

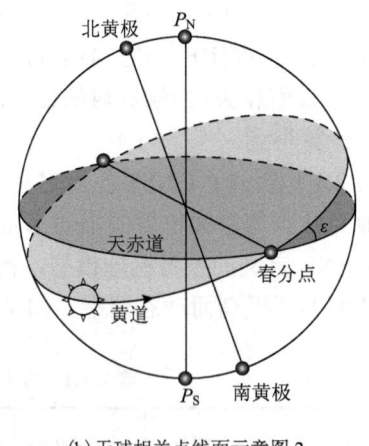

(b) 天球相关点线面示意图 2

图 2.1.2 天球上的点线面

6. 天球赤道

通过地球质心与天轴垂直的平面，称为天球赤道面。这时天球赤道面与地球赤道面重合。该赤道面与天球相交的大圆称为天赤道，可见天赤道是一个半径无穷大的圆。

7. 黄道

地球绕太阳公转的轨道平面与天球相交的大圆称为黄道。或者说，当地球绕太阳公转时，地球上的观测者所看到的太阳在天球面上做视运动的轨迹称为黄道。

8. 黄赤交角

黄道平面和天球赤道面的夹角 ε 称为黄赤交角，ε 约等于 $23°26'$。

9. 天球子午圈

包含天轴并通过天球任一点的平面，称为天球子午面。天球子午面与天球相交的大圆称为天球子午圈。

10. 黄极

黄极是指通过天球中心且垂直于黄道平面的直线与天球表面的交点，如图 2.1.2 右图所示。与天球北向的交点称为北黄极，南向的交点称为南黄极。

11. 春分点

春分点是指太阳投影沿着黄道由南半球向北半球运动时，与天球赤道的交点。由于从地心到春分点的方向不随地球的自转或公转而变化，因此春分点是建立惯性坐标系的一个基准点，同时也是天文学和大地测量学中一个重要的空间基准点。在天球赤道面上与春分点成 $180°$ 的点称为秋分点。

2.1.3 地心惯性坐标系

顾名思义，地心惯性坐标系(ECI)就是坐标原点在地球质心上的惯性坐标系，它在空间保持静止或做匀速直线运动，主要用来描述在地球万有引力作用下卫星绕地球运行的状态。地心惯性坐标系有两种表现形式，分别是天球空间直角坐标系和天球球面坐标系。图 2.1.3 为天球空间直角坐标系，坐标原点选取在地球质心上，X 轴指向春分点，Z 轴指向天球北极，Y 轴垂直于 XOZ 平面，与 X 轴和 Z 轴构成右手坐标系，图中坐标轴的下标"I"表示惯性(inertial)的意思。图 2.1.4 为天球球面坐标系，空间中任意一点 P 点的坐标也可以用天球球面坐标系来表示。赤经 α 表示过春分点的子午面与过 P 点的子午面的夹角；赤纬 δ 表示过 P 点的子午面与赤道面的交线与过 P 点子午面法线之间的夹角；向径 r 为 P 点至坐标原点 O 的距离。由空间几何关系不难得出天球球面坐标系与天球空间直角坐标系之间的关系为

天球坐标系的表示

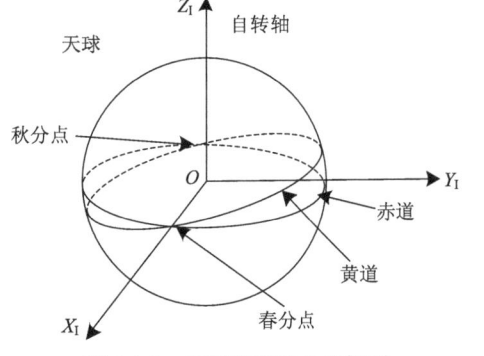

图 2.1.3　天球空间直角坐标系

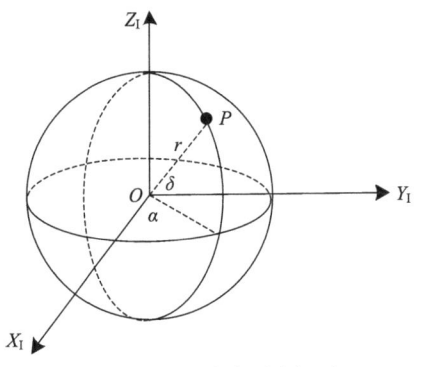

图 2.1.4　天球球面坐标系

$$\begin{bmatrix} X_I \\ Y_I \\ Z_I \end{bmatrix} = r \begin{bmatrix} \cos\alpha\cos\delta \\ \sin\alpha\cos\delta \\ \sin\delta \end{bmatrix} \tag{2.1.3}$$

地心惯性坐标系的坐标原点选取在地球质心上，坐标轴的指向以春分点为参考点。然而地球一方面绕地轴自转，另一方面围绕太阳公转，旋转的速度也在变化，即地球质心本身就在非匀速运动。同时由于岁差和章动的影响，春分点的位置也会缓慢变化，导致坐标轴的指向不再固定。这样定义的坐标系怎么会是惯性的呢？其实严格地说，要建立一个严格意义上的惯性坐标系相当困难。通常，我们会根据统一的约定建立近似的惯性坐标系，即选择某一时刻作为标准历元，并将此时地球瞬时自转轴与地心至瞬时春分点的方向，经过瞬时的岁差和章动改正后，分别作为 Z 轴和 X 轴的指向。由此构成的惯性坐标系，称为所取标准历元的协议天球坐标系，也称为协议惯性坐标系。在 GNSS 中，国际天文学联合会和国际大地测量协会决定，从 1984 年 1 月 1 日起采用以 J2000 历元(2000 年 1 月 1 日 11:58:56 的协调世界时)的平赤道和平春分点为依据建立协议天球空间直角坐标系，该坐标系的原点在地球质心，X 轴指向 J2000 历元时的平春分点，Z 轴为北极方向的地球自转轴，Y 轴与 X、Z 轴一起构成右手定则的直角坐标系。

2.1.4 地心地固坐标系

地心地固坐标系的表示

地心地固坐标系(ECEF)是坐标原点在地球质心，坐标轴与地球相固连的一种坐标系，它随地球一起转动，属于非惯性坐标系。在地心地固坐标系中，地球自转轴是常用的一个基准轴，然而自转轴实际上也是运动的。早在 1765 年，瑞士数学家欧拉就指出，由于地球自转轴与地球短轴不重合，地球自转轴会在地球内部绕行，其周期为 305 天。也就是地球自转轴除了在空间有岁差和章动现象外，同时相对于地球表面而言，地球的南北两极也会以每年几米的速度沿一个半径为十几米的小圆移动，这就是极移现象。极移带来了以自转轴为基准轴的地心地固坐标系相对于地球发生了移动，在地球上不再是固定的。为了解决极移带来的坐标系相对地球运动的问题，1967 年国际天文学联合会和国际大地测量协会建议将 1900～1905 年间的地极实际位置的平均值作为基准点，这个基准点称为协议地极(CTP)，与之相应的赤道面称为协议赤道面。以协议地极为基准点建立的地球坐标系称为协议地球坐标系。GNSS 采用的地心地固坐标系均为协议地球坐标系，为了简便起见，一般使用时将"协议"二字省略。

地心地固坐标系也有两种表现形式，分别是地心直角坐标系和地心大地坐标系，如图 2.1.5 所示。其中地心直角坐标系，也称为传统陆地参考系(CTRS)，图 2.1.5 中坐标轴下标"T"表示陆地的(terrestrial)意思。坐标原点仍然是地球质心，X_T 轴由地心指向格林尼治平子午线与地球赤道的交点处，Z_T 轴与地球自转轴重合并指向地球北极，Y_T 轴与 X_T、Z_T 轴构成右手定则。

图 2.1.5　地心直角坐标系与地心大地坐标系

　　除了地心直角坐标系外，地球上任意点 P 的位置还可以用大地纬度、大地经度和大地高度来表示，这就是大地坐标系，因为坐标原点在地球质心，也称地心大地坐标系，大地坐标系示意图如图 2.1.5 所示。大地纬度、大地经度和大地高度在使用时一般简称为纬度、经度和高度，在定义大地坐标系前，先解释大地水准面的含义。

　　大地水准面是一个假想的、与静止海平面相重合的重力等位面，这个重力等位面向大陆底部的延伸面是重力等位面，即物体在这个面上运动时，重力不做功。因地球表面起伏不平和地球内部质量分布不均，故大地水准面是一个略有起伏的不规则曲面。人们经常使用的某一点 P 的平均海拔高度或者高程，就是指 P 点沿垂线方向到大地水准面的距离。

　　通常假设地球是一个光滑椭球(即地球参考椭球)，也称基准椭球，基准椭球面与大地水准面之间高度差的平方和最小。有了基准椭球就可以定义任意点 P 的大地坐标系 (ϕ, λ, h)。

　　纬度 ϕ 表示过 P 点的基准椭球面法线与赤道面的夹角，纬度的取值范围为 $[-90°, 90°]$，北半球取值为正，南半球取值为负。

　　经度 λ 表示过 P 点的子午面与格林尼治平子午面的夹角。以格林尼治平子午面为 $\lambda = 0°$ 计数，子午面以东为正，以西为负。

　　高度 h 是 P 点到基准椭球面的法线距离。P 点在基准椭球面之外为正，之内为负。

　　而人们通常习惯使用的海拔，指的是相对于大地水准面的高度。若通过卫星导航接收机测量得到 P 点位置 (ϕ, λ, h) 后，将高度 h 减去大地水准面差值才能得到 P 点的海拔。如图 2.1.6 所示的大地高度 h 和海拔 H 有以下关系：

$$h \approx H + N_\mathrm{h}　　　　　　　　　　（2.1.4）$$

其中，N_h 是大地水准面高度，即大地水准面高出基准椭球面的法向距离。大地水准面高度值要查阅相关资料得到，全球的大地水准面高度需要经过精确测绘，是一项艰巨的任务。在实际应用中可以认为大地高度与海拔近似相等。

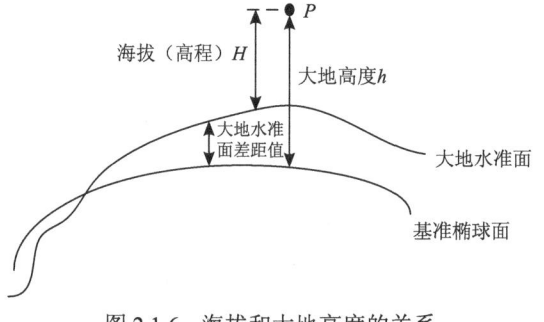

图 2.1.6　海拔和大地高度的关系

　　各 GNSS 采用的坐标系统都属于地心地固坐标系，是由各自不同的地面基准站或测量手段经过长期测绘得到的。各 GNSS 坐标系统的坐标原点相同，坐标轴的方向略有区别，坐标系的定义均符合国际地球自转服务建立和维持的国际地球参考系(ITRS)的标准。国际地球参考系是目前应用最广泛、精度最高的全球参考框架，国际地球自转服务每隔一定的年限就会推出精度更高的国际地球参考框架，如 1999 年推出的 ITRF97、2001 年推出的 ITRF2000、2006 年推出的 ITRF2005、2016 年推出的 ITRF2014 等。

　　表 2.1.2 列出了 GNSS 坐标系的定义，在各 GNSS 中，GPS 的 WGS-84 目前已经过三次修正，与国际地球参考系的精度基本一致，在使用时可以不考虑 WGS-84 与国际地球参考系的转换参数；GLONASS 的 PZ-90 与 WGS-84 的差异较大，在使用时需

要进行坐标的变换；Galileo 的 GTRF 与 ITRF2005 一致，BDS 的 CGCS-2000 与 ITRF97 一致。因此，在普通精度的定位中，WGS-84、CGCS-2000 和 GTRF 可以认为相互一致，不需要进行坐标的转换，而 PZ-90 与这三种坐标系存在差异，需要进行坐标转换。

扩展阅读：目前 GNSS 的坐标系都是以地球质心为坐标原点的地心坐标系。地心坐标系可充分利用现代空间技术进行高效测绘和导航定位，是目前主流的坐标系。与之相对应的还有参心坐标系。参心坐标系是以参考椭球的几何中心为基准的坐标系，我国北斗一号系统使用的北京 54 坐标系（BJ54 新）就是参心坐标系，它是由 1980 年国家大地坐标系转换得来的，坐标原点位于陕西省径阳县永乐镇，椭球参数采用克拉索夫斯基椭球，高程以 1956 年青岛验潮站求出的黄海平均水平面为基准。它的参考椭球面在我国境内不是最佳拟合。

表 2.1.2　GNSS 坐标系的定义

卫星导航系统	坐标系统	坐标原点	Z 轴	X 轴	Y 轴
GPS	WGS-84	地球质心	指向国际地球自转服务推荐的历元 1984.0 的协议地球北极	指向参考子午面与平均天文赤道的交点	与 X 轴和 Z 轴构成右手坐标系
BDS	CGCS-2000	地球质心	指向国际地球自转服务推荐的历元 2000.0 的协议地球北极	为国际地球自转服务定义的参考子午面与通过原点且同 Z 轴正交的赤道面的交线	与 X 轴和 Z 轴构成右手坐标系
GLONASS	PZ-90	地球质心	指向国际地球自转服务推荐的 1900～1905 年间的协议地球北极	指向地球赤道与国际时间局所定义的零子午线的交点	与 X 轴和 Z 轴构成右手坐标系
Galileo	GTRF	地球质心	指向国际地球自转服务推荐的协议地球北极	指向地球赤道与国际时间局所定义的零子午线的交点	与 X 轴和 Z 轴构成右手坐标系

2.1.5　当地地理坐标系

当地地理坐标系也称当地切平面坐标系，可用来描述运载体在地球表面的运动姿态与速度。坐标原点为运载体 P 的质心，过 P 点作地球基准椭球面的切平面，坐标系的两个坐标轴位于切平面上，第三轴与切平面垂直。如图 2.1.7 所示，若以 P 点为坐标原点，在过 P 点的参考椭球的切平面上，沿参考椭球子午圈取正北方向为 Y 轴（北向 N）指向，与正北方向对应的正东方向为 X 轴（东向 E）指向，切平面的法线方向为 Z 轴（天向 U）指向，坐标轴满足右手定则。这样定义的坐标系也称为东-北-天（ENU）坐标系。另外，还可使用观测者位置的正北向、正东向、地心方向构成右手坐标系，称为北-东-地（NED）坐标系。图 2.1.7 为东-北-天坐标系示意图。

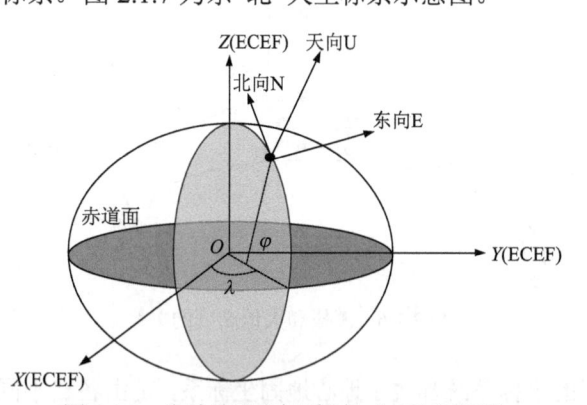

图 2.1.7　当地地理坐标系（东-北-天坐标系）

当地地理坐标系固联在地球上，也是地固坐标系的一种，它对于描述空间中两个或两个以上点相互之间运动的位置关系很方便。例如，用户接收机 P 与卫星 S 的方位关系如图 2.1.8 所示，以 P 为坐标原点建立东-北-天坐标系，假设 S 在该站心坐标系下的坐标为 (e, n, u)，则 S 相对于 P 的仰角 θ 和方位角 α 分别为

$$\theta = \arcsin\left(\frac{u}{\sqrt{e^2 + n^2 + u^2}}\right) \qquad (2.1.5)$$

和

$$\alpha = \arctan\left(\frac{e}{n}\right) \qquad (2.1.6)$$

其中，卫星的仰角 θ 表示用户与卫星之间的连线（即卫星的观测矢量）高出水平面的角度。仰角又称为高度角，它的最大值为 $90°$，最小值为 $0°$，实际上由于地面建筑物等的遮挡和接收天线方向图的约束，能接收到卫星信号的仰角最小值通常为 $10°$。卫星的观测矢量与天顶方向的夹角称为天顶角 ζ，天顶角 ζ 与仰角 θ 的关系为

$$\theta + \zeta = 90° \qquad (2.1.7)$$

卫星的方位角 α 表示接收机所在位置的北向坐标轴顺时针旋转到卫星观测矢量在当地水平面内的投影的角度值，取值范围是 $0° \sim 360°$，正北方向为 $0°$，顺时针递增，因此利用式 (2.1.6) 计算得到的方位角 α 需要对 $360°$ 取模。

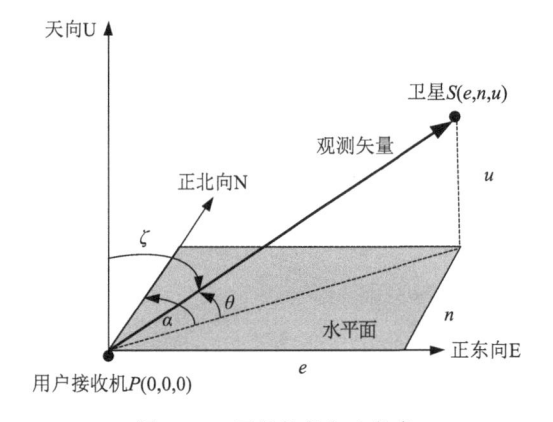

图 2.1.8　卫星仰角与方位角

2.1.6　卫星轨道坐标系

卫星轨道坐标系用于描述卫星在空间的轨道和位置，根据开普勒定律，卫星围绕地球运行的轨道是一个椭圆，地球是椭圆的一个焦点。卫星在轨道面上运行时，最接近地球的点称为近地点，卫星轨道坐标系的原点为地球质心，X 轴在轨道面内指向近地点方向，Y 轴在轨道面内垂直于 X 轴，Z 轴垂直于轨道面指向上方，三轴形成右手坐标系。图 2.1.9 是卫星轨道坐标系的示意图，图中 $OXYZ$ 为地心地固坐标系，而坐标轴 OX_o、OY_o、OZ_o 为卫星轨道坐标系的三个轴，卫星轨道与地球赤道存在一个倾角 i

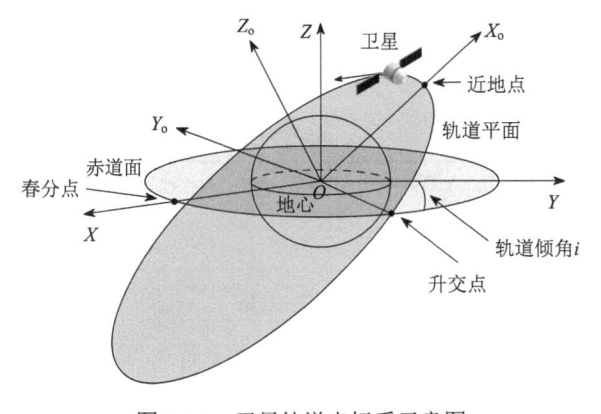

图 2.1.9　卫星轨道坐标系示意图

称为轨道倾角，可见卫星轨道坐标系是相对于地球空间位置建立的，由于不同卫星轨道在空间相对于地球的位置不同，其轨道坐标各自是不一样的。关于卫星轨道的知识，将在第 6 章中重点介绍。

2.1.7　载体坐标系

载体坐标系的坐标原点是载体的质心，三个坐标轴指向载体的三个正交方向，它是附着在载体上的坐标系，随着载体的运动，载体坐标系也发生运动。其中，Y 轴指向载体的正前方，X 轴与 Y 轴垂直且指向载体右侧，Z 轴垂直于 X 轴和 Y 轴构成右手坐标系，如图 2.1.10 所示，这样定义的载体坐标系也称为"右-前-上"坐标系。另外，还可以将载体正前方定义为 X 轴指向，右侧定义为 Y 轴指向，Z 轴垂直于 X 轴和 Y 轴构成右手坐标系，这样定义的载体坐标系称为"前-右-下"坐标系。载体在空间运动的姿态可以用欧拉角来表示，欧拉角通常也称为姿态角，包括航向(yaw)角、俯仰(pitch)角和横滚(roll)角三种角度，如图 2.1.11 所示，具体定义如下。

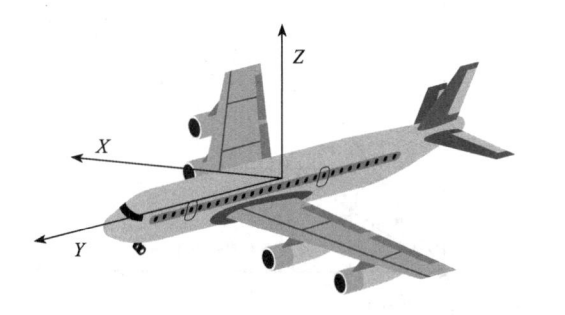

图 2.1.10　载体坐标系

(1)航向角 ψ。航向角指载体的纵轴在当地水平面上的投影与当地地理北向的夹角，通常取北偏东为正，即从空中俯视运载体，地理北向顺时针旋转至纵轴水平投影的夹角。其取值范围为 0°～360°。

(2)俯仰角 θ。俯仰角指运载体纵轴与其在水平面投影之间的夹角，当运载体抬头时角度为正，低头时角度为负。其取值范围为−90°～90°。

(3)横滚角 γ。横滚角指运载体立轴与纵轴所在的铅垂面之间的夹角，当运载体向右倾斜时为正，向左倾斜时为负。其取值范围为−180°～180°。

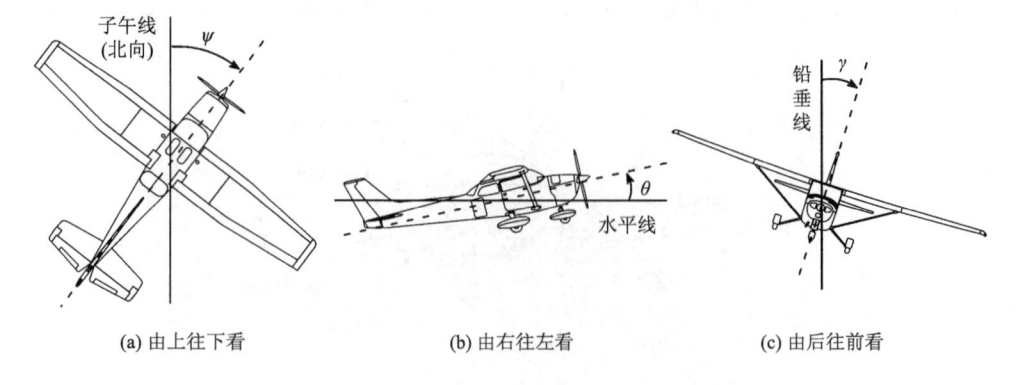

(a) 由上往下看　　　　　　(b) 由右往左看　　　　　　(c) 由后往前看

图 2.1.11　载体的姿态角

微课视频

2.2　坐　标　转　换

坐标是描述位置的一组数值，由 2.1 节的内容可知，不同 GNSS 使用的地球参考模型不同，空间相同一点使用不同 GNSS 的坐标系进行定义时，坐标值也可能不同。而在同一 GNSS 中，也使用着不同的坐标系，如地心惯性坐标系、地心地固坐标系、当地地理坐标系等，这些坐标系有些是共原点的，而有些不共原点。为了计算方便，载体的位置或速度坐标在实际使用时需要相互转换。本节就对卫星导航中常用的坐标转换方法进行介绍，分为相同参考椭球系和不同参考椭球系下坐标之间的转换，而对于相同参考椭球系中的坐标转换，还可以分为共原点之间的坐标转换和不共原点的坐标转换两种情况。

2.2.1　相同参考椭球共原点坐标系的坐标转换

若坐标系均为直角坐标系，因为原点相同，只是坐标轴指向不同，在坐标转换时可以通过旋转坐标轴来实现坐标之间的转换，使用原坐标值乘以坐标旋转矩阵即可得到目标坐标系下的坐标值。而若为直角坐标和极坐标之间的转换，如大地坐标系和地心地固坐标系的坐标相互转换，则计算稍微复杂一些。下面将首先介绍大地坐标系和地心地固坐标系之间的坐标转换，然后介绍更为通用的直角坐标系之间的坐标转换。

1. 地心大地坐标转换为地心直角坐标

如图 2.2.1 所示，在地心大地坐标系中任意一点 P 的坐标为 (ϕ, λ, h)，对应于地心直角坐标系的坐标为 (x, y, z)。地心大地坐标系的参考椭球中心与直角坐标系一致，且参考椭球短半轴与地球自转轴重合，也就是与直角坐标系的 z 轴一致。过 P 点作参考椭球的子午面 WOZ，WOZ 与本初子午面的夹角就是 λ。如图 2.2.2 所示，将 WOZ 面展示成平面直角坐标系的形式，其中参考椭球的长半轴、短半轴分别位于 W 轴和 Z 轴上，将参考椭球长半轴、短半轴和偏心率分别设为 a、b、e，则它们具有以下关系：

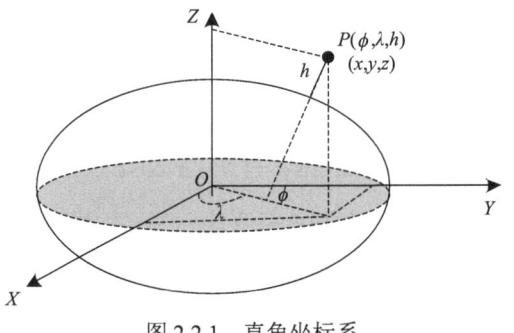

图 2.2.1　直角坐标系

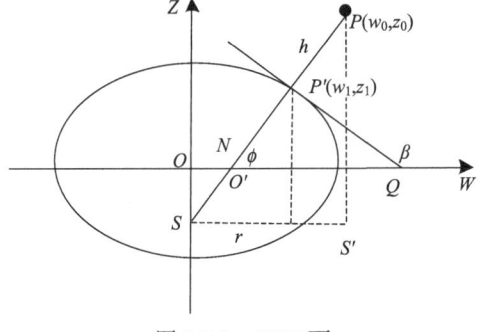

图 2.2.2　WOZ 面

$$e = \frac{\sqrt{a^2 - b^2}}{a} \tag{2.2.1}$$

即

$$b = a\sqrt{1 - e^2} \tag{2.2.2}$$

在 WOZ 平面上，P' 为过 P 点的椭球法线与椭球的交点，设 P' 的坐标为 (w_1, z_1)，过 P' 的椭球切线与 W 轴相交于 Q 点，过 P' 的椭球法线与 W 轴相交于 O' 点，与 Z 轴相交于 S 点，过 P' 的椭球法线与 W 轴的夹角为 ϕ。设 $P'S = N$，则 $w_1 = N\cos\phi$。

由于 P' 在椭圆上，则满足椭圆方程：

$$\frac{w_1^2}{a^2} + \frac{z_1^2}{b^2} = 1 \tag{2.2.3}$$

过椭圆上点 P' 的切线 $P'Q$ 的斜率为椭圆曲线 $f(w,z)$ 在 P' 点上的导数，具体为

$$\frac{\mathrm{d}z}{\mathrm{d}w} = \tan\beta = \tan\left(\frac{\pi}{2} + \phi\right) = -\cot\phi \tag{2.2.4}$$

根据隐函数导数的定义，若 $f(w,z)$ 连续且有连续的偏导数 f'_w、f'_z，且 $f'_z \neq 0$，则由 $f(w,z) = 0$ 所决定的函数 $z = g(w)$ 的导数为

$$\frac{\mathrm{d}z}{\mathrm{d}w} = -\frac{f'_w}{f'_z} = -\frac{b^2 w_1}{a^2 z_1} \tag{2.2.5}$$

由式 (2.2.3)～式 (2.2.5) 得

$$\begin{cases} w_1 = \dfrac{a\cos\phi}{\sqrt{1 - e^2 \sin\phi}} \\ z_1 = \dfrac{a(1 - e^2)\sin\phi}{\sqrt{1 - e^2 \sin^2\phi}} \end{cases} \tag{2.2.6}$$

又由 $w_1 = N\cos\phi$，则可以设

$$N = \frac{a}{\sqrt{1 - e^2 \sin^2\phi}} \tag{2.2.7}$$

定义 N 为卯酉圈曲率半径，则 P 点在 WOZ 直角坐标系下的坐标为

$$\begin{cases} w_0 = w_1 + h\cos\phi = (N + h)\cos\phi \\ z_0 = z_1 + h\sin\phi = \left[N(1 - e^2) + h\right]\sin\phi \end{cases} \tag{2.2.8}$$

再将 WOZ 面的坐标向三维直角坐标 XYZ 转换，P 点在 WOZ 平面的横坐标的值就是 P 点在三维直角坐标系下在 XOY 面投影的长度 $(SS' = r)$，WOZ 面中纵坐标值与 XYZ 中的 Z 轴对应的坐标值一致：

$$\begin{cases} x = (N + h)\cos\phi\cos\lambda \\ y = (N + h)\cos\phi\sin\lambda \\ z = \left[N(1 - e^2) + h\right]\sin\phi \end{cases} \tag{2.2.9}$$

以上就是由地心大地坐标向地心直角坐标的转换关系式。

2. 地心直角坐标转换为地心大地坐标

当已知 P 点在地心直角坐标系的坐标 (x, y, z) 时，由图 2.2.1 不难得到：

扩展阅读：在天文学中，卯酉圈是指天球坐标系中过南北极点与子午圈相垂直的大圆，它相当于沿着地球经线的一个切面，也是一个椭圆，长半轴为地球椭球的长半轴 a，短半轴为地球椭球的短半轴 b。卯酉圈曲率半径是大地测量学中的一个重要概念，它指经过地球椭球面上一点 P 的法线，作与过 P 点子午面相垂直的法截面，在这个法截面上，P 点至法截面与 Z 轴交点的距离就是卯酉圈曲率半径。它反映了 P 点所在地球表面的弯曲程度。

$$\tan \lambda = \frac{y}{x} \tag{2.2.10}$$

在如图 2.2.1 所示的 WOZ 直角坐标平面上，由前面定义的卯酉圈曲率半径 N，可以得到 P 点在参考椭球的 XOY 平面上的投影长度 $r = (N + h)\cos\phi = \sqrt{x^2 + y^2}$，由此可得到地心大地坐标系下的高度 h，即

$$h = \frac{\sqrt{x^2 + y^2}}{\cos\phi} - N \tag{2.2.11}$$

又由 $(N + h)\sin\phi = z + Ne^2\sin\phi$ 可得

$$\tan\phi = \frac{z + Ne^2\sin\phi}{\sqrt{x^2 + y^2}} \tag{2.2.12}$$

将

$$N = \frac{a}{\sqrt{1 - e^2\sin^2\phi}} = \frac{a}{\cos\phi\sqrt{1 + (1 - e^2)\tan^2\phi}} \tag{2.2.13}$$

代入式 (2.2.12) 得

$$\tan\phi = \frac{1}{\sqrt{x^2 + y^2}}\left[z + \frac{ae^2\tan\phi}{\sqrt{1 + (1 - e^2)\tan^2\phi}}\right] \tag{2.2.14}$$

注意到式 (2.2.14) 左右两边均有未知数 ϕ，需要用迭代方法解算，为了加快计算速度，可以将地球近似为正球体，则

$$\tan\phi \approx \frac{z}{\sqrt{x^2 + y^2}} = \frac{z}{a} \tag{2.2.15}$$

将式 (2.2.15) 代入式 (2.2.14) 右边计算，经过三次迭代通常可以收敛得到准确值。

另外在高纬度地区 $\phi \to 90°$，用式 (2.2.11) 计算 h 时将出现奇异，可以用式 (2.2.16) 替代：

$$h = \sqrt{x^2 + y^2}\cos\phi + z\sin\phi - N(1 - e^2\sin^2\phi) \tag{2.2.16}$$

综上可知，由地心直角坐标系中的坐标 (x, y, z) 转换为地心大地坐标系的坐标 (ϕ, λ, h)，公式为

$$\begin{cases} \tan\phi = \dfrac{1}{\sqrt{x^2 + y^2}}\left(z + \dfrac{ae^2\tan\phi}{\sqrt{1 + (1 - e^2)\tan^2\phi}}\right) \\[4mm] \lambda = \arctan\dfrac{y}{x} \\[2mm] h = \sqrt{x^2 + y^2}\cos\phi + z\sin\phi - N(1 - e^2\sin^2\phi) \end{cases} \tag{2.2.17}$$

3. 直角坐标系之间的坐标转换

具有相同坐标原点的坐标系 a 系 $(X_a Y_a Z_a)$ 和 b 系 $(X_b Y_b Z_b)$ 如图 2.2.3 所示。若 P 点在 a 系中的坐标为 (x_a, y_a, z_a)，则 P 点在 b 系中的坐标 (x_b, y_b, z_b) 可以由 (x_a, y_a, z_a) 乘

以旋转矩阵 $\boldsymbol{R}_{\text{a}}^{\text{b}}$ 求得,其中旋转矩阵 $\boldsymbol{R}$ 的下标"a"表示原始坐标系,上标"b"表示目标坐标系。旋转矩阵的计算过程如下。

首先将 a 系中的平面 $X_{\text{a}}OY_{\text{a}}$ 绕 OZ_{a} 轴逆时针旋转角度 θ,如图 2.2.4 所示,此时 OZ_{a} 轴没有变化,只是平面 $X_{\text{a}}OY_{\text{a}}$ 上的坐标轴发生了角度 θ 的旋转。

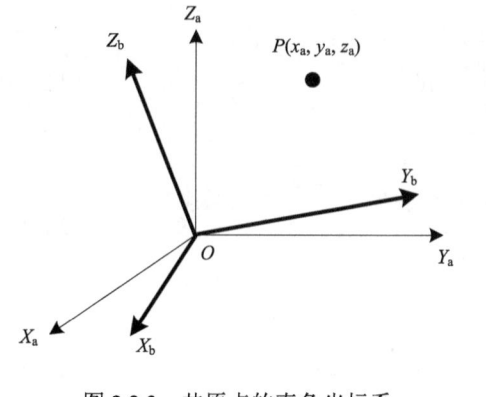
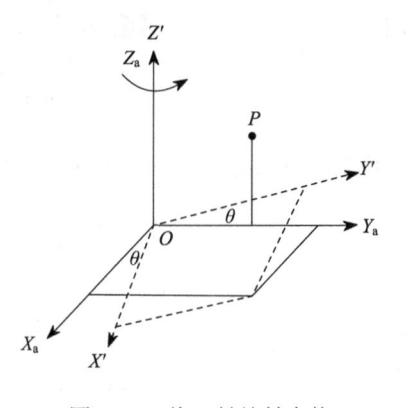

图 2.2.3 共原点的直角坐标系　　图 2.2.4 绕 Z 轴旋转变换

图 2.2.5 是 $X_{\text{a}}OY_{\text{a}}$ 平面坐标轴发生旋转至 $X'OY'$ 平面的示意图,P 点在平面 $X_{\text{a}}OY_{\text{a}}$ 内的坐标值为 $(x_{\text{a}}, y_{\text{a}})$,当 X_{a}-Y_{a} 坐标轴绕 O 点逆时针旋转了 θ 角变为 X'-Y' 坐标轴时,此时 P 点在 $X'OY'$ 平面的坐标值为 (x_1', y_1'),由几何关系不难得到坐标轴旋转前后两个坐标值之间的关系:

$$\begin{aligned} x_1' &= x_{\text{a}} \cos\theta + y_{\text{a}} \sin\theta \\ y_1' &= -x_{\text{a}} \sin\theta + y_{\text{a}} \cos\theta \end{aligned} \tag{2.2.18}$$

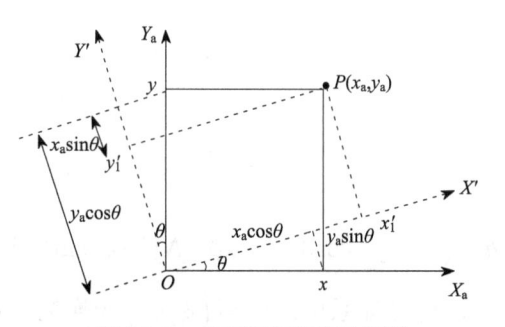

图 2.2.5 OXY 平面旋转示意图

因为 Z 轴坐标没有发生变化,将式(2.2.18)写成三维坐标的形式为

$$\begin{bmatrix} x_1' \\ y_1' \\ z_1' \end{bmatrix} = \boldsymbol{R}_Z(\theta) \begin{bmatrix} x_{\text{a}} \\ y_{\text{a}} \\ z_{\text{a}} \end{bmatrix} \tag{2.2.19}$$

其中,$\boldsymbol{R}_Z(\theta)$ 表示绕 Z 轴旋转角度 θ 的坐标变换旋转矩阵,角度值 θ 的符号定义是从 Z 轴的正轴方向向坐标原点看,逆时针旋转为正,顺时针旋转为负。由此得到旋转矩阵 $\boldsymbol{R}_Z(\theta)$ 的具体表示为

$$\boldsymbol{R}_Z(\theta) = \begin{bmatrix} \cos\theta & \sin\theta & 0 \\ -\sin\theta & \cos\theta & 0 \\ 0 & 0 & 1 \end{bmatrix} \tag{2.2.20}$$

再将旋转后的坐标系绕 OX_1' 轴旋转角度 α,得到旋转前后坐标值的关系为

$$\begin{bmatrix} x'_2 \\ y'_2 \\ z'_2 \end{bmatrix} = \boldsymbol{R}_X(\alpha) \begin{bmatrix} x'_1 \\ y'_1 \\ z'_1 \end{bmatrix} \tag{2.2.21}$$

其中，$\boldsymbol{R}_X(\alpha)$ 表示绕新的 X 轴旋转 α 的坐标变换旋转矩阵，角度值 α 的定义与绕 Z 轴旋转时角度值 θ 的定义类似，旋转矩阵 $\boldsymbol{R}_X(\alpha)$ 可以表示为

$$\boldsymbol{R}_X(\alpha) = \begin{bmatrix} 1 & 0 & 0 \\ 0 & \cos\alpha & \sin\alpha \\ 0 & -\sin\alpha & \cos\alpha \end{bmatrix} \tag{2.2.22}$$

再将旋转后的坐标系绕 OY'_2 轴旋转角度 β，得到旋转前后的坐标值关系为

$$\begin{bmatrix} x'_3 \\ y'_3 \\ z'_3 \end{bmatrix} = \boldsymbol{R}_Y(\beta) \begin{bmatrix} x'_2 \\ y'_2 \\ z'_2 \end{bmatrix} \tag{2.2.23}$$

其中，$\boldsymbol{R}_Y(\beta)$ 表示绕新的 Y 轴旋转 β 角度的坐标变换旋转矩阵，可以表示为

$$\boldsymbol{R}_Y(\beta) = \begin{bmatrix} \cos\beta & 0 & -\sin\beta \\ 0 & 1 & 0 \\ \sin\beta & 0 & \cos\beta \end{bmatrix} \tag{2.2.24}$$

其中，坐标变换旋转矩阵 $\boldsymbol{R}_X$、$\boldsymbol{R}_Y$、$\boldsymbol{R}_Z$ 都是单位正交矩阵，也就是其转置矩阵等于其逆矩阵。综上所述，已知 a 系中的坐标值 (x_a, y_a, z_a)，则其在坐标系 b 系下的坐标值 (x_b, y_b, z_b) 可以表示为

$$\begin{bmatrix} x_b \\ y_b \\ z_b \end{bmatrix} = \boldsymbol{R}_Y(\beta) \boldsymbol{R}_X(\alpha) \boldsymbol{R}_Z(\theta) \begin{bmatrix} x_a \\ y_a \\ z_a \end{bmatrix} \tag{2.2.25}$$

将 $\boldsymbol{R}_a^b = \boldsymbol{R}_Y(\beta) \boldsymbol{R}_X(\alpha) \boldsymbol{R}_Z(\theta)$ 称为由 a 系至 b 系变换的旋转矩阵，也称为方向余弦矩阵，它是由 a 系首先绕 Z 轴旋转角度 θ，再绕新的 X 轴旋转角度 α，最后绕新的 Y 轴旋转角度 β 而得到的，旋转过程中的角度 θ、α、β 也称为欧拉角。旋转矩阵 $\boldsymbol{R}_a^b$ 具体可以表示为

扩展阅读：若 a 系向 b 系旋转时，坐标轴的旋转顺序改变了，那么对应的旋转角度也需要改变。

$$\begin{aligned} \boldsymbol{R}_a^b &= \begin{bmatrix} \cos\beta & 0 & -\sin\beta \\ 0 & 1 & 0 \\ \sin\beta & 0 & \cos\beta \end{bmatrix} \begin{bmatrix} 1 & 0 & 0 \\ 0 & \cos\alpha & \sin\alpha \\ 0 & -\sin\alpha & \cos\alpha \end{bmatrix} \begin{bmatrix} \cos\theta & \sin\theta & 0 \\ -\sin\theta & \cos\theta & 0 \\ 0 & 0 & 1 \end{bmatrix} \\ &= \begin{bmatrix} \cos\beta\cos\theta - \sin\alpha\sin\beta\sin\theta & \cos\beta\sin\theta + \cos\theta\sin\alpha\sin\beta & -\cos\alpha\sin\beta \\ -\cos\alpha\sin\theta & \cos\alpha\cos\theta & \sin\alpha \\ \cos\theta\sin\beta + \cos\beta\sin\alpha\sin\theta & \sin\beta\sin\theta - \cos\beta\cos\theta\sin\alpha & \cos\alpha\cos\beta \end{bmatrix} \end{aligned} \tag{2.2.26}$$

同样，旋转矩阵 $\boldsymbol{R}_a^b$ 也是单位正交矩阵，且有

$$\left(\boldsymbol{R}_a^b\right)^{-1} = \left(\boldsymbol{R}_a^b\right)^T = \boldsymbol{R}_b^a \tag{2.2.27}$$

由以上性质可知，两个坐标系中坐标变换的旋转矩阵可以相互转换，已知 a 系至 b 系的旋转矩阵，通过矩阵求逆或转置运算，就可以得到 b 系至 a 系的旋转矩阵，具体如下：

$$\boldsymbol{R}_{\mathrm{b}}^{\mathrm{a}} = \left(\boldsymbol{R}_{\mathrm{a}}^{\mathrm{b}}\right)^{\mathrm{T}} = \left[\boldsymbol{R}_Y(\beta)\boldsymbol{R}_X(\alpha)\boldsymbol{R}_Z(\theta)\right]^{\mathrm{T}} = \left[\boldsymbol{R}_Z(\theta)\right]^{\mathrm{T}}\left[\boldsymbol{R}_X(\alpha)\right]^{\mathrm{T}}\left[\boldsymbol{R}_Y(\beta)\right]^{\mathrm{T}} \quad (2.2.28)$$

需要注意的是,坐标轴的旋转次序可以根据具体应用选择,不同的旋转次序对应的欧拉角也不同,最终得到不同的旋转矩阵。

特别地,对于小角度 θ、α、β 旋转矩阵的简化问题,可以利用以下的近似关系:

$$\cos\theta \approx 1, \ \sin\theta \approx \theta, \ \sin\theta\sin\alpha \approx 0 \quad (2.2.29)$$

旋转矩阵 $\boldsymbol{R}_{\mathrm{a}}^{\mathrm{b}}$ 可以化简得

$$\boldsymbol{R}_{\mathrm{a}}^{\mathrm{b}} \approx \begin{bmatrix} 1 & \theta & -\beta \\ -\theta & 1 & \alpha \\ \beta & -\alpha & 1 \end{bmatrix} \quad (2.2.30)$$

对于小角度问题,可以不用考虑坐标轴的旋转次序,任意转序下的旋转矩阵都能用式(2.2.30)来表示。

下面将具体说明几个共原点直角坐标系之间的坐标转换方法。

1)地心惯性坐标系与地心地固坐标系之间的转换

地球绕着自转轴每天自转一圈,同时绕太阳公转一圈耗时 365.25 天,在公转一圈的时间中地球一共自转了 365.25 圈,同时地球绕太阳公转的一圈也相当于自转了一圈,因此绕太阳公转的 365.25 天里地球一共自转了(365.25+1)圈。可求得地球的自转角速度大小为

$$\omega_{\mathrm{e}} \approx \frac{(1+365.25)\times 2\pi}{365.25\times 24\times 3600} \approx 7.292\times 10^{-5} \quad (\mathrm{rad/s}) \quad (2.2.31)$$

自转是绕地心地固坐标系的 Z 轴旋转,地球自转的旋转矢量在地心地固坐标系下的表示就是 $\boldsymbol{\omega}_{\mathrm{ie}} = [0,0,\omega_{\mathrm{e}}]^{\mathrm{T}}$。从地心惯性坐标系变换到地心地固坐标系,需要将地心惯性坐标系绕 Z 轴旋转角度 $\omega_{\mathrm{e}}t$,其中 t 为相对参考历元所经过的时间。据此可以建立坐标旋转矩阵:

$$\boldsymbol{R}_{\mathrm{i}}^{\mathrm{e}} = \begin{bmatrix} \cos\omega_{\mathrm{e}}t & \sin\omega_{\mathrm{e}}t & 0 \\ -\sin\omega_{\mathrm{e}}t & \cos\omega_{\mathrm{e}}t & 0 \\ 0 & 0 & 1 \end{bmatrix} \quad (2.2.32)$$

$\boldsymbol{R}_{\mathrm{i}}^{\mathrm{e}}$ 即表示由 i 系(地心惯性坐标系(ECI))转换到 e 系(地心地固坐标系(ECEF))的旋转矩阵。若任意 P 点在地心惯性坐标系的坐标为 $(x_{\mathrm{I}}, y_{\mathrm{I}}, z_{\mathrm{I}})$,对应于地心直角坐标系下的坐标 $(x_{\mathrm{e}}, y_{\mathrm{e}}, z_{\mathrm{e}})$ 表示为

$$\begin{bmatrix} x_{\mathrm{e}} \\ y_{\mathrm{e}} \\ z_{\mathrm{e}} \end{bmatrix} = \boldsymbol{R}_{\mathrm{i}}^{\mathrm{e}} \begin{bmatrix} x_{\mathrm{I}} \\ y_{\mathrm{I}} \\ z_{\mathrm{I}} \end{bmatrix} \quad (2.2.33)$$

由于旋转矩阵是正交矩阵,即矩阵的逆等于矩阵的转置,因此由地心地固坐标系的点 $(x_{\mathrm{e}}, y_{\mathrm{e}}, z_{\mathrm{e}})$ 变换到地心惯性坐标系的点 $(x_{\mathrm{I}}, y_{\mathrm{I}}, z_{\mathrm{I}})$ 就可以为

$$\begin{bmatrix} x_{\mathrm{I}} \\ y_{\mathrm{I}} \\ z_{\mathrm{I}} \end{bmatrix} = \left(\boldsymbol{R}_{\mathrm{i}}^{\mathrm{e}}\right)^{-1} \begin{bmatrix} x_{\mathrm{e}} \\ y_{\mathrm{e}} \\ z_{\mathrm{e}} \end{bmatrix} = \left(\boldsymbol{R}_{\mathrm{i}}^{\mathrm{e}}\right)^{\mathrm{T}} \begin{bmatrix} x \\ y \\ z \end{bmatrix} = \boldsymbol{R}_{\mathrm{e}}^{\mathrm{i}} \begin{bmatrix} x_{\mathrm{e}} \\ y_{\mathrm{e}} \\ z_{\mathrm{e}} \end{bmatrix} \quad (2.2.34)$$

2)卫星轨道坐标系与地心地固坐标系之间的转换

卫星轨道坐标系与地心地固坐标系的转换如图 2.2.6 所示。卫星轨道的倾角为 i,卫星轨道面与地球赤道面有两个交点,卫星在轨道面由南向北运行经过的交点称为升

交点，升交点与春分点之间的夹角为升交点赤经 Ω，而升交点沿轨道平面和近地点方向之间的夹角称为近地点角距 ω。由卫星轨道坐标系向地心地固坐标系转换时，首先绕 OZ_o 轴顺时针旋转角度 ω，使得 OX_o 轴指向升交点，然后绕新的 X 轴顺时针旋转角度 i，使得轨道面与赤道面重合，最后绕新的 Z 轴顺时针旋转 Ω，使得两个坐标系的坐标轴均重合。则轨道坐标系下的坐标值 (x_o, y_o, z_o) 在地心地固坐标系下可以表示为

$$\begin{bmatrix} x_e \\ y_e \\ z_e \end{bmatrix} = \boldsymbol{R}_Z\left(-\Omega\right)\boldsymbol{R}_X\left(-i\right)\boldsymbol{R}_Z\left(-\omega\right)\begin{bmatrix} x_o \\ y_o \\ z_o \end{bmatrix} \tag{2.2.35}$$

其中

$$\boldsymbol{R}_Z\left(-\omega\right) = \begin{bmatrix} \cos\omega & -\sin\omega & 0 \\ \sin\omega & \cos\omega & 0 \\ 0 & 0 & 1 \end{bmatrix} \tag{2.2.36}$$

$$\boldsymbol{R}_X\left(-i\right) = \begin{bmatrix} 1 & 0 & 0 \\ 0 & \cos i & -\sin i \\ 0 & \sin i & \cos i \end{bmatrix} \tag{2.2.37}$$

$$\boldsymbol{R}_Z\left(-\Omega\right) = \begin{bmatrix} \cos\Omega & -\sin\Omega & 0 \\ \sin\Omega & \cos\Omega & 0 \\ 0 & 0 & 1 \end{bmatrix} \tag{2.2.38}$$

由此得到轨道坐标系至地心地固坐标系的旋转矩阵为

$$\boldsymbol{R}_o^e = \boldsymbol{R}_Z\left(-\Omega\right)\boldsymbol{R}_X\left(-i\right)\boldsymbol{R}_Z\left(-\omega\right) \tag{2.2.39}$$

同时也可得到地心地固坐标系至轨道坐标系的旋转矩阵为

$$\boldsymbol{R}_e^o = \left(\boldsymbol{R}_o^e\right)^{-1} = \left(\boldsymbol{R}_o^e\right)^{\mathrm{T}} \tag{2.2.40}$$

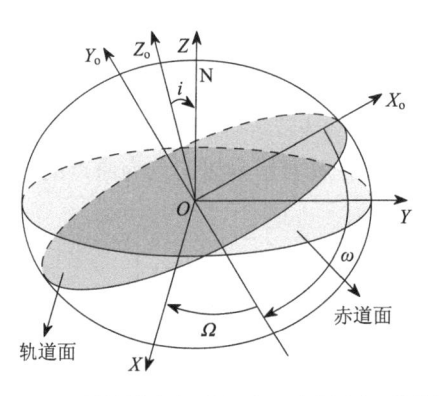

图 2.2.6　卫星轨道坐标系与地心地固坐标系的转换

2.2.2　相同参考椭球不共原点坐标系的坐标转换

相同参考椭球下不共原点坐标系的坐标转换可以分为两个步骤。首先，在原坐标系下求出新坐标原点至待转换坐标点的方向矢量；其次，将该方向矢量利用旋转矩阵变换到目标坐标系下。如图 2.2.7 所示的两个不共原点坐标系 a 和 b，假设 a 系的坐标原点为 O，b 系的坐标原点为 P，待转换坐标点为 S，坐标系 a 至坐标系 b 的旋转矩阵为 $\boldsymbol{R}_a^b$。若已知 P 点和 S 点在 a 系的位置矢量分别为 $\boldsymbol{p}_a$ 和 $\boldsymbol{s}_a$，则在 a 系下 P 点至 S 点

的方向矢量 $\boldsymbol{r}_a$ 为

$$\boldsymbol{r}_a = \boldsymbol{s}_a - \boldsymbol{p}_a \tag{2.2.41}$$

由于方向矢量的起点即为 b 系的坐标原点，则 S 点在 b 系的位置矢量 $\boldsymbol{r}_b$ 为

$$\boldsymbol{r}_b = \boldsymbol{R}_a^b \left(\boldsymbol{s}_a - \boldsymbol{p}_a \right) = \boldsymbol{R}_a^b \boldsymbol{r}_a \tag{2.2.42}$$

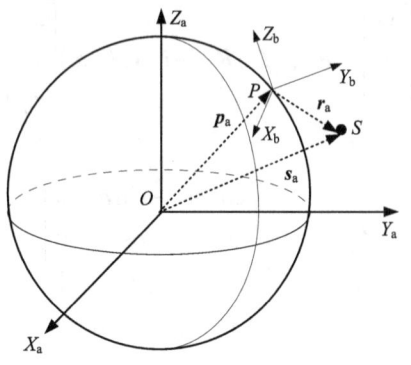

图 2.2.7　不共原点的坐标系

位置矢量 $\boldsymbol{r}_b$ 中各个分量对应的大小就是 S 点在 b 系的坐标值。下面将具体说明几个不共原点直角坐标系之间的坐标转换方法。

1. 地心地固坐标转换为当地地理坐标

如图 2.2.8 所示，已知 F 点在地心直角坐标系的坐标为 (x_f, y_f, z_f)，假设 S 点在地心直角坐标系下的坐标为 (x, y, z)，以 F 点所在位置为原点定义当地地理坐标系（东-北-天坐标系），求 S 点在以 F 点为原点的东-北-天坐标系下的坐标。可以计算 F 点到 S 点的方向矢量为 $[\Delta x, \Delta y, \Delta z]^{\mathrm{T}}$，即

$$\begin{bmatrix} \Delta x \\ \Delta y \\ \Delta z \end{bmatrix} = \begin{bmatrix} x - x_f \\ y - y_f \\ z - z_f \end{bmatrix} \tag{2.2.43}$$

方向矢量 $[\Delta x, \Delta y, \Delta z]^{\mathrm{T}}$ 可以等效表示为以 F 点为原点的东-北-天坐标系中的位置向量 $[\Delta e, \Delta n, \Delta u]^{\mathrm{T}}$，其变换关系为

$$\begin{bmatrix} \Delta e \\ \Delta n \\ \Delta u \end{bmatrix} = \boldsymbol{R}_e^l \begin{bmatrix} \Delta x \\ \Delta y \\ \Delta z \end{bmatrix} \tag{2.2.44}$$

其中，矩阵 $\boldsymbol{R}_e^l$ 为坐标旋转矩阵，下标 "e" 表示地心地固坐标系（e 系），上标 "l" 表示当地地理坐标系（l 系），$\boldsymbol{R}_e^l$ 表示由 e 系旋转到 l 系的旋转矩阵，具体为

$$\boldsymbol{R}_e^l = \boldsymbol{R}_X \left(90° - \phi \right) \boldsymbol{R}_Z \left(\lambda + 90° \right) = \begin{bmatrix} -\sin\lambda & \cos\lambda & 0 \\ -\sin\phi\cos\lambda & -\sin\phi\sin\lambda & \cos\phi \\ \cos\phi\cos\lambda & \cos\phi\sin\lambda & \sin\phi \end{bmatrix} \tag{2.2.45}$$

其中，ϕ, λ 表示 F 点的纬度和经度，可以计算其在地心大地坐标系下的坐标为 (ϕ, λ, h)。旋转矩阵 $\boldsymbol{R}_e^l$ 也是一个单位正交矩阵，即 $\boldsymbol{R}_l^e = \left(\boldsymbol{R}_e^l \right)^{-1} = \left(\boldsymbol{R}_e^l \right)^{\mathrm{T}}$，$\boldsymbol{R}_e^l$ 的取值与 F 点所在的经度、纬度有关。

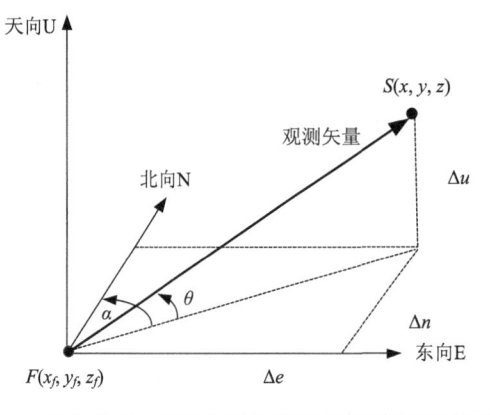

图 2.2.8　地心地固坐标系与当地地理坐标系(ENU)的转换

位置向量 $[\Delta e, \Delta n, \Delta u]^\mathrm{T}$ 中各个分量的大小就是 S 点在东-北-天坐标系中对应的坐标值。

2. 当地地理坐标转换为地心直角坐标

已知 S 点在以 F 点为原点的当地地理坐标系下的坐标为 (e, n, u)，F 点在地心地固直角坐标系下的坐标为 (x_f, y_f, z_f)。现将 S 点在当地地理坐标系下的坐标转换为地心直角坐标。

在当地地理坐标系下，F 点到 S 点的方向矢量为 $[e, n, u]^\mathrm{T}$，将方向矢量变换到地心直角坐标系下：

$$\begin{bmatrix} \Delta x \\ \Delta y \\ \Delta z \end{bmatrix} = \boldsymbol{R}_1^\mathrm{e} \begin{bmatrix} e \\ n \\ u \end{bmatrix} \tag{2.2.46}$$

则 S 点在地心直角坐标系下的坐标 (x, y, z) 可由下式求出：

$$\begin{bmatrix} x \\ y \\ z \end{bmatrix} = \begin{bmatrix} \Delta x \\ \Delta y \\ \Delta z \end{bmatrix} + \begin{bmatrix} x_f \\ y_f \\ z_f \end{bmatrix} \tag{2.2.47}$$

2.2.3　不同参考椭球系之间的坐标转换

在 2.1 节中介绍过，GNSS 的坐标系统中，使用 WGS-84、CGCS-2000 和 GTRF 在全球范围内定位的平均差异均在厘米级，误差对于普通精度的定位可以忽略。但 WGS-84 与 PZ-90 在地球表面定位的差异可达 20m，在使用时需要进行坐标变换。属于不同参考椭球的坐标系之间的坐标相互转换，一般可采用布尔沙-沃尔夫(Bursa-Wolf)七参数模型进行，这七个参数分为三类，存在于转换过程中。一般而言，对于两个不同的空间直角坐标系，可能存在以下三类参数的不一致情况。

(1)当两个坐标系的坐标原点不一致时，即存在三个平移参数 T_x、T_y 和 T_z。

(2)当两个坐标系的坐标轴相互不平行时，即存在三个旋转矩阵 $\boldsymbol{R}_X$、$\boldsymbol{R}_Y$ 和 $\boldsymbol{R}_Z$。

(3)当两个坐标系的尺度也不一致时，还存在尺度变化参数 m。

如图 2.2.9 所示的 a 系与 c 系就存在以上三类参数的不一致情况，要实现 a 系中的任意点 S 的坐标至 c 系的转换，可以先将 a 系坐标轴旋转成与 b 系一致，b 系的坐标轴指向与 c 系相同，假设 b 系是 a 系分别绕 X 轴、Y 轴、Z 轴旋转 α、β 和 θ 得到的，角度值是从坐标轴的正轴方向往坐标原点看去，逆时针旋转为正值，顺时针为负值。对应的旋转矩阵分别为 $\boldsymbol{R}_X$、$\boldsymbol{R}_Y$、$\boldsymbol{R}_Z$，其定义式可参见式(2.2.22)、式(2.2.24)和式(2.2.20)。因为 GNSS 的参考椭球在各自坐标轴的方向上相差的角度很小，因此有近似关系 $\sin\phi \approx \phi$ 和 $\cos\phi \approx 1$，由 a 系到 b 系的旋转矩阵为

$$\boldsymbol{R}_a^b = \boldsymbol{R}_X(\alpha)\boldsymbol{R}_Y(\beta)\boldsymbol{R}_Z(\theta) \approx \begin{bmatrix} 1 & \theta & -\beta \\ -\theta & 1 & \alpha \\ \beta & -\alpha & 1 \end{bmatrix} \qquad (2.2.48)$$

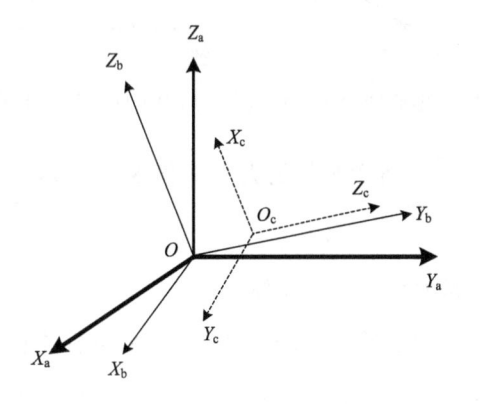

图 2.2.9　不同参考椭球系下直角坐标系的坐标转换

对于坐标轴分别平行的 b 系和 c 系，只存在坐标原点不一致情况，假设 c 系下，其坐标原点至 a 系坐标原点的方向矢量为 $\boldsymbol{T} = [T_X, T_Y, T_Z]^T$，$\boldsymbol{T}$ 也称为坐标平移矢量。同时 c 系的坐标尺度是 a 系的 m 倍，则 a 系中 S 点的坐标值 (x_a, y_a, z_a) 可转换为 c 系中的坐标值 (x_c, y_c, z_c)，坐标转换计算公式如下：

$$\begin{bmatrix} x_c \\ y_c \\ z_c \end{bmatrix} = \begin{bmatrix} T_X \\ T_Y \\ T_Z \end{bmatrix} + m\boldsymbol{R}_a^b \begin{bmatrix} x_a \\ y_a \\ z_a \end{bmatrix} \qquad (2.2.49)$$

例 2.2.1　已知点 F 的地心大地坐标 (ϕ_f, λ_f, h_f)，点 S 的地心大地坐标 (ϕ, λ, h)，求点 S 在以点 F 为原点的当地地理坐标系下的坐标。

解　在物体低速运动的情况下，也就是在两个测量时刻之间运动了千米以下量级时，在地球的绝大部分地区，纬度变化量 $\Delta\phi$ 要远小于纬度值 ϕ，坐标变换中可以认为 $\cos\phi$ 和 $\cos(\phi + \Delta\phi)$ 近似相等。物体由点 F 运动到点 S 的大地坐标变换为

$$\Delta\phi = \phi - \phi_f$$
$$\Delta\lambda = \lambda - \lambda_f$$
$$\Delta h = h - h_f$$

可以得到在两个测量时刻当地地理坐标系中位置的变化量与大地坐标系变化量之间的关系：

$$\Delta e = \Delta\lambda \cdot a\cos\phi$$
$$\Delta n = \Delta\phi \cdot a$$
$$\Delta u = \Delta h$$

其中，a 为基准椭球体的长半轴，其取值在不同参考椭球系下不一样，具体见表 2.1.2，则点 S 在以点 F 为原点的当地地理坐标系下的坐标为 $(\Delta e, \Delta n, \Delta u)$。

例 2.2.2　若已知点 F 的地心大地坐标系坐标为 $\left(\phi_f, \lambda_f, h_f\right)$，以及点 S 在以点 F 为原点的当地地理坐标系下的坐标为 $\left(\Delta e, \Delta n, \Delta u\right)$，求点 S 在地心大地坐标系下的坐标。

解　点 S 相对于点 F 的大地坐标变化量为

$$\Delta \lambda = \frac{\Delta e}{a \cos \phi}$$

$$\Delta \phi = \frac{\Delta n}{a}$$

$$\Delta h = \Delta u$$

则点 S 的大地坐标为

$$\phi = \phi_f + \Delta \phi$$

$$\lambda = \lambda_f + \Delta \lambda$$

$$h = h_f + \Delta h$$

例 2.2.3　已知接收机在地心直角坐标系的坐标位置为 [–2175885.79, 4461226.99, 3992513]，在某时刻能接收到北斗卫星的卫星号及卫星位置如表 2.2.1 所示。由于低仰角卫星的信号在传播过程中更容易受到地表建筑物遮挡和反射的影响，如图 2.2.10 所示，从而降低定位精度，所以在定位前需要舍弃仰角在 10° 以下的卫星，请画出接收机与卫星之间的位置关系图，并指出应舍弃哪几颗卫星。

表 2.2.1　卫星位置参数

卫星号	X 坐标/m	Y 坐标/m	Z 坐标/m
10	–7285188.04	39264617.53	–1306311.88
11	–3516664.30	16332876.66	22351053.98
12	–21899176.92	12014493.24	12442676.51
18	16993611.13	11073609.33	19167009.80
24	–5199239.50	26502630.20	–7028708.43
25	–15896173.98	20445700.92	10398113.46
26	–17282534.43	2317336.96	21785546.75
28	17977000.30	21314543.53	1189395.09

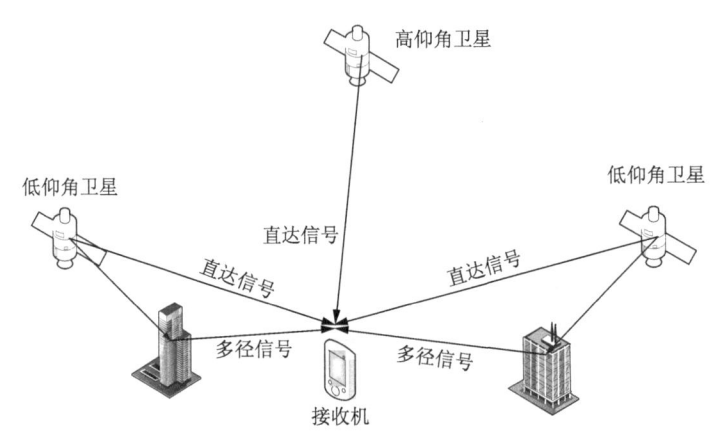

图 2.2.10　低仰角卫星信号与高仰角卫星信号

解　假设用户接收机的坐标为 $\left(x_f, y_f, z_f\right)$，卫星号为 i 的卫星的三维坐标为 $\left(x^i, y^i, z^i\right)$，将卫星位置由地心直角坐标系转换成当地地理坐标系（东-北-天坐标系），

首先计算用户接收机到卫星 i 的方向矢量为

$$\begin{bmatrix} \Delta x_i \\ \Delta y_i \\ \Delta z_i \end{bmatrix} = \begin{bmatrix} x^i - x_f \\ y^i - y_f \\ z^i - z_f \end{bmatrix}$$

方向矢量 $\left[\Delta x_i, \Delta y_i, \Delta z_i\right]^{\mathrm{T}}$ 可以等效表示为以接收机为原点的东-北-天坐标系中的卫星的位置向量 $\left[\Delta e_i, \Delta n_i, \Delta u_i\right]^{\mathrm{T}}$，其变换关系为

$$\begin{bmatrix} \Delta e_i \\ \Delta n_i \\ \Delta u_i \end{bmatrix} = \boldsymbol{R}_{\mathrm{e}}^{\mathrm{l}} \begin{bmatrix} \Delta x_i \\ \Delta y_i \\ \Delta z_i \end{bmatrix}$$

其中，矩阵 $\boldsymbol{R}_{\mathrm{e}}^{\mathrm{l}}$ 为由地心直角坐标系(e 系)旋转到当地地理坐标系(l 系)的旋转矩阵，具体如式(2.2.45)所示。

因此，卫星 i 相对于接收机的俯仰角和方位角可以用以下公式计算：

$$\theta_i = \arcsin\left(\frac{\Delta u_i}{\sqrt{\Delta e_i^2 + \Delta u_i^2 + \Delta n_i^2}}\right)$$

$$\alpha_i = \begin{cases} \arctan 2\left(\Delta e_i, \Delta n_i\right), & \Delta e_i \geqslant 0 \\ \arctan 2\left(\Delta e_i, \Delta n_i\right) + 2\pi, & \Delta e_i < 0 \end{cases}$$

以方位角为极角，以俯仰角为极径，建立极坐标系，将所有可见卫星的角度信息绘制在极坐标系中，就可以得到星空图(图2.2.11)，图中的同心圆在圆点处表示卫星相对于用户接收机的仰角为90°，最外圈的圆表示仰角为0°，至圆心的圆依次为仰角30°、60°，由图可见卫星号为28的卫星仰角约为10°，在定位时应该剔除。

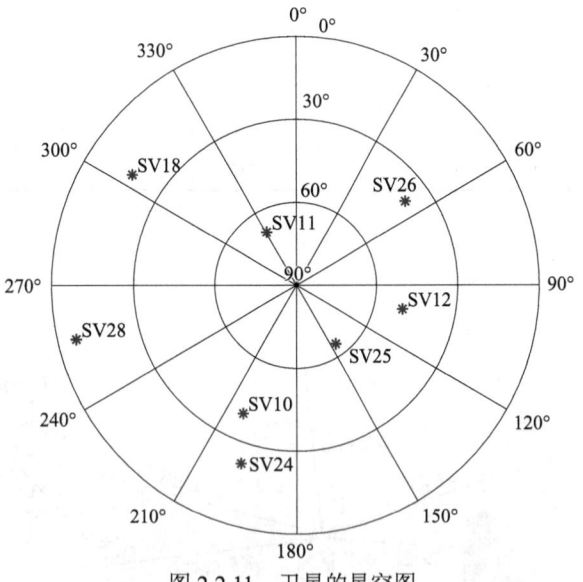

图 2.2.11 卫星的星空图

2.3 时 间 系 统

时间是国际单位制的 7 大基本物理单位(米、千克、安培、开尔文、摩尔、坎德拉、秒)之一，它反映了物质运动的顺序性和连续性，是一个无始无终、大到正无穷、小到

负无穷的量。在 GNSS 中时间的定义具有两个要素，一个是时间起点，即开始进行时间计量的起点；另一个是时间间隔，即事物运动于两个状态之间所经历的时间长度。时间，就是表示在一个具有确定原点的时间坐标轴上某一点的时刻及其之间的间隔。

作为时间计量的基准，要具有稳定性和重复性，稳定性是指该基准所给出的运动周期必须是相同的，不能因为外界条件的变化而产生过大的变化；重复性是指该基准所给出的运动在任何地方、任何时候都应该可复现和可观测。作为时间基准的物质主要有三种：地球自转(表现为世界时)；地球公转(表现为历书时)；原子跃迁频率(表现为原子时)。另外，还有根据天体运动学理论的运动方程而编算的力学时，分为行星绕太阳运动的太阳系质心力学时和卫星绕地球运动的地球质心力学时。本节主要介绍卫星导航系统常用的世界时系统和原子时系统。

2.3.1 世界时系统

世界时系统是以地球自转为基准的时间系统，由于观察地球自转运动时所选的空间参考点不同，世界时系统包括恒星时、太阳时和世界时。

1. 恒星时(ST)

恒星时是指以地球相对于恒星的自转周期为基准的时间计量系统。将春分点相继两次上中天(位于地球观测者头顶正上方最高处)所经历的时间称为 1 个恒星日，并以春分点在该地上中天的瞬时作为计量的起点，也就是此时的恒星时为零时。为了计量方便，把恒星时分成 24 个恒星小时，1 个恒星小时分为 60 个恒星分，1 个恒星分又分为 60 个恒星秒。所有这些单位统称为计量时间的恒星时单位，简称恒星时单位。

由于恒星时是以春分点通过本地子午圈时为原点(零点)计算的，同一瞬间对不同测站的恒星时各不相同，所以恒星时具有地方性，有时也称为地方恒星时。由于地球的章动，春分点在天球上并不固定，而是以 18.6 年的周期围绕着平均春分点摆动，因此恒星时又分为真恒星时和平恒星时。真恒星时是通过直接测量子午线与实际的春分点之间的时角获得的，平恒星时则忽略地球的章动。真恒星时与平恒星时的差异最大可达 0.4s。

扩展阅读：子午圈是地球上连接南极和北极的经线，也就是连接地球两极的大圈。本地子午圈就是当地所在经线对应的子午圈。

2. 太阳时(ST)

利用太阳的视运动来确定的时间基准称为太阳时。太阳视运动是天文学术语，在天文学上，当观测分析太阳运动时，可将其投影到天球上，在观测者看来它就在天球上运动，称为太阳视运动。太阳的视运动还分为周日视运动和周年视运动，周日视运动指的是观测者在地球上看太阳，太阳运行为东升西落或者说以天为单位绕地球运行；周年视运动是地球绕太阳公转引起的太阳运动现象，太阳一年运动的轨迹与天球的交线就是黄道。

太阳时也有真太阳时和平太阳时两种。

(1)真太阳时。太阳连续两次经过上中天(指太阳在地平高度最高的位置)的时间间隔，称为真太阳日。由于黄道与赤道不重合，地球公转轨道并不是规则的正圆，这使得真太阳时所定义的"尺度"并不均匀。真太阳时是一种直观，但不规则的时间计量。图 2.3.1 所示的时间系统给出了某地观测到的一年中各天的真太阳日长度与 24h 的差，其中秋分和冬至的真太阳日长度相差可以达到 51s。

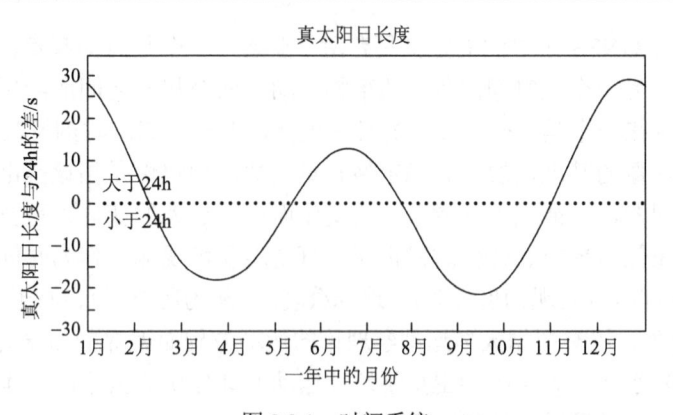

图 2.3.1 时间系统

(2)平太阳时。由于一年中地球与太阳的距离不断变化，根据开普勒第二定律，在相等的时间内，太阳和围绕它运动行星的连线所扫过的面积都是相等的。因此，地球在绕太阳运行的轨道上做的不是匀速运动，一年之内，即地球绕太阳一周的时间内，真太阳日的长度是变化的，不能用作计时单位。为了得到一个更为均匀的时间"尺度"，引入了平太阳日的概念。把一年中真太阳日的平均值作为平太阳日，并且将平太阳日的 1/24 取为一个平太阳时，平太阳时在一天的计时起点为正午。一个恒星日等于 23 点 56 分 4.09 秒平太阳时。

3. 世界时（UT）

世界时是以地球自转为基础的时间系统，由于地球的极移（地球极点位置的移动）、地球自转速度长期变慢和季节变化等因素的影响，世界时不是一个严格均匀的时间系统。综合考虑以上这些因素后，出现了 UT0、UT1 和 UT2 三个时间标准。UT0 是平均太阳时，它是使用世界上多家天文台的观测值进行平均得到的，UT1 是在 UT0 的基础上修正了地球极移影响的时间系统，而 UT2 又是在 UT1 的基础上，考虑四季更替对地球自转速度影响的时间系统。虽然经过多个修正项的改进，世界时 UT2 仍然是一个不均匀的时间系统。

2.3.2 原子时系统

当物质内部的原子在两个能级之间跃迁时，原子会辐射或吸收一定频率的电磁波能量，而原子钟就是以这种高度稳定的电磁波频率作为基准振荡频率，相应的原子时则是建立在原子钟守时和授时的基础上的。1967 年 10 月，第 13 届国际计量大会正式通过了秒的新定义："位于海平面上的 Cs^{133} 原子基态的两个超精细结构能级间在零磁场中跃迁辐射振荡 9192631770 个周期所持续的时间为 1 秒"，如图 2.3.2 所示。这个定义自 1972 年起实行并为全世界所接受。

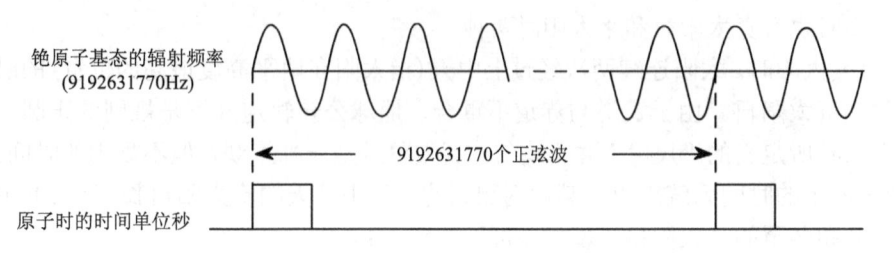

图 2.3.2 原子时

原子时的出现使得秒的定义由天文实物标准过渡到原子自然标准，计时准确度提高了 4～5 个量级，达 5×10^{-14}（相当于 62 万年 ±1s），并且仍在不断提高。原子时包括地方原子时和国际原子时。

1. 地方原子时

在世界各个国家和地方的标准时间实验室，用足够精确的原子钟导出的原子时称为地方原子时。它是一种具有极高精度、稳定度的时间，通常用于当地地区的时间标准维持和日常生活生产的时间应用，如计算机网络信号的同步、广播电视信号的同步等。地方原子时除了用于本地区的授时外，也可以用于国际原子时的建立和维持。

2. 国际原子时（TAI）

许多国家都建立了自己的地方原子时，它们之间存在一定的差异。为了创建世界统一的原子时系统，国际上对 50 多个国家共计约 200 座原子钟产生的原子时采取加权平均，进而形成了国际原子时。国际原子时是一个高精度、均匀的时间系统，国际原子时采用了 1958 年 1 月 1 日 0 时的 UT1 的瞬间作为时间的起算点，也就是在那个时刻，原子时与 UT1 相差为零。然而由于技术问题，它们之间还相差了 0.0039s（UT1–TAI=0.0039s）。

原子钟是原子时的主要计量工具，目前进入商用阶段的原子钟主要有铷原子钟（简称铷钟）、铯原子钟（简称铯钟）和氢原子钟（简称氢钟），如图 2.3.3 所示。此外还有一些新型原子钟，如喷泉型原子钟、光原子钟等还处于实验室研究阶段。GNSS 常用的原子钟有铷钟、铯钟和氢钟。铷钟工作于铷原子（Rb[87]）的振荡频率（6834682608Hz），铷钟体积较小，成本较低，在长期稳定度和频率准确度等性能指标方面稍逊于铯钟和氢钟。铯钟工作于铯原子（Cs[133]）的振荡频率（9192631770Hz），铯原子钟具有极高的频率准确度，不会因为设备老化而产生频率漂移，是目前各国时间频率实验室用于产生和维持时间基准的主要原子钟。氢钟工作于氢原子的振荡频率（1420405752Hz），也称为氢脉泽钟，氢钟具备极高的频率稳定度，常与铯钟组合来维持时间基准。

目前 GNSS 的每颗卫星载荷上均配置了 3～4 台高性能的原子钟，包括星载铷钟、星载氢钟和星载铯钟，不同卫星载荷内原子钟的具体配置可能不同，如 GPS Block ⅡF 卫星配置了 1 台铯钟加 2 台铷钟，而 Block Ⅲ 则配置了 3 台加强型铷钟；GLONASS-K1 卫星配置的是 2 台铯钟加 2 台被动型氢钟；我国的北斗二号系统卫星载荷配置的都是铷钟，北斗三号系统配置的是铷钟和被动型氢钟，其中北斗三号系统的 GEO 和 IGSO 卫星采用 2 台铷钟加 2 台氢钟的配置，MEO 卫星采用的是 4 台铷钟的配置。

(a) 铷原子钟（频率稳定度为 10^{-11}/d，体积小、重量轻，便于携带，可作为一般频率工作基准）　(b) 铯原子钟（大铯钟的频率稳定度为 10^{-14}/d，是专用的实验室高稳定度频率基准；小铯钟的频率稳定度为 10^{-13}/d，是便携式仪器时钟的工作基准）　(c) 氢原子钟（短期频率稳定度高：$10^{-14} \sim 10^{-15}$/d，准确度较低：10^{-12}，对环境条件要求高）

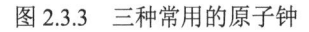

图 2.3.3　三种常用的原子钟

扩展阅读：原子钟是以输出的频率来计时的，计时的准确度就是输出频率的准确度。频率准确度指的是时钟或振荡器输出信号频率与其真实值之间的偏差程度。具体计算公式为

$$\Delta f = \frac{f - f_0}{f_0}$$

其中，f_0 为真实标称值；f 为输出频率。

扩展阅读：频率稳定度是频率偏差的起伏程度，在时域上的数学表征是阿伦标准偏差。频率稳定度包括短期稳定度和长期稳定度，短期稳定度的取样时间为 1s，长期稳定度的取样时间为 1 天或 1 年。频率稳定度的计算公式为

$$\sigma(\tau) = \sqrt{\frac{1}{2(N_c-1)}\sum_{k=1}^{N_c-1}\left(\overline{y}_{k+1} - \overline{y}_k\right)}$$

其中，$\overline{y}_k$ 就是在统计时间段 τ 内输出频率的均值；N_c 是指一共统计了 N_c 个长度为 τ 的时间段的数据，即一共连续测量了 N_c 次平均值。

原子钟的性能

扩展阅读：氢原子钟具有较高的频率稳定性和准确性，被广泛用于科学实验和天文观测，但设备相对复杂，对环境条件较为敏感，成本较高；铷原子钟较氢原子钟更为稳定和精确，设备相对较小和易于操作，但与氢原子钟相比，频率稳定性稍逊一筹，在实际应用中仍具有很高水平；铯原子钟的频率稳定性稍逊一些，设备体积相对较小。在商业和导航领域，铷原子钟和铯原子钟则更为常见，因为它们在性能、成本和稳定性方面提供了较为平衡的选择。

2.3.3 协调世界时

原子时虽然精度很高，但是它与地球自转无关，所以它与世界时的差距逐年增大，长此以往，原子时的零点将不再出现在子夜时分，这样原子时使用时就不符合人们的日常生活习惯。1972 年，利用国际原子时为计时单位，即以原子时的秒长为基础，建立了协调世界时(英语为 coordinated universal time, 法语为 temps universel coordonne, UTC)。协调世界时简称为协调时，它是世界时和国际原子时之间的折中：一方面，协调时严格以国际原子时的秒长为基础，另一方面，当协调时与 UT1 的差距大于 0.9s 时，协调时就会采用闰秒(跳秒)的方式插入或减少 1s，使协调时在时刻上与 UT1 的差异始终保持在 0.9s 以内。闰秒一般安排在每年 6 月份或 12 月份的最后一分钟。从长远的时间跨度看，UTC 并不是一条光滑的时间曲线，而是类似于阶梯函数的时间曲线，目前由于地球自转速度长期变慢，所以 UTC 在跳秒时通常采用插入 1s 的形式(图 2.3.4)使得 UTC 与世界时(UT1)的差距在 0.9s 以内。所以 UTC 从本质上看是以国际原子时的秒长为基础，在时刻上尽量接近世界时 UT1 的一种时间尺度。

自1972年以来闰秒设置的具体情况(单位: s)

年	6月30日 23:59:60	12月31日 23:59:60
1972年	+1	+1
1973年		+1
1974年		+1
1975年		+1
1976年		+1
1977年		+1
1978年		+1
1979年		+1
1981年	+1	
1982年	+1	
1983年	+1	
1985年	+1	
1987年		+1
1989年		+1
1990年		+1
1992年	+1	
1996年	+1	
1994年	+1	
1995年		+1
1997年	+1	
1998年		+1
2005年		+1
2008年		+1
2012年	+1	
2015年	+1	
2016年		+1
……		

图 2.3.4 UTC 的闰秒调整

国际标准 UTC 是一个“纸面”时间，是由分布于世界各地的 60 多个天文台和其他守时实验室总共 200 多台原子钟计算得来的。世界上很多国家都有授时中心和守时实验室，用以维持当地的 UTC，如中国科学院国家授时中心(NTSC)、德国联邦物理技术研究院(PTB)、法国巴黎天文台(OP)、英国国家物理实验室(NPL)、美国海军天文台(USNO)、美国国家标准与技术研究院(NIST)、日本国家信息与通信技术研究所

（NICT）、意大利国家计量研究院（IEN）等，它们所保持的当地 UTC（UTC_k）与国际标准 UTC 的整秒的差异均小于 ±100ns。图 2.3.5 为各个守时实验室与国际标准 UTC 的差异示意图，如美国海军天文台维持着当地的华盛顿 UTC（记为 UTC_{USNO}），它与国际标准 UTC 的整秒的差异在 10ns 以内；俄罗斯国家技术物理及无线电工程研究院利用原子钟也产生和维持着当地的 UTC（记为 UTC_{SU}），与国际标准 UTC 的整秒的差异在纳秒量级；我国的 UTC（UTC_{NTSC}）加上 8h 就是北京时间，是由中国科学院国家授时中心产生和维持的，与国际标准 UTC 的整秒的差异在 20ns 以内。目前几乎所有国家实行的标准时间均采用本国授时中心的原子钟维持的 UTC，而处于不同国家和地区的当地 UTC 之间只存在整小时差异。

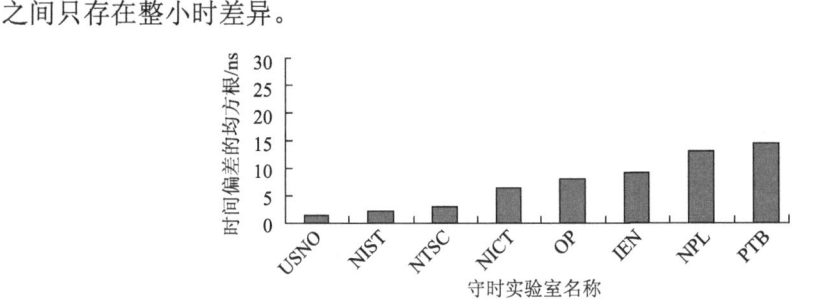

图 2.3.5　各国 UTC 与国际标准 UTC 的差异

卫星导航系统的时间

2.3.4　GNSS 的时间系统

1. 参考时间系统

为精密导航与定位的需要，GNSS 各自定义了参考系统时间。GPS 的系统时间简称为 GPST，Galileo 的系统时间简称为 GST，BDS 的系统时间简称为 BDT，GLONASS 的系统时间简称为 GLST，各 GNSS 的参考时间均应该确保尽量接近 UTC。

GPST 是 GPS 的系统时间，它是由 GPS 的地面主控站钟、监测站钟和卫星钟所组成的组合钟，是一个虚拟的"纸面"时间。其中主控站的原子钟主要由美国海军天文台运行维护，包含主动型氢钟和铯钟；监测站主要为主动型氢钟。它产生的过程是：以 GPS 地面主控站中的一部高精度原子钟作为参考钟，通过主控站内部的时间对比系统和远程时间对比系统，求得 GPS 系统内各原子钟与参考钟的时间差。通过滤波和加权平均算法得到一个"纸面"时间标度，再将参考钟与 UTC 做远程时间对比，求得"纸面"时间标度与 UTC 之差。以 UTC 作为参考，对"纸面"时间标度进行驾驭，使得纸面时间缓和地朝着 UTC 调节。

GPST 属于原子时，其秒长与国际原子时的秒长相同，但时间起点不同。GPST 的时间起点是 1980 年 1 月 6 日 0 时 0 分 0 秒，在这个时刻 GPST 与 UTC 时刻一致，以后即按原子秒长累计计时。GPST 是一个连续的时间，随着时间的推移它与 UTC 的差值将不断增大，如 1990 年 1 月 1 日 GPST 超前 UTC 6s，而到了 2012 年 7 月 1 日，GPST 超前 UTC 16s。

GST 是 Galileo 的系统时间，由欧洲主要守时实验室（如德国联邦物理技术研究院、法国巴黎天文台等）联合起来作为 GST 的供应商共同参与 Galileo 时间基准系统的建立与维持。GST 也是一个连续运行的时间尺度，无闰秒调整，采用原子时作为秒长，时间起点为世界时的 1999 年 8 月 22 日（星期日）0 时 0 分 0 秒，在这一时刻 GST 比 UTC 超前 13s，此时 GPST 与 UTC 的差异也是超前 13s，因此 GPST 与 GST 的整数秒是一样的。GPST/GST 与 UTC 的差值会随着 UTC 不断有闰秒操作而逐渐变大。

我国的 BDT 也是连续的时间尺度，无闰秒调整，采用国际原子时的秒长作为基本单位，时间起点为 2006 年 1 月 1 日 0 时 0 分 0 秒的 UTC。BDT 通过中国科学院国家授时中心维持的 UTC(UTC$_{NTSC}$)与国际标准 UTC 建立联系，BDT 与国际标准 UTC 偏差保持在 50ns 以内(模 1s)。BDT 通过北斗系统地面主控站的主钟产生和保持，主控站用于守时的原子钟主要以氢原子钟为主，包括部分铯原子钟，钟组的规模在 10 台以上。

GLST 是 GLONASS 的系统时间，由位于俄罗斯圣彼得堡的俄罗斯无线电导航和时间研究院(RIRT)负责产生和维持，它可以溯源到俄罗斯的 UTC(UTC$_{SU}$)，两者之间的整秒差为 $1.08×10^4$(3h)，与 UTC$_{SU}$ 的小数偏差保持在±50ns 以内，偏差预报参数在 GLONASS 导航电文中播发。GLST 有闰秒，其闰秒与 UTC$_{SU}$ 同步发生，闰秒标志在 GLONASS-M 型卫星的导航电文中播发，电文中会提前三个月告知用户即将发生闰秒。

图 2.3.6 给出了 GNSS 时间与 TAI 的差异。由图可见，GPST、BDT、GST 是连续的时间系统，它们从产生开始就与国际原子时保持固定关系，而 GLST 是非连续的时间系统，由于它产生闰秒，与国际原子时的差距越来越大，但是与 UTC 严格保持一致。

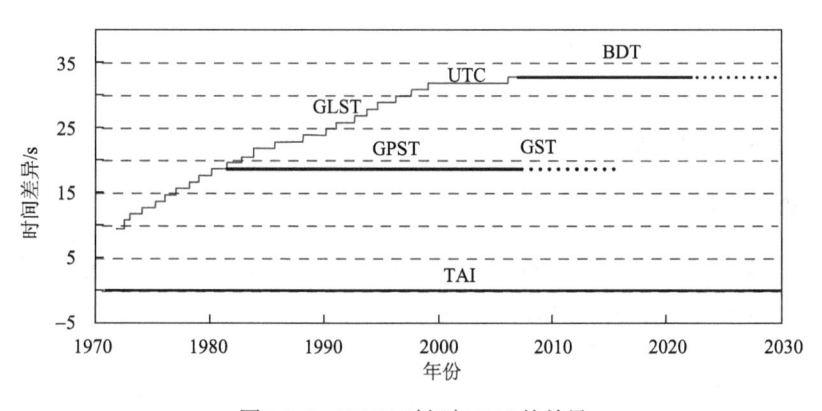

图 2.3.6　GNSS 时间与 TAI 的差异

由图 2.3.7 可以更清楚地理解 GNSS 时间与 TAI 和 UTC 在整秒上的差异，GST 与 GPST 在整秒数上是一致的，滞后 TAI 为 19s，而 BDT 滞后 GPST 为 14s，即滞后 TAI 为 33s，它们都是连续的时间系统。GLST 与 UTC 在整秒数上相差 3h，它是有闰秒的时间系统，截至 2019 年 GLST 滞后 TAI 为 37s。GST、GPST、GLST 和 BDT 均是以 TAI 的秒为基本计时单位的。

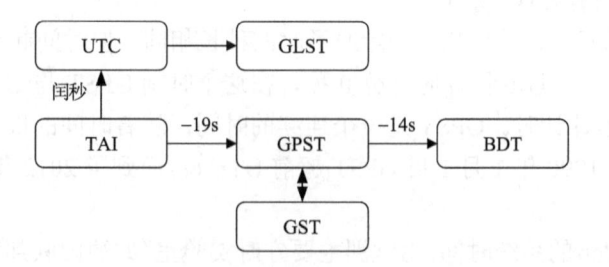

图 2.3.7　GNSS 时间整秒差异

表 2.3.1 归纳了 GNSS 时间系统的部分参数设置情况。

表 2.3.1　GNSS 时间系统的部分参数

项目	GPS	BDS	Galileo	GLONASS
时间系统	GPST	BDT	GST	GLST
起始历元	1980-01-06 00:00:00(UTC)	2006-01-01 00:00:00(UTC)	1999-08-22 00:00:00(UTC) 超前 13s	滞后 UTC$_{SU}$ 3h
是否连续	是	是	是	否
滞后 TAI 的时间/s	19	33	19	37(截至 2019 年)，有闰秒

2. 时间系统中时间的表示方法

在各个 GNSS 的广播电文中均可以找到当前信息在参考时间系统中的时间，一般使用年积日(DOY)的计时方式，电文中有周计数(WN)和周内秒计数(SOW)，分别表示当前电文时刻在该 GNSS 参考时间系统中的周数和周内的秒数。周计数是从该 GNSS 时间计时起点开始从 0 起算，周内秒计数是从周六至周日过渡时午夜的 0 时 0 分 0 秒开始起算。

例如，GPS 导航电文中，周计数指当前电文距 GPST 起点(1980 年 1 月 6 日 0 时 0 分 0 秒)所经过的星期数，周内秒计数从 0 开始计数，每秒钟加 1，累加一个星期，即累加到 604799($7×24×3600−1=604800−1=604799$)后计数器清零，同时 GPST 的周计数加 1。值得注意的是，在 GPS 导航电文中 GPST 的周计数器是一个 10bit 的字段，计满 1024 周后计数器将会清零重新计数，即 GPST 的周计数大概 19.6 年会翻转一次，最近一次的翻转发生在 2019 年 4 月 6 日，从 1023 翻转成 0，下一次计数器翻转将在 2038 年 11 月 20 日发生。

在 BDS 的导航电文中，BDT 也是用周内秒计数和周计数两个计数器来共同表示的。周计数器以 2006 年 1 月 1 日 0 时 0 分 0 秒为起点，从 0 开始计数，每过一周加 1。BDS 在电文设计时吸取了 GPS 的经验教训，周计数使用 13bit 的字段来表示，可以记满 8192 周再重新开始计数，因此 BDS 的周计数器可以计满 157 年再清零。

GPST 是使用周内秒计数和周计数来共同表示时间的，其中周内秒计数指当前电文距离一个星期开始时间经过的秒，一个星期的开始是指每个星期的星期六午夜，也就是周日的凌晨 0 时 0 分 0 秒。例如，从 BDS 的 1 个子帧的导航电文中，获取的周计数为 949，周内秒计数为 15666，则说明该子帧电文的第一个脉冲上升沿所对应的 UTC 时刻为 2024 年 3 月 10 日 4 点 21 分 6 秒。

在 GNSS 的导航电文中，还使用了儒略日(JD)的计时方式。儒略日是一种以日为计时单位的日期系统，不计小时、分钟等时间单位，小于 1 日的时间以小数表示。儒略日的日期系统开始于儒略历的公元前 4731 年 1 月 1 日，一天开始是从格林尼治时间的正午 12 时起算，表示从那时起至现在所经过的天数。例如，公历 2000 年 1 月 1 日的 12:00 对应于儒略日 2451545。儒略日的好处是消除了日期中不同计时单位变化的影响，非常方便计算两个日期的差值。

由于儒略日数字位数较多而不便使用，国际天文联合会于 1973 年提出以 1858 年 11 月 17 日的世界时(UT)的 0 时 0 分 0 秒为起点，作为简化儒略日(MJD)，简化儒略日与儒略日的关系为 MJD=JD−2400000.5。下面将介绍儒略日与公历之间的转换方法。

1)公历转儒略日

计算公历中 Y 年 M 月 D 日对应的儒略日 JD，计算公式为扩展阅读：公历也称为格里高利历，是现在被世界各国所广泛采用的计时方式。格里高利历是一个由146097天所组成以400年为周期的计时体系，公历1年的平均长度为 365.2425天，1年被划分为12个月。用公历表示时间时采用年、月、日、时、分、秒的方法。

$$JD = INT\left(365.25(Y+4716)\right) + INT\left(30.6001(M+1)\right) + D + B - 1524.5 \tag{2.3.1}$$

在式(2.3.1)计算中：

(1)如果 $M \leqslant 2$ ，则有 $Y = Y-1$ ， $M = M+12$ 。

(2)式中 B 的取值为

$$B = 2 - INT\left(\frac{Y}{100}\right) + INT\left(\frac{A}{4}\right) \tag{2.3.2}$$

其中

$$A = INT\left(\frac{Y}{100}\right) \tag{2.3.3}$$

$INT(x)$ 为对 x 向下取整运算。

2)儒略日转公历

儒略日 JD 对应的公历 Y 年 M 月 D 日的计算方法如下。

(1)由于儒略日的历元为正午12时，而公历历元为午夜12时，为统一计算，首先将儒略日历元前推0.5日，即有

$$JD = JD + 0.5$$

(2)分别计算儒略日 JD 的整数部分 Z 和小数部分 F ：

$$Z = INT(JD) \tag{2.3.4}$$

$$F = JD - Z \tag{2.3.5}$$

(3)计算自儒略日历元年开始至所求日以儒略历计算的总积日 A ：

$$A = Z + 10 + \alpha - INT\left(\frac{\alpha}{4}\right) \tag{2.3.6}$$

其中

$$\alpha = INT\left(\frac{Z - 2305507.25}{36524.25}\right)$$

在计算过程中，为避免出现对负数取整的情况，将历元前推至公元前4716年3月1日0时，需补上相差的日数，即1524日，有

$$B = A + 1524$$

(4)计算积年 C 、积日 D 和积月 E ：

$$C = INT\left(\frac{B - 122.1}{365.25}\right) \tag{2.3.7}$$

$$D = INT(365.25 \times C) \tag{2.3.8}$$

$$E = INT\left(\frac{B - D}{30.6001}\right) \tag{2.3.9}$$

(5)计算公历日 Day：

$$Day = B - D - INT(30.6001 \times E) + F \tag{2.3.10}$$

(6)计算公历月 M ：

如果 $E < 14$ ，则 $M = E - 1$ ；

如果 $E \geqslant 14$ ，则 $M = E - 13$ 。

(7)计算公历年 Y ：

如果 $M > 2$ ，则 $Y = C - 4716$ ；

如果 $M \leqslant 2$ ，则 $Y = C - 4715$ 。

为了更直观地了解儒略日与公历日的换算，下面将举具体例子进行说明。

例 2.3.1　计算 2000 年 1 月 1 日的 12:00 对应的儒略日。

解　（1）计算 Y 和 M ：

由于 Month=1≤2 ，则有

$$Y = \text{Year} - 1 = 2000 - 1 = 1999$$

$$M = \text{Month} + 12 = 1 + 12 = 13$$

（2）计算 D ：

$$D = 1.5$$

（3）计算 B ：

$$A = \text{INT}\left(\frac{Y}{100}\right) = 19$$

$$B = 2 - A + \text{INT}\left(\frac{A}{4}\right) = -13$$

（4）计算 JD ：

$$\text{JD} = \text{INT}\left(365.25\left(Y + 4716\right)\right) + \text{INT}\left(30.6001\left(M + 1\right)\right) + D + B - 1524.5 = 2451545$$

例 2.3.2　计算儒略日 JD2451545 对应的公历日。

解　（1）将儒略日历元前推 0.5 日，即有

$$\text{JD} = 2451545 + 0.5 = 2451545.5$$

（2）分别计算儒略日 JD 的整数部分 Z 和小数部分 F ：

$$Z = \text{INT}\left(\text{JD}\right) = 2451545$$

$$F = \text{JD} - Z = 0.5$$

（3）计算自儒略日历元年开始至所求日以儒略历计算的总积日 A ：

$$\alpha = \text{INT}\left(\frac{Z - 2305507.25}{36524.25}\right) = 3$$

$$A = Z + 10 + \alpha - \text{INT}\left(\frac{\alpha}{4}\right) = 2451558$$

将历元前推至公元前 4716 年 3 月 1 日 0 时，需补上相差的日数 1524 日，即有

$$B = A + 1524 = 2453082$$

（4）计算积年 C 、积日 D 和积月 E ：

$$C = \text{INT}\left(\frac{B - 122.1}{365.25}\right) = 6715$$

$$D = \text{INT}\left(365.25 \times C\right) = 2452653$$

$$E = \text{INT}\left(\frac{B - D}{30.6001}\right) = 14$$

（5）计算公历日 Day ：

$$\text{Day} = B - D - \text{INT}\left(30.6001 \times E\right) + F = 1.5$$

（6）计算公历月 M ：

由于 $E \geqslant 14$ ，则有

$$M = E - 13 = 1$$

(7) 计算公历年 Y :

由于 Month ≤ 2 , 则有

$$Y = 6715 - 4715 = 2000$$

因此, 儒略日 JD2451545 对应的公历日为 2000 年 1 月 1 日 12:00。

2.3.5 GNSS 时间之间的转换

扩展阅读:GNSS 时间转换在线计算器:https://gnsscalc.com

由 2.3.4 节可知, 不同 GNSS 的参考时间系统是不一样的, 其秒长与国际原子时的秒长相同, 时间起点不一致, 有的时间系统是连续的, 有的不连续, 但是它们均可溯源到国际标准 UTC。

1. GPST 与 UTC 之间的转换

GPST 与 UTC 的转换公式为

$$GPST = UTC + t_1 - \Delta t_1 \tag{2.3.11}$$

其中, t_1 为 GPST 与 UTC 的整数秒差异,随着每年推移逐渐增加, 截至 2020 年 GPST 超前 UTC 18s; Δt_1 为 UTC 与 GPST 的秒内偏差, 可以由 GPS 卫星导航电文广播得到。

2. GLST 与 UTC 之间的转换

GLST 与 UTC 的转换公式为

$$GLST = UTC + 3h - \Delta t_2 \tag{2.3.12}$$

其中, 3h 表示 3 小时; Δt_2 是 UTC 与 GLST 的秒内偏差, 可以由 GLONASS 广播电文的星历进行预报。

3. GST 与 UTC 之间的转换

GST 与 UTC 的转换公式为

$$GST = UTC + t_1 - \Delta t_3 \tag{2.3.13}$$

其中, t_1 为 GPST 与 UTC 的整数秒差异,与式 (2.3.11) 中的 t_1 一致; Δt_3 是 UTC 与 GST 的秒内偏差, 由 Galileo 卫星广播电文的星历进行预报。

4. BDT 与 UTC 之间的转换

BDT 与 UTC 的转换公式为

$$BDT = UTC + t_4 - \Delta t_4 \tag{2.3.14}$$

其中, t_4 为 BDT 与 UTC 的整数秒差异, 2020 年 BDT 超前 UTC 4s; Δt_4 是 UTC 与 BDT 的秒内偏差, 可从 BDS 的卫星广播电文的星历信息中得到, 其秒内偏差基本保持在 100ns 以内。

为了进一步说明 UTC 与各 GNSS 的参考时间系统的关系,下面将举具体的例子进行说明。

例 2.3.3 为了精密导航和定位的需要,各卫星导航系统都建立了专用的时间系统,且以本地 UTC 为参考标准,如图 2.3.8 所示。因此, BDT、GPST、GLST、GST 与 UTC 之间存在确定的转换关系, 不同系统时之间的转换也是多系统兼容互操作的基础。假设某一时刻 UTC 为 2022 年 09 月 01 日 00 时 00 分 00 秒, 试根据各卫星导航系统时间转换关系,计算该时刻对应的 BDT、GPST、GLST 和 GST。

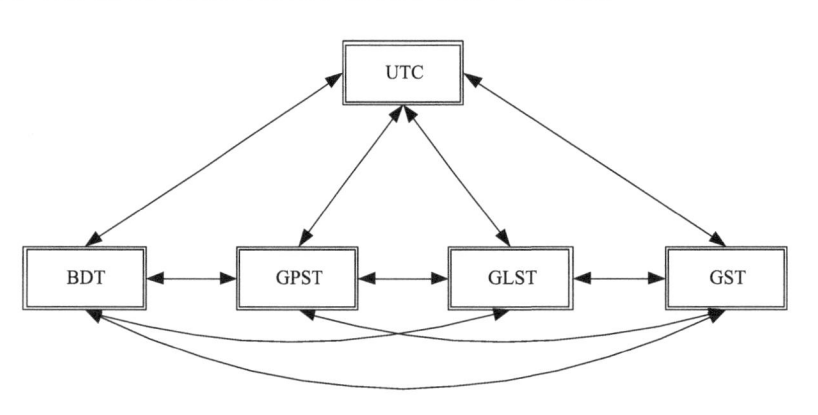

图 2.3.8　GNSS 时间与 UTC 的关系

解　(1)计算 BDT。

BDS 系统时的起始历元为 2006-01-01 00:00:00(UTC),至 2022-09-01 00:00:00(UTC)共经过 6087 天,即 869 周 345600 秒,考虑在 2009-01-01、2012-07-10、2015-07-01 和 2017-01-01 分别实施了一次正闰秒调整,即 BDT 较 UTC 超前 4s。因此,对应的北斗系统时为:周数为 $WN_{BDT}=869$,周内秒数为 $SOW_{BDT}=345604$。

(2)计算 GPST。

GPST 与 BDT 均属于连续时间系统,根据 GPST 与 BDT 初始历元相对关系,可知周数和周内秒数分别为

$$WN_{GPST}= WN_{BDT}+1356=2225$$

$$SOW_{GPST}= SOW_{BDT}+14=345618$$

GPST 电文中的周数有 10bit,最大只能表示 1024,因此 WN_{GPST} 需要对 1024 取模,即 $WN_{GPST}=177$。

(3) 计算 GLST。

GLST 是基于莫斯科的协调世界时 UTC_{SU},采用的 UTC 包含跳秒改正(闰秒),因此 GLONASS 与 UTC 之间不存在整秒偏差,但存在 3h 的时差。根据 GLST 与 UTC 之间的相对关系,基于 UTC_{SU} 可表示为 2022-09-01 03:00:00。采用 GLONASS 电文中 "$N_4:N_T$:h:m:s" 的形式可表示为 "26:244:03:00:00",其中 N_4 表示始于 1996 年至今的年间隔数,即从 1996 年开始,每年一次计数;N_T 表示四年期间的日历序号,即当前的四年循环期间的第几天;h、m、s 分别对应时、分、秒。

(4)计算 GST。

GST 与 GPST、BDT 均属于连续时间系统,根据 GST 与 GPST、BDT 初始历元相对关系,可得

$$WN_{GST}= WN_{BDT}+332=1201$$

$$SOW_{GST}= SOW_{GPST}=345618$$

2.4　本　章　小　结

时空基准的建立与维持是 GNSS 运行的基本任务,它决定了系统的定位精度。卫星导航中常用的坐标系有地心惯性坐标系、地心直角坐标系、地心大地坐标系、当地地理坐标系、卫星轨道坐标系、载体坐标系等。GNSS 常用的坐标系如图 2.4.1 所示。

由图可见，地心惯性坐标系、地心直角坐标系、卫星轨道坐标系等都是以地心为坐标原点的，坐标轴指向不同，而当地地理坐标系、载体坐标系等都是以运载体的质心为坐标原点的。

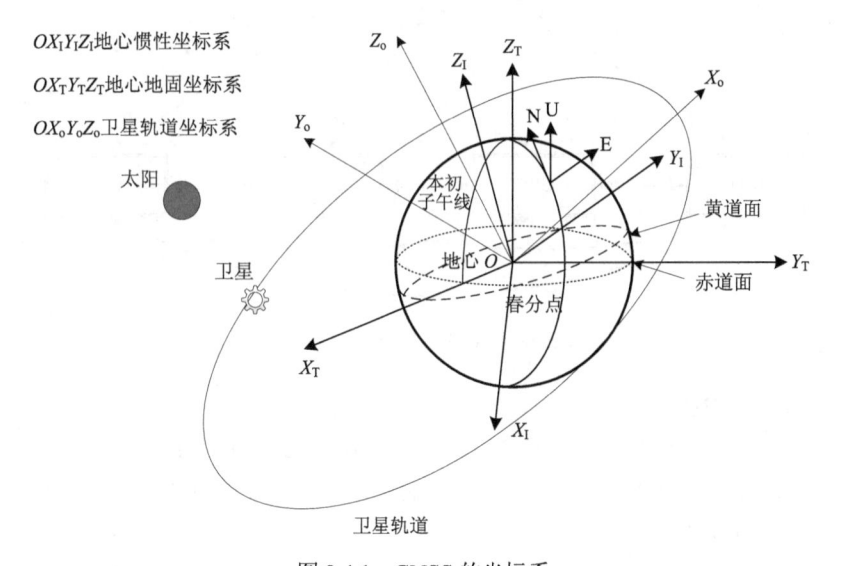

图 2.4.1　GNSS 的坐标系

卫星导航系统常用坐标系分类有多种维度，按照坐标系是否运动，可以分为惯性（空固）坐标系和非惯性（地固）坐标系。惯性坐标系在空间中保持静止或者匀速直线运动；而非惯性坐标系就是在空间中以某种方式运动着。按照坐标系的原点所处的不同位置，可分为地心坐标系和站心坐标系，地心坐标系的坐标原点是地球质心，站心坐标系的坐标原点是运载体。按照坐标轴的指向是否固定，还可以分为协议坐标系和瞬时坐标系。协议坐标系指坐标轴的指向在某一历元经过修正后的计算结果，可以认为这段时间内的坐标轴指向不变，瞬时坐标系的坐标轴指向指某一历元瞬间对应的位置，它是随时间变化的。以上每种坐标系又可以用直角坐标（笛卡儿坐标）、球坐标等形式来表示。表 2.4.1 具体给出了这些坐标系的关系，其中以地心为原点的坐标系大多用来描述卫星、运载体等相对于地球的位置，而以运载体为原点的坐标系，大多用来描述地球上一个物体相对于另一个物体的姿态、位置或速度。

表 2.4.1　GNSS 常用坐标系的关系表

坐标系名称	惯性/非惯性	原点位置	坐标系类型
地心惯性坐标系	惯性（空固）	地心	直角/球坐标系
地心直角坐标系	非惯性（地固）	地心	直角坐标系
地心大地坐标系	非惯性（地固）	地心	球坐标系
当地地理坐标系	非惯性（地固）	运载体	直角坐标系
卫星轨道坐标系	非惯性（地固）	地心	直角坐标系
载体坐标系	非惯性（地固）	运载体	直角坐标系

GNSS 是基于到达时间测量的系统，准确稳定的时间系统是卫星导航系统工作的基础条件之一，也是整个导航系统的测量基准，它既可为某一测量量提供准确的时刻信息，也可以为导航信号提供频率基准。GNSS 时间一般具备两种属性：一是导航属性，它是 GNSS 导航卫星轨道确定和时间同步所必需的，对于完成导航任务至关重要；

二是时间计量授时属性，主要完成精确授时任务，与 UTC 建立联系，并满足授时系统的精度要求。对于利用单一 GNSS 进行的定位用户，良好的导航属性决定了用户的导航精度；对于利用单 GNSS 授时或多 GNSS 联合定位的用户，要同时具备良好的导航属性和授时属性，用户才能获取高精度的导航授时信息。

习　题　2

2-1　已知地面站的大地坐标为 B=28°13'28.0099"N，L=112°59'28.868"E，H=76.2m，编程求在该点 WGS-84 基准椭球下的 ECEF 坐标值。

2-2　已知地面站的 WGS-84 基准椭球下的 ECEF 坐标值（–3309922.932016，5257117.107071，1449762.154764），编程求该点在大地坐标系下的坐标值。

2-3　若接收机所在位置的 ECEF 坐标值为（–2197716.7412，5177005.0418，2998389.4061），观测到卫星的 ECEF 的坐标值为（–11425100.6951，26913297.2534，15672338.52367），编程求卫星与用户的位置关系。

2-4　按照转换规则编写程序，将儒略日 2456710、2480921.5、2470922 转换为对应的公历日。

2-5　按照转换规则编写程序，将公历日 2023-05-31 00:00:00、2008-06-30 12:00:00、2024-01-01 00:00:00 转换成儒略日。

2-6　已知某时刻对应 UTC 时间为 2023-06-22 00:00:00，请按照转换规则编写程序，将它转换成 BDT、GPST、GLST 和 GST。

2-7　已知 GPST 时间的周计数为 2302，取模 1024 后为 WN_{GPST}= 254，周内秒 SOW_{GPST}= 515000，按照转换规则编写程序，求对应的 UTC 时间。

第3章 GNSS 的信号

从第 1 章中的卫星导航定位原理可知，用户接收机是通过接收卫星下播的导航信号，经过解调处理，测量出用户至卫星的距离，以及获取卫星位置等信息，再利用四球交会的方法得到用户位置。因此导航信号兼具通信和测量的作用，一方面信号将卫星的星历等信息从两万多千米的空中传送至地面用户接收机；另一方面，信号中还具备某种标尺，能使接收机测量导航信号由卫星至用户的传播距离。从这两方面出发，一个典型的卫星导航信号应该包含三个部分：导航电文、扩频信号和载波，其中导航电文(也称为数据码)是一种频率较低的二进制码，它携带了卫星要向用户传递的信息，包括星历、各种修正参数、完好性信息等，它是向用户提供定位服务的基础；扩频信号是调制在导航电文上频率更高的二进制码，它兼具扩频通信和测距的功能；载波就是更高频率的正弦信号，它可将低频的二进制信号调制到更高的频段上，使得信号能在任意可用的频点上传播。

本章将从卫星导航信号的结构出发，首先介绍导航电文的设计，包括电文类型、电文内容、电文编码和电文编排，然后介绍扩频信号和载波信号的生成原理与性能，最后讨论现代化卫星导航信号常用的几种扩频调制技术。

3.1 导 航 电 文

微课视频

导航电文作为卫星系统与用户系统联系的信息载体，其基本作用是为用户提供导航定位授时所需的信息，包括卫星位置(星历)、卫星钟差、大气延迟改正数等。导航电文影响着用户的定位精度，对保障卫星导航系统的可靠性、完好性起着重要作用。此外，为了进一步提高用户定位的精度和完好性，BDS 还利用 3 颗 GEO 卫星的 B2 频点中的 B2a 和 B2b-I 信号播发导航增强信息，以分别提高用户单点定位的完好性和单点定位精度。

图 3.1.1 是一个典型的 GNSS 导航信号生成示意图，图中画出了两个相互独立的数据码支路(I 支路和 Q 支路)。为了实现信息的可靠传输，各个支路将需要发送的星历等信息，预先进行前向纠错(FEC)编码，得到待发送的信息比特(D_I 或 D_Q)，此时的信息速率仍然较低，将信息比特与高速率的扩频码相乘进行扩频调制，得到基带信号(s_I 或 s_Q)。各个支路的基带信号再与高频率的正弦载波信号(或余弦载波信号)进行调制，得到射频频段的带通信号，射频信号经过功率放大等操作最终从卫星的天线向地面发射出去。

导航电文是一串二进制编码序列，逻辑值只有 0(对应信号的+1 电平)和 1(对应信号的–1 电平)两种取值，现代化导航信号普遍采用数据支路和导频支路的双并行结构，数据支路是指传输具体导航电文的支路，使用 0 和 1 进行编码表示各种信息；导频支路是不传输导航电文的支路，恒为高电平，导频通道的加入，使得信号接收时可以做长时间的相干积分而不会因为信号高低电平极性翻转导致积分结果错误，这将有利于

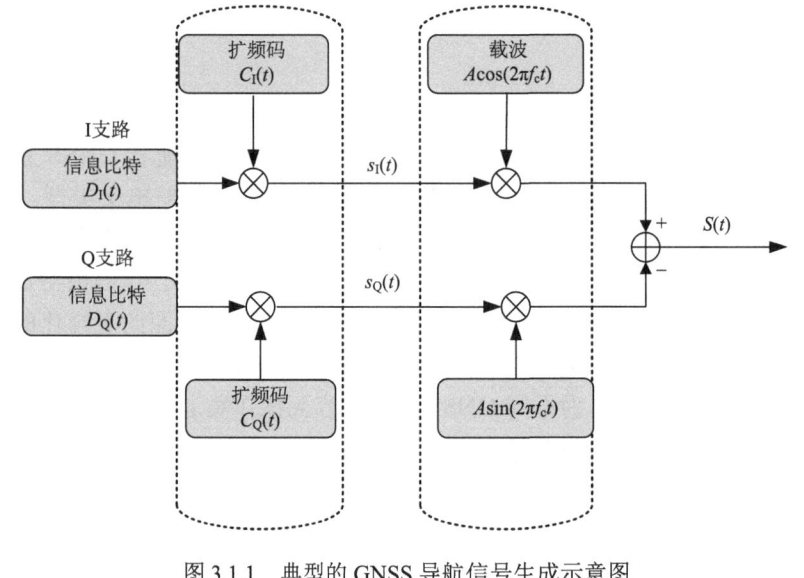

图 3.1.1　典型的 GNSS 导航信号生成示意图

弱信号的接收。与传统导航电文相比,现代化导航电文主要从电文内容、纠错编码方案、编排结构等方面进行了优化设计,用以提高信息传输的可靠性和差异化的服务能力。图 3.1.2 给出了一种典型的现代化导航信号的电文编码方案,一帧原始的导航电文按照传输的先后顺序由高到低排列,每帧导航电文由数个子帧组成,每个子帧的原始电文参数与其校验数据经过前向纠错编码(或多重编码)后得到待发射的导航数据符号,这些数据最后组成一帧完整的导航电文,按照高位先发的顺序被伪随机码扩频后调制在载波上。

扩展阅读:前向纠错方式是一种差错控制方式,在发射端将监督码元插入在信息中一并输出,经过噪声的传输信道后,接收端利用纠错算法可自动纠正和检测出传输过程中引入的误码。其优点是无须反馈信道,有利于信息的实时处理和同步,缺点是若需要纠正大量错误,必须插入较多的监督码元,导致有用信息传输效率降低。除此以外,差错控制方式还有自动重传请求式(ARQ),当接收端检测到错误时,要求发送端重新传输信息,它的优点是检错码构造简单,无须进行复杂译码,缺点是需要反馈信道,实时性差。另外,还有混合纠错方式(HEC),是上述两种方式的组合。

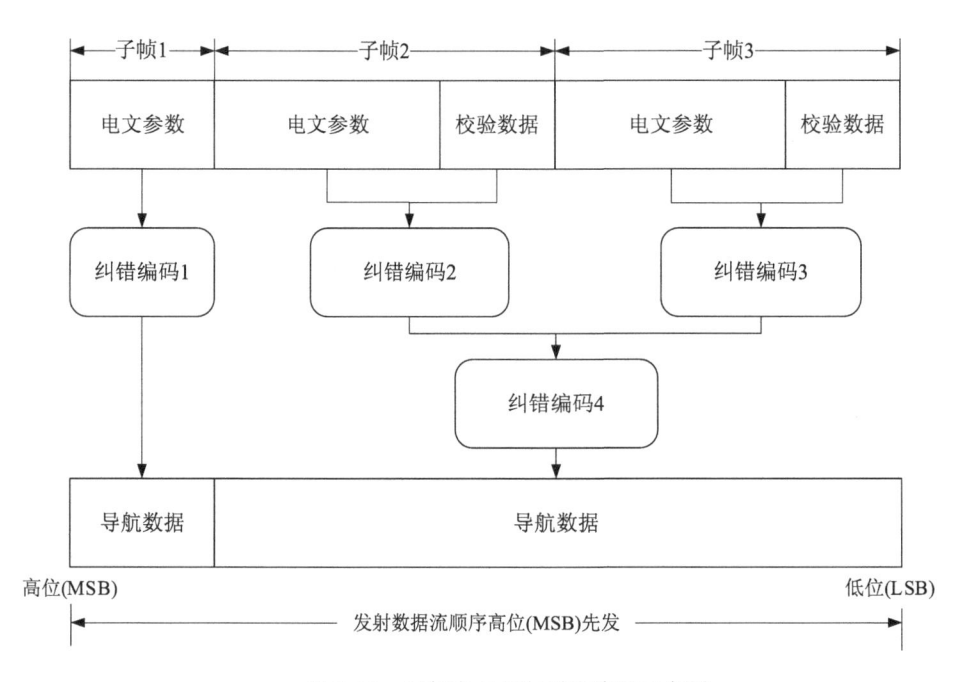

图 3.1.2　导航电文前向纠错编码示意图

3.1.1 电文类型

导航电文类型是指根据不同服务需求所规定的电文的结构形式，不同的电文类型对应不同的播发速率、信息内容、编码方式以及编排结构等。随着 GNSS 系统的不断发展，为了适应不同的服务需求，各 GNSS 均提出了各自的导航电文类型。

各 GNSS 在导航电文类型、播发方式、编码方案及编排结构等方面有相似之处，但也存在差异。这些差异主要包括：面向不同用户(商用/军用/民用)提供特定的电文类型、面向高精度/高可靠性需求提供差分信息/完好性信息，以及面向多样化的信息需求具备更好的扩展性等。导航电文类型的多样化正是卫星导航信号体制设计的服务类型多样化和逐步完善的体现，为不同 GNSS 间的兼容互操作奠定了良好的基础。

导航电文根据不同的用户类型可以分为授权(面向特定用户使用)和公开(民用)两种，现代化导航信号的主要电文类型见表 3.1.1。由表可见，BDS 规定的公开电文类型包括传统的 B3I 频点上的 D1/D2 导航电文，以及 B1 和 B2 频点上的三种新的民用导航(定义为 B-CNAV1、B-CNAV2、B-CNAV3)电文。GPS 规定的公开电文类型包括传统导航(定义为 LNAV)电文、新的民用导航(定义为 CNAV、CNAV-2)电文，其中 LNAV 电文使用在较早的 L1 频点的民用(C/A)信号上。Galileo 规定的公开电文类型包括自由导航(定义为 F/NAV)电文和完好性导航(定义为 I/NAV)电文。GLONASS 则规定了不同于其他系统的电文类型。表 3.1.1 中所给出的导航电文编码方案将在 3.1.3 节介绍，编排结构将在 3.1.4 节介绍。

表 3.1.1 现代化导航信号的主要电文类型

系统	频段	信号分量	电文类型	符号速率 (sps)	编码方案	编排结构
BDS	B1	B1C	B-CNAV1	100	CRC-24Q+BCH(21,6)＋BCH(51,8)+LDPC(200,100)＋LDPC(88,44)+交织(36×48)	帧与信息条混合结构
	B2	B2a	B-CNAV2	200	CRC-24Q+LDPC(96,48)	信息条结构
		B2b-I	B-CNAV3	1000	CRC-24Q+LDPC(162,81)	信息条结构
	B3	B3I	D1/D2	50/500	BCH(15,11)+交织(2×15)	超帧−主帧−子帧结构
GPS	L1	L1C/A	LNAV	50	Hamming(32,26)	超帧−主帧−子帧结构
		L1C	CNAV-2	100	CRC-24Q+BCH(51,8)+LDPC＋交织(38×46)	帧与信息条混合结构
	L2	L2C	CNAV	50	CRC-24Q+卷积(600,300)	信息条结构
	L5	L5C		100		
Galileo	E1	E1 OS	I/NAV	250	CRC-6+卷积(240,120)+交织(30×8)	帧−子帧−页面结构
	E5	E5b				
		E5a	F/NAV	50	CRC-6+卷积(488,244)+交织(61×8)	帧−子帧−页面结构
GLONASS	L1	L1OC	GLONASS	125	Hamming(84,76)	超帧−帧-串结构
	L2	L2OCp	—	—	—	—
	L3	L3OC	GLONASS	100	Hamming(84,76)	超帧−帧-串结构

3.1.2 电文内容

GNSS 导航电文的内容包含描述导航卫星运行状态的参数集合。时间偏差、卫星轨道、大气延迟、设备延迟等信息均可通过建立确定的数据模型向用户播发，用户接收后计算位置和速度。导航电文的内容按照服务类型可划分为三大类：基本导航信息、增强导航信息和扩展导航信息。

(1)基本导航信息：一般包括卫星星历(位置/速度信息)、卫星钟差改正数、卫星基本完好性信息(如信号精度信息和卫星健康信息)、星上硬件时延信息以及与 UTC 之间的时间偏差信息等。基本导航信息主要用于满足最基本的导航服务需求，即单频、双频单点定位服务或多频单点定位服务等。

(2)增强导航信息：一般包括卫星星历差分改正数、钟差差分改正数、电离层修正模型参数信息、差分完好性等信息。增强导航信息主要用于满足单频或多频广域精度和完好性增强服务的需求。

(3)扩展导航信息：一般包括卫星历书信息、地球定向参数信息、卫星健康信息、各 GNSS 系统之间的时间偏差信息等。扩展导航信息主要用于满足除基本导航服务和增强服务外的其他服务需求。

导航电文的部分内容对于实时导航定位至关重要，而其他内容则用于系统性能的改善。完整的导航电文信息内容大致可以划分为六个基本数据子集：系统时、卫星星历、星钟改正参数、历书、大气改正参数、差分与完好性信息。

1. 系统时

目前，北斗系统时(BDT)、GPS 系统时(GPST)和 Galileo 系统时(GST)普遍采用周计数加周内秒的时间表述方式，但在具体参数播发和编排上略有不同，而 GLONASS 系统时(GLST)采用以 4 年为周期的天数和天内秒数表示。各系统时的表示方式和起点不同，因此参数比特位数也不同。为了将系统时间基准与协调世界时(UTC)保持一致，电文中也包含了系统时和 UTC 转换的参数，本书第 2 章中给出了各 GNSS 系统时与协调世界时之间的关系，GNSS 系统时间的转换可以参考第 2 章的内容。此外，为了解决不同导航系统时之间的转化问题，导航电文中还包含与其他导航系统时的转换参数，如表 3.1.2 所示。

表 3.1.2　不同电文类型中包含的时间信息参数

电文类型	系统时编排	UTC 转换参数	可转换的 GNSS 时	备注
B-CNAV1	周计数(WN)+周内小时计数(HOW)+小时内秒计数(SOH)	偏差系数(A_{0UTC})；漂移系数(A_{1UTC})；新的闰秒生效前的累积闰秒改正数(Δt_{LS})；参考周内秒(t_{ot})；参考周计数(WN_{ot})；闰秒参考时间周计数(WN_{LSF})；闰秒参考时间日计数(DN)；新的闰秒生效后的累积闰秒改正数(Δt_{LSF})	GPS、Galileo、GLONASS	①TOW 和 SOW 表示的意义相同；②ITOW 指自本周起始时刻以来以 2 小时为一个时间段的计数值；TOI 指段内秒数
B-CNAV2	周计数(WN)+周内秒计数(SOW)			
B-CNAV3	周计数(WN)+周内秒计数(SOW)		Galileo、GLONASS	
CNAV	周计数(WN)+周内时(TOW)			
CNAV-2	周计数(WN)+周内段(ITOW)+段内时(TOI)			
F/NAV	周计数(WN)+周内时(TOW)		GPS	
I/NAV	周计数(WN)+周内时(TOW)			

系统时最常见的形式是周计数和周内秒计数的组合，周内秒计数通常会在每个子帧重复一次，周计数则不一定在每个子帧都出现，因此二者的编排关系在不同的电文类型中并不固定，甚至在同一种电文的不同子帧之间也有差异。为了让读者有较为直观的了解，图 3.1.3 给出了 BDS 的 B3I 频点 D1 导航电文的一种最简单的系统时编排结构，其中周内秒计数占 20bit，在 BDS 系统时每周日 0 时 0 分 0 秒周内秒从零开始计

数,取值范围为 0~604799,所对应的秒时刻是指本子帧同步头的第一个脉冲的上升沿所对应的时刻。周计数占 13bit,以 BDS 系统时的起点开始从零计数,取值范围为 0~8191 周。信息按照高位在左、低位在右的原则排列,传输则是按高位先传原则。其他编排结构可在相应信号的接口控制文件(ICD)中查到。

SOW (20bit)	WN (13bit)

高位(MSB)   低位(LSB)

图 3.1.3　系统时参数编排示意图

UTC 转换参数在不同导航电文类型中的编排格式比较类似,主要包括各 GNSS 系统时相对于 UTC 的偏差系数、漂移系数、参考时间参数以及闰秒改正参数等,部分导航电文还额外增加了系统时相对于 UTC 的漂移率系数($A_{2\text{UTC}}$)。图 3.1.4 给出了 BDT 相对于 UTC 的转换参数的编排示例。

$A_{0\text{UTC}}$ 16bit	$A_{1\text{UTC}}$ 13bit	$A_{2\text{UTC}}$ 7bit	Δt_{LS} 8bit	t_{ot} 16bit	WN_{ot} 13bit	WN_{LSF} 13bit	DN 3bit	Δt_{LSF} 8bit

高位(MSB)   低位(LSB)

图 3.1.4　UTC 转换参数编排示意图

图 3.1.4 中,$A_{0\text{UTC}}$ 表示 BDT 相对于 UTC 的钟差;$A_{1\text{UTC}}$ 表示 BDT 相对于 UTC 的钟漂;$A_{2\text{UTC}}$ 表示 BDT 相对于 UTC 钟漂的变化率;Δt_{LS} 表示新的闰秒生效前 BDT 相对于 UTC 的累积闰秒改正数;WN_{ot} 和 t_{ot} 分别表示地面段生成电文信息时的周计数和周内秒计数;DN 表示新的闰秒生效的周内日计数;WN_{LSF} 表示新的闰秒生效的周计数;Δt_{LSF} 表示新的闰秒生效后 BDT 相对于 UTC 的累积闰秒改正数。

以 BDT 转换 UTC 为例,其计算方法分为以下三种情况。

(1)由闰秒参考周数 WN_{LSF} 与日计数 DN 确定的闰秒时刻还没有来临,并且用户当前时间与闰秒时刻之差大于 6h,则 UTC 时间 t_{UTC} 计算如下:

$$t_{\text{UTC}} = \left(t_{\text{BDT}} - \Delta t_{\text{UTC}}\right) \bmod 86400 \tag{3.1.1}$$

$$\Delta t_{\text{UTC}} = \Delta t_{\text{LS}} + A_{0\text{UTC}} + A_{1\text{UTC}}\left[t_{\text{BDT}} - t_{\text{ot}} + 604800\left(\text{WN} - \text{WN}_{\text{ot}}\right)\right] \\ + A_{2\text{UTC}}\left[t_{\text{BDT}} - t_{\text{ot}} + 604800\left(\text{WN} - \text{WN}_{\text{ot}}\right)\right]^2 \tag{3.1.2}$$

其中,t_{BDT} 为用户根据系统时参数计算得到的 BDT。

(2)用户当前时间处于由闰秒参考周数 WN_{LSF} 与日计数 DN 确定的闰秒时刻的前 6h 与闰秒后 6h 之内,则 UTC 时间 t_{UTC} 计算如下:

$$t_{\text{UTC}} = W \bmod \left(86400 + \Delta t_{\text{LSF}} - \Delta t_{\text{LS}}\right) \tag{3.1.3}$$

$$W = \left[\left(t_{\text{BDT}} - \Delta t_{\text{UTC}} - 43200\right) \bmod 86400\right] + 43200 \tag{3.1.4}$$

其中,Δt_{UTC} 根据式(3.1.2)计算。

(3)由闰秒参考周数 WN_{LSF} 与日计数 DN 确定的闰秒时刻已经过去,并且用户当前时间与闰秒时刻之差大于 6h,则 UTC 时间 t_{UTC} 计算如下:

$$t_{\text{UTC}} = \left(t_{\text{BDT}} - \Delta t_{\text{UTC}}\right) \bmod 86400 \tag{3.1.5}$$

$$\Delta t_{\text{UTC}} = \Delta t_{\text{LSF}} + A_{0\text{UTC}} + A_{1\text{UTC}} \left[t_{\text{BDT}} - t_{\text{ot}} + 604800 \left(\text{WN} - \text{WN}_{\text{ot}} \right) \right]$$
$$+ A_{2\text{UTC}} \left[t_{\text{BDT}} - t_{\text{ot}} + 604800 \left(\text{WN} - \text{WN}_{\text{ot}} \right) \right]^2 \tag{3.1.6}$$

根据以上关系，接收机就可以从导航电文中的时间信息参数获得 UTC。

2. 卫星星历

卫星星历是关于卫星在参考坐标系中的参数，用户根据这些参数能计算出卫星在星历有效期内任一时刻所处的位置和速度。星历参数的准确性会直接影响导航定位的精度和可靠性，星历参数通常由地面运控中心计算，然后上行注入给卫星，再通过卫星播发给用户。

BDS、GPS 和 Galileo 早期均采用 16 参数的广播星历模型，这些参数主要包括 6 个开普勒轨道根数、9 个摄动变化量参数和 1 个时间参数等。随着卫星导航系统的发展，GPS 的 CNAV 电文首次采用了 18 参数的广播星历模型。18 参数模型相比于 16 参数模型的区别在于：长半轴平方根参数 $\sqrt{A}$ 改为参考时刻长半轴与标称值之差 ΔA 和长半轴变化率 $\dot{A}$；增加了平均角速度与计算值之差的变化率 $\Delta \dot{n}_0$ 等。分析表明，在收敛条件相同的情况下，18 参数的广播星历精度要优于 16 参数，因此目前 BDS 和 GPS 的导航电文均采用了 18 参数的广播星历。由于 BDS 为中高轨混合星座，因此多一个卫星类型参数，实际上有 19 个参数；而 Galileo 则仍然使用 16 参数星历。表 3.1.3 给出了使用 16 参数星历和 18 参数星历的导航电文类型以及两种参数之间的对比。

表 3.1.3 不同电文类型的星历参数

I/NAV、F/NAV	CNAV、CNAV-2、B-CNAV1、B-CNAV2、B-CNAV3	电文类型	
16 参数	18 参数	定义	
t_{oe}	t_{oe}	星历参考时刻	
$\sqrt{A}$	ΔA	长半轴的平方根	参考时刻长半轴相对于参考值的偏差
	$\dot{A}$		长半轴变化率
e	e	偏心率	
ω	ω	近地点幅角	
Ω_0	Ω_0	周历元零时刻计算的升交点赤经	
i_0	i_0	参考时刻的轨道倾角	
M_0	M_0	参考时刻的平近点角	
Δn	Δn_0	卫星平均角速度与计算值之差	参考时刻卫星平均角速度与计算值之差
	$\Delta \dot{n}_0$		参考时刻卫星平均角速度与计算值之差的变化率
$\dot{i}_0$	$\dot{i}_0$	轨道倾角变化率	
$\dot{\Omega}$	$\dot{\Omega}$	升交点赤经变化率	
C_{uc}	C_{uc}	纬度幅角的余弦调和改正项的振幅	
C_{us}	C_{us}	纬度幅角的正弦调和改正项的振幅	
C_{rc}	C_{rc}	轨道半径的余弦调和改正项的振幅	
C_{rs}	C_{rs}	轨道半径的正弦调和改正项的振幅	
C_{ic}	C_{ic}	轨道倾角的余弦调和改正项的振幅	
C_{is}	C_{is}	轨道倾角的正弦调和改正项的振幅	

表 3.1.3 中，$\left(\sqrt{A},e,\omega,\Omega_0,i_0,M_0\right)$ 参数就是 6 个开普勒轨道根数，开普勒轨道根数唯一确定了卫星在空间中的轨道，本书将在第 6 章对这 6 个开普勒轨道根数进行详细说明。

GLONASS 采用的卫星星历模型与其他系统都不同，其星历参数主要为 PZ-90 地心地固坐标系下卫星在星历参考时刻的位置、速度以及由太阳和月球引力所引起的加速度。在计算卫星位置时，从星历所给的参考时刻的轨道状态初始值出发，通过对卫星运动方程进行积分运算获得，感兴趣的读者可以查阅 GLONASS 的接口控制文件，这里不进行详细介绍。GLONASS 电文的主要星历参数见表 3.1.4。

表 3.1.4 GLONASS 电文的星历参数

参数	定义
t_k	参考时刻（发送本帧时刻的卫星钟钟面时）
t_b	相对于当天 UTC 的时间偏差
$X_n(t_b)Y_n(t_b)Z_n(t_b)$	t_b 时刻 n 号卫星的坐标值
$\dot{X}_n(t_b)\dot{Y}_n(t_b)\dot{Z}_n(t_b)$	t_b 时刻 n 号卫星的速度分量值
$\ddot{X}_n(t_b)\ddot{Y}_n(t_b)\ddot{Z}_n(t_b)$	t_b 时刻 n 号卫星的加速度分量值

3. 星钟改正参数

卫星上搭载的时钟与系统时之间总是存在偏差，这种偏差就是卫星钟差。用户可以通过导航电文中播发的星钟改正参数来计算卫星钟差，从而对测量得到的信号时延进行精确修正。卫星时钟与系统时的钟差 δt 通常由三部分组成：

$$\delta t = \Delta t + \Delta t_r - T_{GD} \tag{3.1.7}$$

其中，Δt 为二次项模型表示的卫星钟差；Δt_r 为相对论效应项；T_{GD} 为卫星器件的群波延时校正量，T_{GD} 在导航电文内播发。Δt 通过下式计算：

$$\Delta t = a_0 + a_1\left(t - t_{oc}\right) + a_2\left(t - t_{oc}\right)^2 \tag{3.1.8}$$

其中，a_0、a_1 和 a_2 分别表示卫星钟差改正系数、漂移改正系数和漂移率改正系数；t_{oc} 为星钟改正数的参考时间。以上参数在导航电文中的编排示例如图 3.1.5 所示。

相对论效应项 Δt_r 的计算公式为

$$\Delta t_r = Fe\sqrt{A}\sin E_k \tag{3.1.9}$$

其中，$\left(e,\sqrt{A},E_k\right)$ 为轨道参数，可从导航电文的星历中获取或计算得到；$F = -4.4428 \times 10^{-24}$ 为常数，由万有引力常数和光速决定。通过上述计算过程便可以得到卫星的总钟差，从而实现时间修正。

t_{oc} (11bit)	a_0 (25bit)	a_1 (22bit)	a_2 (11bit)

高位(MSB)　　　　　　　　　　　　　　　　　　　　　　　　　　　　低位(LSB)

图 3.1.5 星钟改正参数的编排示意图

4. 历书

历书与星历类似, 可为用户提供定位所需的基本星历和星钟参数。历书一般包括开普勒轨道根数和钟差改正参数, 参数数量比星历少, 计算过程与星历和星钟改正参数类似。历书的精度要低于广播星历, 播发周期也比广播星历短, 主要是为了让用户快速获得所有卫星的历书, 从而辅助接收机快速捕获卫星信号和选星, 它缩短了用户首次定位时间, 为用户提供长期的卫星位置和卫星钟差。不同电文类型中规定的历书内容略有不同, 如 BDS 电文中额外规定了卫星类型等信息, 但各大系统历书的主要参数可总结为表 3.1.5。GLONASS 的历书不同于星历, 也采用类似开普勒轨道根数的表示形式, 计算方法与开普勒轨道根数类似, 主要内容见表 3.1.6。

表 3.1.5　不同电文类型的历书参数

电文类型	参数	定义
B-CNAV1 B-CNAV2 B-CNAV3 CNAV CNAV-2 I/NAV F/NAV	t_{oa}	历书参考时间
	$\sqrt{A}$	轨道长半轴的平方根
	e	轨道偏心率
	δi	相对于 0.3π 的轨道倾角
	Ω_0	周内时等于 0 时的轨道升交点赤经
	ω	轨道近地角距
	M_0	参考时刻的平近点角
	$\dot{\Omega}$	轨道升交点赤经对时间的变化率
	a_{f_0}	卫星时钟偏差校正参数
	a_{f_1}	卫星时钟漂移校正参数

表 3.1.6　GLONASS 电文的历书参数

参数	定义
$t_{\lambda n}^A$	卫星在历书参考日中首次运行至升交点的时间
λ_n^A	轨道在历书参考日中首个升交点赤经
τ_n^A	在 $t_{\lambda n}^A$ 时刻卫星时钟相对于 GLST 的差异量
Δi_n^A	在 $t_{\lambda n}^A$ 时刻轨道倾角相对于 63° 的修正值
ε_n^A	在 $t_{\lambda n}^A$ 时刻的轨道偏心率
ω_n^A	在 $t_{\lambda n}^A$ 时刻的轨道近地角距
ΔT_n^A	在 $t_{\lambda n}^A$ 时刻卫星轨道周期相对于 43200s 的修正值
$\Delta \dot{T}_n^A$	轨道周期变化率

5. 大气改正参数

导航电文中播发的大气改正参数主要是电离层改正参数。电离层可对卫星信号产生反射、折射、散射和吸收等影响, 是导航卫星系统的主要误差源之一, 电离层消除方法的详细内容可参考本书第 7 章。多频 GNSS 用户可以采用无电离层组合的定位解算模式来消除电离层影响，提高定位精度；而大量的 GNSS 单频用户则只能采用广播电离层模型来修正信号传输误差，从而提高服务精度。

电离层模型通常利用不同频率的观测数据反演得到卫星信号传播路径上的电离层电子总含量(TEC)。基于遍布在全球的多卫星地面观测站的电离层观测数据，通过引入合适的数学函数或方法，可以建立全球电离层 TEC 模型。电离层 TEC 模型化误差同时受地理位置、太阳活动、地磁活动强烈程度等的影响。

由于 GLONASS 采用的频分多址信号体制可通过自身双频观测量组合修正电离层延迟，因此这里主要介绍 BDS、GPS 和 Galileo 系统播发电离层改正数模型。GPS 播发 8 球谐模型(Klobuchar)参数(简称 GPS K8)，Galileo 播发 NeQuick 模型参数(简称 Gal NeQuick)，北斗系统在早期也采用与 GPS 相同的 K8 模型(如 BDS 的 B1I/B3I 信号)，但从北斗全球系统开始就播发新的全球电离层延迟修正模型(简称 BDGIM)参数。

Klobuchar 模型反映了电离层的日变化特征，日垂直电离层误差由余弦函数项加上常数表示，具体为

$$\Delta\tau = \begin{cases} D + A\cos\left[\dfrac{2\pi\left(t - T_p\right)}{P}\right], & \left|t - T_p\right| < \dfrac{P}{4} \\ D, & \text{其他} \end{cases} \tag{3.1.10}$$

其中，$\Delta\tau$ 为垂直电离层误差(也称为改正数，单位：s)；$T_p = 50400$；$D = 5\times10^{-9}\,\text{s}$ 为常数项；t 为接收机至卫星连线与电离层交点(穿刺点)处的地方时(t 的取值范围为 0～86399，单位：s)；A 和 P 分别表示余弦函数项的振幅和周期，是地磁纬度的三阶多项式，A 和 P 的计算公式如下：

$$\begin{cases} A = \begin{cases} \displaystyle\sum_{i=1}^{4} \alpha_i \left(\varphi_m\right)^i, & A > 0 \\ 0, & A < 0 \end{cases} \\ P = \begin{cases} \displaystyle\sum_{i=1}^{4} \beta_i \left(\varphi_m\right)^i, & P > 72000 \\ 72000, & P \leqslant 72000 \end{cases} \end{cases} \tag{3.1.11}$$

其中，α_i 和 β_i 为电文中广播的 8 个参数，因此称为 K8 模型；φ_m 为电离层穿刺点的地磁纬度。得到垂直延迟 $\Delta\tau$ 后，对于卫星的任意仰角，电离层倾斜延迟使用如下投影函数得到：

$$M_F = 1.0 + 16.0 \times \left(0.53 - \text{el}\right)^3 \tag{3.1.12}$$

其中，el 表示卫星仰角(rad)。

BDS 使用的 BDGIM 本质上是一种改进的球谐函数模型，由 9 个播发系数和 17 个非播发系数组成，具体计算方法为

$$\Delta\tau' = M_F \cdot \frac{40.28\times10^{16}}{f^2}\left(A_0 + \sum_{i=1}^{9} \alpha_i \cdot A_i\right) \tag{3.1.13}$$

$$
\begin{cases}
A_0 = \sum_{j=1}^{17} \beta_j B_j \\[2mm]
A_i = \begin{cases}
N_{n_i,m_i} P_{n_i,m_i}(\sin\varphi)\cos(m_i\lambda), & m_i \geqslant 0 \\[1mm]
N_{n_i,m_i} P_{n_i,m_i}(\sin\varphi)\sin(-m_i\lambda), & m_i < 0
\end{cases} \\[4mm]
B_j = \begin{cases}
N_{n_j,m_j} P_{n_j,m_j}(\sin\varphi)\cos(m_j\lambda), & m_j \geqslant 0 \\[1mm]
N_{n_j,m_j} P_{n_j,m_j}(\sin\varphi)\sin(-m_j\lambda), & m_j < 0
\end{cases}
\end{cases}
\tag{3.1.14}
$$

其中，$\Delta\tau'$ 为总的电离层延迟 (m)；M_F 为投影函数；α_i 为播发系数 (TECu)；A_0 为通过非播发参数计算的电离层延迟预报值 (TECu)；A_i 和 B_j 为根据穿刺点地磁纬度 φ 和地磁经度 λ 计算的系数；N_{n_i,m_i} 为正则化函数；P_{n_i,m_i} 为标准勒让德函数；n_i, m_i, β_j 的取值均可以从接口控制文件中直接或间接得到。

表 3.1.7 给出了不同电离层模型在 2017 年全年的精度评估结果。从改正率来看，BDGIM 的性能最好，Gal NeQuick 次之，GPS K8 的性能最差。

表 3.1.7　导航电文电离层播发模型与精度

模型	偏差/TECu		均方根/TECu		改正率/%	
	均值	最大值	均值	最大值	均值	最小值
BDGIM	1.00	3.74	3.58	7.45	77.2	65.2
GPS K8	1.79	6.03	5.71	9.05	71.3	34.6
Gal NeQuick	−1.57	−5.20	4.44	7.56	72.6	58.3

6. 差分与完好性信息

差分信息由分布在全球的地面监测站将实时连续跟踪的卫星观测数据发送至主控站，主控站完成差分信息的估计并发送至注入站，再由注入站上行注入 GEO 卫星实现差分改正数的广域播发，用户使用差分改正信息实现定位精度的提升。差分信息主要通过广域差分系统 (如 WAAS、EGNOS、BDSBAS) 播发，GPS 电文中额外加入了星钟差分参数和星历差分参数及二者差分后的精度，BDS 早前在北斗二号区域系统的 D2 导航电文中播发部分差分及完好性信息，北斗全球系统增加了专门的 BDSBAS 信号播发差分及完好性信息。

BDSBAS 能够通过 BDS 星座中的 GEO 卫星提供星基增强和精密单点定位服务。星基增强服务主要包括 BDSBAS-B1C 和 BDSBAS-B2a 两种信号。BDSBAS-B1C 信号目前只增强 GPS，BDSBAS-B2a 信号则能够对四大 GNSS 同时增强，播发的差分信息主要包括卫星掩码及其对应的时钟/轨道误差改正参数、电离层改正参数、完好性信息、降效参数与完好性信息映射表等。精密单点定位服务 PPP-B2b 信号用于对四大 GNSS 提供 PPP 服务，可以播发 B-CNAV1、LNAV、I/NAV、L1OC 四种导航电文的改正参数，改正内容包括轨道改正数、码间偏差改正数、钟差改正数、用户测距精度指数等。通过接收 B2a 和 B2b 信号，用户能够获得更加精确可靠的位置和时间信息。

完好性信息是卫星导航系统提供的重要功能之一，能够为用户及时提供 GNSS 的可用信息。GPS、BDS 和 Galileo 都在导航电文中播发空间信号精度指数、信号/卫星健康状态等参数来表征系统的完好性，如表 3.1.8 所示。其中空间信号精度描述的是导航电文中播发的轨道和钟差的预测精度，包括 2 个参数，分别是卫星轨道切向和法向精度(SISAoe)、卫星轨道径向和卫星钟差精度(SISAoc)。BDS 卫星健康状态用于描述本卫星当前是否正常工作；卫星完好性状态采用电文完好性标识(DIF)、信号完好性标识(SIF)和系统告警标识(AIF) 3 个参数描述，现代化信号的完好性参数表征的意义更加详细。

表 3.1.8 差分和完好性参数

项目	BDS	GPS	Galileo
差分参数	等效钟差改正数 电离层改正参数	星钟差分参数 星历差分参数 用户差分精度	无
完好性参数	差分完好性参数 卫星健康状态 卫星完好性状态标识 空间信号精度指数	信号健康状态 空间信号精度指数	信号健康状态 空间信号精度指数

3.1.3 电文编码

电文编码是信息传输过程中一种重要的差错控制方式，用于监测和纠正衰落、噪声干扰、多普勒等因素带来的误码，使导航电文具有一定的检测、纠正误码的能力，可有效提高导航信息的可靠性。GNSS 信号通常采用前向纠错方式对传输过程中的突发错误进行控制。随着信息论的发展，用于控制随机错误的码从最初的汉明(Hamming)码、BCH 码，发展到后来的卷积码、低密度奇偶校验(LDPC)码等；对抗突发错误的码有循环冗余校验(CRC)码、交织码等。

1. Hamming 码

Hamming 码是以其发明者理查德·卫斯理·汉明来命名的一种线性纠错码，可检测 2 位或纠正 1 位随机错误。假设对于长度为 k 位的信息，为了具有纠错能力进行 Hamming 编码，需要加上 r 位的校验码，组成码长 $n = k+r$ 的编码，校验位的长度 r 需要满足 $2^r - 1 \geq n$ 的条件。

定义一个二元线性分组码 (n, k, d)，n 为码长，k 为信息长度，d 为最小距离。设 $x_1, x_2, \cdots, x_k$ 这 k 个信息码元组成矩阵 $\boldsymbol{X}$，用式(3.1.15)就可以表示输入编码器的 k 位信息：

$$\boldsymbol{X} = [x_1, x_2, \cdots, x_k] \tag{3.1.15}$$

经过 Hamming 编码后得到输出码字表示为

$$\boldsymbol{C} = [c_1, c_2, \cdots, c_n] \tag{3.1.16}$$

则在所有的码字集合中一定可以找到一组码字 $\boldsymbol{G} = [g_1, g_2, \cdots, g_k]$，使得编码器输出的码字 $\boldsymbol{C}$ 可以由这组码字 $\boldsymbol{G}$ 与输入信息码 $\boldsymbol{X}$ 的线性组合表示：

$$\boldsymbol{C} = \boldsymbol{X}\boldsymbol{G} \tag{3.1.17}$$

其中，$\boldsymbol{G}$ 称为线性分组码 $\boldsymbol{C}$ 的生成矩阵。由线性代数知识可知，线性分组码的生成矩阵 $\boldsymbol{G}$ 可以经过运算转化为如下形式：

$$\boldsymbol{G} = [\boldsymbol{I}_k \mid \boldsymbol{P}] \tag{3.1.18}$$

其中，$\boldsymbol{I}_k$ 是 $k \times k$ 的单位矩阵；$\boldsymbol{P}$ 是 $k \times (n-k)$ 的矩阵。可由 $\boldsymbol{P}$ 得出 $(n-k)$ 个校验比特。

Hamming 码的编码过程就是已知生成矩阵 $\boldsymbol{G}$，根据 $\boldsymbol{G}$ 进行编码，因此编码实现比较简单。

2. BCH 码

BCH 码是一种有限域中的线性分组码，能检测和纠正多个随机错误。常用的 BCH 码是二进制 BCH 码，通常用 (n,k) 表示，n 代表编码后的码长，k 代表信息位长度，校验位长度则为 $n-k$。可以根据不同的纠错能力以及码长要求，构造不同的 BCH 码。

下面以 BDS 的 B3I 信号为例说明 BCH 码的编码过程。B3I 的 D2 导航电文使用的 BCH $(15,11)$ 编码框图如图 3.1.6 所示，其纠错能力为 2，最小距离为 5，意味着 BCH $(15,11)$ 能纠正至多 2 位随机错误，或者检测至多 4 位随机错误。图中对应的生成多项式为 $g(x)=x^4+x+1$，其中 D1～D4 表示移位寄存器，初始状态下移位寄存器为全 0，门 1 开，门 2 关。假设输入端输入 11 比特长度的信息 X，信息 X 开始经过移位寄存器，一路经或门输出，另一路进入 $g(x)$ 组成的除法电路，经 11 次移位后 11 比特信息全部送入除法电路，此时移位寄存器 D1～D4 内保留的即为校验位，最后门 1 关，门 2 开，再经过 4 次移位，将移位寄存器的校验位全部输出，与原先的 11 比特信息组合成一个长为 15 比特的 BCH 码。然后送入下一个信息组，重复上述过程即可完成编码。

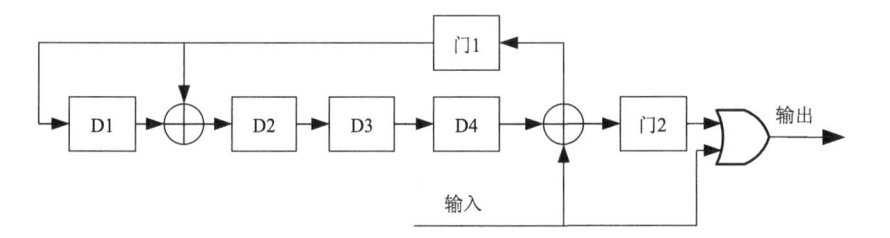

图 3.1.6 BCH $(15,11)$ 编码框图

3. CRC 码

CRC 码即循环冗余校验码，CRC 编码简单且具有较强的纠错能力，因此在信道编码中应用广泛。以导航电文中使用最多的 CRC-24 编码为例，其生成多项式为

$$g(x)=\sum_{i=0}^{24}g_ix^i \tag{3.1.19}$$

其中，$g_i=\begin{cases}1, & i=0,1,3,4,5,6,7,10,11,14,17,18,23,24 \\ 0, & \text{其他}\end{cases}$。

$g(x)$ 可表示为多项式相乘的形式：

$$g(x)=(1+x)p(x) \tag{3.1.20}$$

其中，$p(x)=x^{23}+x^{17}+x^{13}+x^{12}+x^{11}+x^9+x^8+x^7+x^5+x^3+1$。

对于长度为 k 的信息序列 $m_i(i=1\sim k)$ 可以表示为以下多项式：

$$m(x)=m_k+m_{k-1}x+m_{k-2}x^2+\cdots+m_1x^{k-1} \tag{3.1.21}$$

多项式 $m(x)x^{24}$ 除以生成多项式 $g(x)$，得到余式如下：

$$R(x)=p_{24}+p_{23}x+p_{22}x^2+\cdots+p_1x^{23} \tag{3.1.22}$$

其中，$p_1,p_2,\cdots,p_{24}$ 依次输出构成 CRC 校验序列。

多项式运算的乘除法与一般的代数多项式相同,加减法用模 2 加运算,不进位。CRC 码中的生成多项式 $g(x)$ 的阶数越高,误判概率就会越小。

4. 交织码

交织是一种提高通信质量的数据处理方法,信息经过交织可以改变结构但是不改变内容,交织可以大大提高信息传输性能。交织编码实现传输性能提高的原理是将信道传输过程中产生的集中突发错误进行离散化。

BDS 的 B-CNAV1 导航电文采取了交织码的方案,导航电文子帧 2 和子帧 3 各自经过 LDPC 编码后,再进行块交织 (36×48)。子帧 2 和子帧 3 分别包含 1200 符号位和 528 符号位,总符号位为 1728,与交织块的大小相同,具体可通过一个 $m = 36$ 行和 $n = 48$ 列的二维数组实现。块交织过程如图 3.1.7 所示。子帧 2 和子帧 3 采用交错方式按行依次写入二维数组,高位先写。每写入两行子帧 2 的数据后,再写入一行子帧 3 的数据,重复该过程,直到第 33 行子帧 3 的数据写入完毕,最后三行写入剩下的子帧 2 的数据。子帧 2 和子帧 3 的全部符号位写入二维数组后,再按列依次读出。从第一列开始从上往下读,再读第二列数据,重复该过程,直到最后一列数据被读出。至此,交织过程完成。

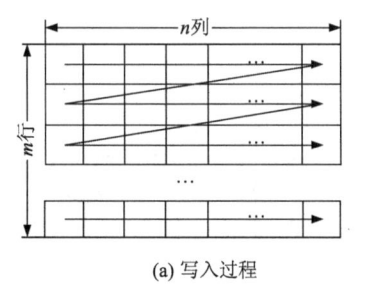
(a) 写入过程

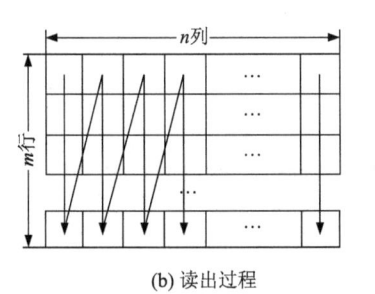
(b) 读出过程

图 3.1.7　块交织过程示意图

5. 卷积码

卷积码是一种编译码效率较高的纠错码,而且译码实时性非常强。卷积码用 $(n, k, L-1)$ 表示, k 为原始信息长度, n 为编码后的卷积码长度,码率为 k/n, L 指编码的约束长度,它表示在某一时刻进行编码时,当前的 k 比特信息要与前面 $(L-1) \times k$ 比特信息进行关联,即编码时有 nL 比特信息是相关的,因此称为卷积码。

GPS 的 CNAV 导航电文、Galileo 的 I/NAV 和 F/NAV 导航电文均采用 1/2 码率的卷积码。1/2 卷积编码器结构如图 3.1.8 所示。其约束长度 $L = 7$,G1 序列的生成多项式为 $g_1(x) = x^6 + x^5 + x^4 + x^3 + 1$（八进制 171）, G2 序列的生成多项式为 $g_2(x) = x^6 + x^4 + x^3 + x + 1$（八进制 133）。其编码过程简单来说,就是 q 时刻输入 1 比特信息 x_1,移位寄存器就向右移一位(其中 D1～D6 分别存储着 q-1～q-6 时刻的输入信息比特),编码器根据 G1 和 G2 的生成多项式读出相应寄存器中的数据,然后进行模 2 运算得到两个序列各自的输出,最后将 G1 和 G2 的值交替输出得到卷积编码序列。

值得注意的是,在卷积编码过程中,通常在码的末尾添加 $(L-1)k$ 个 0,使卷积码的寄存器可以从全 '0' 状态开始,至全 '0' 状态结束,这样可以提高编码性能。Galileo 的 I/NAV 和 F/NAV 导航电文的卷积码就采取了这种方式,而 GPS 的 CNAV 导航电文则不是;因此 Galileo 的卷积码是一种有卷尾卷积码,而 GPS 的卷积码是一种无卷尾卷积码。

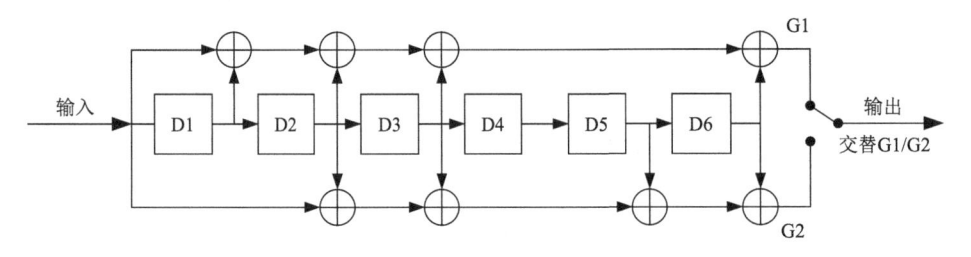

图 3.1.8　1/2 卷积编码器框图

6. LDPC 码

LDPC 码是一种特殊的线性分组码，具有良好的纠错能力，加上其译码方法的复杂度为线性，目前已经得到非常广泛的应用。

GPS 的 CNAV-2 导航电文采用的 LDPC 编码的校验矩阵 $\boldsymbol{H}$ 如图 3.1.9 所示。矩阵 $\boldsymbol{H}$ 可划分为 $\boldsymbol{A}$、$\boldsymbol{B}$、$\boldsymbol{T}$、$\boldsymbol{F}$、$\boldsymbol{D}$ 和 $\boldsymbol{E}$ 六个子矩阵，这些矩阵的大小如图 3.1.9 所示，其码率定义为 $m/n = 1/2$。CNAV-2 导航电文的第 2 子帧与第 3 子帧都采用相同码率的 LDPC 编码，区别只在于矩阵的大小不同。以第 2 子帧为例，$m = 600, n = 1200$，子矩阵 $\boldsymbol{A}$ 大小为 599×600，$\boldsymbol{D}$ 为 1×1，$\boldsymbol{T}$ 为 599×599 且对角线元素均为 1 的下三角矩阵。接口控制文件中会具体给出 $\boldsymbol{H}$ 矩阵的值。假设 $\boldsymbol{s}$ 为子帧 2 的 $m(600)$ 个输入比特，在得到 $\boldsymbol{H}$ 矩阵后，就可以根据以下过程进行编码：

$$\begin{cases} \boldsymbol{C} = [\boldsymbol{s}, \boldsymbol{p}_1, \boldsymbol{p}_2] \\ \boldsymbol{p}_1^{\mathrm{T}} = -\left(-\boldsymbol{E}\boldsymbol{T}^{-1}\boldsymbol{B}\right)^{-1}\left(-\boldsymbol{E}\boldsymbol{T}^{-1}\boldsymbol{A} + \boldsymbol{F}\right)\boldsymbol{s}^{\mathrm{T}} \\ \boldsymbol{p}_2^{\mathrm{T}} = -\boldsymbol{T}^{-1}\left(\boldsymbol{A}\boldsymbol{s}^{\mathrm{T}} + \boldsymbol{B}\boldsymbol{p}_1^{\mathrm{T}}\right) \end{cases} \tag{3.1.23}$$

其中，$\boldsymbol{p}_1$ 和 $\boldsymbol{p}_2$ 中的元素都是对 2 求模后的值，为校验位。$\boldsymbol{C}$ 就是 LDPC 编码的 $n(1200)$ 个输出比特。

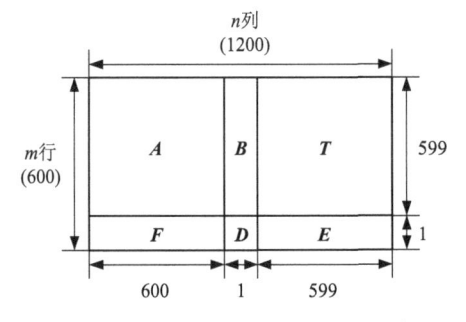

图 3.1.9　CNAV-2 导航电文的 LDPC 编码奇偶校验矩阵

7. 多重编码

现代化导航信号的电文编码普遍采用多重差错控制方法来提高导航信息传输的误码性能。图 3.1.10 给出了 GPS 的 CNAV-2 电文编码方案，在该方案中，先对数据块进行 CRC 校验，随后将帧结构分块采用 BCH 或 LDPC 纠错编码，最后将 LDPC 编码后的信息符号交织。BDS 的 B-CNAV1 与 Galileo 的 F/NAV、I/NAV 电文采用的多重差错控制与此类似。

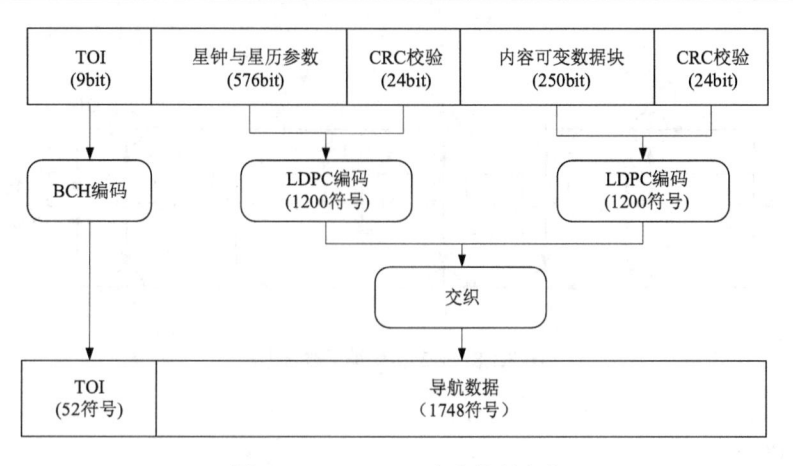

图 3.1.10　CNAV-2 电文编码方案

3.1.4　电文编排

　　现代化 GNSS 信号在导航电文编排结构方面相比传统信号做出了较大改进，主要体现在采用了内容灵活可变的信息条结构。早期导航电文在编排时均采用固定帧结构，固定帧结构下，每帧电文都与系统时间严格对应，GLONASS 的超帧-帧-串结构如图 3.1.11 所示，GPS 的 LNAV 电文和 BDS 的 D1/D2 电文采用的超帧-帧-子帧结构如图 3.1.12 所示。

　　固定帧结构的优点是按照导航电文格式要求直接解析数据即可，方便了用户使用；缺点是电文中的内容及其位置是固定的，更改或优化电文参数的过程烦琐，资源利用率低、系统扩展性差。Galileo 虽然继承了固定帧结构，但在子帧以下采用了页面结构，即在同一子帧中规定不同的页面类型，不同页面类型对应不同的信息内容，用户只需识别页的类型即可确定页面中参数所表示的意义，有效减少了固定帧结构带来的弊端。

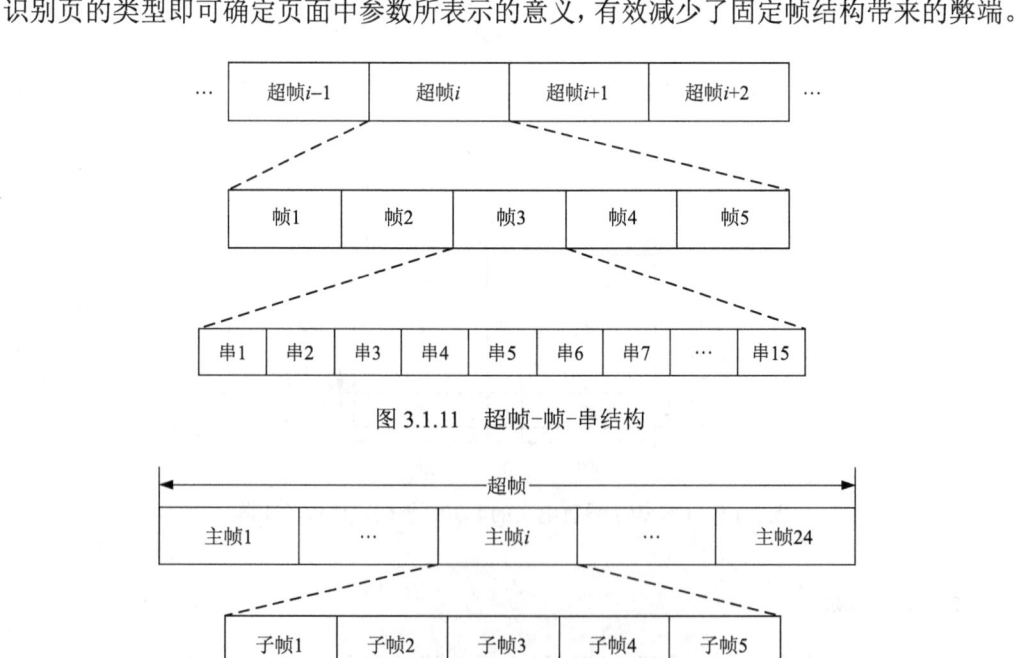

图 3.1.11　超帧-帧-串结构

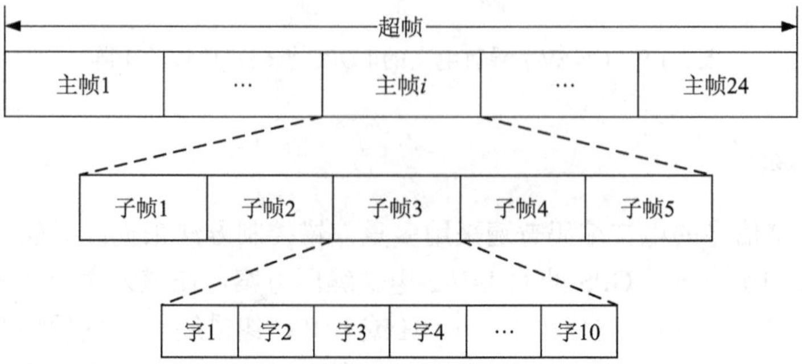

图 3.1.12　超帧-帧-子帧结构

鉴于固定帧结构存在空白数据段占用资源的问题，GPS 的 CNAV 电文和 BDS 的 B-CNAV2、B-CNAV3 电文采用了信息条结构，如图 3.1.13 所示。信息条结构的优点是当系统功能需要扩展时，可以通过定义一个新的信息条类型来增加新的数据类型，在功能扩展和增强方面具有很好的灵活性，缺点是用户需增加时间等辅助信息。由于不同 GNSS 的信息条内容定义不同且会保持更新，这里就不一一列出。

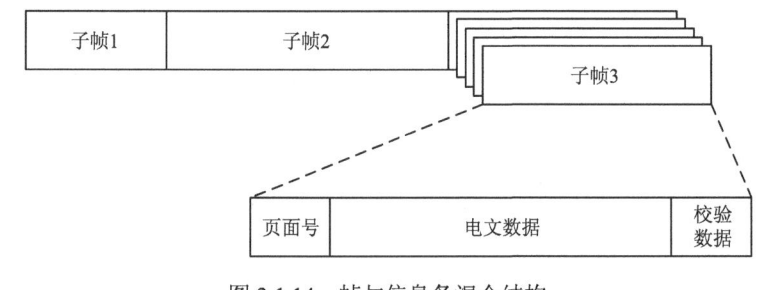

图 3.1.13　信息条结构

帧与信息条混合结构兼具固定帧结构和信息条结构的优势。混合结构以数据帧为基本格式，每个数据帧又由 3 个长度不同的子帧组成：子帧 1 发播时间信息；子帧 2 发播广播星历、星钟信息；子帧 3 为随机发播的辅助信息，如图 3.1.14 所示。GNSS 系统中，GPS 的 CNAV-2 和 BDS 的 B-CNAV1 电文采用了帧与信息条混合的编排格式，具有数据内容扩充灵活、播发类型随机等优点，满足了数据内容的可扩充性和发播的灵活性要求，已成为导航电文编排中的重要方式。

图 3.1.14　帧与信息条混合结构

3.2　扩　频　信　号

扩频信号也称扩频码信号，是 GNSS 信号的重要组成部分，它增强了卫星导航信号长距离传输过程中的信号抗干扰能力，降低了信号接收误码率；同时还能用来测量卫星至用户的传输距离。除此之外，由于卫星导航系统中不同卫星信号共享相同载波频率，为了区分同一载波上的不同卫星信号，不同卫星使用不同的扩频码，这也体现了多址的信号设计思想。

多址技术主要是为了在同一系统中的不同用户共享无线电频谱时，降低相互之间的干扰，主要有时分多址（TDMA）、频分多址（FDMA）和码分多址（CDMA）三种技术。

时分多址是指按照时间分隔为若干个时隙，每个信道占用一个时隙，在规定的时隙内收发信号，信号通常为不连续的突发信号，在 GPS 最初设计阶段，曾考虑采用时分多址方式来传送民用信号和军用信号，具体接入方式是先传送民用信号的全部或部分周期，然后传送军用信号的一部分，但时分多址会导致载波相位的不连续，还可能改变民用信号的自相关和互相关特性，所以最终并没有采用时分多址方式。

频分多址是按照频率的不同给每个用户分配单独的物理信道，不同卫星信号调制在不同的载频上，技术相对简单，信号连续传输且每颗卫星可使用相同的伪码。另外，由于不同卫星信号的频率不同，采用频分多址方式的导航系统具有更好的抗窄带干扰

能力，但接收机射频前端复杂、体积大且造价昂贵，多频道信号互调干扰严重，频率利用率低，系统容量小。GLONASS 前期的信号就采用了频分多址的方式，这是由当时苏联模拟器件制造水平较高决定的。随着数字信号处理技术和数字器件制造水平的提高，频分多址优势逐渐减弱，GLONASS 在现代化建设中，也采用更为适合的码分多址方式。

码分多址是在同一载波频率上同时传送多个信号，不同卫星采用不同的扩频码来区分，因此需要选用互相关特性良好的扩频码。码分多址在实现时虽然选码存在一定困难，但其占用频率资源少，系统容量大且抗干扰、抗多径能力较强，是卫星导航领域目前应用最广的多址方式，GPS、Galileo、BDS 均采用码分多址接入方式，当然在GLONASS 现代化中，也增加了码分多址信号。

3.2.1 直接序列扩频

直接序列扩频(DSSS)是扩频技术的一种，它是用高速率的扩频码调制上低速率的信息码，也就是将窄带的信息码频谱带宽扩展上千万倍，成为宽带信号，以达到在低信号功率和强噪声条件下的信息可靠传输的目的。在白噪声条件下，信号传输的性能可以由香农公式得到：

$$C = B \log_2 \left(1 + \frac{S}{N}\right) \tag{3.2.1}$$

其中，C 是信道容量(bit/s)，表示每秒钟能正确可靠传输的最大信息比特数；B 是信号的有效带宽(Hz)；S、N 分别是信号功率(W)和噪声功率(W)，则 S/N 表示信噪比(SNR)，它是一个无量纲的量。由上述公式可知，在强噪声环境下，即信噪比很低时，为了达到信号可靠有效传输的目的，可以通过增大信号有效带宽来实现。也可以理解为在保持信道容量不变的条件下，信号有效带宽和信噪比可以相互转换，通过增大信号带宽来换取在低信噪比下的可靠传输。

那么信号带宽如何增大呢？可以通过在低频信号上调制高频信号来实现，如图 3.2.1 所示，数据码的速率通常较低，假设 1s 可传输 50bit 数据码(或数据符号位)，即信息速率为 50bit/s，1bit 数据码(或数据符号位)持续时间 T_D 为 20ms。用来扩频调制的扩频码速率远高于数据码速率，如扩频码速率为 10.23Mchip/s，则 1bit 扩频码持续时间 T_c 为 97.8ns。数据码经过扩频后，频率由原来的 r_D $(r_D = 1/T_D)$ 变为更高的 r_c $(r_c = 1/T_c)$，扩频后信息码的带宽得到了扩展，其频谱扩展的倍数 G_p 称为扩频增益，可近似等于数据码的码宽与伪码码宽的比值，或者数据码频率(带宽)与扩频码频率(带宽)的比值

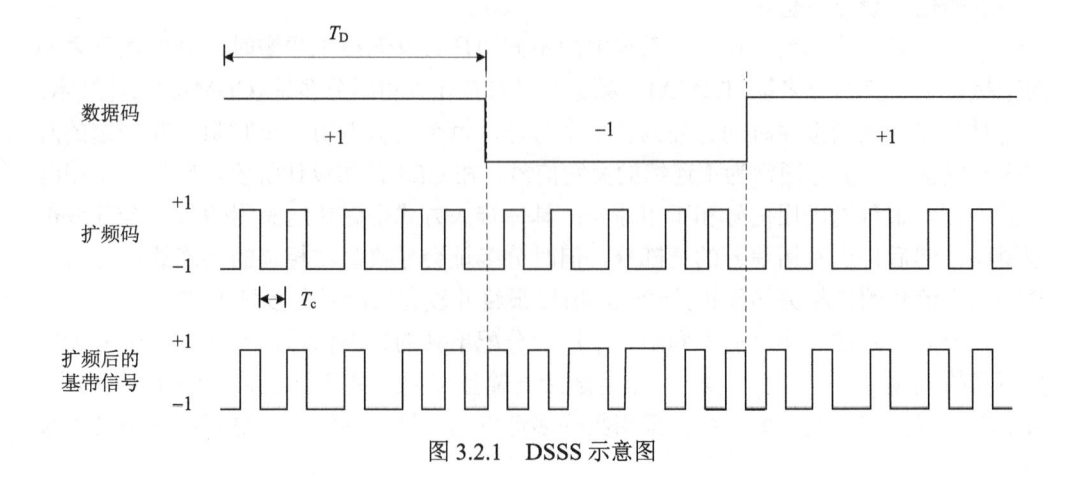

图 3.2.1　DSSS 示意图

$$G_p = \frac{T_D}{T_c} = \frac{r_c}{r_D} \qquad (3.2.2)$$

扩频增益是一个比值，没有单位，通常也用 dB 来表示。例如，BDS 的 B1C 信号数据通道采用 1.023Mchip/s 速率的扩频码，调制的数据码速率为 100symbol/s，则扩频增益是 33.55dB。

扩频增益还可以用接收端中信号解扩后信噪比和解扩前信噪比的比值来表示：

$$G_p = \frac{\text{SNR}_2}{\text{SNR}_1} \qquad (3.2.3)$$

其中，SNR_2 是解扩后输出的信噪比；SNR_1 是解扩前输入接收端的信噪比。假设单边噪声功率谱密度为 N_0，信号功率为 S，解扩前和解扩后信号带宽分别为 B_1 和 B_2，则

$$\text{SNR}_1 = \frac{S}{B_1 N_0} \qquad (3.2.4)$$

$$\text{SNR}_2 = \frac{S}{B_2 N_0} \qquad (3.2.5)$$

将式(3.2.4)和式(3.2.5)代入式(3.2.3)得

$$G_p = \frac{B_1}{B_2} \qquad (3.2.6)$$

可见式(3.2.6)与式(3.2.2)是一致的，解扩前的信号带宽 B_1 对应于扩频码的带宽 r_c，解扩后的信号带宽 B_2 对应于数据码的带宽 r_D。

采用直接序列扩频技术，还可以提高信号的抗干扰能力，图 3.2.2 给出了扩频和解扩过程中信号功率谱密度变化的示意图，图 3.2.2(a) 为扩频前的功率谱密度，它是一个窄带信号，扩频后信号的速率大幅提高，则信号带宽被展宽为一个宽带信号，经过卫星至用户的长距离传输后信号功率非常弱，已经淹没在噪声中，同时在传输过程中遇到强于信号的窄带干扰信号(图 3.2.2(b))；被噪声和干扰淹没的信号经用户接收机接收，进行解扩操作后(本地生成的扩频码与接收的扩频码进行相干累加)，信号幅度经过积累得到增长，即功率谱密度函数增大，而噪声与干扰的功率谱密度保持不变(图 3.2.2(c))；再经过滤波将窄带信号保留，噪声和干扰大部分被去除(图 3.2.2(d))。可见，直接序列扩频技术在发送端通过对信号频谱进行扩展，在接收端对信号进行积累解扩，能有效抵御传输过程中的噪声和干扰影响。上述过程解扩后的信噪比用公式表示为

$$\text{SNR}_2 = \frac{S}{B_2 N_0 + \dfrac{I}{G_p}} \qquad (3.2.7)$$

> **扩展阅读**：解扩是扩频的逆操作，将频率扩展后的信号与本地生成的信号进行相干累加得到解扩后的信号。信号带宽又恢复到原来扩频前数据码的带宽。

卫星导航信号的扩频调制方式

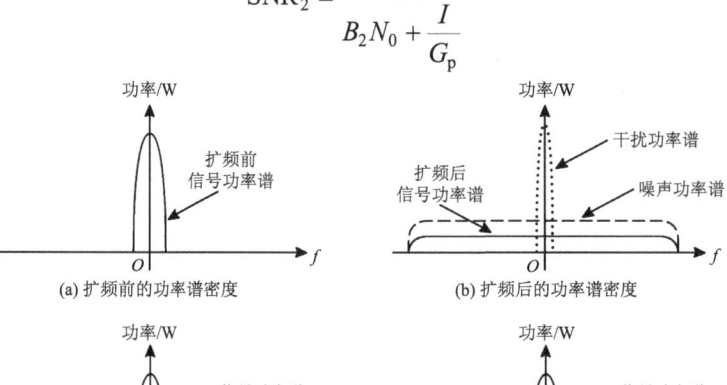

(a) 扩频前的功率谱密度　　　(b) 扩频后的功率谱密度

(c) 解扩前的功率谱密度　　　(d) 解扩后的功率谱密度

图 3.2.2　扩频与解扩过程中信号功率谱密度变化情况

其中，I 为干扰信号的总功率。可见解扩后的干扰信号功率为之前的 $1/G_p$。

3.2.2 信号模型

依据香农的信息论，在高斯白噪声信道上，最佳信号是具有白噪声统计特性的信号，其原因是高斯白噪声具有最大的随机性。但是，真正的随机信号和噪声是不能重复再现和产生的，我们只能产生一种周期性的脉冲信号来近似随机噪声。

如图 3.1.1 中用来扩频调制的扩频码，就是一种近似随机噪声的信号，全称为伪随机噪声(PRN)码(简称伪码)，由于将它用来扩频调制，也称扩频码，它是一种可以事先确定的、周期性的信号，具有类似于随机噪声的特点。在 GNSS 中扩频码还具有距离测量的功能，因此伪码有时也称为测距码。扩频码有两个基本组成部分，一个是基本码片波形，另一个是 PRN 序列。典型的扩频码码片波形是一种方波信号，如图 3.2.3 右边所示，一码片的持续时间称为码宽，用符号 T_c 表示，码片幅度为 1。单位时间内包含的码片数目称为码率，用符号 r_c 表示，码宽与码率的关系为 $r_c = 1/T_c$。

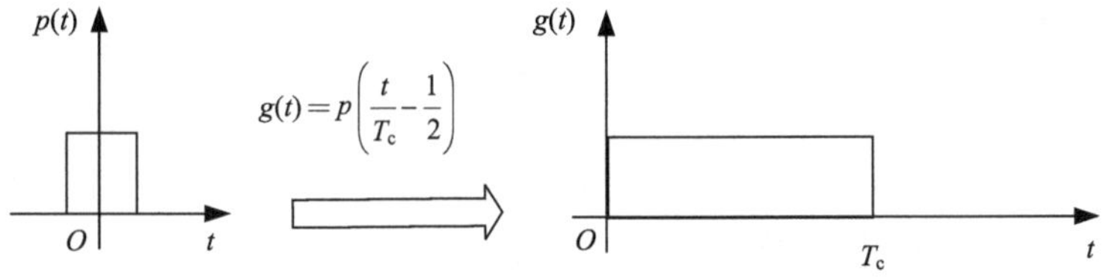

$$g(t) = p\left(\frac{t}{T_c} - \frac{1}{2}\right)$$

图 3.2.3 扩频码码片

PRN 序列也称为扩频码序列或伪码序列，它是一组看似随机的二进制序列(取值 0 或 1)，在以下的分析中，将二进制序列中的 0 对应数值 1，1 对应数值–1。序列中每个元素的取值相互独立，概率相等，且具有固定重复周期。扩频码的随机性就主要体现在 PRN 序列的随机性上。

仍以图 3.1.1 中上半部分 I 支路为例，用于扩频调制的信号在时域上可以表示为

$$c_I(t) = \sum_{n=-\infty}^{+\infty} a_n g(t - nT_c) \tag{3.2.8}$$

其中，a_n 为取值 ± 1 的随机二进制序列，它的周期为 N，即 $a_n = a_{n+N}$。$g(t)$ 为扩频码码片，典型的码片为图 3.2.3 右边的矩形脉冲信号。可见，扩频信号是一系列扩频码码片在时间上经过整数码片宽度的延迟后叠加而成的，每一码片幅度极性由 PRN 序列决定。由于 PRN 序列的周期为 N，因此扩频信号的周期也用 N 来表示。例如，GPS 中 L1 信号 C/A 码的周期为 1023，即说明 C/A 码每隔 1023 码片后就会重复。

3.2.3 PRN 序列

传统 GNSS 的 PRN 序列是通过线性反馈移位寄存器(LFSR)产生的二进制序列，如 GPS L1 频点上的 C/A 码，它是 GNSS 历史最悠久、最经典的伪随机码，采用的是 Gold 码，还有 GLONASS L3 频点上的公开(OC)信号，其采用的是 Kasami 码。而现代化的 GNSS 信号中，出现了基于数论方法产生的 PRN 序列，如 GPS L1C 信号中使用到的 Weil 码；还出现了基于搜索穷举方法得到的 PRN 序列，如 Galileo E1 OS 信号和 Galileo E6 CS 信号使用的 Random 码，由于这种码没有明确的实时生成方式，都是事先生成存储在接收机或卫星信号发射载荷中的，因此也称为存储码。

对于一个周期为 N 的 PRN 序列 $\boldsymbol{a} = (a_0, a_1, \cdots, a_{N-1})^T$，它的自相关函数定义为

$$R_{aa}(\tau) = \frac{1}{N}\sum_{n=0}^{N-1} a_n a_{(n+\tau)\bmod(N)} \tag{3.2.9}$$

其中，下标 $(n+\tau)\bmod(N)$ 表示 $(n+\tau)$ 对 N 取模运算，可见当偏移量 τ 为零或 N 的整数倍时，式 (3.2.9) 的取值就是 $\boldsymbol{a}$ 的自相关主峰；当 τ 取其他值时，式 (3.2.9) 的取值为 $\boldsymbol{a}$ 的自相关旁瓣。同理还可以定义 PRN 序列的互相关函数：

$$R_{ab}(\tau) = \frac{1}{N}\sum_{n=0}^{N-1} a_n b_{(n+\tau)\bmod(N)} \tag{3.2.10}$$

其中，$\boldsymbol{b} = (b_0, b_1, \cdots, b_{N-1})^{\mathrm{T}}$ 也是一个周期为 N 的 PRN 序列。

PRN 序列是伪随机序列，其自相关函数值与随机序列的自相关函数还是存在差异的，图 3.2.4 表示长度 N 为 1023 的 GPS 的 L1C/A 码的 PRN 系列自相关值（图 3.2.4 (a)）与相同长度的随机序列自相关值（图 3.2.4 (b)）的对比情况，由图可见，PRN 序列的自相关值在码片延时为 0 处与随机序列一致，都是 1，在其余延时处的取值与随机序列不同。

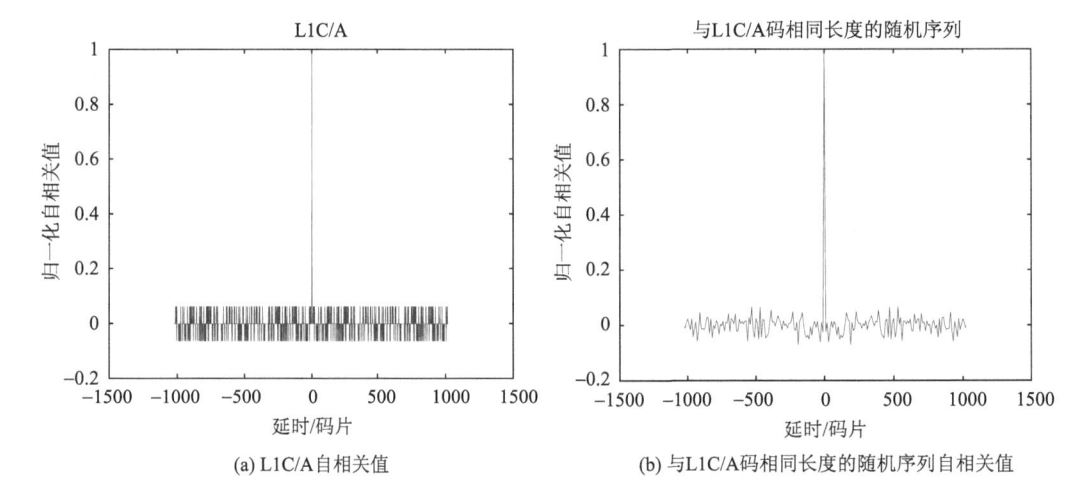

图 3.2.4　PRN 序列与随机序列的自相关值的对比

以上的自相关函数和互相关函数均是建立在相关运算时，一个周期 PRN 序列内数据极性不存在翻转的情况，此时的相关函数也称为偶相关函数。而实际上由于 PRN 码被数据调制或者被二次编码，可能存在数据位或二次编码符号位的过渡前后，PRN 序列出现极性翻转的情况。因此也需要考虑在这种情况下的码自相关特性和互相关特性，此时的自相关函数和互相关函数分别称为奇自相关函数和奇互相关函数，定义分别为

$$R_{aa\_\mathrm{odd}}(\tau) = \frac{1}{N}\left(\sum_{n=0}^{N-\tau-1} a_n a_{(n+\tau)\bmod(N)} - \sum_{n=N-\tau}^{N-1} a_n a_{(n+\tau)\bmod(N)}\right) \tag{3.2.11}$$

$$R_{ab\_\mathrm{odd}}(\tau) = \frac{1}{N}\left(\sum_{n=0}^{N-\tau-1} a_n b_{(n+\tau)\bmod(N)} - \sum_{n=N-\tau}^{N-1} a_n b_{(n+\tau)\bmod(N)}\right) \tag{3.2.12}$$

由式 (3.2.11) 和式 (3.2.12) 可知，当偏移量 τ 为零或 N 的整数倍时，奇、偶自相关值的取值都是 1，而当 τ 取其他值时，奇、偶自相关值不同，即奇、偶自相关函数差别仅体现在相关函数的旁瓣上。

扩频码性能很大程度体现在 PRN 序列性能上，评价一个 PRN 序列性能是否优异，相关性是一个重要指标。相关性包括自相关性和互相关性，自相关性表示 PRN 序列与其本身在时间上的相似特性，互相关性表示一个 PRN 序列与其他 PRN 序列在时间上的相似特性。前面提到，自相关值的差别体现在旁瓣上，因此选取自相关函数最大旁

瓣值 R_{ac}，定义最大自相关值 E_{ac}：

$$E_{ac} = 20 \lg R_{ac} \tag{3.2.13}$$

同理，选取最大互相关函数主瓣（最大值）R_{cor}，定义最大互相关值 E_{cor}：

$$E_{cor} = 20 \lg R_{cor} \tag{3.2.14}$$

可见，E_{ac} 越大，表示 PRN 序列的自相关性越差；E_{cor} 越大；表示 PRN 序列的互相关性越差。

1. 基于 LFSR 产生的 PRN 码

最长线性反馈移位寄存器序列（简称 m 序列）是由 LFSR 产生的一种伪随机二进制序列，它由 n 位移位寄存器通过反馈逻辑产生，最大可产生周期长度为 $2^n - 1$ 的序列。n 级线性反馈移位寄存器的特征多项式为

$$f(x) = c_0 + c_1 x + c_2 x^2 + \cdots + c_n x^n \tag{3.2.15}$$

其中，反馈系数 $c_i \in \{0,1\}(i = 0,1,2,\cdots,n)$。m 序列生成原理图如图 3.2.5 所示，$D_1, D_2, \cdots, D_n$ 表示移位寄存器的状态，取值为 0 或 1。反馈系数 $c_i = 1$ 时表示寄存器连接至模 2 加法器，反馈系数 $c_i = 0$ 时表示不连接。可见，不同反馈系数的取值对应不同的特征多项式，而生成 m 序列的特征多项式需要具备以下条件：

(1) $f(x)$ 不能再继续分解多项式。

(2) $f(x)$ 能整除 $x^p + 1$，其中 $p = 2^n - 1$。

(3) $f(x)$ 不能整除 $x^q + 1$，其中 $q < p$。

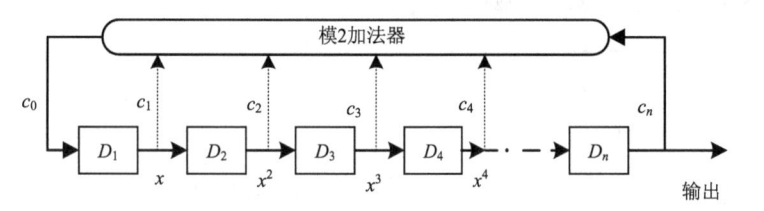

图 3.2.5　m 序列生成原理图

具备这些条件的特征多项式称为本原多项式。表 3.2.1 列出了部分本原多项式，可见对应 n 取某个数值时，满足条件的本原多项式数量不多。

表 3.2.1　部分本原多项式

n	本原多项式
2	$x^2 + x + 1$
3	$x^3 + x + 1$
4	$x^4 + x + 1$
5	$x^5 + x^2 + 1$
6	$x^6 + x + 1$
7	$x^7 + x^3 + 1$
8	$x^8 + x^4 + x^3 + x + 1$

两个长度相同但本原多项式不同的 m 序列通过模 2 加可以生成 Gold 码，生成原理如图 3.2.6 所示，阶数为 n 的两个 m 序列 A 和 B，通过移位和模 2 加可组成 $2^n - 1$ 个

Gold 码序列，可见通过两个 m 序列的组合，生成 Gold 序列的数量将大幅增加。

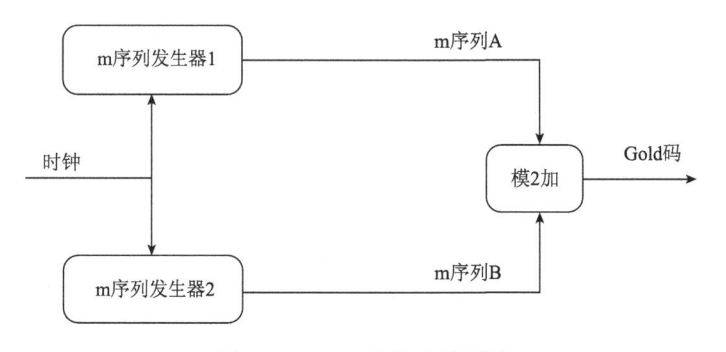

图 3.2.6 Gold 码生成原理图

Gold 序列的相关函数可以用数学表达式来表示，当 τ 取值为整数码片时任意一个 Gold 序列的自相关函数取值一定为以下集合中的一个：

$$R(\tau) \in \left\{ 1, -\frac{1}{N}, -\frac{\beta(n)}{N}, \frac{\beta(n)-2}{N} \right\} \tag{3.2.16}$$

其中，$N = 2^n - 1$ 为码长（码周期）；$\beta(n) = 1 + 2^{\lfloor (n+2)/2 \rfloor}$，$\lfloor x \rfloor$ 是取小于 x 的最大整数。

同理，任意 Gold 序列的互相关函数也一定为以下集合中的一个：

$$R(\tau) \in \left\{ -\frac{1}{N}, -\frac{\beta(n)}{N}, \frac{\beta(n)-2}{N} \right\} \tag{3.2.17}$$

例如，对于 $N=2^{10}-1=1023$ 的 Gold 序列，自相关取值集合为 $\{1, -1/1023, -65/1023, 63/1023\}$，互相关取值集合为 $\{-1/1023, -65/1023, 63/1023\}$。最大自相关幅度值就是 1，以 dB 形式表示就是 0dB；最大互相关幅度绝对值是 65/1023，以 dB 形式表示就是 –23.9dB。这种自相关和互相关的最大值差异，能避免接收机的接收通道同步到其他卫星信号上。

2. 基于数论方法产生的 PRN 码

以上通过移位寄存器产生的 PRN 码，如对于有 n 个寄存器的 m 系列，其码长只能为 $2^n - 1$，不能取任意长度，而基于数论方法产生的 PRN 码长将灵活很多。Weil 序列就是这种序列，它是通过勒让德（Legendre）序列循环移位模 2 加产生的。长度为 p 的 Legendre 序列定义为

$$\mathrm{Leg}_p(i) = \begin{cases} -1, & i = 0 \\ \dfrac{i}{p}, & 1 \leqslant i \leqslant p-1 \end{cases} \tag{3.2.18}$$

其中，Legendre 序列共有 p 位，p 通常是一个质数，在第 0 位取 –1，在其余位取 $\dfrac{i}{p}$。$\dfrac{i}{p}$ 的具体取值定义如下：

$$\frac{i}{p} = \begin{cases} 0, & i \text{ 能被 } p \text{ 整除} \\ 1, & i \text{ 是 } p \text{ 的二次剩余} \\ -1, & i \text{ 不是 } p \text{ 的二次剩余} \end{cases} \tag{3.2.19}$$

其中，i 是 p 的二次剩余，指存在某个整数 y，使得 $i = y^2 \bmod(p)$ 成立。例如，2 是 17 的二次剩余，因为存在整数 6，使得 $2 = 6^2 \bmod(17)$ 成立。将上述长度为 p 的 Legendre

序列循环移位模 2 加就得到 Weil 序列，Weil 序列的生成写成数学表达式为

$$\mathrm{Weil}_p^k(i) = \mathrm{Leg}_p(i)\mathrm{Leg}_p(i+k), \quad 1 \leqslant k \leqslant \frac{p-1}{2}, 0 \leqslant i \leqslant p-1 \qquad (3.2.20)$$

其中，i 表示 Weil 序列的第 i 位；k 表示偏移 k 位，可以取 $1 \sim (p-1)/2$ 的任意整数，取定不同的偏移位 k，就可以生成不同的 Weil 序列。

下面以 GPS 的 L1C 码中的 Weil 序列生成为例进行说明。L1C 码中的 PRN 序列周期为 10230，与 10230 最接近的两个质数是 10223 和 10243，若取长度为 10223 的 Legendre 序列，为了凑齐 10230 的码长，需要补 7 个数据位；若取长度为 10243 的 Legendre 序列，则需要去掉 13 比特，研究表明补 7 个数据位形成的 Weil 序列的性能相对更好，因此 L1C 码中的 Legendre 序列长度 p=10223。图 3.2.7 所示为 Weil 序列生成原理图，10223 长的 Legendre 序列，自身偏移 k 位进行循环模 2 加（k 有 5111 种取值），可以得到 5111 个长度为 10223 的 Legendre 序列。将 7 位数据序列填充到 10223 长度序列中得到 10230 长度的序列，由于 7 位序列有多种组合，填充位置也有多种，从这些序列中优选出 210 对 Weil 序列作为最终生成的结果。其中性能最好的前 63 对序列就是现在 L1C 信号中使用的序列。

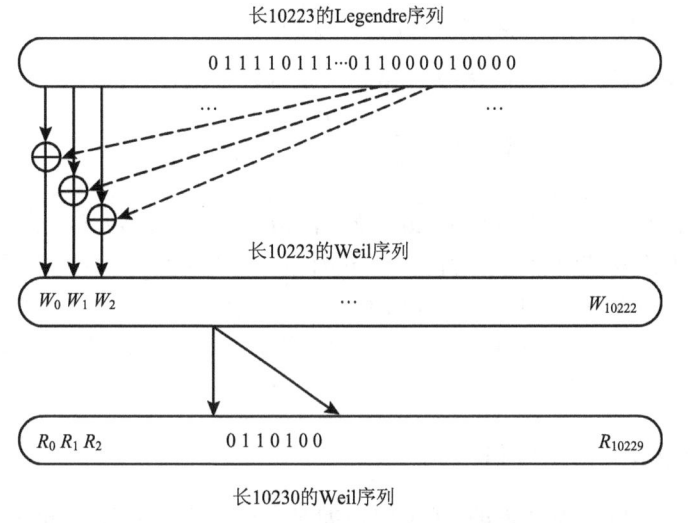

图 3.2.7　Weil 序列生成原理图

3. 基于搜索产生的 PRN 码

Galileo E1 OS 信号和 E6CS 信号上的 Random 码是典型的经过搜索产生的 PRN 码，也称存储码。Random 码不遵循固定的生成方法和逻辑，且长度可任意，当需要生成长度为 N 的 Random 码时，对于二进制的序列一共有 2^N 种可能性，那么就从所有可能取值序列中选出符合性能要求的扩频序列，它是一种穷举码，为得到最优结果，通常采用遗传算法在这些备选码中搜索寻求最优解。Random 码事先产生并存储在接收机或卫星发射载荷中，它的优势是没有固定的产生逻辑，故信号的安全性高，缺点是需要占用大量的存储资源。

表 3.2.2 以 GPS 的 C/A、GPS 的 L1C、Galileo 的 E1 OS 三个信号为例，总结了以上三种类型 PRN 序列的性能。可见，Gold 码无论是自相关性还是互相关性均不如 Weil 码，但 Gold 码生成简单，实现复杂度低。Random 码是三种码中产生最困难的，但是其性能可逼近理想最优码。

表 3.2.2　三类 PRN 码的性能对比

性能特征	GPS C/A	GPS L1C	Galileo E1 OS
PRN 码类型	Gold 码	Weil 码	Random 码
码长	1023	10230	4092
最大偶自相关值/dB	−23.93	−31.07	−25.71
最大奇自相关值/dB	−17.85	−28.02	−25.47
最大偶互相关值/dB	−23.93	−27.21	−24.35
最大奇互相关值/dB	−16.5	−26.21	−24.35
实现复杂度	简单	较难	困难

3.2.4　扩频信号的时域特性

GNSS 中的扩频信号，除了前面所提到的具有扩展信号带宽实现强噪声干扰下的可靠传输功能外，另一个重要的作用就是测距。而用作测距的扩频信号，希望在时间上具有独特性，即信号本身与它在不同时刻能区分开；另外，由于 GNSS 采用码分多址方式，还希望信号本身与其他信号在不同时刻能区分开。

本节将介绍扩频信号的自相关函数和互相关函数，自相关函数是一个信号在不同时间上与自身相似度的度量工具，互相关函数是两个信号在不同时间上相互相似度的度量工具。

假设给定一个信号 $x(t)$ 是平稳随机信号，它的统计特性不随时间改变，平稳随机信号 $x(t)$ 的自相关函数定义如下：

$$R_x(\tau) = \int_{-\infty}^{+\infty} x(t)x^*(t-\tau)\mathrm{d}t \tag{3.2.21}$$

其中，上标"*"表示取函数的复共轭，从定义式可以看出自相关函数仅仅是时间偏移量 τ 的函数，与绝对时间 t 无关。若随机信号 $x(t)$ 同时还具备各态历经性，即其统计意义上的自相关函数，还可以通过求在一段有效观测时间 T 上的自相关函数的时间平均来获得，即

$$R_x(\tau) = \lim_{T\to\infty} \frac{1}{T}\int_{-T/2}^{T/2} x(t)x^*(t-\tau)\mathrm{d}t \tag{3.2.22}$$

由式（3.2.21）和式（3.2.22），可以得到平稳周期信号 $x(t)$ 的自相关函数为

$$R_x(\tau) = \frac{1}{T}\int_{t_0}^{t_0+T} x(t)x^*(t-\tau)\mathrm{d}t \tag{3.2.23}$$

其中，积分的时间起点 t_0 可以为任意时刻，由平稳特性可知自相关函数值与 t_0 无关。那么对于扩频信号，当扩频信号周期足够长时，其中 PRN 序列中各元素取值可完全随机且独立同分布，这时扩频信号就可以看成一个随机信号，当信号无限长时，如式（3.2.8）所示的扩频信号的自相关函数为

$$R(\tau) = \frac{1}{T}\sum_{n=-\infty}^{+\infty} a_n \sum_{m=-\infty}^{+\infty} a_m \left[\int_0^T g(t-nT_c)g^*(t-mT_c-\tau)\mathrm{d}t\right] \tag{3.2.24}$$

其中，$T = NT_c$ 为一个周期扩频信号的持续时间。

式（3.2.24）中参与积分的码片 $g(t)$ 仅在 $(0, T_c]$ 内取值，其他时刻为零，因此对于任意整数 n、m，在扩频信号一个周期持续时间 T 范围内，积分符号内仅在 $g(t-nT_c)$ 和 $g^*(t-mT_c-\tau)$ 出现重合部分时才有非零值。为了更方便地描述，将时间偏移量 τ 的取

值表示为 $\tau = kT_c + \varepsilon$，其中 k 为整数，$\varepsilon \in [0, T_c)$，如图 3.2.8 所示，当 $n=m+k$ 或者 $n=m+k+1$ 时，$g(t - nT_c)$ 和 $g^*(t - mT_c - \tau)$ 两者出现重合。

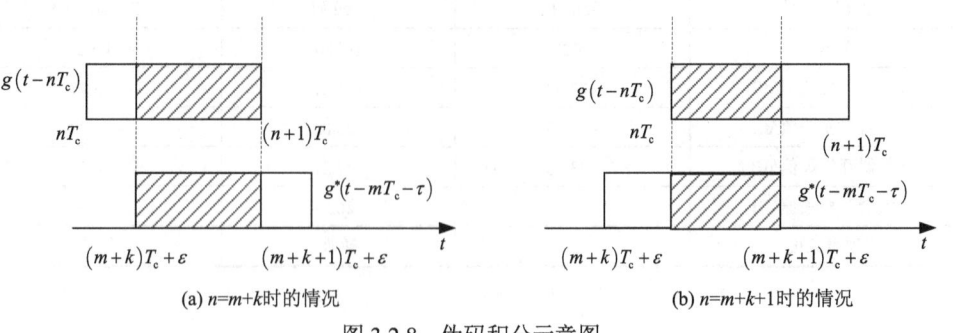

(a) $n=m+k$ 时的情况   (b) $n=m+k+1$ 时的情况

图 3.2.8 伪码积分示意图

因此，式 (3.2.24) 可以化简为在一码片范围内的积分形式：

$$R(kT_c + \varepsilon) = \frac{1}{T_c}\left(r_a[k] \int_\varepsilon^{T_c} g(t)g^*(t - \varepsilon)\mathrm{d}t + r_a[k+1]\int_0^\varepsilon g(t)g^*(t + T_c - \varepsilon)\mathrm{d}t \right) \quad (3.2.25)$$

其中，$r_a[k]$ 为 PRN 序列在一个周期内偏移 k 个元素的自相关函数：

$$r_a[k] = \frac{1}{N}\sum_{n=0}^{N-1} a_n a_{n+k} \quad (3.2.26)$$

假设 PRN 序列的相关特性是理想的，即满足：

$$r_a[k] = \begin{cases} 1, & k = 0 \\ 0, & \text{其他} \end{cases} \quad (3.2.27)$$

式 (3.2.25) 等号右边只有求和的第一项有非零值，这样扩频信号的自相关函数最终可以化简得

$$R(\tau) = \begin{cases} \dfrac{1}{T_c}\displaystyle\int_0^{T_c} g(t)g^*(t - \tau)\mathrm{d}t, & |\tau| \leqslant T_c \\ 0, & \text{其他} \end{cases} \quad (3.2.28)$$

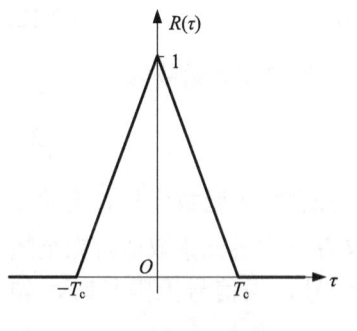

图 3.2.9 扩频信号的自相关函数

由式 (3.2.28) 可知，在 PRN 序列具有理想自相关特性假设下，扩频信号的自相关函数只与伪码码片波形 $g(t)$ 有关，如式 (3.2.28) 所示，扩频信号自相关函数的取值为时间偏移量 τ 在 $[-T_c, T_c]$ 范围内码片的非周期自相关函数，具体图形如图 3.2.9 所示。

对于互相关函数，可以使用类似以上的推导过程得到与式 (3.2.28) 相同的结论，其中利用到的假设是参与互相关函数计算的两个 PRN 序列具有相同的伪码码宽 T_c 和周期 N，且两个 PRN 序列具有理想的互相关特性，即仅在时间偏移量为零时互相关函数取值为 1，其余时间偏移情况取值均为零。需要指出的是，以上结论是在 PRN 序列满足理想相关特性假设基础上的，实际使用的 GNSS 扩频信号都可以认为 PRN 序列近似满足理想相关特性，且 PRN 序列周期越长，相关特性越好。

3.2.5 扩频信号的频域特性

3.2.4 节是从时间维度来描述扩频信号的，扩频信号还可以从频域角度来描述。傅

里叶变换是信号时频域转换的工具，信号的频域特性有幅频特性和相频特性，本节关注的是幅频特性，即幅度随频率变化的情况。信号频谱也称为频谱密度，表征了信号在单位频带内的能量或功率随频率的分布情况。当信号为有限能量时，即信号模的平方是可积的，可用能量谱密度(ESD)函数来描述；当信号为无限能量或者其傅里叶变换不存在时，但是功率有限时，可用功率谱密度(PSD)函数来描述。

1. 一个周期扩频信号的能量谱密度

对于如式(3.2.8)所示的扩频信号，当只存在一个周期时，其时域表达式可以利用单位冲激函数的卷积来进行适当变换：

$$c_I(t) = \sum_{n=0}^{N-1} a_n g(t - nT_c)$$

$$= g(t) * \sum_{n=0}^{N-1} a_n \delta(t - nT_c) \tag{3.2.29}$$

其中，"*"表示卷积运算；单位冲激函数 $\delta(t)$ 是在时间零点处幅度为 1，其余幅度为零的信号，可以理解为一个极其尖锐的单位脉冲信号，定义式为

$$\delta(t) = \lim_{\Delta \to \infty} \frac{1}{\Delta} p\left(\frac{t}{\Delta}\right) \tag{3.2.30}$$

经过冲激函数的卷积变换后，可以由傅里叶变换性质直接得到扩频信号 $c_I(t)$ 的傅里叶变换为参与卷积运算两项式子的傅里叶变换的乘积，具体表示如下：

频谱、功率谱和功率谱密度

$$\mathcal{F}[c_I(t)] = \mathcal{F}\left[g(t) * \sum_{n=0}^{N-1} a_n \delta(t - nT_c)\right]$$

$$= \mathcal{F}[g(t)] \mathcal{F}\left[\sum_{n=0}^{N-1} a_n \delta(t - nT_c)\right]$$

$$= S_g(f) \int_{-\infty}^{+\infty} \sum_{n=0}^{N-1} a_n \delta(t - nT_c) e^{-j2\pi ft} dt \tag{3.2.31}$$

$$= S_g(f) \sum_{n=0}^{N-1} a_n e^{-j2\pi fnT_c}$$

$$= S_g(f) S_{code}(f)$$

其中，$S_g(f)$ 是码片波形的傅里叶变换；$S_{code}(f)$ 为 PRN 序列在一个周期上的傅里叶变换，当伪码长度 N 和码宽 T_c 确定后，它只与 PRN 序列 a_n 的取值有关，具体如下所示：

$$S_{code}(f) = \sum_{n=0}^{N-1} a_n e^{-j2\pi fnT_c} \tag{3.2.32}$$

则上述伪码 $c_I(t)$ 在一个周期内的幅度谱为

$$|S_I(f)| = |S_g(f)||S_{code}(f)| \tag{3.2.33}$$

下面来看一下典型的扩频信号的频谱，当码片波形为图 3.2.3 右边所示的矩形脉冲信号 $g(t)$ 时，由于 $g(t)$ 是在单位脉冲信号 $p(t)$ 上进行了时间上的缩放和平移，单位脉冲信号 $p(t)$ 是宽度为 1s、幅度为 1 的矩形脉冲，它的傅里叶变换为

$$
\begin{aligned}
P(f) &= \mathcal{F}\big[p(t)\big] \\
&= \int_{-\infty}^{+\infty} p(t)\mathrm{e}^{-\mathrm{j}2\pi ft}\mathrm{d}t \\
&= \int_{-1/2}^{1/2} \mathrm{e}^{-\mathrm{j}2\pi ft}\mathrm{d}t \\
&= \mathrm{sinc}(\pi f)
\end{aligned}
\tag{3.2.34}
$$

其中，$\mathrm{sinc}(x)=\sin(x)/x$。由于 $g(t)$ 是在单位脉冲信号 $p(t)$ 上进行了时间上的缩放和平移，所以由傅里叶变换的性质可直接得到 $g(t)$ 的傅里叶变换表达式为

$$
\begin{aligned}
S_{\mathrm{g}}(f) &= \mathcal{F}\big[g(t)\big] \\
&= T_{\mathrm{c}}\mathrm{sinc}(\pi fT_{\mathrm{c}})\mathrm{e}^{-\mathrm{j}\pi fT_{\mathrm{c}}}
\end{aligned}
\tag{3.2.35}
$$

幅度谱描述了信号在频域上每一个频率对应的幅度值大小，如图 3.2.10(a) 中画出了码率 $r_{\mathrm{c}}=1.023\mathrm{Mchip/s}$ 的一个基本矩形码片波形的频谱图，主瓣宽度是 $2r_{\mathrm{c}}$，图 3.2.10(b) 是 $N=31$ 的一个周期扩频信号的频谱图，从图中可见一个周期扩频信号频谱是在一码片频谱的基础上叠加了许多高频分量，这些分量是由 $S_{\mathrm{code}}(f)$ 内求和符号产生的。

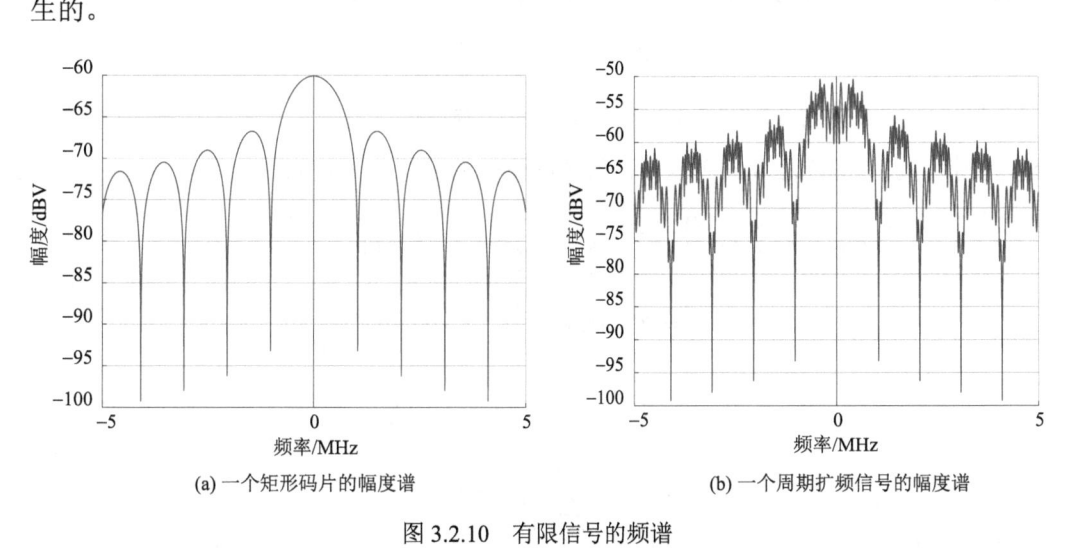

(a) 一个矩形码片的幅度谱　　　　　　　(b) 一个周期扩频信号的幅度谱

图 3.2.10　有限信号的频谱

对于一个能量有限信号，能量谱表示信号能量随频率的变化关系，图 3.2.11 是由上述幅度谱的模平方得到的能量谱，它具有与幅度谱类似的图形。

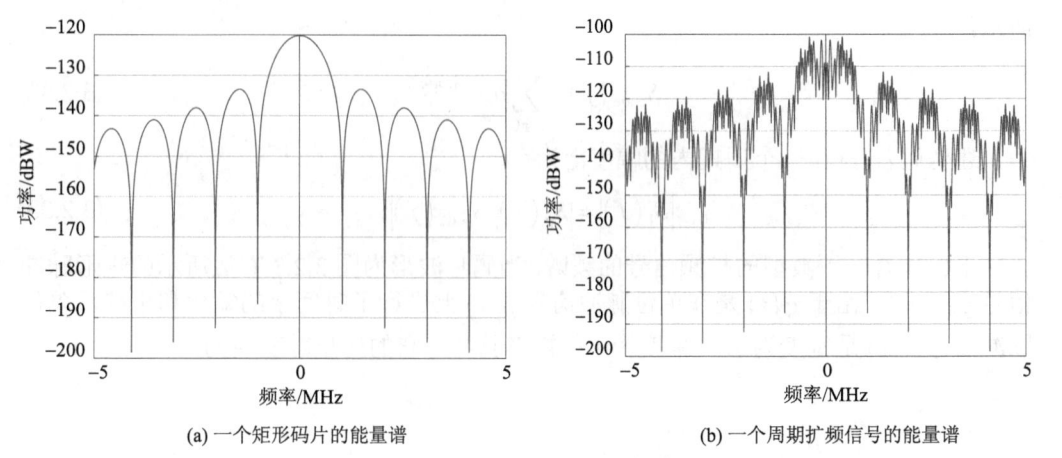

(a) 一个矩形码片的能量谱　　　　　　　(b) 一个周期扩频信号的能量谱

图 3.2.11　有限信号的功率谱

对于上述扩频信号 $c_I(t)$，由幅度谱的模平方得到能量谱密度（也可简称能量谱）如下：

$$G_c(f) = S_g(f) \cdot S_g^*(f) \left| S_{code}(f) \right|^2 \tag{3.2.36}$$

其中，$S_g^*(f)$ 为 $S_g(f)$ 的共轭函数。在式（3.2.36）等号右边，前面两项都是确定量，只有最后一项存在随机量 a_n，所以 $c_I(t)$ 的能量谱函数为

$$G_c(f) = S_g(f) \cdot S_g^*(f) \cdot \lim_{N \to \infty} \frac{1}{NT_c} E\left[\left| S_{code}(f) \right|^2 \right] \tag{3.2.37}$$

式（3.2.37）中 $E[\ ]$ 表示求数学期望：

$$
\begin{aligned}
E\left[\left| S_{code}(f) \right|^2 \right] &= E\left[\left| \sum_{n=0}^{N-1} a_n e^{-j2\pi f n T_c} \right|^2 \right] \\
&= \sum_{n=0}^{N-1} \sum_{m=0}^{N-1} E(a_m a_n) e^{-j2\pi f(n-m)T_c}
\end{aligned}
\tag{3.2.38}
$$

若扩频序列 a_n 取值+1 或–1 的概率相等且相互独立，则数学期望值将满足下面公式：

$$E(a_m a_n) = \begin{cases} 1, & m = n \\ 0, & 其他 \end{cases} \tag{3.2.39}$$

因此，$c_I(t)$ 的能量谱密度函数为

$$
\begin{aligned}
G_c(f) &= \frac{1}{T_c} S_g(f) \cdot S_g^*(f) \\
&= T_c \mathrm{sinc}^2(\pi f T_c)
\end{aligned}
\tag{3.2.40}
$$

可见，扩频信号的频谱虽然由于扩频序列 a_n 取值的影响出现了高频分量，但是若扩频序列 a_n 满足式（3.2.39），能量谱密度函数与扩频序列 a_n 无关，函数大小仅取决于基本码片宽度 T_c 和组成伪码基本单位的矩形脉冲信号的能量谱 $\left| S_g(f) \right|^2$。这也为不同卫星使用不同的伪码进行扩频时，功率仍可保持一致提供了理论依据。

2. 无限长的周期扩频信号的功率谱密度

定义无限长的随机信号 $x(t)$ 在 $\left[-\frac{T}{2}, \frac{T}{2} \right]$ 的傅里叶变换存在且为 $X_T(f)$，若 $X_T(f)$ 存在极限，则可以定义 $x(t)$ 的功率谱密度（也可简称功率谱）为

$$S_x(f) = \lim_{T \to \infty} \frac{1}{T} E\left[\left| X_T(f) \right|^2 \right] \tag{3.2.41}$$

其中，$E[\ ]$ 表示求数学期望。

对于如式（3.2.8）所示的一个周期的扩频信号，当在无限时间长度上周期重复时，利用卷积可以得到以下的变换形式：

$$
\begin{aligned}
c_I(t) &= \sum_{n=-\infty}^{+\infty} a_n g(t - nT_c) \\
&= g(t) * \sum_{m=0}^{N-1} a_m \delta(t - mT_c) * \sum_{k=-\infty}^{+\infty} \delta(t - kT)
\end{aligned}
\tag{3.2.42}
$$

其中，$T = NT_c$ 为一个周期持续的时间。对式（3.2.42）进行傅里叶变换，由傅里叶变换性质直接可以得到 $c_I(t)$ 的频域表达式为

$$\mathcal{F}\left[c_{\mathrm{I}}(t)\right] = \mathcal{F}\left[g(t) * \sum_{m=0}^{N-1} a_m \delta(t - mT_{\mathrm{c}}) * \sum_{k=-\infty}^{+\infty} \delta(t - kT)\right]$$

$$= \frac{1}{NT_{\mathrm{c}}} S_{\mathrm{g}}(f) \sum_{k=-\infty}^{+\infty}\left[S_{\mathrm{code}}(f)\delta\left(f - \frac{k}{NT_{\mathrm{c}}}\right)\right] \tag{3.2.43}$$

式(3.2.43)的结果为参与卷积的三项式子分别做傅里叶变换后的乘积。其中抽样函数的傅里叶变换为梳齿状函数：

$$\mathcal{F}\left[\sum_{k=-\infty}^{+\infty} \delta(t - kT)\right] = \frac{1}{T} \sum_{k=-\infty}^{+\infty} \delta\left(f - \frac{k}{T}\right) \tag{3.2.44}$$

对比式(3.2.31)的结果不难看出，无限长周期信号的频谱是离散的线状谱，是在有限长周期信号频谱上进行了频率间隔$1/(NT_{\mathrm{c}})$的抽样，线状谱的包络与单周期信号频谱一致，仅在幅度上进行了缩放。

由上述幅度谱的共轭乘积就可以得到功率谱密度函数：

$$G_{\mathrm{c}}(f) = \frac{1}{N^2 T_{\mathrm{c}}^2} \left|S_{\mathrm{g}}(f)\right|^2 \left|S_{\mathrm{code}}(f)\right|^2 \sum_{k=-\infty}^{+\infty} \delta\left(f - \frac{k}{NT_{\mathrm{c}}}\right) \tag{3.2.45}$$

可见对于无限长的周期扩频信号，它的功率谱密度也是在单周期信号能量谱密度上的抽样，为一系列的离散线状谱，谱线间隔为$1/(NT_{\mathrm{c}})$，线状谱的包络也与单周期信号一致，仅在幅度上进行了缩放。

而当 PRN 序列在一个周期内具有如式(3.2.39)所示的理想相关特性时，功率谱密度可以化简为

$$G_{\mathrm{c}}(f) = \frac{1}{NT_{\mathrm{c}}^2} \left|S_{\mathrm{g}}(f)\right|^2 \sum_{k=-\infty}^{+\infty} \delta\left(f - \frac{k}{NT_{\mathrm{c}}}\right) \tag{3.2.46}$$

图 3.2.12 所示是当扩频码片为典型矩形脉冲信号时，式(3.2.46)表示的扩频信号的功率谱密度的示意图，它是离散的线状谱，包络为矩形脉冲信号的能量谱密度。另外，当扩频信号的周期无限长时，在整个时间序列上可以看成一个单周期的信号，那么它的功率谱密度则是一个连续的图形，此时它的功率谱密度的表达式为

$$G_{\mathrm{c}}(f) = \frac{1}{N^2 T_{\mathrm{c}}^2} \left|S_{\mathrm{g}}(f)\right|^2 \left|S_{\mathrm{code}}(f)\right|^2 \tag{3.2.47}$$

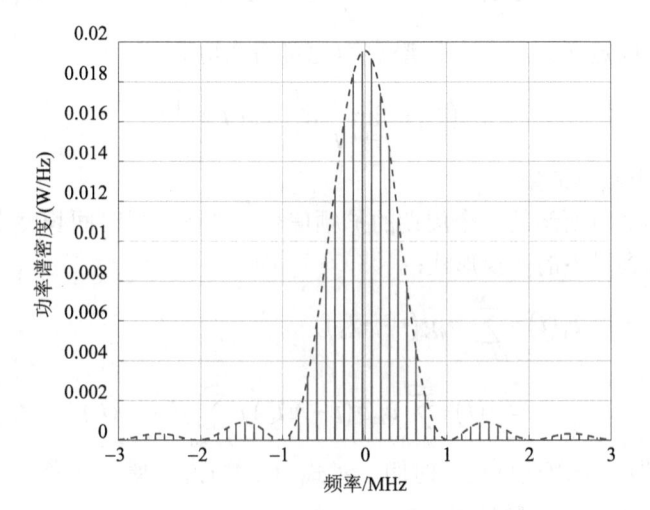

图 3.2.12　无限长的周期扩频信号的功率谱密度

3. 调制了数据码的扩频信号的功率谱密度

这里仍然以图 3.1.1 所示的 I 支路为例，当无限长扩频信号调制了数据码时，得到的数字基带信号可以表示为

$$
\begin{aligned}
x_I(t) &= d_I(t)c_I(t) \\
&= \left[\sum_{m=-\infty}^{+\infty} d_m g(t-mT_d)\right]\left[\sum_{n=-\infty}^{+\infty} a_n g(t-nT_c)\right]
\end{aligned}
\tag{3.2.48}
$$

其中，$d_m = \pm 1$ 为数据码的取值；T_d 为一个数据码的码宽，通常 $T_d \gg T_c$。可见数据码信号也是由一系列矩形方波组成的，其幅值为 1，极性取决于序列 d_m 的取值。假设数据码中的序列 d_m 是随机的，具备理想相关特性，则数据码的功率谱密度函数可以由式 (3.2.40)直接得出：

$$
G_d(f) = T_d \mathrm{sinc}^2(\pi f T_d)
\tag{3.2.49}
$$

在扩频信号的 PRN 序列也具有理想相关特性的假设下，调制了数据码的信号 x_I 的功率谱密度函数可以在式 (3.2.46)的基础上得到：

$$
G_x(f) = \frac{T_d}{NT_c^2}|S_g(f)|^2 \sum_{k=-\infty}^{+\infty} \mathrm{sinc}^2\left[\pi T_d\left(f-\frac{k}{NT_c}\right)\right]
\tag{3.2.50}
$$

对比式 (3.2.46)，调制了数据码的信号的功率谱密度函数，是在扩频信号功率谱密度包络的基础上，调制了 $\mathrm{sinc}^2()$ 的求和函数，若一个数据码的码宽大于扩频码周期，则调制了数据码的扩频信号的功率谱密度是由一系列梳齿状函数组成的，其图形类似于图 3.2.12，当频率取值为 $1/(NT_c)$ 的整数倍时才有非零值，其余取值近似为零；若数据码的码宽小于扩频码周期，即 $T_d < NT_c$，则此时扩频信号将具有连续的功率谱密度。

4. 归一化的功率谱密度

功率谱密度表示了信号频率与信号功率的对应关系，信号功率的大小取决于信号幅度值的大小，是一个绝对值，不同幅值信号的功率谱密度大小也就不一样了，这样不方便相互比较。为了更清晰地看出各个信号频率对应的功率值大小，通常使用归一化的功率谱密度。对所有可能频率下的功率谱密度函数进行积分，将得到信号的总功率，此时归一化的功率谱密度可以表示为

$$
G_{x,\infty}(f) = \frac{G_x(f)}{\int_{-\infty}^{+\infty} G_x(f)\mathrm{d}f}
\tag{3.2.51}
$$

其中，$G_x(f)$ 为信号功率谱密度；$G_{x,\infty}(f)$ 为归一化的功率谱密度，它是该频率 f 对应的功率谱密度 $G_x(f)$ 与总功率的商。

由维纳-辛钦定理可知，若 $x(t)$ 为平稳随机信号，则 $x(t)$ 的自相关函数 $R_x(\tau)$ 可以表示为式 (3.2.21)的形式，重写如下：

$$
R_x(\tau) = \int_{-\infty}^{+\infty} x(t)x^*(t-\tau)\mathrm{d}t
\tag{3.2.52}
$$

当时间偏移量 $\tau = 0$ 时的自相关函数为

$$
R_x(\tau) = \int_{-\infty}^{+\infty} x(t)x^*(t)\mathrm{d}t = \int_{-\infty}^{+\infty}|x(t)|^2\mathrm{d}t
\tag{3.2.53}
$$

自相关函数 $R_x(\tau)$ 与其功率谱密度函数 $G_x(f)$ 是互为傅里叶变换的关系，具体如下：

$$G_x(f) = \int_{-\infty}^{+\infty} R_x(\tau) e^{-j2\pi f\tau} d\tau \qquad (3.2.54)$$

$$R_x(\tau) = \int_{-\infty}^{+\infty} G_x(f) e^{j2\pi f\tau} df \qquad (3.2.55)$$

式(3.2.55)中,当时间偏移量 $\tau = 0$ 时,对应的自相关函数 $R_x(0)$ 是功率谱密度函数 $G_x(f)$ 在频域上的积分值,即为信号 $x(t)$ 的总功率:

$$R_x(0) = \int_{-\infty}^{+\infty} G_x(f) df = \int_{-\infty}^{+\infty} |x(t)|^2 dt \qquad (3.2.56)$$

若 $R_x(0) = 1$,则由式(3.2.56)可知此信号的功率谱密度就是归一化的功率谱密度。

3.3 载波信号

导航电文与扩频信号进行扩频后,信号频率虽然得到了较大提升(由 Hz 量级提高到了 MHz 量级),但是从电磁波传输的角度考虑,这个频率仍然较低,无法实现长距离传输,且要求发射天线的尺寸巨大,因此还需要将扩频后的二进制信号调制到更高频率的载波上。载波调制前的信号称为基带信号,载波信号可以理解为基带信号传输的载体,为了满足发射天线尺寸、传输距离损耗等约束条件,它使得基带信号能在任意需要的频率上出现。

3.3.1 导航信号的极化特性

卫星导航信号是以电磁波的形式传输的。电磁波在空间中的取向是以电场强度矢量 $\boldsymbol{E} = (E_x, E_y)^{\mathrm{T}}$ 的空间指向作为参照的,其中 E_x 和 E_y 是电场强度矢量在两个相互垂直方向上的分量。电磁波的极化方式取决于其电场强度矢量 $\boldsymbol{E}$ 的方向。电磁波的极化方式可以分为线极化、圆极化和椭圆极化三种,其中圆极化可以看成椭圆极化的特殊情况。由电磁场理论可知,在各向同性、分布均匀的静止介质中,电场强度矢量 $\boldsymbol{E}$ 与磁场矢量 $\boldsymbol{B}$ 是相互正交的,同时还和电磁波的传播方向 P 垂直,三者的空间关系满足右手定则。

在电场强度矢量 $\boldsymbol{E}$ 中,E_x 和 E_y 分量均以信号频率在两个相互垂直的坐标轴上振动。如果沿着电磁波的传播方向 P 看去,电场强度矢量 $\boldsymbol{E}$ 沿一条直线振动,即 E_x 或 E_y 分量为零,则称电磁波呈线性极化。如果电场强度矢量 $\boldsymbol{E}$ 顺时针旋转,则称电磁波是右旋极化的,反之为左旋极化。进一步,当 E_x 和 E_y 分量的振幅相等且相位相差 90° 时,椭圆极化变为圆极化,圆极化方式如图 3.3.1 所示。另外,也可以使用右手定则来判断,即右手大拇指指向电磁波的传播方向 P,若其余四指的方向与电场强度矢量 $\boldsymbol{E}$ 的旋转方向一致,则为右旋圆极化,反之为左旋圆极化。

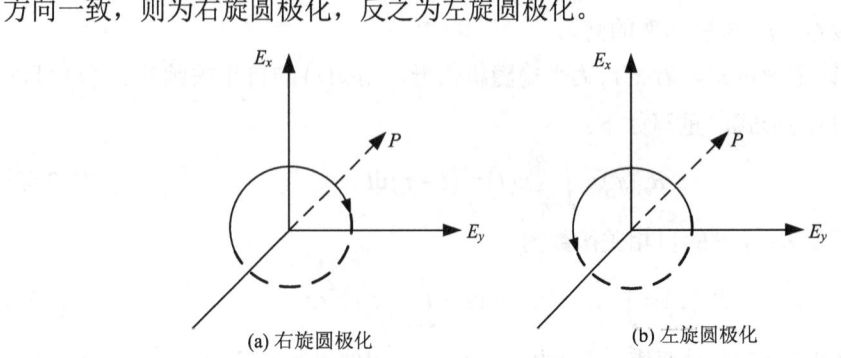

(a) 右旋圆极化　　　　　(b) 左旋圆极化

图 3.3.1　圆极化的右旋与左旋

为了使接收到的信号的极化损耗尽可能小，接收天线的极化形式应当与所接收的信号的极化形式相同，也就是与发射天线的极化方式相同。虽然线极化波的产生和接收都比较简单，但接收线极化信号需要让接收机的天线极化方向和信号的线极化方向相同。这在实际工程中是很困难的，需要对接收天线做精密的调整，这一要求只有对于收发天线没有相对运动的场合才可以实现。而对于卫星导航系统这种卫星与接收机之间存在较大动态的收发系统，使用圆极化信号可以避免对接收天线方向的不断调整。

在目前使用的所有卫星导航系统中，信号所采用的极化形式都是右旋圆极化（RHCP），利用圆极化来控制由入射电磁场和接收天线间取向不匹配而造成的损耗。而且，采用圆极化对于多径信号的抑制也具有一定的作用。如果信号经过电磁界面反射后，信号的极化状态可能会发生改变，那么可以粗略地认为，采用 RHCP 的卫星导航信号在经过奇数次反射后会变为左旋圆极化（LHCP）。这样，一个具有较强的抵制LHCP 信号接收的天线可以有效抑制奇数次反射，尤其是一次反射后的多径信号。

事实上，导航信号采用 LHCP 也是可以的。因为与信号极化方式不同的天线在接收时会产生较大的极化损耗，如果在未来的导航信号设计中，将一些信号改用 LHCP方式，可以降低与同频段内 RHCP 信号之间的射频干扰。不过这种降低干扰的效果可能会随着实际天线的极化不圆度而打折扣。而且，若一个接收机要同时接收 LHCP 信号和 RHCP 信号，天线也会变得更加复杂。因此，在极化方式上的差异不是降低信号之间干扰问题的根本途径。当然，不同导航系统的民用信号采用相同的极化方式，对接收机的兼容互操作是至关重要的，因为只需要一种极化方式的接收天线就能接收所有导航系统的信号，这样降低了接收机的天线设计难度。

3.3.2 频率选择

无线电波是电磁波的一种，是频率为 3Hz～200GHz 的电磁波，也称为射频电波（图 3.3.2）。为了防止不同用户之间的干扰，无线电波的产生和传输受国际法律的严格管制，由国际电信联盟（ITU）进行协调。ITU 为不同的无线电传输技术和应用分配了不同的无线电频谱，其中供卫星导航使用的频率为 1～2GHz，也就是微波频段中的 L 频段（表 3.3.1），L 频段的波长范围为 15～30cm，使用这一频段作为卫星导航的频段，主要是因为这一频段的信号在穿透大气层传播时，大气衰减和电离层延迟的影响均适用于接收设备的测量与接收，同时考虑到接收天线的最优尺寸是信号波长的 1/4 或 1/2，采用 L 频段有利于接收设备的小型化。

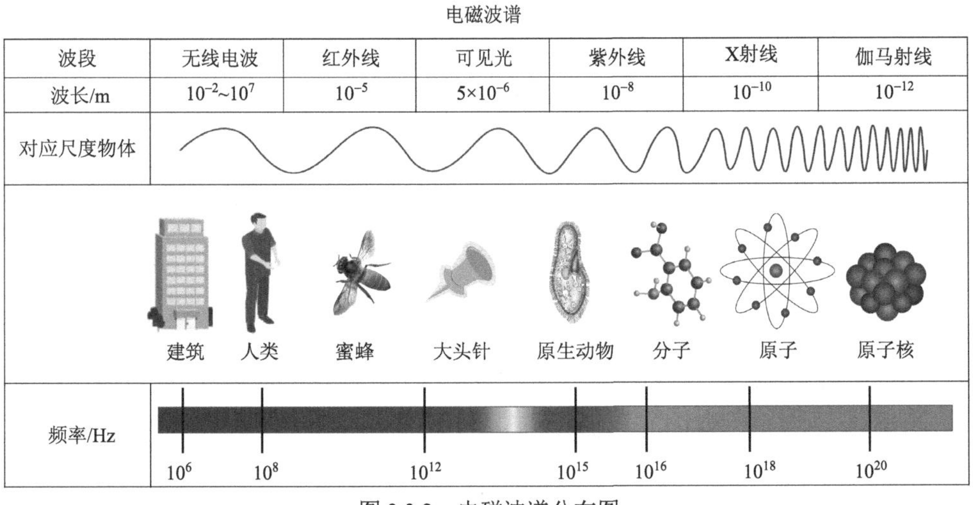

图 3.3.2 电磁波谱分布图

表 3.3.1 常用的微波频段

波段名称	频率范围	波长范围
L 频段	1～2GHz	300～150mm
S 频段	2～4GHz	150～75mm
C 频段	4～8GHz	75～37.5mm
X 频段	8～12GHz	37.5～25mm
Ku 频段	12～18GHz	25～16.67mm
K 频段	18～27GHz	16.67～11.11mm
Ka 频段	27～40GHz	11.11～7.5mm
U 频段	40～60GHz	7.5～5mm

导航信号载波频率的选择是信号设计中最重要的关键因素，载波频率决定了信号的许多属性，主要包括信号的空间传播特性、发射接收硬件实现成本、多普勒频移的大小以及与其他无线电系统之间的干扰等。

载波频率的选择会影响传输路径损耗，在卫星到用户接收机的距离 R 给定的情况下，自由空间传输损耗 L_s 为

$$L_s = \left(\frac{4\pi R f_{RF}}{c}\right)^2 \tag{3.3.1}$$

其中，c 为光速。可见自由空间传输损耗 L_s 与信号载波频率 f_{RF} 的平方成正比，因此理论上信号所在的频率越低，路径损耗也就越小。但是，信号通过电离层时的群延迟又是与信号载波频率 f_{RF} 的平方成反比，因此信号载波频率越大，受电离层影响也就越小。另外，在接收天线增益一定的条件下，信号频率越高，天线的尺寸越小。

各个卫星导航系统的频段选择都是多个因素权衡的结果，在所有空号的频段资源中，L 频段对于卫星导航的应用而言具有多方面的优势，如空间传播特性较好、天线尺寸适中、大气层影响相对较小等，因此受到各大卫星导航系统的青睐，这也在一定程度上造成了 L 频段信号的拥挤。为了降低多系统用户的接收复杂度和提升多系统用户的性能，多个新系统在频点设计时还考虑到了彼此之间的互操作性，不同系统的信号中心频点相互重合，可以降低多系统接收机天线和射频前端的复杂度，但这同时也加剧了信号与信号之间的相互干扰。兼容性成为新一代卫星导航系统在信号设计时一个重要的考虑因素，要确保新的卫星导航信号和系统出现后不会对现有信号和系统使用造成明显的影响。

频点个数也是频率选择的重要考虑因素，为了提高定位精度、定位解算的可靠性、系统的健壮性，目前 GPS、BDS、Galileo 导航信号的载波频率的频点个数均为 3 个，多频点的设计也提高了系统的抗干扰能力。

中心频率和频点个数确定后，信号带宽也是影响导航性能的重要因素，带宽越大意味着信号的测量性能越好，但同时也增加了接收机前端低噪放和滤波器的设计难度。

图 3.3.3 是目前 GPS、BDS、Galileo 的信号分布示意图，图中频率单位为 MHz，从图中可见各个 GNSS 的信号频率分布具有高度一致性，集中在 1176～1227MHz、1253～1289MHz、1561～1589MHz 三个频段附近。从信号带宽来看，大多数信号的带宽都是 20MHz 左右，而 Galileo 在频点 1191.795MHz 处带宽达到 50MHz 左右。

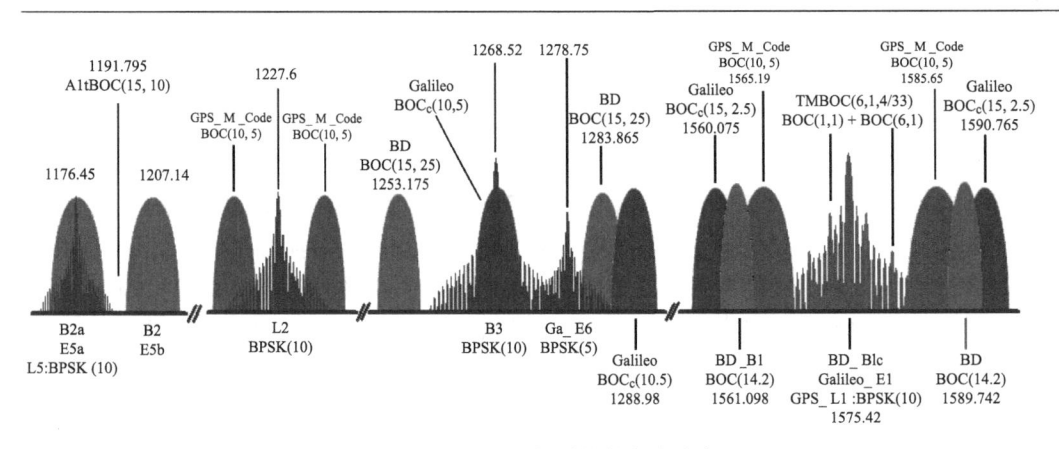

图 3.3.3　各卫星导航系统的频段分布

避免 L 频段过度拥挤可以调整信号频谱形状，但随着信号数目的不断增加，在 L 频段为一个新的导航信号选择合适的中心频点变得越来越困难，故需要选用其他的频段，如 S 频段和 C 频段，但这些频段的可使用频率范围较窄，自由空间损耗更大，相位噪声更大，对接收机天线和射频链路有更高的要求，复杂度增加。

例 3.3.1　假设 MEO 卫星轨道高度为 22000km，信号传输距离近似为卫星轨道高度，当导航信号分别采用 L 频段 1575.42MHz、S 频段 2491.75MHz、C 频段 5750MHz 时，试求不同频段导航信号的自由空间传输损耗。

解　由自由空间传输损耗计算公式可知，可以得到不同频段的导航信号的自由空间传输损耗为

$$L_{\text{s\_L}} = \left(\frac{4\pi R f_{\text{RF}}}{c}\right)^2 = \left(\frac{4\pi \times 22000 \times 10^3 \times 1575.42 \times 10^6}{3 \times 10^8}\right)^2 \approx 183.25(\text{dB})$$

$$L_{\text{s\_S}} = \left(\frac{4\pi R f_{\text{RF}}}{c}\right)^2 = \left(\frac{4\pi \times 22000 \times 10^3 \times 2491.75 \times 10^6}{3 \times 10^8}\right)^2 \approx 187.22(\text{dB})$$

$$L_{\text{s\_C}} = \left(\frac{4\pi R f_{\text{RF}}}{c}\right)^2 = \left(\frac{4\pi \times 22000 \times 10^3 \times 5750 \times 10^6}{3 \times 10^8}\right)^2 \approx 194.49(\text{dB})$$

可以看出相同轨道高度下，L 频段信号的自由空间传输损耗最小，所以卫星导航信号经常位于 L 频段，但由于 L 频段的拥挤，新一代 GNSS 在设计中，其他信号频段的卫星导航信号也在不断增多。

3.3.3　载波调制方式

载波调制就是将低频的基带信号加载到高频载波信号上，以达到远距离传输的目的，数字信号的载波调制方式主要有调幅、调频和调相。卫星导航信号的载波调制方式主要采用调相方式，就是将数字基带信号与载波信号相乘，使得载波信号的相位随着数字信号的变化而发生变化。

二进制相移键控(BPSK)调制是 GNSS 最基本的载波调制方式，它是根据数字基带信号的两个电平(+1 或–1)取值，使载波相位在两个不同数值之间切换的一种相控调制方式。这里仍然以图 3.1.1 为例，图中使用了同一个频率但相位正交的载波，分别调制两路相互独立的数据信号，此时 I 支路称为同相支路，Q 支路称为正交支路。当忽略 Q 支路时，I 支路扩频调制后的基带信号再进行载波调制得到的信号为

扩展阅读：对于卫星导航信号，调制的目的有如下几个。

(1)便于信息的传输：调制过程可以将基带信号频谱搬移到任何需要的高频率范围内，高频的信号易于以电磁波的形式在自由空间辐射。

(2)改变信号占据的带宽：调制后的信号频谱被搬移到某个高载频附近的频带内，其有效带宽相对于载频而言是一个窄带信号，因此在频带内引入的噪声就减小了，从而提高了抗干扰能力。

(3)减小天线尺寸：根据电磁波在自由空间传输损耗公式可知，信号频率越高，在接收天线增益一定的条件下，天线的尺寸可以越小。

$$s_I(t) = x_I(t) \cdot A\cos(2\pi f_c t)$$
$$= Ad_I(t)c_I(t)\cos(2\pi f_c t) \tag{3.3.2}$$

其中，$x_I(t)$ 表示调制了数据码的 I 支路的基带信号；$d_I(t)$ 表示数据码；$c_I(t)$ 是伪码；A 是调制信号的幅度，而基带信号就是数据码被扩频之后的信号，基带信号的码速率是伪码速率 r_c，取值为 ± 1。基带信号与余弦信号相乘后，得到射频信号 $s_I(t)$ 的相位不再是连续的，而是随着基带信号取值+1 或–1 出现了 180°的翻转。如图 3.3.4 所示，当每一个基带信号取值发生变化时，调制后的 $s_I(t)$ 相位也出现了 180°的翻转。

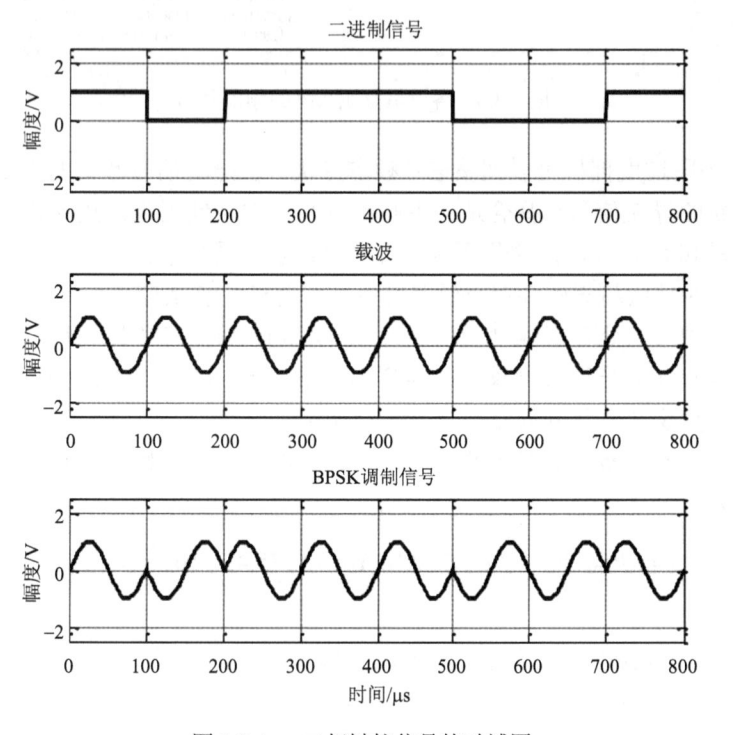

图 3.3.4　二相键控信号的时域图

式 (3.3.2) 还可以写成以下的复数形式：

$$s_I(t) = \mathrm{Re}\left[A \cdot x_I(t)\mathrm{e}^{\mathrm{j}2\pi f_c t}\right] \tag{3.3.3}$$

将式 (3.3.3) 中基带信号 $x_I(t)$ 可能的取值画在 I-Q 复平面上，如图 3.3.5 (a) 所示，这个图也称为 BPSK 调制的星座图，将 $x_I(t)$ 也写成复数形式，式 (3.3.3) 可以变为

$$s_I(t) = \mathrm{Re}\left[A \cdot \mathrm{e}^{\mathrm{j}\theta}\mathrm{e}^{\mathrm{j}2\pi f_c t}\right] \tag{3.3.4}$$

其中，θ 的取值为 0°或 180°，这就说明了 BPSK 调制是使相位出现的 0°或 180°跳变。而在图 3.1.1 中考虑 I、Q 支路同时工作的情况下，输出的带通射频信号是由 I、Q 两个支路的基带信号经过正交两路载波信号调制后得到的，这种调制技术称为正交相移键控（QPSK）调制，其时域表达式为

$$s(t) = x_I(t) \cdot A\cos(2\pi f_c t) - x_Q(t) \cdot A\sin(2\pi f_c t)$$
$$= Ad_I(t)c_I(t)\cos(2\pi f_c t) - Ad_Q(t)c_Q(t)\sin(2\pi f_c t) \tag{3.3.5}$$

式 (3.3.5) 也可以写成更简洁的复数形式：

$$s(t) = \mathrm{Re}\left\{A\left[x_I(t) + \mathrm{j}x_Q(t)\right]\mathrm{e}^{\mathrm{j}2\pi f_c t}\right\} \tag{3.3.6}$$

其中，$x_Q(t)$ 表示 Q 支路的基带信号，取值也为 ± 1。那么此时基带信号 $x_I(t) + \mathrm{j}x_Q(t)$ 的

取值就有 4 种可能性，具体在 I-Q 复平面上可表示成图 3.3.5(b)，对应 4 个角度分别是 45°、135°、225°、315°，若将 $x_I(t) + jx_Q(t)$ 也写成复数形式，则式(3.3.6)可表示为

$$s(t) = \frac{1}{\sqrt{2}} \operatorname{Re}\left[A e^{j\theta} e^{j2\pi f_c t} \right] \tag{3.3.7}$$

其中，θ 的可能取值就是上述的 4 个角度值，这样载波调制的相位根据基带信号取值不同出现了 4 种可能的跳变，GPS 的 L5 频点信号、BDS 的 B3 频点信号都采取了这种 QPSK 调制方式，它是一种二维调制技术，其实是两路 BPSK 调制信号的正交叠加，这两路叠加信号的数据码和伪码都可以是相互独立的，从而提高了单位时间上信号的传输效率。

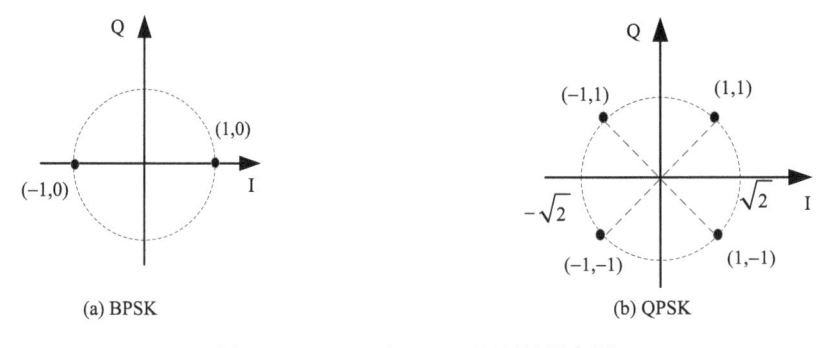

图 3.3.5　BPSK 和 QPSK 调制的星座图

　　下面讨论载波相移键控调制信号的功率谱密度函数。图 3.1.1 所示的 I 支路输出的射频信号的时域表达式为式(3.3.2)，因为数据码的速率较低，一个数据码符号上通常调制数万个周期的伪码，且数据码只造成伪码极性变化，不改变伪码中二进制序列的随机性，因此在分析功率谱密度时可以忽略数据码的影响。同时为了更清晰地说明载波调制后的功率谱密度，将调制信号的幅度 A 也省略，简化后的载波调制信号的傅里叶变换形式为

$$\begin{aligned}
&\mathcal{F}\left[c_I(t) \cos(2\pi f_c t) \right] \\
&= \mathcal{F}\left[\frac{1}{2} c_I(t) \left(e^{j2\pi f_c t} + e^{-j2\pi f_c t} \right) \right] \\
&= \frac{1}{2} C_I(f + f_c) + \frac{1}{2} C_I(f - f_c)
\end{aligned} \tag{3.3.8}$$

其中，$C_I(f)$ 是扩频信号 $c_I(t)$ 的傅里叶变换。可见经过频率为 f_c 的载波调制后，信号的频谱就是基带信号的频谱从零频上分别搬移到了 f_c 和 $-f_c$ 的地方，且幅度减小了一半。基带信号在零频上经过频率 f_c 的余弦信号载波调制后的频谱图如图 3.3.6 所示，可见经过载波调制后的信号频谱形状没有发生改变，只是幅度下降了一半。

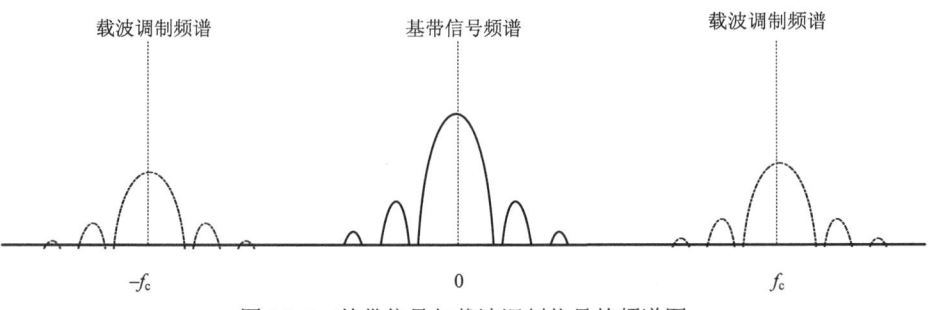

图 3.3.6　基带信号与载波调制信号的频谱图

正因为载波调制不改变基带信号的频谱形状，所以对相移键控载波调制信号的频谱和功率谱密度函数进行分析，可仅分析其调制前基带信号的频谱和功率谱密度。

3.3.4 恒包络复用技术

上述 QPSK 的载波调制方式，可以实现在一个频点上调制 2 个正交基带信号分量，在 GNSS 现代化改造的进程中，出现了越来越多的信号分量，然而频率资源有限，仍然需要在原有频点上实现更多基带信号的调制，因此复用技术对于现代化信号显得尤为重要。同时，在卫星有效载荷设计中，为了降低载荷发射部分的复杂度，通常将多路信号合并后共用一个高功率放大器。如图 3.3.7 所示，多路基带信号在恒包络模块中生成复合信号，再通过上变频、高功率放大器等模块得到调制的射频信号，最后经过天线发射出去。

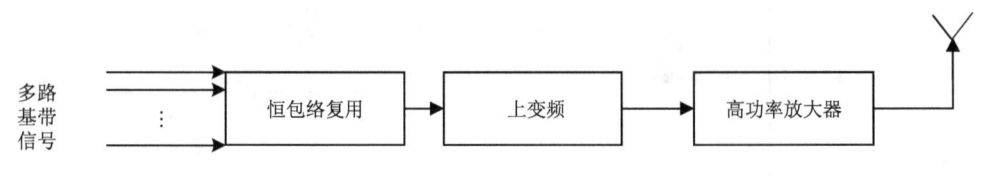

图 3.3.7　卫星载荷信号发射流程示意图

为了提高能量利用率，要求高功率放大器输出功率足够大，应该使其工作在饱和区，而饱和区中的输入功率与输出功率不具有线性关系。此过程用数学表达式描述如下，假设任意时刻 t 输入高功率放大器的信号为

$$x(t) = A(t)\cos\big[\omega_c t + \varphi(t)\big] \tag{3.3.9}$$

其中，$A(t)$ 和 $\varphi(t)$ 分别为信号调制的包络和相位为时间 t 的函数；ω_c 为上变频调制的载波频率，则高功率放大器的输出信号为

$$y(t) = g_A\big[A(t)\big]\cos\big\{\omega_c t + \varphi(t) + g_\varphi\big[A(t)\big]\big\} \tag{3.3.10}$$

其中，$g_A(\bullet)$ 和 $g_\varphi(\bullet)$ 分别为输出信号幅度和相位部分的非线性函数。

由式 (3.3.10) 可见，高功率放大器输出信号的幅度特征函数和相位特征函数均是输入信号包络 $A(t)$ 的非线性函数，非线性将带来输出信号幅度失真和相位失真。为了避免失真，要求包络 $A(t)$ 应该取不随时间变化的恒定值，即输入信号应该为恒包络信号。

多个基带信号复合而成的恒包络信号，可能调制在单个载波频率上，也可能调制在两个或多个载波频率上，对于调制在单个载波频率上的复用技术，也称为等中心频率恒包络复用技术，常用的技术有互复用 (Interplex) 调制技术、相干自适应子载波调制 (CASM) 技术、相位最优恒包络发射 (POCET) 技术、多数表决 (MV) 复用技术等；对于调制在两个或多个载波频率上的复用技术，也称为非等中心频率恒包络复用技术，常用的技术有 AltBOC 调制技术、TD-AltBOC 调制技术等。本节将简要介绍 Interplex 调制技术和 CASM 调制技术。

1. Interplex 调制技术

Interplex 调制技术是一种使用最为广泛的多路信号复用技术，由 S.Butman 和 Uzi Timor 于 1972 年提出，基本原理是通过生成一路或多路交调信号，使得复合而成的多路基带信号形成恒定包络的形式。

假设有 N 路基带信号需要合成恒包络信号发射，这些信号通过相移键控/相位调制

(PSK/PM)的方式进行复合,调制到了一个载波频率上,形成包络恒定的调制信号发射,发射信号的具体表达式为

$$S(t) = \sqrt{2P} \cos\left[2\pi f_c t - \frac{\pi}{2} s_1(t) + \sum_{k=2}^{N} \theta_k s_1(t) s_k(t) + \varphi \right] \tag{3.3.11}$$

其中,P 为信号功率;$s_k(t)(k=1,2,\cdots,N)$ 表示第 k 路需要发射的基带信号,基带信号可以调制数据和伪码,也可仅是伪码(导频信道),其各路信号最终体现为相同码率的二进制数据流,取值为 ± 1;θ_k 为调制角度(调制系数),其取值大小可变,它决定着各路信号功率分配的情况,其中第 1 路基带信号 $s_1(t)$ 对应的调制系数固定为 $-\pi/2$;f_c 和 φ 分别为调制的载波频率和初相。若假设各路基带信号的功率为 P_k,则调制系数 θ_k 与功率 P_k 的关系为

$$\theta_k = \arctan\sqrt{\frac{P_k}{P_1}} \tag{3.3.12}$$

以三路基带信号的恒包络调制为例说明 Interplex 调制过程,由式(3.3.11)可知,当 $N=3$ 时经载波调制的恒包络信号为

$$S(t) = \sqrt{2P} \cos\left[2\pi f_c t - \frac{\pi}{2} s_1(t) + \theta_2 s_1(t) s_2(t) + \theta_3 s_1(t) s_3(t) + \varphi \right] \tag{3.3.13}$$

将式(3.3.13)展开化简合并,可以得到:

$$\begin{aligned}
S(t) = \sqrt{2P} \Big\{ &\left[s_2(t)\sin\theta_2\cos\theta_3 + s_3(t)\cos\theta_2\sin\theta_3 \right] \cos(2\pi f_c t + \varphi) \\
&+ \left[s_1(t)\cos\theta_2\cos\theta_3 - s_1(t)s_2(t)s_3(t)\sin\theta_2\sin\theta_3 \right] \sin(2\pi f_c t + \varphi) \Big\}
\end{aligned} \tag{3.3.14}$$

式(3.3.14)表示的就是两路复合的基带信号被调制到了相互正交的载波频率上,其中对应的基带信号为

$$\begin{aligned}
s(t) = \sqrt{2P} \Big\{ &\left[s_2(t)\sin\theta_2\cos\theta_3 + s_3(t)\cos\theta_2\sin\theta_3 \right] \\
&- \mathrm{j}\left[s_1(t)\cos\theta_2\cos\theta_3 - s_1(t)s_2(t)s_3(t)\sin\theta_2\sin\theta_3 \right] \Big\}
\end{aligned} \tag{3.3.15}$$

观察式(3.3.15),基带信号的第 1~3 项分别是需要调制的三路信号,第 4 项是为了实现恒包络而多出来的项,即交调/互调(IM)项,它是在接收端不需要而在发射端不得不发射的项。由式(3.3.15)还可知各信号对应的功率为

$$P_1 = P\cos^2\theta_2\cos^2\theta_3 \tag{3.3.16}$$

$$P_2 = P\sin^2\theta_2\cos^2\theta_3 \tag{3.3.17}$$

$$P_3 = P\cos^2\theta_2\sin^2\theta_3 \tag{3.3.18}$$

$$P_{\mathrm{IM}} = P\sin^2\theta_2\sin^2\theta_3 = \frac{P_2 P_3}{P_1} \tag{3.3.19}$$

其中,$P_1 \sim P_3$ 对应 $s_1 \sim s_3$ 的功率;P_{IM} 为交调项的功率;这些功率的总和即为发射信号的功率 P:

$$P = P_1 + P_2 + P_3 + P_{\mathrm{IM}} \tag{3.3.20}$$

可见,Interplex 调制技术可以使得多路信号复合后的信号具有恒包络的特性,但代价是产生了不需要的交调项,这个交调项也随发射信号到达接收端,带来了发射功率的浪费。复用效率是恒包络技术的一个重要指标,它体现了用户接收端所获得的有用信号功率占总功率的比重。Interplex 调制的复用效率表达式为

$$\eta_{\text{Interplex}} = \frac{P_1 + P_2 + P_3}{P} = 1 - \sin^2 \theta_2 \sin^2 \theta_3 \qquad (3.3.21)$$

由式(3.3.21)可见，复用效率随着调制系数 θ_2、θ_3 的减小而增大，在实际调制中，将功率最大的支路分配给 $s_1(t)$ 支路，可获得较小的调制系数 θ_2、θ_3，从而提高复用效率。

2. CASM 调制技术

CASM 调制是 GPS 为解决早期在 L1 频点复用 C/A 码、P(Y)码和现代化的 M 码问题而提出的一种调制方式，它在数学上与 Interplex 调制是完全等价的，也是通过额外生成交调项与各路信号混合，从而保持输出信号的恒包络特性。

CASM 调制是一种类似 QPSK 调制的恒包络信号，假设一个调制着两路基带信号（$s_1(t)$ 和 $s_2(t)$）的 QPSK 信号为

$$S(t) = \sqrt{2P_I}\, s_2(t)\cos(2\pi f_c t + \varphi) - \sqrt{2P_Q}\, s_1(t)\sin(2\pi f_c t + \varphi) \qquad (3.3.22)$$

其中，P_I 和 P_Q 分别为正交支路(I 支路)和同相支路(Q 支路)信号的发射功率；f_c 为发射的载波频率；φ 为初相。

式(3.3.22)也可以写成以下形式：

$$S(t) = I_0(t)\cos(2\pi f_c t + \varphi) - Q_0(t)\sin(2\pi f_c t + \varphi) \qquad (3.3.23)$$

其中

$$I_0(t) = \sqrt{2P_I}\, s_2(t) \qquad (3.3.24)$$

$$Q_0(t) = \sqrt{2P_Q}\, s_1(t) \qquad (3.3.25)$$

在此信号的基础上，若需要再发射 $N-2$ 路信号 $s_3(t), \cdots, s_N(t)$，则在式(3.3.22)的信号中加入角度为 $\phi_s(t)$ 的相位调制信号，表达式为

$$S(t) = I_0(t)\cos[2\pi f_c t + \phi_s(t) + \varphi] - Q_0(t)\sin[2\pi f_c t + \phi_s(t) + \varphi] \qquad (3.3.26)$$

其中

$$\phi_s(t) = \sum_{k=3}^{N} m_k s_k(t) s_{(k,j)}(t) \qquad (3.3.27)$$

$$m_k = \arctan\sqrt{\frac{P_{s_k}}{P_{s_{(k,j)}}}} \qquad (3.3.28)$$

式(3.3.27)中，$s_k(t)$ 信号与 $s_{(k,j)}(t)$ 信号进行互调。其中，$k = 3,4,\cdots,N$；$j = 1,2$；$s_{(k,j)}(t)$ 为 $s_1(t)$ 或 $s_2(t)$；P_{s_k} 为第 k 路信号功率；N 为在该载波上调制的信号总数；m_k 为决定各信号功率分配的调制系数；相移量 $\phi_s(t)$ 由调制系数和互调量共同决定。

下面以三路基带信号进行 CASM 调制为例进行说明，假设 $s_1(t)$ 为选中的 $s_{(k,j)}(t)$ 信号，则相移量 $\phi_s(t)$ 和调制系数 m_3 分别为

$$\phi_s(t) = m_3 s_3(t) s_1(t) \qquad (3.3.29)$$

$$m_3 = \arctan\sqrt{\frac{P_3}{P_1}} \qquad (3.3.30)$$

由此可以得到三路基带信号的 CASM 调制的表达式为

$$S(t) = \sqrt{2}\left[\sqrt{P_{\mathrm{I}}}\,s_2(t)\cos m_3 - \sqrt{P_{\mathrm{Q}}}\,s_3(t)\sin m_3\right]\cos(2\pi f_c t + \varphi)$$
$$- \sqrt{2}\left[\sqrt{P_{\mathrm{Q}}}\,s_1(t)\cos m_3 + \sqrt{P_{\mathrm{I}}}\,s_1(t)s_2(t)s_3(t)\sin m_3\right]\sin(2\pi f_c t + \varphi) \tag{3.3.31}$$

式 (3.3.31) 表示的就是复合而成的两路基带信号被调制到了相互正交的载波频率上，对应的基带信号为

$$s(t) = \sqrt{2}\left[\sqrt{P_{\mathrm{I}}}\,s_2(t)\cos m_3 - \sqrt{P_{\mathrm{Q}}}\,s_3(t)\sin m_3\right]$$
$$+ \mathrm{j}\sqrt{2}\left[\sqrt{P_{\mathrm{Q}}}\,s_1(t)\cos m_3 + \sqrt{P_{\mathrm{I}}}\,s_1(t)s_2(t)s_3(t)\sin m_3\right] \tag{3.3.32}$$

式 (3.3.32) 中的等号右边前三项分别调制着 $s_1(t) \sim s_3(t)$ 信号，最后一项是交调项 s_{IM}。可见，调制后的信号 $s_1(t) \sim s_3(t)$ 和交调项信号 s_{IM} 对应的功率分别为

$$P_1 = P_{\mathrm{Q}}\cos^2 m_3 \tag{3.3.33}$$

$$P_2 = P_{\mathrm{I}}\cos^2 m_3 \tag{3.3.34}$$

$$P_3 = P_{\mathrm{Q}}\sin^2 m_3 \tag{3.3.35}$$

$$P_{\mathrm{IM}} = P_{\mathrm{I}}\sin^2 m_3 \tag{3.3.36}$$

由此得到信号发射的总功率为

$$P = P_1 + P_2 + P_3 + P_{\mathrm{IM}} = P_{\mathrm{I}} + P_{\mathrm{Q}} \tag{3.3.37}$$

CASM 调制的复用效率为

$$\eta_{\mathrm{CASM}} = 1 - \frac{P_{\mathrm{IM}}}{P} = 1 - \frac{P_1 P_3}{P(P_1 + P_3)} \tag{3.3.38}$$

可见，当总的调制功率 P 固定时，$s_1(t)$ 取功率最大的信号时，将得到最大的复用效率。更一般的结论是：对于三路基带信号的 CASM 调制，当功率最大的信号分量被调制在一个支路而剩余两个信号分量被调制在另一个支路时，CASM 调制有最高的复用效率。

3.4　扩频调制技术

扩频调制是卫星导航系统特有的，它是将窄带信号频谱扩展到更宽频带范围，能有效抵御信号在传输过程中受到的干扰，增加信号的传输距离和可靠性。随着调制技术的发展，扩频调制技术也从最初的二进制相移键控调制，发展出了二进制偏移载波调制、混合二进制偏移载波调制等新兴的调制技术。

微课视频

3.4.1　BPSK-R 调制

BPSK-R 调制是 GNSS 中的经典扩频调制技术，采用的扩频码码片波形是图 3.2.3 右边所示的矩形脉冲信号，而 BPSK-R 中的 "R" 是英文单词矩形的首字母，表示调制采用的是矩形脉冲信号。BPSK-R 的扩频码的码率通常是 1.023Mchip/s 的整数倍，定义 $r_0 = 1.023\mathrm{MHz}$ 为基本扩频码频率，这个频率也称为基准频率。在 GNSS 中的信号，无论是数据码、扩频码还是载波，都是在这个基准频率上进行倍频或分频的结果。我们通常使用 BPSK-R(n) 来表示伪码速率 $r_c = 1/T_c = nr_0 = n \times 1.023\mathrm{MHz}$ 的 BPSK 调制信号。例如，GPS 的 L1P(Y) 码采用了 BPSK-R(10) 扩频调制，表示使用的扩频码码率为 10 倍的基准频率，也就是 10.23MHz，而 Galileo 的 E6 CS 信号采用 BPSK-R(5) 调制，表示使用的扩频码码率是 5 倍的基准频率，也就是 5.115MHz。

下面就来讨论 BPSK-R 调制中扩频信号的功率谱密度，由本章前面的内容可知，

当扩频信号中的 PRN 序列满足理想相关特性时，扩频信号的功率谱密度仅取决于采用的扩频码码片波形，BPSK-R 调制扩频信号的时域表达式如下：

$$c_{\text{BPSK-R}}(t)=\frac{1}{\sqrt{T_{\text{c}}}}\sum_{n=-\infty}^{+\infty}a_ng_{\text{BPSK}}(t-nT_{\text{c}}) \tag{3.4.1}$$

其中，$g_{\text{BPSK}}(t-nT_{\text{c}})$ 为扩频码码片（扩频符号），为如图 3.2.3 右边所示的矩形脉冲；T_{c} 为码片宽度；a_n 为取值 ± 1 的 PRN 序列，它的周期为 N，即 $a_n=a_{n+N}$。定义式之所以增加了幅度 $1/\sqrt{T_{\text{c}}}$，是为了使单位码片的功率为 1，此时对应的功率谱密度就是归一化的。前面已经求出了码片波形为矩形脉冲信号扩频码的功率谱密度函数，可得归一化的功率谱密度为

$$G_{\text{BPSK-R}}(f)=T_{\text{c}}\text{sinc}^2(\pi fT_{\text{c}}) \tag{3.4.2}$$

这就是 BPSK-R 调制信号的功率谱密度函数，不同 BPSK-R 调制的码率不同，得到的功率谱密度函数也不同。图 3.4.1 给出了 BPSK-R(1) 和 BPSK-R(10) 两种调制信号的功率谱密度，它们的中心频率都是零频，频谱形状以零频为中心呈左右对称分布，频谱形状如花瓣状，零频左右第一个过零点对应的图形称为主瓣，它的宽度为 $2r_{\text{c}}$，也就是两倍伪码码率，90% 的信号能量主要集中在主瓣上。其余相邻的过零点对应的图形称为旁瓣，其宽度为 r_{c}。由图 3.4.1 可见，若调制的伪码速率越高（n 值越大），相应信号的带宽（主瓣）就越宽。

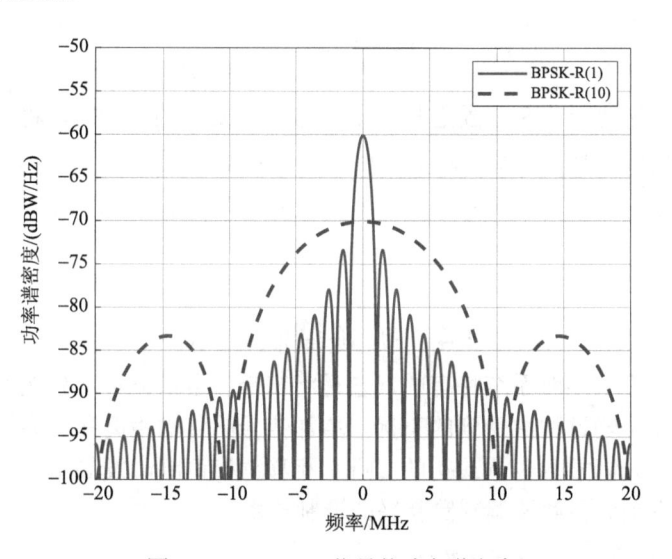

图 3.4.1 BPSK-R 信号的功率谱密度

对于随机信号，功率谱密度通常还有一种更简便的求解方法，维纳-辛钦定理告诉我们，若某信号为平稳随机信号，其自相关函数与其功率谱密度函数的关系互为傅里叶变换的关系。下面来求 BPSK-R 调制下扩频信号的自相关函数，如式 (3.2.8) 的一个周期长度为 N 的扩频信号，当长度 N 足够大且 PRN 序列满足平稳和各态历经性时，由于扩频信号是周期性的，其统计意义上的自相关函数就可以用一个周期时间平均自相关函数来表示：

$$R(\tau)=\frac{1}{T_{\text{code}}}\int_0^{T_{\text{code}}}c_{\text{I}}(t)c_{\text{I}}(t-\tau)\text{d}t \tag{3.4.3}$$

其中，$T_{\text{code}}=NT_{\text{c}}$ 为一个周期伪码持续的时间。容易计算式 (3.4.3)，结果为

$$R_{\text{BPSK-R}}(\tau)=\begin{cases}1-\dfrac{|\tau|}{T_{\text{c}}}, & |\tau|\leqslant T_{\text{c}}\\[2mm]0, & \text{其他}\end{cases} \tag{3.4.4}$$

式 (3.4.4) 就是标准三角脉冲信号在时间上进行 T_{c} 缩放后的形式。图 3.4.2 给出了 BPSK-R(1) 和 BPSK-R(10) 的自相关函数，它们都是最大值在零点的一个等腰三角形，横坐标的单位为 T_{c}，即基准频率 1.023MHz 扩频码码片对应的码宽，可见 BPSK-R(10) 由于伪码频率更高、码宽更窄，其自相关函数具有更尖锐的相关峰，越尖锐的相关峰越能提高伪码的跟踪性能。这具体将在后续章节进行学习。

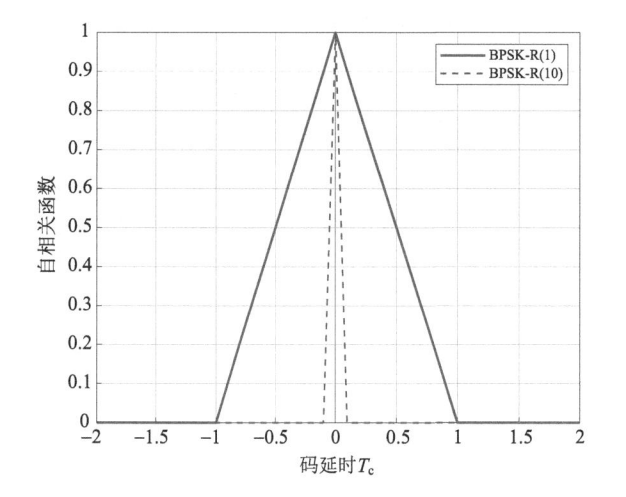

图 3.4.2　BPSK 信号的自相关函数

由式 (3.4.4) 不难得到其傅里叶变换为

$$G_{\text{BPSK-R}}(f)=T_{\text{c}}\,\text{sinc}^{2}(\pi f T_{\text{c}}) \tag{3.4.5}$$

计算结果与式 (3.4.3) 的一致。另外，因为式 (3.4.3) 中对应的自相关函数 $R(0)=1$，所以此时的功率谱密度就是归一化的功率谱密度。

3.4.2　BOC 调制

BPSK-R 调制作为 GNSS 的传统调制方式使用了很多年，随着卫星导航业务和服务能力的不断提高，需要信号具有更强的抗干扰能力、更精确的测量性能。同时当载波频率固定时，不同 BPSK-R 调制的信号频谱相似，都在中心频率处出现幅度最大值，这样造成了 BPSK-R 信号之间在频谱上的重叠。为了解决信号间的相互影响问题，得到更为精确的定位结果，必须对 BPSK-R 信号进行改良，改良的目的是得到更好的抗干扰性能和更为精确的定位结果。二进制偏移载波 (BOC) 调制是一种针对卫星导航信号设计的新型调制技术，由 Betz 于 2001 年在对 GPS 的现代化改造的研究工作中首次提出，BOC 调制是使用二进制波形的方波副载波，在 BPSK-R 调制的基础上再进行一次扩频调制，以实现调制后信号频谱与 BPSK-R 的分离。BOC 调制信号的生成原理如图 3.4.3 所示，扩频码率为 r_{c} 的 BPSK-R 传统扩频调制信号，与码率为 f_{s} 的副载波进行调制，得到 BOC 调制信号，而 BOC 调制信号与数据码调制就得到 BOC 调制的基带信号。后面将会学习到，BOC 调制信号的功率谱密度与 BPSK-R 调制的不同，BOC 调制能避免与原有 BPSK 调制信号频谱相互重叠而带来的相互干扰问题，同时，BOC 调制信号还具备比 BPSK 调制信号更好的测距性能以及更优化的抗多径性能，因此，BOC

调制在现代化 GNSS 的信号体制设计中被广泛采用。

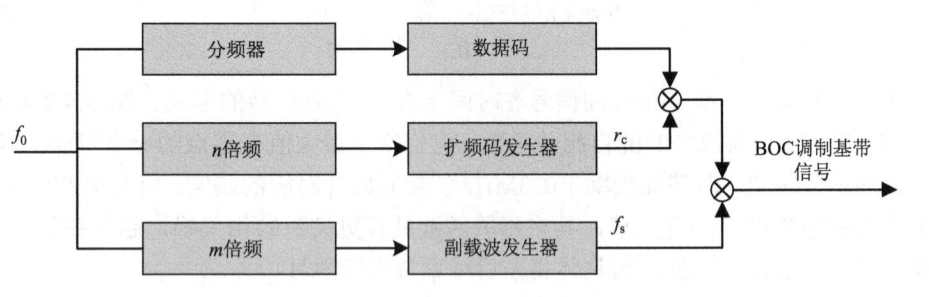

图 3.4.3 BOC 信号生成原理图

由上面的 BOC 信号生成原理图(图 3.4.3)可知,BOC 调制信号的时域表达式为

$$c_{\text{BOC}}(t) = c_{\text{BPSK-R}}(t)\text{sign}[\sin(2\pi f_s t + \phi)] \tag{3.4.6}$$

其中, $c_{\text{BPSK-R}}(t)$ 表示伪码码率为 r_c 的 BPSK-R 调制信号; $\text{sign}[\sin(2\pi f_s t + \phi)]$ 表示方波副载波, $\text{sign}(x)$ 为符号函数,当 $x<0$ 时函数取值为-1,否则取值为$+1$,副载波频率为 f_s,相位角 ϕ 取值为 0 或者 $\dfrac{\pi}{2}$,分别表示正弦相位或余弦相位的副载波。以下为了表述简洁,"伪码"特指 BPSK-R 调制信号中使用的矩形脉冲信号。对正弦相位副载波函数和余弦相位副载波函数的定义式分别如下:

$$\chi_{\sin}(t) = \text{sign}[\sin(2\pi f_s t)] \tag{3.4.7}$$

$$\chi_{\cos}(t) = \text{sign}[\cos(2\pi f_s t)] \tag{3.4.8}$$

一般使用 $\text{BOC}(f_s, f_c)$ 表示使用副载波频率为 $f_s = \alpha f_0$ 和伪码频率 $r_c = \beta f_0$ 的 BOC 调制,其中基准频率 $f_0 = 1.023\text{MHz}$。例如, $\text{BOC}(10.23\text{MHz}, 5.115\text{MHz})$ 表示调制的副载波频率为 10.23MHz、伪码频率为 5.115MHz 的 BOC 调制信号。BOC 调制还有一种简化的表示方法,即 $\text{BOC}(\alpha, \beta)$,例如, $\text{BOC}(10,5)$ 就表示了上述的 $\text{BOC}(10.23\text{MHz}, 5.115\text{MHz})$ 信号。可见,副载波的频率通常要大于伪码频率,为了更清晰地描述伪码的码片和副载波码片之间的关系,定义 BOC 中的调制系数 M 为

$$M = 2\frac{f_s}{r_c} = 2\frac{\alpha}{\beta} \tag{3.4.9}$$

它是副载波频率与伪码频率比值的两倍,表示一个伪码码片对应几个副载波码片。图 3.4.4 所示是伪码码片与副载波码片对应的四种情况,图 3.4.4(a)和(c)是一个伪码码片对应偶数个副载波码片的情况,也就是调制系数 M 为偶数的情况。若将一个伪码码片对应的副载波波形定义为一个基本 BOC 码片波形函数 $g_{\text{BOC}}(t)$,那么 n 为偶数时各伪码码片对应的 $g_{\text{BOC}}(t)$ 波形一致;当 M 为奇数时,如图 3.4.4(b)和(d)所示,相邻伪码码片对应的 $g_{\text{BOC}}(t)$ 波形将出现幅度极性的翻转。综合以上情况,将得到 BOC 调制信号的另一种时域表达式:

$$c_{\text{BOC}}(t) = \sum_{n=-\infty}^{+\infty} a_n g_{\text{BOC}}(t - nT_c) \tag{3.4.10}$$

和

$$c_{\text{BOC}}(t) = \sum_{n=-\infty}^{+\infty} (-1)^n a_n g_{\text{BOC}}(t - nT_c) \tag{3.4.11}$$

其中,扩频序列 a_n 仍然是取值为 ±1 的随机二进制序列,周期为 N,即 $a_n = a_{n+N}$。

式 (3.4.10) 和式 (3.4.11) 分别对应调制系数 M 为偶数和奇数的情况。另外，图 3.4.4(a) 和 (b) 是副载波为正弦相位的情况，图 3.4.4(c) 和 (d) 是副载波为余弦相位的情况，这两种情况的扩频符号码片波形函数 $g_{BOC}(t)$ 分别定义如下：

$$g_{BOC_s}(t) = \frac{1}{\sqrt{T_c}} \sum_{m=0}^{M-1} g(t - mT_s) \text{sign}[\sin(2\pi f_s t)] \tag{3.4.12}$$

$$g_{BOC_c}(t) = \frac{1}{\sqrt{T_c}} \sum_{m=0}^{M-1} g(t - mT_s) \text{sign}[\cos(2\pi f_s t)] \tag{3.4.13}$$

其中，M 表示一个伪码码片对应副载波子码片的个数，即调制系数；T_s 为副载波码片宽度，它与副载波频率的关系为 $T_s = 1/(2f_s)$，幅度系数 $1/\sqrt{T_c}$ 仍然作为归一化参数出现。当采用正弦相位副载波时，记作 BOC_s 信号；当采用余弦相位副载波时，记作 BOC_c 信号。

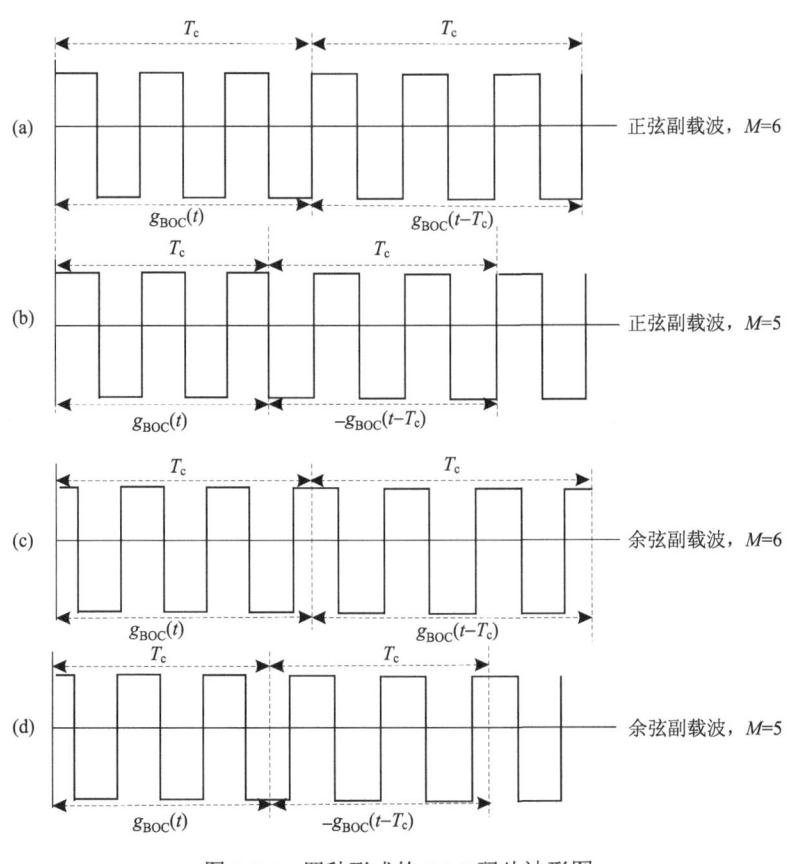

图 3.4.4　四种形式的 BOC 码片波形图

下面以正弦相位副载波为例来说明 BOC 调制的原理，BOC 信号生成波形如图 3.4.5 所示，图 3.4.5(a) 是伪码码片与 PRN 序列相乘出现了码片波形幅度极性的变化，此时的伪码再与副载波相乘进行调制，使得一个伪码码片上出现了 M 个方波副载波，图 3.4.5(d)、(e) 分别是调制系数为偶数和奇数时的情况，其中偶数调制系数由于每一个伪码码片对应的波形一致，所以 BOC 调制信号等同于码率更高的伪码的 BPSK-R 调制，而在奇数调制系数情况下，每一个伪码码片对应的波形不同，相邻伪码码片的波形正好相反，此时 BOC 调制信号稍微复杂些。可见，BOC 调制本质上是一种副载波调制技术，是在伪码上调制了更高频率的副载波信号，其目的是使 BOC 调制的信号号具备更优良的测量性能。

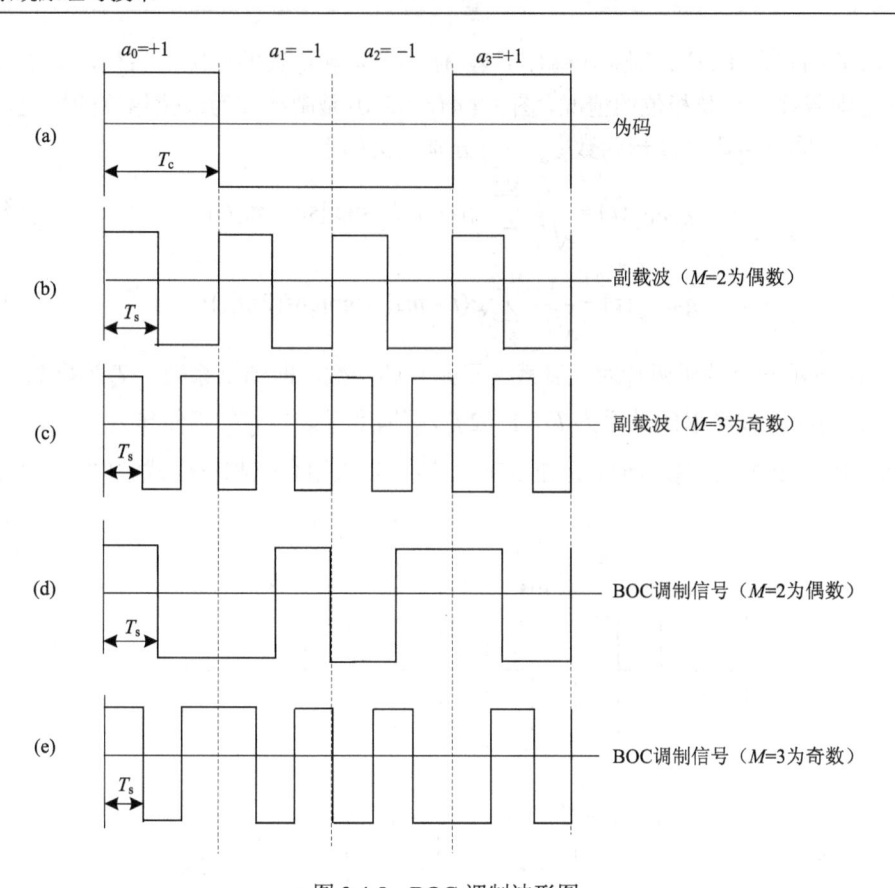

图 3.4.5　BOC 调制波形图

下面首先来计算 BOC 调制信号的功率谱密度函数,以正弦相位副载波调制的 BOC 信号为例,余弦相位也可以通过类似方法得到。M 为偶数时的正弦相位 BOC 调制信号的时域表达式如式(3.4.10)所示,其中 $g_{\mathrm{BOC_s}}(t)$ 的表达式可由式(3.4.12)得到更简单的形式:

$$g_{\mathrm{BOC_s}}(t) = \frac{1}{\sqrt{T_c}} \sum_{m=0}^{M-1} (-1)^m g(t - mT_s) \tag{3.4.14}$$

这是一个扩频符号码片波形的函数,一个扩频符号码片波形由 M 个码宽为 T_s 的子码片组成,总持续时间是 $T_c = MT_s$,正好对应一个伪码的码宽,首先求这个扩频符号码片波形的频域表达式,对式(3.4.14)进行傅里叶变换:

$$\begin{aligned}
\mathcal{F}\left[g_{\mathrm{BOC_s}}(t)\right] &= \frac{1}{\sqrt{T_c}} \int_{-\infty}^{+\infty} \sum_{m=0}^{M-1} (-1)^m g(t - mT_s) \mathrm{e}^{-\mathrm{j}2\pi ft} \mathrm{d}t \\
&= \frac{1}{\sqrt{T_c}} \sum_{m=0}^{M-1} (-1)^m \int_{mT_s}^{mT_s+T_s} g(t - mT_s) \mathrm{e}^{-\mathrm{j}2\pi ft} \mathrm{d}t \\
&= \frac{1}{\sqrt{T_c}} \sum_{m=0}^{M-1} (-1)^m \mathrm{e}^{-\mathrm{j}2\pi fmT_s} \int_0^{T_s} \mathrm{e}^{-\mathrm{j}2\pi f\tau} \mathrm{d}\tau \\
&= \frac{T_s}{\sqrt{T_c}} \mathrm{sinc}(\pi fT_s) \mathrm{e}^{-\mathrm{j}\pi fT_s} \sum_{m=0}^{M-1} (-1)^m \mathrm{e}^{-\mathrm{j}2\pi fmT_s}
\end{aligned} \tag{3.4.15}$$

其中,$\tau = t - mT_s$,求和符号内的表达式可进一步计算:

$$\sum_{m=0}^{M-1}(-1)^m \mathrm{e}^{-\mathrm{j}2\pi fmT_\mathrm{s}}$$

$$= \frac{1-\left(-\mathrm{e}^{-\mathrm{j}2\pi fT_\mathrm{s}}\right)^M}{1-\left(-\mathrm{e}^{-\mathrm{j}2\pi fT_\mathrm{s}}\right)} \tag{3.4.16}$$

$$= \mathrm{j}\mathrm{e}^{-\mathrm{j}\pi f(M-1)T_\mathrm{s}}\frac{\sin\left(\pi fMT_\mathrm{s}\right)}{\cos\left(\pi fT_\mathrm{s}\right)}$$

式 (3.4.16) 化简时利用了 M 为偶数这一条件，由此可将式 (3.4.15) 进一步整理得到：

$$S_{\mathrm{g\_BOC}}(f) = \mathrm{j}\frac{T_\mathrm{s}}{\sqrt{T_\mathrm{c}}}\mathrm{e}^{-\mathrm{j}\pi fMT_\mathrm{s}}\frac{\sin\left(\pi fMT_\mathrm{s}\right)}{\cos\left(\pi fT_\mathrm{s}\right)}\mathrm{sinc}\left(\pi fT_\mathrm{s}\right) \tag{3.4.17}$$

而将式 (3.4.10) 求傅里叶变换，将得到 BOC 信号的频域表达式：

$$\mathcal{F}\left[c_{\mathrm{BOC}}(t)\right] = \mathcal{F}\left[\sum_{n=-\infty}^{+\infty}a_n g_{\mathrm{BOC}}\left(t-nT_\mathrm{c}\right)\right]$$

$$= \mathcal{F}\left[g_{\mathrm{BOC}}(t)*\sum_{n=-\infty}^{+\infty}a_n\delta\left(t-nT_\mathrm{c}\right)\right] \tag{3.4.18}$$

$$= S_{\mathrm{g\_BOC}}(f)\int_{-\infty}^{+\infty}\sum_{n=-\infty}^{+\infty}a_n\delta\left(t-nT_\mathrm{c}\right)\mathrm{e}^{-\mathrm{j}2\pi ft}\mathrm{d}t$$

与式 (3.2.40) 的推导相似，当 BOC 调制信号中的 PRN 序列具有理想相关特性时，可以得到 BOC 调制信号功率谱密度为

$$G_{\mathrm{BOC_s}}(f) = \frac{\sin^2\left(\pi fT_\mathrm{c}\right)}{T_\mathrm{c}\left[\pi f\cos(\pi fT_\mathrm{s})\right]^2}\sin^2\left(\pi fT_\mathrm{s}\right) \tag{3.4.19}$$

而当调制系数 M 为奇数时，时域表达式 (3.4.11) 与偶数时相比多了 $(-1)^n$ 项，而这一项可以合并到 PRN 序列 a_n 中，且不影响 a_n 序列的统计特性。因此扩频符号码片波形的函数依旧可以沿用式 (3.4.14)，同样对式 (3.4.14) 进行傅里叶变换，得到频域表达式如式 (3.4.15) 所示，并对求和符号内的式子进行化简：

$$\sum_{m=0}^{M-1}(-1)^m \mathrm{e}^{-\mathrm{j}2\pi fmT_\mathrm{s}}$$

$$= \frac{1-\left(-\mathrm{e}^{-\mathrm{j}2\pi fT_\mathrm{s}}\right)^M}{1-\left(-\mathrm{e}^{-\mathrm{j}2\pi fT_\mathrm{s}}\right)} \tag{3.4.20}$$

$$= \mathrm{e}^{-\mathrm{j}\pi f(M-1)T_\mathrm{s}}\frac{\cos\left(\pi fMT_\mathrm{s}\right)}{\cos\left(\pi fT_\mathrm{s}\right)}$$

对式 (3.4.20) 的化简中利用了 M 为奇数这一条件，与前面推导类似，得到 M 为奇数时 BOC 信号功率谱密度函数为

$$G_{\mathrm{BOC_s}}(f) = \frac{\cos^2\left(\pi fT_\mathrm{c}\right)}{T_\mathrm{c}\left[\pi f\cos(\pi fT_\mathrm{s})\right]^2}\sin^2\left(\pi fT_\mathrm{s}\right) \tag{3.4.21}$$

当副载波为余弦相位时，从时域上看，一个 BOC 调制的扩频符号码片波形是正弦相位码片向左平移了 $T_\mathrm{s}/2$ 的时间，推导原理类似，可以得到调制系数 M 为偶数和奇数时的功率谱密度函数分别如下：

$$G_{\mathrm{BOC_c}}(f) = \frac{\sin^2(\pi f T_{\mathrm{c}})}{T_{\mathrm{c}}\left[\pi f \cos(\pi f T_{\mathrm{s}})\right]^2}\left[1-\cos(\pi f T_{\mathrm{s}})\right]^2 \tag{3.4.22}$$

$$G_{\mathrm{BOC_c}}(f) = \frac{\cos^2(\pi f T_{\mathrm{c}})}{T_c\left[\pi f \cos(\pi f T_{\mathrm{s}})\right]^2}\left[1-\cos(\pi f T_{\mathrm{s}})\right]^2 \tag{3.4.23}$$

将以上四种情况 BOC 调制信号的功率谱密度函数的表达式总结列表，如表 3.4.1 所示。对于 BOC 调制信号的功率谱密度函数还可以这样理解，在时域上 BOC 信号是 BPSK-R 信号与副载波信号的乘积(式(3.4.6))，在频域上就是 BPSK-R 信号的傅里叶变换(sinc 函数)与副载波傅里叶变换(离散谱)的卷积。当正弦相位的调制系数为 1 时，即 $T_{\mathrm{c}} = T_{\mathrm{s}}$，此时 BOC 调制将退化为 BPSK-R 调制。

表 3.4.1　BOC 信号的自相关函数

相位	M 为偶数	M 为奇数
正弦相位	$\dfrac{\sin^2(\pi f T_{\mathrm{c}})}{T_{\mathrm{c}}\left[\pi f \cos(\pi f T_{\mathrm{s}})\right]^2}\sin^2(\pi f T_{\mathrm{s}})$	$\dfrac{\cos^2(\pi f T_{\mathrm{c}})}{T_{\mathrm{c}}\left[\pi f \cos(\pi f T_{\mathrm{s}})\right]^2}\sin^2(\pi f T_{\mathrm{s}})$
余弦相位	$\dfrac{\sin^2(\pi f T_{\mathrm{c}})}{T_{\mathrm{c}}\left[\pi f \cos(\pi f T_{\mathrm{s}})\right]^2}\left[1-\cos(\pi f T_{\mathrm{s}})\right]^2$	$\dfrac{\cos^2(\pi f T_{\mathrm{c}})}{T_{\mathrm{c}}\left[\pi f \cos(\pi f T_{\mathrm{s}})\right]^2}\left[1-\cos(\pi f T_{\mathrm{s}})\right]^2$

图 3.4.6 给出了正弦相位副载波 BOC 信号的功率谱密度图像，图 3.4.6(a)与(b)分别是调制系数为偶数和奇数的情况，其中功率谱密度幅值最大值对应的波瓣仍然称为主瓣，其余的称为旁瓣。由图可见，BOC 正弦相位信号功率谱的主瓣已经被对称地搬移到中心频率(零频)的左右两侧，形成了分裂谱，随着调制系数 M 的增大，主瓣搬移的距离就越远。正弦相位副载波 BOC 信号的功率谱密度具备以下特点。

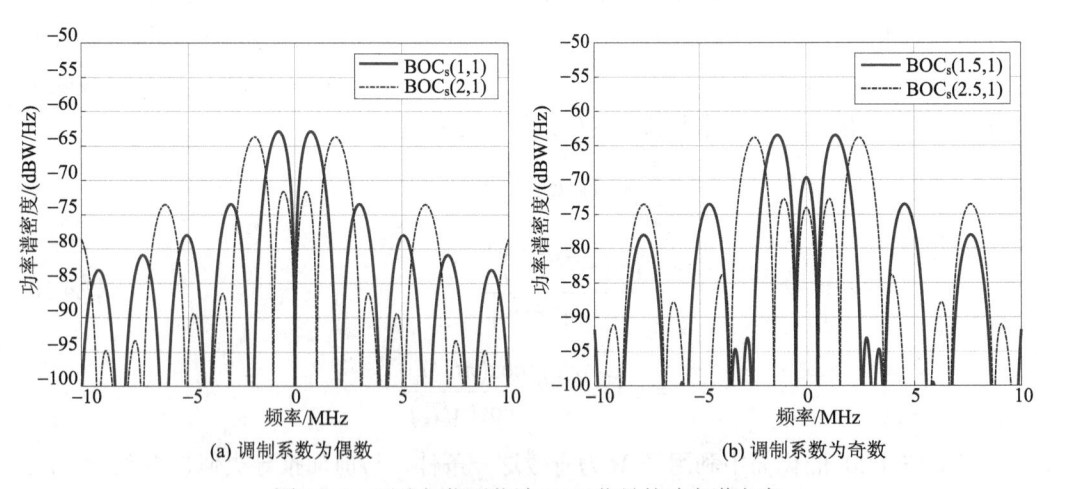

(a) 调制系数为偶数　　　　　(b) 调制系数为奇数

图 3.4.6　正弦相位副载波 BOC 信号的功率谱密度

(1)两个主瓣和夹在主瓣之间的旁瓣数量一共为 M，当调制系数 M 为 2 时(如 $\mathrm{BOC_s}(1,1)$)主瓣之间无旁瓣。

(2)主瓣位于中心频率 $\pm\alpha f_0$ 处，且略偏向中心频率。主瓣宽度是 $2r_{\mathrm{c}}$，夹在主瓣之间的旁瓣宽度为 r_{c}，它们占了信号大部分能量，BOC 信号的带宽通常可以用两倍的伪码频率和副载波频率来近似，即 $b=2(\alpha+\beta)f_0$。BOC 信号的这种能量偏移中心频点的特点，增加了信号的有效带宽，同时也减轻了对原有 BPSK-R 信号的干扰。

（3）功率谱密度图像以中心频率为中心左右对称分布，当调制系数为偶数时，中心频率处的功率为零；当调制系数为奇数时，中心频率处的功率不为零。功率谱这种对称分布的特点也给接收机设计带来了灵活性，接收机可以像处理 BPSK-R 信号一样仅处理单侧的频谱，或者避让被干扰的一侧信号，也可以为了提高接收性能而处理两侧全部的频谱。

同理，图 3.4.7 给出了余弦相位副载波 BOC 信号的功率谱密度图像，它具有与正弦相位类似的特点，不同之处在于余弦相位主瓣对应的频点略偏离中心频率，且在相同调制系数下，主瓣峰值低于正弦相位信号的主瓣峰值，但第一旁瓣峰值又高于正弦相位信号。

图 3.4.8 清晰地显示出了正余弦相位的这一特点，而采用正弦相位还是余弦相位的 BOC 调制，一般要视具体情况而定，如 GPS L1M 信号采用 $BOC_s(10,5)$ 调制，Galileo EIA 信号采用 $BOC_c(15,2.5)$ 调制，北斗卫星导航系统 BDS B1A 信号采用 $BOC_s(14,2)$ 调制等。在相同调制系数下，余弦相位的 BOC 在高频处具有更多能量，这会带来更好的跟踪性能，但同时也增大了发射端和接收端的带宽。

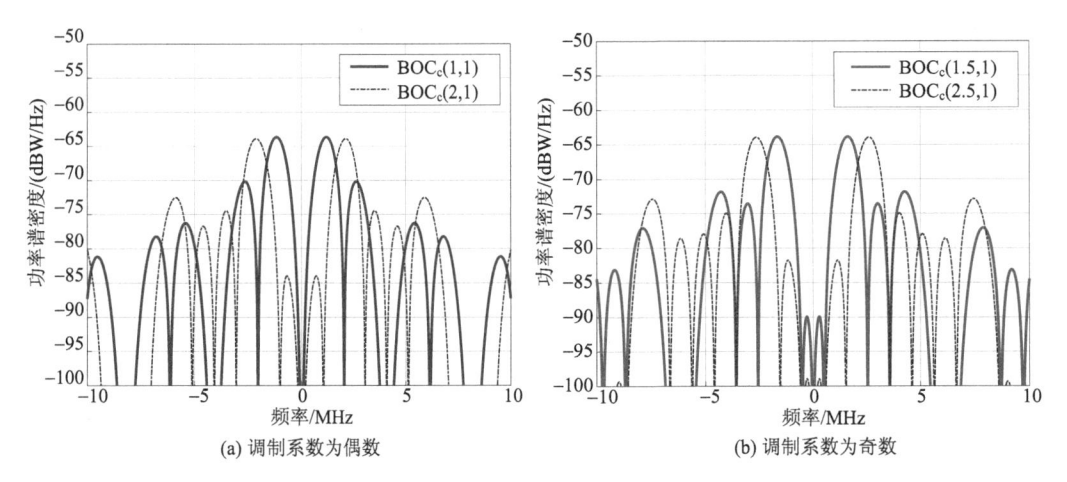

(a) 调制系数为偶数　　　　　　　　　(b) 调制系数为奇数

图 3.4.7　余弦相位副载波 BOC 信号的功率谱密度

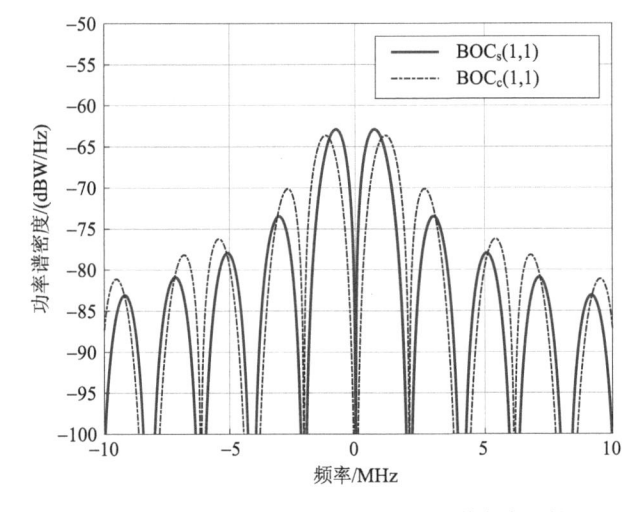

图 3.4.8　两种相位 BOC 信号的功率谱密度比较

下面再来计算 BOC 调制信号的自相关函数，它反映了信号在时域上与自身在时间上的相关程度，这里仍然以最基本的偶数调制系数下的正弦相位副载波的 BOC 信号为例，沿用本章 3.2 节扩频信号自相关的计算公式，即式 (3.2.28)，现重写如下：

$$R_{\text{BOC}}(\tau) = \begin{cases} \dfrac{1}{T_c} \displaystyle\int_0^{T_c} g_{\text{BOC}}(t) g_{\text{BOC}}^*(t-\tau)\,\mathrm{d}t, & |\tau| \leqslant T_c \\ 0, & \text{其他} \end{cases} \tag{3.4.24}$$

其中，$T_c = MT_s$，而其中的基本码片波形函数 $g_{\text{BOC}}(t)$ 如式 (3.4.14) 所示，当时间偏移量 $\tau = 0$ 时，即信号完全对齐时，BOC 信号的自相关函数为

$$\begin{aligned} R_{\text{BOC}}(\tau = 0) &= \frac{1}{T_c}\int_0^{T_c} g_{\text{BOC}}(t) g_{\text{BOC}}^*(t)\,\mathrm{d}t \\ &= 1 \end{aligned} \tag{3.4.25}$$

当时间偏移量移动了基本码片的整数倍时，即 $\tau = iT_c$（i 为整数）时，若 PRN 序列具有理想相关特性，可直接得到 $R_{\text{BOC}}(\tau = iT_c) = 0$。而当时间偏移量移动了副载波子码片的整数倍时，即 $\tau = iT_c + kT_s$（i、k 为整数）时，通过简单计算可以得到自相关函数：

$$R_{\text{BOC}}(\tau = iT_c + kT_s) = (-1)^m \left\{ \frac{M-k}{M} R_{\text{BOC}}(iT_c) + \frac{k}{M} R_{\text{BOC}}\left[(i+1)T_c\right] \right\} \tag{3.4.26}$$

利用 $R_{\text{BOC}}(iT_c) = 0$ 可以进一步整理得到：

$$R_{\text{BOC}}(\tau = kT_s) = \begin{cases} (-1)^m \left(\dfrac{|M-k|}{M} \right), & k = \{-M, \cdots, M\} \\ 0, & \text{其他} \end{cases} \tag{3.4.27}$$

此外，对于 $kT_s < \tau < (k+1)T_s$ 的情况，其结果为落在相邻 $R_{\text{BOC}}(\tau = kT_s)$ 结果的连线上。利用上述方法，余弦相位的 BOC 信号也可类似求出。为了直观体现 BOC 调制的时域特点，图 3.4.9 给出了 BOC 调制的自相关函数图形，图 3.4.9(a) 为 BPSK-R 调制与 BOC 调制自相关函数的对比图，图 3.4.9(b) 为 $\text{BOC}_s(1,1)$ 和 $\text{BOC}_c(1,1)$ 调制的自相关函数的对比图。由图 3.4.9(a) 可见，相比于 BPSK-R 调制，BOC 调制具有更尖锐的相关峰，随着调制系数的增大，相关峰也更加尖锐；在时间偏移 $|\tau| \leqslant T_c$ 时，自相关函数正峰和负峰的总数为 $2M-1$，每个峰之间的时间间隔为 T_s；相比于 BPSK-R 调制，BOC 自相关函数的主峰更窄，这从另一角度说明 BOC 调制信号具有精度更高的码跟踪性能和更好的抗多径性能，但由于采用了副载波调制，BOC 信号的相关函数呈现多峰特性，尤其是高阶 BOC 信号，其自相关函数的边峰较多，且幅度较高，信号主峰不易辨别，使得信号捕获时容易产生误捕，给接收机设计带来了挑战。从图 3.4.9(b) 中对正弦相

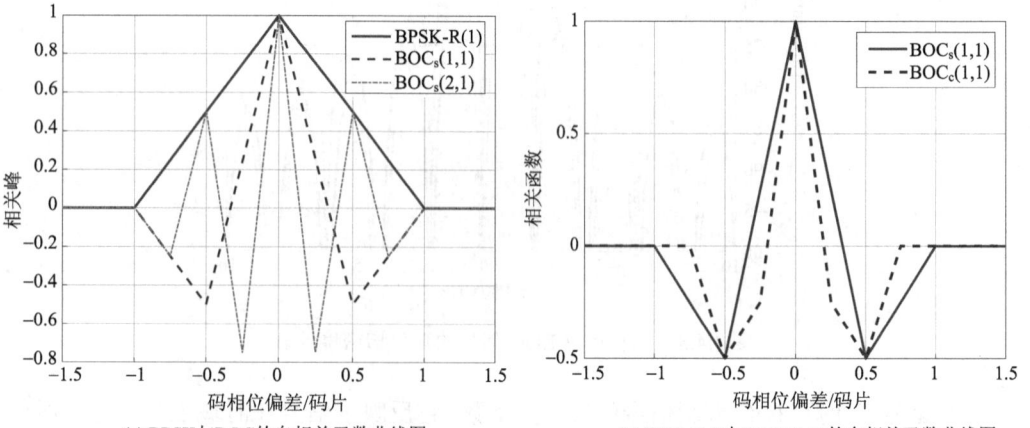

(a) BPSK 与 BOC 的自相关函数曲线图　　　　　(b) $\text{BOC}_s(1,1)$ 与 $\text{BOC}_c(1,1)$ 的自相关函数曲线图

图 3.4.9　BOC 信号自相关函数图

位与余弦相位自相关图的对比可知，余弦相位的 BOC 信号的自相关函数的边峰明显多于正弦相位，且自相关峰的主峰更窄、更尖锐；正弦相位的 BOC 信号的自相关函数的正峰和负峰个数之和为 $2M-1$，而余弦相位的 BOC 信号的自相关函数的正、负峰个数之和为 $2M+1$。

正弦相位和余弦相位的 BOC 信号在功率谱密度和自相关函数方面各具特点，正弦相位波形在时域表达上更整洁，下面没有特殊说明时，BOC 调制均指正弦相位。

3.4.3　MBOC 调制

混合二进制偏移载波（MBOC）调制最初是为了实现 GPS 和 Galileo 系统之间的信号兼容和互操作，而推出的一种扩频调制方法，它是一类具有规定功率谱密度函数的调制方式的总称。一般地，MBOC 调制信号可以记作 $\text{MBOC}(m,n,\gamma)$，对 MBOC 的定义仅仅是功率谱密度的定义，其在无限带宽下的归一化的功率谱密度函数定义为

$$G_{\text{MBOC}(m,n,\gamma)}(f)=(1-\gamma)G_{\text{BOC}(n,n)}(f)+\gamma G_{\text{BOC}(m,n)}(f) \tag{3.4.28}$$

可见，$\text{MBOC}(m,n,\gamma)$ 信号是 $\text{BOC}(m,n)$ 信号和 $\text{BOC}(n,n)$ 信号以功率比 $\gamma:(1-\gamma)$ 进行合成得到的。2007 年，美国和欧盟对 GPS 的 L1C 和 Galileo 的 E1 OS 这两个民用信号的功率谱密度进行了约束，规定 L1/E1 上的民用信号在无限带宽下的归一化功率谱密度函数均为 $\text{MBOC}(6,1,1/11)$，具体表达式为

$$G_{\text{MBOC}(6,1,1/11)}(f)=\frac{10}{11}G_{\text{BOC}(1,1)}(f)+\frac{1}{11}G_{\text{BOC}(6,1)}(f) \tag{3.4.29}$$

$\text{MBOC}(6,1,1/11)$ 的功率谱密度如图 3.4.10 所示。由图可见，$\text{MBOC}(6,1,1/11)$ 信号在中心频率（零频）附近的频谱与 $\text{BOC}(1,1)$ 调制信号几乎一致，但是在高频处的功率谱比 $\text{BOC}(1,1)$ 调制信号的功率谱要大，这是由 $\text{BOC}(6,1)$ 信号的加入导致的。由于 MBOC 调制只对功率谱密度函数进行了定义，对信号的时域实现方式没有限制，因此 MBOC 有多种时域实现方式。GPS、Galileo 和 BDS 分别提出了各自 MBOC 调制的实现方案，分别为 TMBOC 调制、CBOC 调制和 QMBOC 调制。GPS 的 L1 频点的现代化民用信号 L1C 采用时分的方式组合低阶和高阶的 BOC 信号，称为时分复用二进制偏移载波（TMBOC）调制；Galileo 的 E1 OS 信号采用线性叠加的方式组合低阶和高阶的 BOC 信号，称为合成二进制偏移载波（CBOC）调制；BDS 的 B1 频点的 L1C 信号采用正交相位的方式组合低阶和高阶的 BOC 信号，称为正交复用二进制偏移载波（QMBOC）调制。

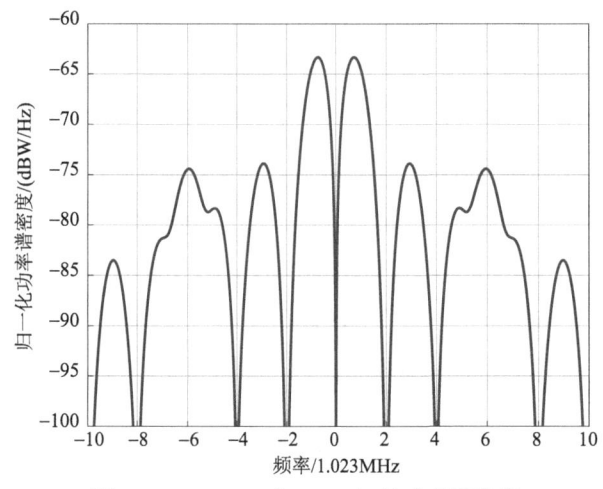

图 3.4.10　$\text{MBOC}(6,1,1/11)$ 的功率谱密度

1. TMBOC 调制

TMBOC 调制即时分复用二进制偏移载波调制，是将 BOC(n,n) 分量信号与 BOC(m,n) 分量信号以时分复用的方式组合在一起，某一时刻只播发其中一个分量的信号。TMBOC(m,n,γ) 调制信号的扩频符号时域表达式为

$$g_{\mathrm{TMBOC}}(t) = \begin{cases} g_{\mathrm{BOC_s}(n,n)}(t), & t \in T_1 \\ g_{\mathrm{BOC_s}(m,n)}(t), & t \in T_2 \end{cases} \tag{3.4.30}$$

其中，T_1 为 BOC$_s(n,n)$ 占的时隙；T_2 为 BOC$_s(m,n)$ 占的时隙，且 T_2 的时隙为总时间长度的 γ。以 GPS 的 L1C 信号为例，L1C 信号采用数据通道和导频通道的双通道结构，功率比例为 $1:3$，即导频通道功率是数据通道功率的 3 倍。数据通道是调制导航信息的通道，全部采用单一的 BOC$(1,1)$ 调制信号，导频通道是没有导航信息的通道，它在不同位置的码片采用不同的 BOC 信号，如图 3.4.11 所示，数据通道和导频通道的伪码码率均为 1.023Mchip/s，一个伪码周期均为 10ms，即包含 10230 码片，其中数据通道调制的伪码都是 BOC$(1,1)$ 信号，导频通道以 33 码片单元为小周期（10230 码片共有 310 个周期），在每 33 码片中，将第 1、5、7、30 个位置的码片采用 BOC$(6,1)$ 信号调制，其余码片采用 BOC$(1,1)$ 信号。如图 3.4.11 中的导频通道中，阴影部分就是采用 BOC$(6,1)$ 调制的码片，也就是在导频通道的每 33 码片中，BOC$(6,1)$ 信号占的比例为 4/33，此时导频通道信号就是 TMBOC$(6,1,4/33)$ 调制，而 L1C 信号是数据通道和导频通道的组合，根据数据通道和导频通道调制信号功率比例，对应的功率谱密度函数为

$$G_{\mathrm{TMBOC}(6,1,1/11)}(f) = \frac{1}{4}G_{\mathrm{BOC}(1,1)}(f) + \frac{3}{4}G_{\mathrm{TMBOC}(6,1,4/33)}(f) \tag{3.4.31}$$

其中，导频通道采用 TMBOC$(6,1,4/33)$ 调制，BOC$(6,1)$ 信号和 BOC$(1,1)$ 信号通过时分复用的方式分别占导频通道功率的 4/33 和 29/33，导频通道的自相关函数为

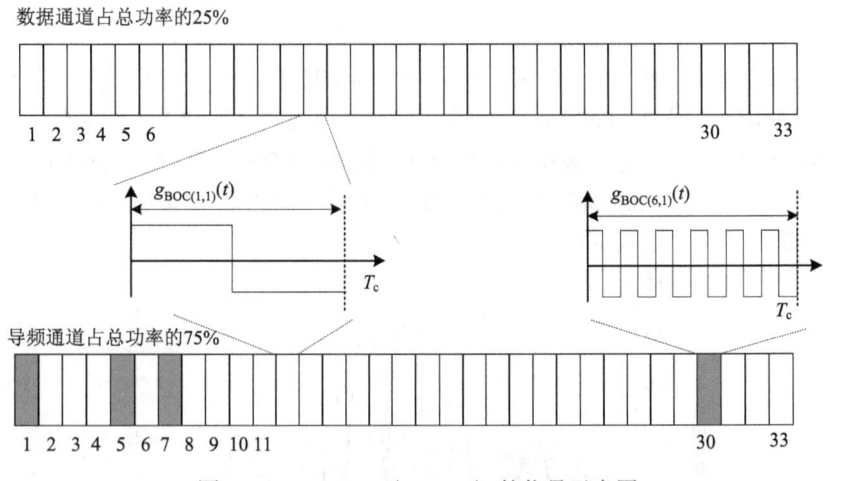

图 3.4.11　TMBOC$(6,1,1/11)$ 的信号示意图

$$R_{\mathrm{TMBOC}(6,1,4/33)}(\tau) = \frac{29}{33}R_{\mathrm{BOC}(1,1)}(\tau) + \frac{4}{33}R_{\mathrm{BOC}(6,1)}(\tau) \tag{3.4.32}$$

式 (3.4.32) 对应的功率谱密度函数为

$$G_{\mathrm{TMBOC}(6,1,4/33)}(f) = \frac{29}{33}G_{\mathrm{BOC}(1,1)}(f) + \frac{4}{33}G_{\mathrm{BOC}(6,1)}(f) \tag{3.4.33}$$

数据通道和导频通道虽然以相同的载波相位调制在一个载波频率上，但是由于采

用的伪码周期较长(10230)，能有效降低码间干扰，将式(3.4.33)代入式(3.4.31)，就能得到 L1C 的功率谱密度函数，与式(3.4.29)一致。

2. CBOC 调制

CBOC 调制即合成二进制偏移载波调制，是将 $\text{BOC}(n,n)$ 调制信号和 $\text{BOC}(m,n)$ 调制信号以线性加权的形式叠加而成的，在时域上 CBOC 调制的扩频符号码片波形为

$$g_{\text{CBOC}}(t) = \sqrt{(1-\gamma)}g_{\text{BOC}(n,n)}(t) \pm \sqrt{\gamma}g_{\text{BOC}(m,n)}(t) \tag{3.4.34}$$

其中，γ 为加权因子。在上述等式右边，采用'+'组合而成的 CBOC 信号定义为 $\text{CBOC}(m,n,\gamma,\text{`+'})$；采用'−'组合而成的 CBOC 信号定义为 $\text{CBOC}(m,n,\gamma,\text{`−'})$。由时域表达式可知，CBOC 调制中的一个扩频符号将不再只有+1 和−1 两种电平，而是随着加权因子和参与加权的 BOC 调制信号类型，呈现出多电平的形式。由式(3.4.34)还可以得到 $\text{CBOC}(m,n,\gamma,\text{`+'})$ 和 $\text{CBOC}(m,n,\gamma,\text{`−'})$ 信号的自相关函数分别为

$$R_+(\tau) = (1-\gamma)R_{\text{BOC}(n,n)}(\tau) + \gamma R_{\text{BOC}(m,n)}(\tau) + 2\sqrt{\gamma(1-\gamma)}R_c(\tau) \tag{3.4.35}$$

$$R_-(\tau) = (1-\gamma)R_{\text{BOC}(n,n)}(\tau) + \gamma R_{\text{BOC}(m,n)}(\tau) - 2\sqrt{\gamma(1-\gamma)}R_c(\tau) \tag{3.3.36}$$

其中，$R_c(\tau)$ 为 $\text{BOC}(n,n)$ 信号和 $\text{BOC}(n,n)$ 信号的互相关函数，由自相关函数可得到 $\text{CBOC}(m,n,\gamma,\text{`+'})$ 和 $\text{CBOC}(m,n,\gamma,\text{`−'})$ 信号的功率谱密度函数分别为

$$G_{\text{CBOC+}}(f) = (1-\gamma)G_{\text{BOC}(n,n)}(f) + \gamma G_{\text{BOC}(m,n)}(f) + 2\sqrt{\gamma(1-\gamma)}G_c(f) \tag{3.4.37}$$

$$G_{\text{CBOC−}}(f) = (1-\gamma)G_{\text{BOC}(n,n)}(f) + \gamma G_{\text{BOC}(m,n)}(f) - 2\sqrt{\gamma(1-\gamma)}G_c(f) \tag{3.4.38}$$

其中，$G_c(f)$ 为 $\text{BOC}(n,n)$ 信号和 $\text{BOC}(m,n)$ 信号的互功率谱密度。由以上的自相关函数和功率谱密度函数可知，由于参与 CBOC 调制的两种 BOC 信号具有相关性，它们的互相关函数和互功率谱密度不为零，导致 $\text{CBOC}(m,n,\gamma,\text{`+'})$ 或 $\text{CBOC}(m,n,\gamma,\text{`−'})$ 信号的功率谱密度不满足式(3.4.28)，为确保 CBOC 调制信号的功率谱密度能满足 MBOC 的定义，上述两种'+'和'−'的 CBOC 调制信号必须等功率成对交替出现，此时的 CBOC 调制记作 $\text{CBOC}(m,n,\gamma,\text{`±'})$，对应的功率谱密度函数为

$$G_{\text{CBOC±}}(f) = (1-\gamma)G_{\text{BOC}(n,n)}(f) + \gamma G_{\text{BOC}(m,n)}(f) \tag{3.4.39}$$

下面以 Galileo 的 E1 OS 信号为例说明 CBOC 调制方式的具体实现，E1 OS 信号也采用两个通道，其中数据通道(E1B)采用 $\text{CBOC}(6,1,1/11,\text{`+'})$ 调制，数据通道占 E1 OS 信号总功率的 50%，导频通道(E1C)采用反相的 $\text{CBOC}(6,1,1/11,\text{`−'})$ 调制，导频通道也占 E1 OS 信号总功率的 50%。两个通道信号载波相位相差 90°，即数据通道和导频通道是调制在正交的载波上的，能有效避免码间干扰。E1B 和 E1C 这两种信号的扩频符号的时域表达式为

$$g_{\text{CBOC}(6,1,1/11,\text{`+'})}(t) = \sqrt{10/11}\,g_{\text{BOC}(1,1)}(t) + \sqrt{1/11}\,g_{\text{BOC}(6,1)}(t) \tag{3.4.40}$$

$$g_{\text{CBOC}(6,1,1/11,\text{`−'})}(t) = \sqrt{10/11}\,g_{\text{BOC}(1,1)}(t) - \sqrt{1/11}\,g_{\text{BOC}(6,1)}(t) \tag{3.4.41}$$

由以上两式可知，扩频符号 $g_{\text{BOC}(1,1)}(t)$ 和 $g_{\text{BOC}(6,1)}(t)$ 都是双极性电平(取值±1)，其组合而成的 $g_{\text{CBOC}(6,1,1/11,\text{`+'})}(t)$ 和 $g_{\text{CBOC}(6,1,1/11,\text{`−'})}(t)$ 就有四种可能的幅度取值，分别为 $\sqrt{10/11}+\sqrt{1/11}$，$\sqrt{10/11}-\sqrt{1/11}$，$-\sqrt{10/11}+\sqrt{1/11}$，$-\sqrt{10/11}-\sqrt{1/11}$。$g_{\text{CBOC}(6,1,1/11,\text{`+'})}(t)$ 和 $g_{\text{CBOC}(6,1,1/11,\text{`−'})}(t)$ 的扩频符号波形如图 3.4.12 所示，可见 CBOC 调制的扩频符号是多电平。

E1B 和 E1C 这两种信号的基带扩频信号分别为

$$c_{\text{CBOC}(6,1,1/11,'+')}(t) = \sum_{n=-\infty}^{+\infty} a_n g_{\text{CBOC}(6,1,1/11,'+')}(t - nT_c) \tag{3.4.42}$$

$$c_{\text{CBOC}(6,1,1/11,'-')}(t) = \sum_{n=-\infty}^{+\infty} b_n g_{\text{CBOC}(6,1,1/11,'-')}(t - nT_c) \tag{3.4.43}$$

其中，a_n、b_n 为数据通道、导频通道的随机二进制序列（PRN 序列）。

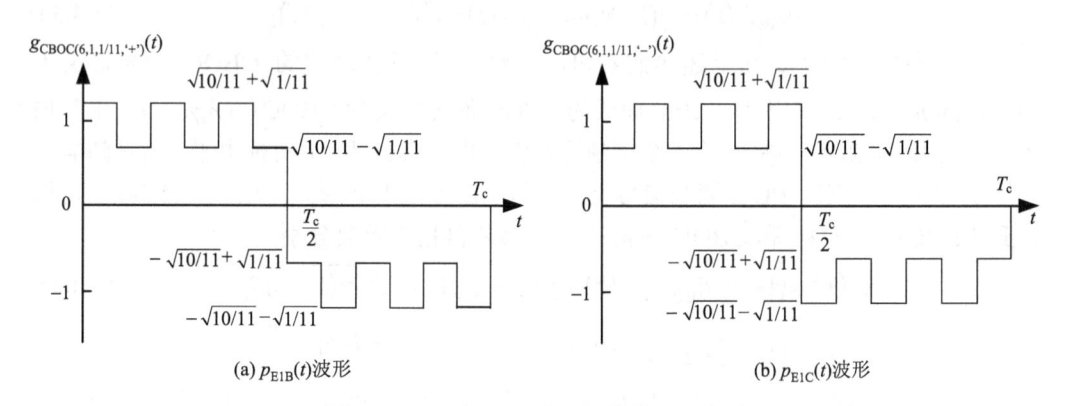

图 3.4.12　CBOC(6,1,1/11) 的信号示意图

由此得到 E1 OS 基带信号的时域表达式为

$$s_{\text{E1}}(t) = \frac{1}{\sqrt{2}} \Big[d_{\text{E1B}}(t) c_{\text{CBOC}(6,1,1/11,'+')}(t) - d_{\text{E1C}}(t) c_{\text{CBOC}(6,1,1/11,'-')}(t) \Big] \tag{3.4.44}$$

其中，$d_{\text{E1B}}(t)$、$d_{\text{E1C}}(t)$ 分别是数据通道、导频通道调制的数据信息（导频通道恒为 1）。由式（3.4.40）、式（3.4.41）也能得到数据通道和导频通道的功率谱密度函数：

$$G_{\text{CBOC}(6,1,1/11,'+')}(f) = \frac{10}{11} G_{\text{BOC}(1,1)}(f) + \frac{1}{11} G_{\text{BOC}(6,1)}(f) + \frac{2\sqrt{10}}{11} G_c(f) \tag{3.4.45}$$

$$G_{\text{CBOC}(6,1,1/11,'-')}(f) = \frac{10}{11} G_{\text{BOC}(1,1)}(f) + \frac{1}{11} G_{\text{BOC}(6,1)}(f) - \frac{2\sqrt{10}}{11} G_c(f) \tag{3.4.46}$$

其中，$G_c(f)$ 为互功率谱密度函数。当两个通道的功率相等时，得到的 E1 OS 信号的功率谱密度满足 MBOC 的定义。

图 3.4.13 是 E1 OS 信号中的 CBOC(6,1,1/11,'+') 和 CBOC(6,1,1/11,'-') 调制的功率谱密度。由图可见，CBOC(6,1,1/11,'-') 调制信号相比于 CBOC(6,1,1/11,'+') 调制信号，其功率谱中包含更多的高频成分，意味着自相关函数更尖锐，跟踪精度更好，因此 E1 OS 信号将 CBOC(6,1,1/11,'-') 调制信号用在了导频通道中，以提高导频通道的伪码测距精度。

3. QMBOC 调制

QMBOC 调制即正交复用 BOC 调制，它是 BDS 在新的民用信号 B1C 中的导频通道采用的扩频调制方式，它与前面的 TMBOC 调制、CBOC 调制一样，也是 MBOC 在时域上的一种实现方式。与前面这两种调制不同的是，QMBOC 调制是将 BOC(n,n) 和 BOC(m,n) 分别调制在正交的相位上，QMBOC(m,n,γ) 调制的扩频符号码片波形为

$$g_{\text{QMBOC}}(t) = \sqrt{1-\gamma}\, g_{\text{BOC}(n,n)}(t) \pm j\sqrt{\gamma}\, g_{\text{BOC}(m,n)}(t) \tag{3.4.47}$$

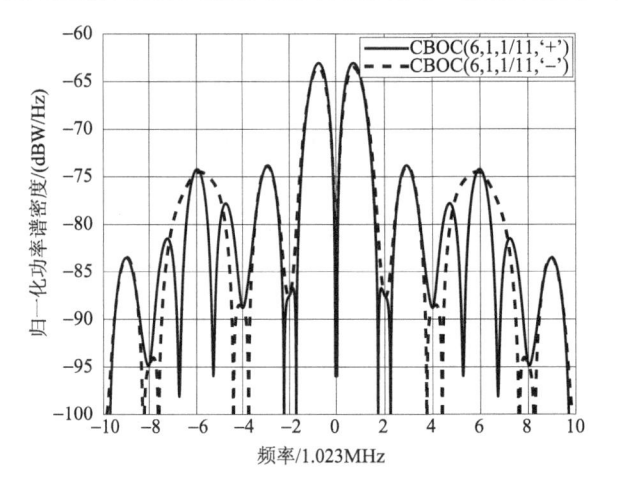

图 3.4.13　CBOC(6,1,1/11) 的功率谱密度

其中，γ 为加权因子。根据等式右边取正负号的不同，分别对应正相 QMBOC 调制和反相 QMBOC 调制，分别记为 QMBOC$(m,n,\gamma,\text{'+'})$ 和 QMBOC$(m,n,\gamma,\text{'-'})$。因为 BOC(n,n) 和 BOC(m,n) 调制在正交的相位上，所以 QMBOC 的自相关函数不存在互相关项，且与正相 QMBOC 调制和反相 QMBOC 调制中的正负号无关，不难得到 QMBOC 调制信号的自相关函数为

$$R_{\text{QMBOC}}(\tau) = (1-\gamma)R_{\text{BOC}(n,n)}(\tau) + \gamma R_{\text{BOC}(m,n)}(\tau) \tag{3.4.48}$$

可见，QMBOC 调制的时域实现方式更灵活，不必像 CBOC 那样必须正相信号和反相信号等功率同时出现。

下面以 BDS 的 B1C 信号为例说明 QMBOC 调制方式的具体实现，B1C 信号是在 BDS 的 B1 频点新增的民用信号，信号的中心频率为 1575.42MHz，同时使用这一频点的还有 GPS 的 L1C 信号和 Galileo 的 E1 OS 信号，为了实现这三种信号的兼容互操作，BDS 的 B1C 信号也采用了 MBOC 调制的约定，具体在时域实现时，使用了 QMBOC 的调制方式。B1C 信号也有两个通道，其中数据通道的功率占 25%，导频通道的功率占 75%。数据通道采用 BOC$(1,1)$ 调制，导频通道采用 QMBOC 调制，它们的基带扩频信号分别为

$$c_{\text{BOC}(1,1)}(t) = \sum_{n=-\infty}^{+\infty} a_n g_{\text{BOC}(1,1)}(t-nT_c) \tag{3.4.49}$$

$$c_{\text{QMBOC}(6,1,4/33,\text{'-'})}(t) = \sum_{n=-\infty}^{+\infty} b_n g_{\text{QMBOC}(6,1,4/33,\text{'-'})}(t-nT_c) \tag{3.4.50}$$

其中，a_n、b_n 分别为数据通道、导频通道的随机二进制序列（PRN 序列）。而导频通道中的 QMBOC 调制具体的扩频符号码片波形为

$$g_{\text{QMBOC}(6,1,3/44,\text{'-'})}(t) = \sqrt{\frac{29}{33}}g_{\text{BOC}(1,1)}(t) - j\sqrt{\frac{4}{33}}g_{\text{BOC}(6,1)}(t) \tag{3.4.51}$$

因此得到 B1C 基带信号的时域表达式可以写为

$$s_{\text{B1C}}(t) = \frac{1}{2}\left[d_{\text{B1C}\_d}(t)c_{\text{BOC}(1,1)}(t)\right] + j\frac{\sqrt{3}}{2}\left[d_{\text{B1C}\_p}(t)c_{\text{QMBOC}(6,1,4/33,\text{'-'})}(t)\right] \tag{3.3.52}$$

其中，$d_{\text{B1C}\_d}(t)$、$d_{\text{B1C}\_p}(t)$ 分别为数据通道、导频通道调制的数据信息（导频通道恒为 1）。从 B1C 基带信号来看，BOC$(1,1)$ 调制信号与 BOC$(6,1)$ 调制信号的功率关系也满足式(3.4.29)的定义。

表 3.4.2 总结了以上三种采用 MBOC 调制的民用信号的具体参数设置情况，它们都为公开（民用）信号，均调制在 1575.42MHz 的载波频率上，每个信号均有数据通道和导频通道两个分量，其中导频通道没有调制导航信息，它们通过不同的时域实现方式，保持了在信号功率谱上的一致性。

表 3.4.2　三种 MBOC 调制信号参数

参数名称	GPS L1C		Galileo E1 OS		BDS B1C	
信号分量	L1C_D	L1C_P	E1_B	E1_C	B1C_data	B1C_polit
调制方式	BOC(1,1)	TMBOC (6,1,4/33)	CBOC (6,1,1/11,'+')	CBOC (6,1,1/11,'−')	BOC(1,1)	QMBOC (6,1,4/33)
功率比	1/4	3/4	1/2	1/2	1/4	3/4

根据上述民用信号中各类 MBOC 信号的时域生成原理，三种信号的码片时域波形如图 3.4.14 所示。TMBOC 信号由采用时分方案构造得到，其副载波为二电平的频率阶跃的正余弦波形，不同时隙的副载波的频率不同；CBOC 信号的副载波采用线性组合方式形成四电平的正余弦波形；QMBOC 信号的副载波为正交相位的 BOC 信号组合，实部和虚部均为二进制的正余弦波形。不同的 MBOC 信号，其码片波形各不相同，与 BOC 信号的二进制正余弦波形相比，各类 MBOC 信号具有更多的时频域特征。

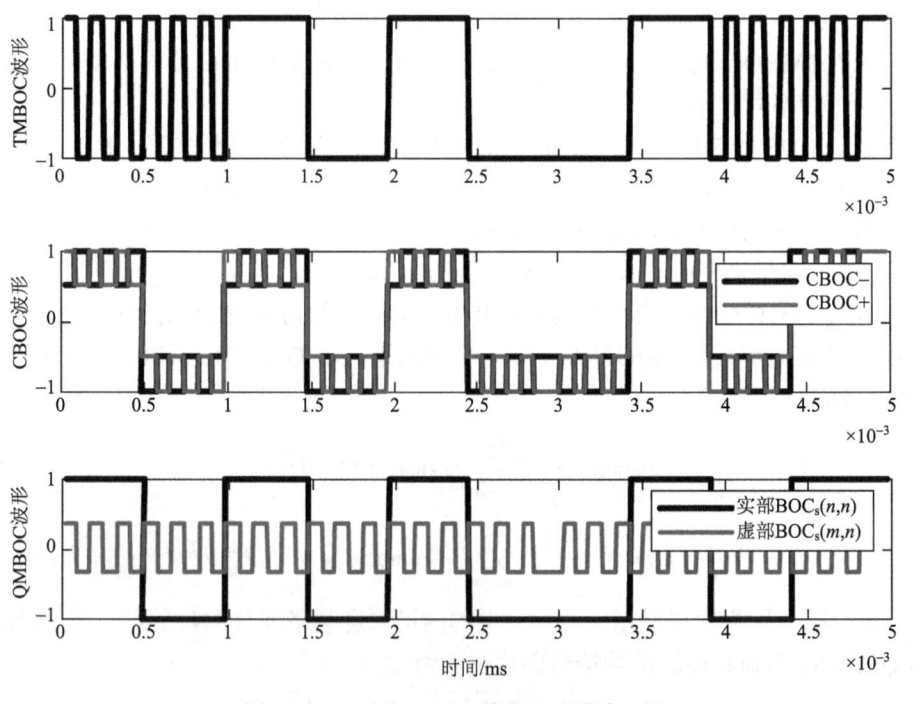

图 3.4.14　三种 MBOC 信号的时域波形图

图 3.4.15 给出了三种 MBOC 信号的自相关函数曲线，与对应的 BOC_s 信号对比可知，通过加入高阶的 BOC 信号分量后，自相关函数曲线的自相关函数的主峰更加尖锐，但是整体形状更加复杂，这主要来源于这三种 MBOC 信号副载波的调整，如频率阶跃、多电平量化以及相位正交等因素。图 3.4.16 给出了三种 MBOC 信号的功率谱密度曲线，通过与 BOC_s 信号对比可看出，MBOC 信号的高频分量能量增加，尤其在高阶 BOC(6,1) 信号对应的功率谱区域，将时域副载波信号与功率谱密度变化进行对比可知，三种

MBOC 调制方案实质上是通过副载波调制将高阶的 BOC 信号引入，形成新的副载波以实现信号整体性能的提升，增加信号高频分量的能量。

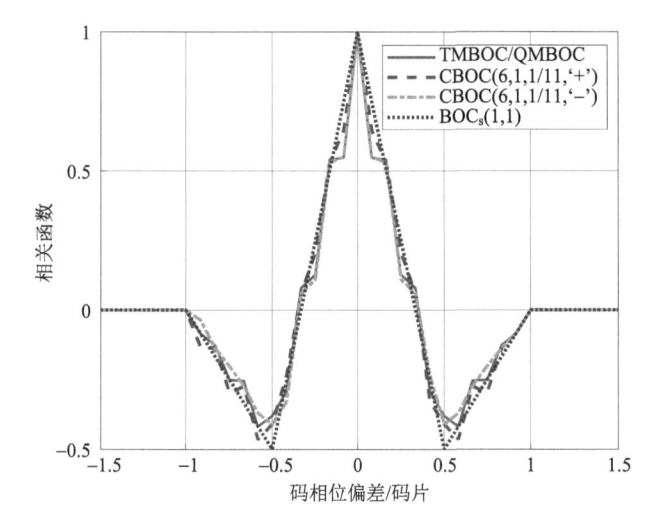

图 3.4.15　三种 MBOC 信号的自相关函数曲线图

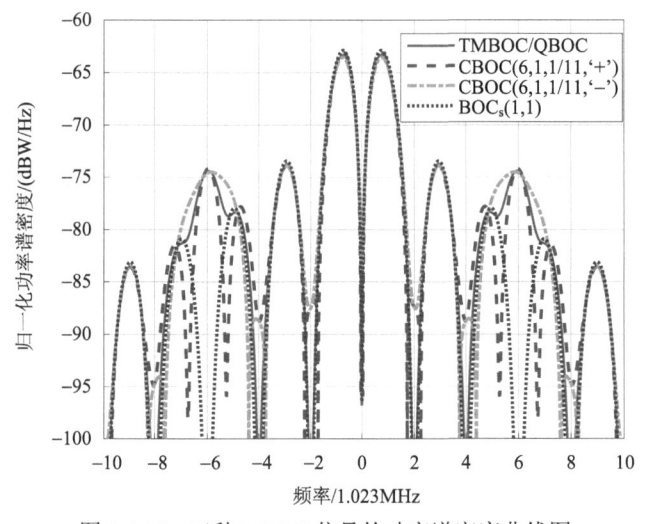

图 3.4.16　三种 MBOC 信号的功率谱密度曲线图

3.4.4　AltBOC 调制

交替二进制偏移载波(AltBOC)调制是传统 BOC 调制的一种变化形式，其实现类似于 BOC 信号，都是通过某种形式的副载波与伪码信号相乘实现基带信号频谱的偏移。其中 BOC 调制信号的频谱能量从中心频点分裂，对称移至中心频点左右两侧，且左右两侧信号的频谱对应同一个伪码信号，即 BOC 信号左右两侧波瓣所含伪码信息一致；而使用 AltBOC 调制信号，可以实现信号频谱在中心频点左右两侧的频谱对应不同的伪码，即使得左右两边各自对应相互独立的信号。

在介绍 AltBOC 调制原理前，首先回顾一下 BOC 调制，其时域表达式如式(3.4.6)所示，为 BPSK-R 调制信号(伪码)与方波副载波的乘积，方波副载波可以是正弦相位，也可以是余弦相位，分别如式(3.4.7)和式(3.4.8)所示。以正弦相位副载波 $\chi_{\sin}(t)$ 为例，对其进行傅里叶变换得到频域形式 $\chi_{\sin}(f)$，由频域表达式不难得到其能量谱密度函数 $S_{\chi_{\sin}}(f)$ 为

$$S_{\chi_{\sin}}(f) = \left| \chi_{\sin}(f) \right|^2$$
$$= \sum_{k=-\infty}^{+\infty} \mathrm{sinc}^2\left(\frac{2k+1}{2}\right)\delta\left[f-(2k+1)f_{s}\right] \tag{3.4.53}$$

其中，$\delta(f)$ 为冲激函数，只在 $f=0$ 处取值 1，其余取 0。由于副载波幅度为 1，所以式 (3.4.53) 也是归一化的能量谱密度函数。由式 (3.4.53) 可见正弦相位副载波的能量谱密度就是一系列等间隔的谱线，间隔为 $2f_{s}$，谱线分布关于中心零频点左右对称，且在 $\pm f_{s}$ 处具有最大值。余弦相位副载波的能量谱密度与正弦的一致，具体如图 3.4.17 所示，而 BOC 调制信号在频域上是副载波频域函数与伪码频域函数的卷积，这导致 BOC 调制信号的功率谱密度函数也在中心频点处呈左右对称分布，以 BOC(1,1) 信号为例，功率谱密度具体如图 3.4.18 所示。

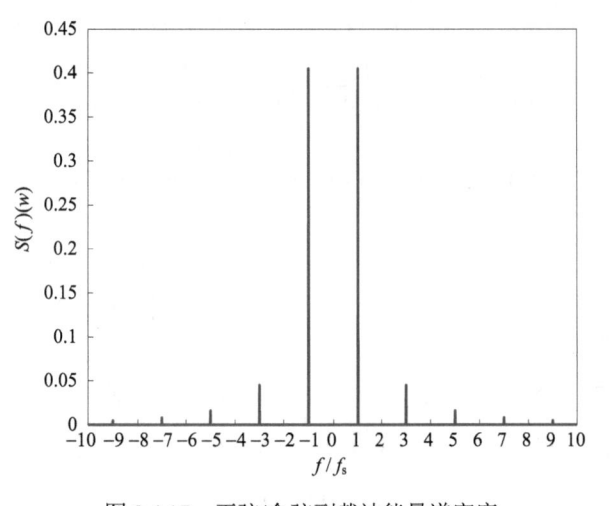

图 3.4.17　正弦/余弦副载波能量谱密度

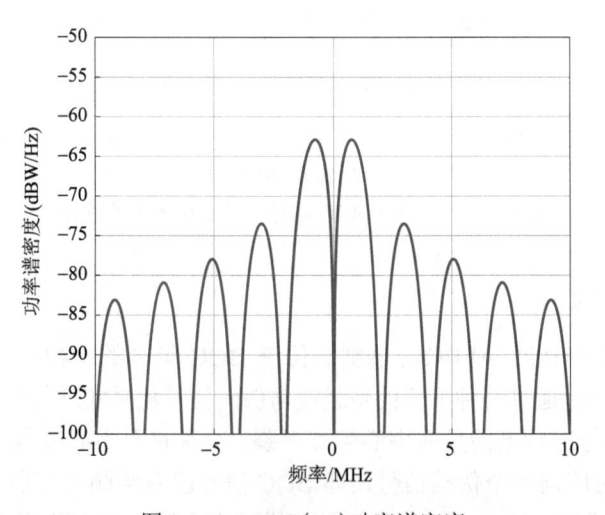

图 3.4.18　BOC(1,1) 功率谱密度

　　与 BOC 调制类似，AltBOC 调制也使用了伪码和副载波乘积的形式，但是使用的副载波是复数形式的方波，定义复数形式的副载波 $\chi_{\mathrm{Alt}}(t)$ 和其共轭 $\chi_{\mathrm{Alt}}^{*}(t)$ 的表达式分别为

$$\chi_{\mathrm{Alt}}(t) = \chi_{\cos}(t) + \mathrm{j}\chi_{\sin}(t) \tag{3.4.54}$$

$$\chi_{\mathrm{Alt}}^{*}(t) = \chi_{\cos}(t) - \mathrm{j}\chi_{\sin}(t) \tag{3.4.55}$$

其中，$\chi_{\sin}(t)$、$\chi_{\cos}(t)$ 分别为式(3.4.7)和式(3.4.8)所示的频率为 f_s 的正弦相位副载波和余弦相位副载波。图 3.4.19 是这两种副载波的时域波形图，其中虚线部分表示 $\chi_{\sin}(t)$ 的波形，实线部分表示 $\chi_{\cos}(t)$ 的时域波形，$T_s = 1/f_s$ 为一个副载波周期。

与 BOC 副载波类似，使用相同方法对式(3.4.54)和式(3.4.55)进行频域变换并取模平方可以得到对应的归一化能量谱密度，具体图形如图 3.4.20 所示，其中实线部分为 $\chi_{\mathrm{Alt}}(t)$ 的能量谱密度，虚线部分为其共轭波形 $\chi_{\mathrm{Alt}}^*(t)$ 的能量谱密度，它们为一系列频率间隔为 $4f_s$ 的冲击信号。由图可见它们将不再关于中心零频对称，$\chi_{\mathrm{Alt}}(t)$ 对应的能量最大值位于 f_s 处，而 $\chi_{\mathrm{Alt}}^*(t)$ 对应的能量最大值位于 $-f_s$ 处。因此 $\chi_{\mathrm{Alt}}(t)$ 和 $\chi_{\mathrm{Alt}}^*(t)$ 也称为单边带副载波。

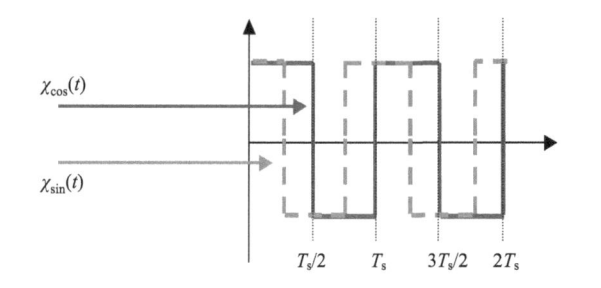

图 3.4.19　AltBOC 信号副载波的时域波形图

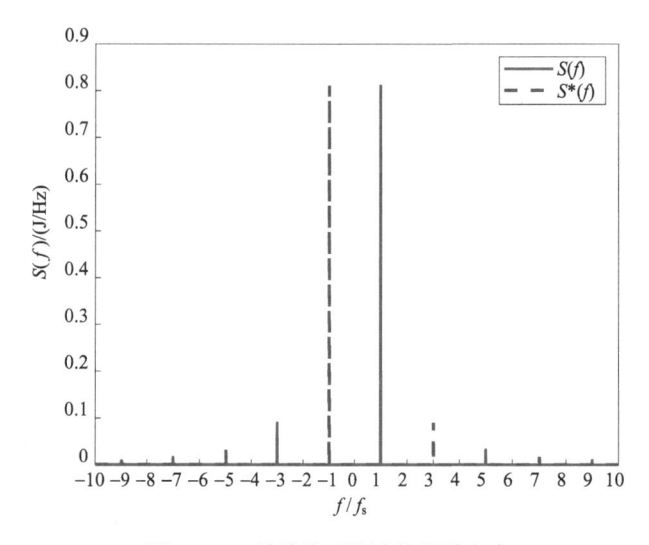

图 3.4.20　单边带副载波能量谱密度

由以上分析可知，对于传统的 BOC 信号，其副载波频谱为对称的双边带频谱，调制伪码信号后，BOC 信号即为对称的双边带谱；而 AltBOC 信号的副载波频谱为单边带频谱，以调制 $\chi_{\mathrm{Alt}}(t)$ 副载波为例，经 AltBOC 调制后成为单边带谱。如图 3.4.21 所示，其中图 3.4.21(a)为 BOC 信号的频谱，呈左右对称分布，而图 3.4.21(b)为 AltBOC 信号的频谱，呈单边带分布。

与 BOC 信号一样，AltBOC 也记为 AltBOC(m,n)，其中，副载波频率为 $f_s = m \times 1.023\mathrm{MHz}$，伪码速率为 $f_c = n \times 1.023\mathrm{MHz}$。

当 AltBOC 调制信号包含两个不同伪码信号 c_{U}、c_{L} 时，基带信号可以表示为以下形式：

$$s_{\mathrm{AltBOC}}(t) = c_{\mathrm{U}}(t)\chi_{\mathrm{Alt}}(t) + c_{\mathrm{L}}(t)\chi_{\mathrm{Alt}}^*(t) \tag{3.4.56}$$

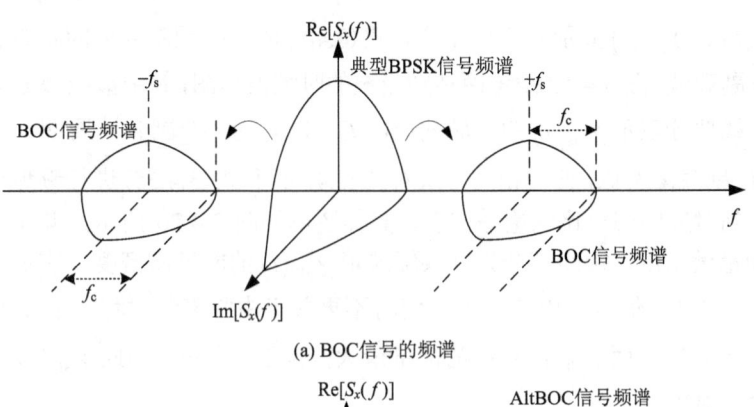

(a) BOC信号的频谱

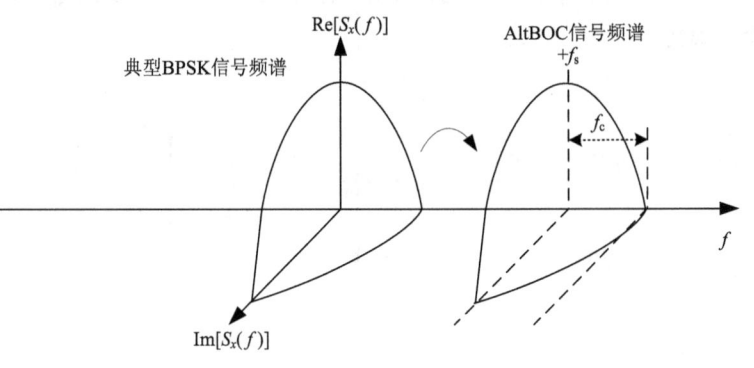

(b) AltBOC信号的频谱

图 3.4.21 BOC 信号和 AltBOC 信号的频谱示意图

其中，伪码 c_U 信号因与 $\chi_{Alt}(t)$ 相乘，所以调制到了上边带上（f_s 处），c_L 调制到了下边带上（$-f_s$ 处）。式（3.4.56）可进一步展开为

$$s_{AltBOC}(t) = \left[c_U(t) + c_L(t) \right] \chi_{cos}(t) + j\left[c_U(t) - c_L(t) \right] \chi_{sin}(t) \tag{3.4.57}$$

若伪码信号 c_U 和 c_L 完全相同，此时 AltBOC 调制信号频谱的上下边带相同，与 BOC 调制一致，当 c_U 和 c_L 不同时，根据 c_U 和 c_L 为 ± 1 的取值，就有 4 种组合方式，即 (c_U, c_L) 的组合分别为 $(1,1)$、$(1,-1)$、$(-1,1)$ 和 $(-1,-1)$，则 $c_U + c_L$ 的取值有 2、0、-2 三种可能，$c_U - c_L$ 的取值有 0、2、-2 三种可能，对应于基带信号 $s_{AltBOC}(t)$ 的取值就有 ± 2 和 $\pm j2$ 四种可能。可见，无论 c_U 和 c_L 如何取值，最后得到的基带信号 $s_{AltBOC}(t)$ 的包络都是 2，也就是恒包络信号。

当 AltBOC 调制信号包含四个伪码时，基带信号可以表示成以下形式：

$$s_{AltBOC}(t) = \left[c_{U\_I}(t) + jc_{U\_Q}(t) \right] \chi_{Alt}(t) + \left[c_{L\_I}(t) + jc_{L\_Q}(t) \right] \chi_{Alt}^*(t) \tag{3.4.58}$$

其中，c_{U_I}、c_{U_Q}、c_{L_I}、c_{L_Q} 为 4 个不同的伪码，取值均为 ± 1。式（3.4.58）进一步整理得

$$s_{AltBOC}(t) = \left\{ \left[c_{U\_I}(t) + c_{L\_I}(t) \right] \chi_{cos}(t) - \left[c_{U\_Q}(t) - c_{L\_Q}(t) \right] \chi_{sin}(t) \right\} \\ + j\left\{ \left[c_{U\_I}(t) - c_{L\_I}(t) \right] \chi_{sin}(t) + \left[c_{U\_Q}(t) + c_{L\_Q}(t) \right] \chi_{cos}(t) \right\} \tag{3.4.59}$$

式（3.4.59）整理为实部和虚部的形式，根据前面的分析方法不难得到 $s_{AltBOC}(t)$ 的实部和虚部的取值，详细如表 3.4.3 所示，其中 χ_{cos} 和 χ_{sin} 取值 ± 1，经简单分析，可知 $s_{AltBOC}(t)$ 的取值有 9 种可能性，分别是 0、$\pm 2 \pm 2j$、± 4、$\pm 4j$。

表 3.4.3　取值计算表

c_{U_I}	c_{U_Q}	c_{L_I}	c_{L_Q}	实部	虚部
1	1	1	1	$2\chi_{\cos}$	$2\chi_{\cos}$
1	−1	1	1	$2\chi_{\cos}+2\chi_{\sin}$	0
−1	1	1	1	0	$-2\chi_{\sin}+2\chi_{\cos}$
−1	−1	1	1	$2\chi_{\sin}$	$-2\chi_{\sin}$
1	1	1	−1	$2\chi_{\cos}-2\chi_{\sin}$	0
1	−1	1	−1	$2\chi_{\cos}$	$-2\chi_{\cos}$
−1	1	1	−1	$-2\chi_{\sin}$	$-2\chi_{\sin}$
−1	−1	1	−1	0	$-2\chi_{\sin}-2\chi_{\cos}$
1	1	−1	1	0	$2\chi_{\sin}+2\chi_{\cos}$
1	−1	−1	1	$2\chi_{\sin}$	$2\chi_{\sin}$
−1	1	−1	1	$-2\chi_{\cos}$	$2\chi_{\cos}$
−1	−1	−1	1	$-2\chi_{\cos}+2\chi_{\sin}$	0
1	1	−1	−1	$-2\chi_{\sin}$	$2\chi_{\sin}$
1	−1	−1	−1	0	$2\chi_{\sin}-2\chi_{\cos}$
−1	1	−1	−1	$-2\chi_{\cos}-2\chi_{\sin}$	0
−1	−1	−1	−1	$-2\chi_{\cos}$	$-2\chi_{\cos}$

由 9 种可能性的取值可以得到四进制的 AltBOC 调制信号 $s_{\text{AltBOC}}(t)$ 的星座图，如图 3.4.22 所示，此时 $s_{\text{AltBOC}}(t)$ 有编号 0～8 的 9 种相位，由星座图可知信号的包络不是恒定的。

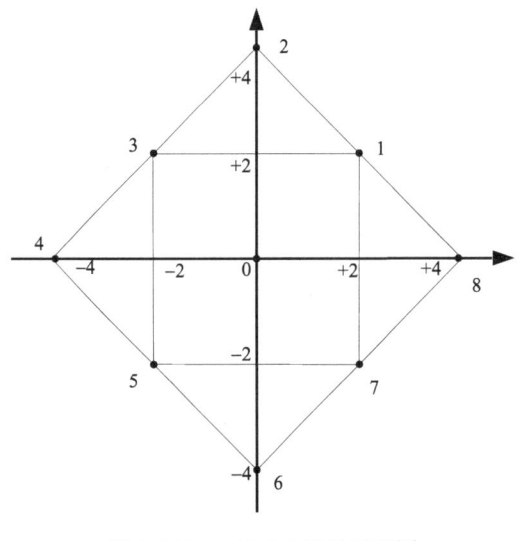

图 3.4.22　AltBOC 信号星座图

前面提到非恒包络信号在通过饱和大功率非线性放大器时会产生不期望的幅度失真和相位失真，通过对上面 AltBOC 信号星座图进行修正，将状态 2、4、6、8 处的幅度由 4 变为 $2\sqrt{2}$，并去掉状态 0，从而使信号变为恒包络信号，这种信号与 8PSK 调制的星座图一致，记为 8PSK-AltBOC 信号，改进后的星座图如图 3.4.23 所示。

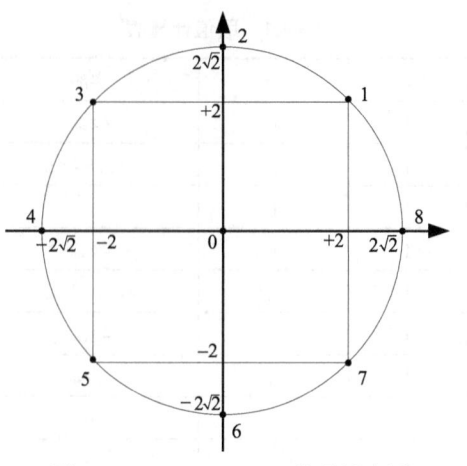

图 3.4.23　PSK-AltBOC 信号星座图

此时改进后的 AltBOC 信号的时域表达式为

$$
\begin{aligned}
s_{\text{8PSK-AltBOC}}(t) = {} & (c_{\text{L\_I}} + jc_{\text{L\_Q}})\left[\chi_{\text{d}}(t) - j\chi_{\text{d}}\left(t - \frac{T_{\text{s}}}{4}\right)\right] \\
& + (c_{\text{U\_I}} + jc_{\text{U\_Q}})\left[\chi_{\text{d}}(t) + j\chi_{\text{d}}\left(t - \frac{T_{\text{s}}}{4}\right)\right] \\
& + (\tilde{c}_{\text{L\_I}} + j\tilde{c}_{\text{L\_Q}})\left[\chi_{\text{p}}(t) - j\chi_{\text{p}}\left(t - \frac{T_{\text{s}}}{4}\right)\right] \\
& + (\tilde{c}_{\text{U\_I}} + j\tilde{c}_{\text{U\_Q}})\left[\chi_{\text{p}}(t) + j\chi_{\text{p}}\left(t - \frac{T_{\text{s}}}{4}\right)\right]
\end{aligned}
\tag{3.4.60}
$$

其中，$\tilde{c}_{\text{L\_I}}$、$\tilde{c}_{\text{L\_Q}}$、$\tilde{c}_{\text{U\_I}}$、$\tilde{c}_{\text{U\_Q}}$ 为多个伪码分量的乘积，定义如下：

$$
\tilde{c}_{\text{L\_I}} = c_{\text{L\_Q}} \cdot c_{\text{U\_I}} \cdot c_{\text{U\_Q}}
\tag{3.4.61}
$$

$$
\tilde{c}_{\text{L\_Q}} = c_{\text{L\_I}} \cdot c_{\text{U\_I}} \cdot c_{\text{U\_Q}}
\tag{3.4.62}
$$

$$
\tilde{c}_{\text{U\_I}} = c_{\text{U\_Q}} \cdot c_{\text{L\_I}} \cdot c_{\text{L\_Q}}
\tag{3.4.63}
$$

$$
\tilde{c}_{\text{U\_Q}} = c_{\text{U\_I}} \cdot c_{\text{L\_I}} \cdot c_{\text{L\_Q}}
\tag{3.4.64}
$$

χ_{d} 和 χ_{p} 是周期为 T_{s} 的副载波，表达式分别为

$$
\begin{aligned}
\chi_{\text{d}}(t) = {} & \frac{\sqrt{2}}{4}\text{sign}\left[\cos\left(2\pi f_{\text{s}}t - \frac{\pi}{4}\right)\right] \\
& + \frac{1}{2}\text{sign}\left[\cos\left(2\pi f_{\text{s}}t\right)\right] \\
& + \frac{\sqrt{2}}{4}\text{sign}\left[\cos\left(2\pi f_{\text{s}}t + \frac{\pi}{4}\right)\right]
\end{aligned}
\tag{3.4.65}
$$

和

$$
\begin{aligned}
\chi_{\text{p}}(t) = {} & -\frac{\sqrt{2}}{4}\text{sign}\left[\cos\left(2\pi f_{\text{s}}t - \frac{\pi}{4}\right)\right] \\
& + \frac{1}{2}\text{sign}\left[\cos\left(2\pi f_{\text{s}}t\right)\right] \\
& - \frac{\sqrt{2}}{4}\text{sign}\left[\cos\left(2\pi f_{\text{s}}t + \frac{\pi}{4}\right)\right]
\end{aligned}
\tag{3.4.66}
$$

可见，副载波具有多个信号电平，具体如图 3.4.24 所示的一个周期副载波 χ_d 和 χ_p 的波形，经改进的 8PSK-AltBOC 信号，其实部和虚部的副载波都有一定的变化，此时的 AltBOC 调制为恒包络调制。

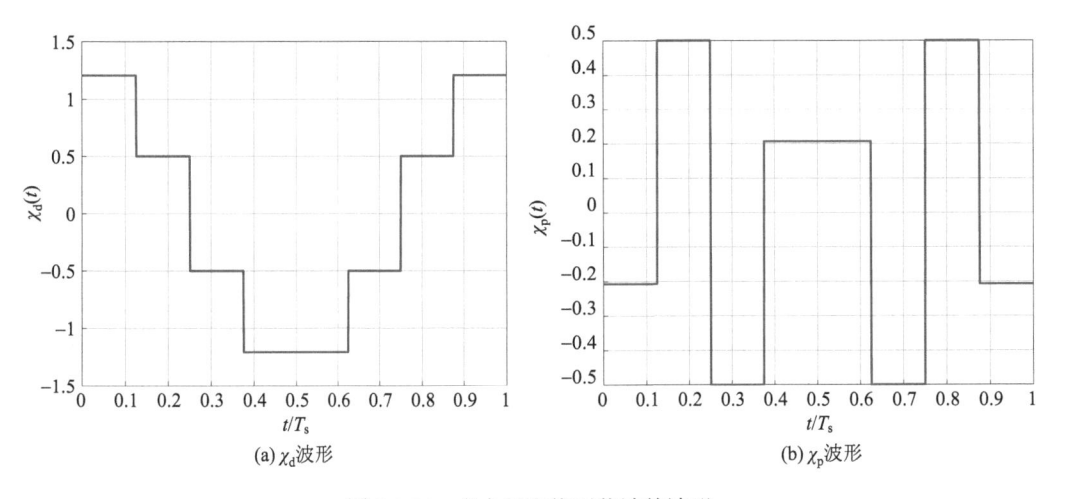

(a) χ_d波形　　　　　　　　　　　　(b) χ_p波形

图 3.4.24　多电平取值副载波的波形

3.5　本 章 小 结

在各大卫星导航系统的建设与现代化进程中，信号体制的不断演进与现代化扮演着重要的角色。可以说 GNSS 系统的演进史就是一部信号体制的演进史。信号作为承载导航系统服务的载体，其性能的优劣直接影响导航系统的服务性能。

作为本章的总结，表 3.5.1～表 3.5.3 具体列出了 GPS、Galileo 和 BDS 三大导航系统的信号体制参数。从上述各大导航系统信号的参数设置可知，现代卫星导航系统的信号体制呈现如下鲜明特点。

表 3.5.1　GPS 信号体制参数

信号分量	载波频率/MHz	码速率/(Mchip/s)	信息速率/(bit/s)/[符号速率/(symbol/s)]	调制方式	带宽/MHz	服务类型
L1C/A		1.023	50/50	BPSK	24	公开
L1CD	1575.42	1.023	50/100	MBOC(6,1)	30	公开
L1CP		1.023	无			
L1P(Y)		10.23	50/50	BPSK	—	授权
L1M		5.115	未公开	BOC(10,5)	24	授权
L5CD	1176.45	10.23	50/100	QPSK	24	公开
L5CP		10.23	无			
L2CD		1.023 (CM/CL)	25/50	BPSK	24	公开
L2CP	1227.6		无			
L2P(Y)		10.23	50/50	BPSK	—	授权
L2M		5.115	未公开	BOC(10,5)	30	授权

表 3.5.2 Galileo 信号体制参数

信号分量	载波频率/MHz	码速率/(Mchip/s)	信息速率/(bit/s)/[符号速率/(symbol/s)]	调制方式	带宽/MHz	服务类型
E1 PRS		2.5575	未公开	$BOC_c(15,2.5)$	35	公共特许
E1 OSD	1575.42	1.023	125 / 250	MBOC(6,1,1/11)	24	公开
E1 OSP		1.023	无			
E5aD		10.23	25 / 50	AltBOC(15,10)	50	公开
E5aP	1191.795	10.23	无			
E5bD		10.23	125 / 250			
E5bP		10.23	无			
E6 PRS		5.115	未公开	$BOC_c(10,5)$	24	公共特许
E6 CSD	1278.75	5.115	500 / 1000	BPSK(5)	30	商业
E6 CSP		5.115	无	BPSK(5)		

表 3.5.3 BDS 信号体制参数

信号分量	载波频率/MHz	码速率/(Mchip/s)	信息速率/(bit/s)/[符号速率/(symbol/s)]	调制方式	带宽/MHz	服务类型
B1I	1561.098	1.023	50/50	BPSK	4	公开
$B1\text{-}C_D$		1.023	50/100	MBOC(6,1,1/11)	32	公开
$B1\text{-}C_P$	1575.42	1.023	无			
$B1_D$		2.046	50/100	BOC(14,2)	—	授权
$B1_P$		2.046	无			
$B2a_D$	1191.795	10.23	25/50	AltBOC(15,10)	20	公开
$B2a_P$		10.23	无			
B2bD	1191.795	10.23	50/100		20	
$B2b_P$		10.23	无			
B3I		10.23	500/500	QPSK(10)	20	公开
$B3\text{-}A_D$	1268.52	2.5575	50/100	BOC(15,2.5)	—	授权
$B3\text{-}A_P$		2.5575	无			

(1) BOC 调制信号的广泛采用。

自 2001 年 Betz 提出 BOC 调制后,该调制技术被广泛地用于各大卫星导航系统中。BOC 调制采用二进制波形的方波副载波,在完成信号频谱搬移的同时,实现极为简单。同时,BOC 调制信号还具备较 BPSK 调制更好的测距性能以及更优化的抗多径性能,因此,BOC 调制在信号体制的现代化设计中被广泛采用。例如,GPS 系统的 M 码信号采用了 BOC(10,5) 调制,L1C 信号采用了 MBOC(6,1,1/11) 调制;Galileo 系统采用了 BOC(15,2.5)、BOC(10,5)、CBOC(6,1,1/11) 及 AltBOC(15,10) 等多种 BOC 类调制;BDS 也采用了 BOC(14,2)、BOC(15,2.5)、MBOC(6,1,1/11) 及 AltBOC(15,10) 等现代化的 BOC 调制技术。

(2) 导频/数据双通道的信号结构设计。

现代化 GNSS 信号体制的一个标志性变化就是采用了导频/数据双通道的信号结构,其中数据通道上调制导航电文数据码,导频通道不调制任何数据码。由于导频通道不存在数据码,因此可以做任意长度的相干积分,从而提升接收机的捕获与跟踪的灵敏度。

(3) 多信号分量的联合播发。

由于引入了导频/数据双通道的信号结构，加上同一频点上需要同时播发公开/授权两种信号，以及可能的后向兼容信号，现代卫星导航系统需要在同一载频上同时播发多个信号分量，如 GPS 的 L1 信号。多信号分量的联合播发能够保证提供多样化的信号服务，同时也为用户的联合接收提供了可能。

(4) 信号恒包络复用。

信号复用问题已成为新一代 GNSS 建设中信号体制设计的核心问题，依据信号所处的中心频点不同，信号复用技术可以分为同频信号恒包络复用和双频信号恒包络复用，实现的均是复用信号的恒包络调制。同频信号恒包络复用是将中心频点相同的多路信号复用成一路信号，这种复用技术是当前 GNSS 信号复用的主要方式；双频信号恒包络复用是将相邻两个频点上的信号复用成一路信号，如 Galileo 的 E5 信号和 BDS 的 B2 信号，复用后的频点位于原始信号上下两个边带中心频点的中间。

习　题　3

3-1　BPSK-R 调制是卫星导航信号最基本的扩频调制方式，其中北斗三号系统的 B1I 信号采用 BPSK-R(1) 调制，B3I 信号采用 BPSK-R(10) 调制，则 B1I 和 B3I 调制的扩频码速率分别是多少？

3-2　扩频增益是指信号频谱被扩展前后带宽的比值，若某信号数据码的码宽为 T_d，使用伪码码宽为 T_c 的扩频信号进行扩频，请利用 T_d 和 T_c 写出扩频增益 G_p 的计算公式；并计算当数据码码率为 50Hz 时，分别使用 1.023MHz 的伪码、10.23MHz 的伪码进行扩频，扩频增益分别是多少？

3-3　导航信号扩频码通常由 2 个 m 序列组合得到，并采用移位寄存器来实现。请按扩频码生成规则，编写 BDS 的 B2b$_P$ 信号的扩频码生成程序。

3-4　BDS 的 MEO 卫星轨道高度为 21528km，信号传输距离近似为卫星轨道高度，计算 B1 频点(1575.42MHz)、B2 频点(1191.795MHz)、B3 频点(1268.52MHz) 导航信号的自由空间传输损耗。

3-5　BOC 调制相比于 BPSK 调制，具有哪些优点？有哪些缺点？

3-6　请计算余弦相位 BOC 调制信号的功率谱密度函数，它与正弦相位的功率谱密度函数是否一致？

第4章　GNSS 信号的捕获

由第 3 章可知，导航接收机需要接收信号才能定位。信号接收是导航接收机实现定位的基础，主要任务就是对信号参数进行持续估计。信号接收通常分为两个阶段：首先在参数未知的情况下搜索得到低精度的粗略估计值；然后在此基础上处理得到高精度的精细估计值。在卫星导航信号处理领域，这两个阶段分别称为捕获和跟踪。

导航信号捕获首先要检测待接收的卫星信号是否存在，当检测到信号存在时，将检测结果（包括伪码相位和载波多普勒频率的粗略估计值）作为信号跟踪的初始条件，本质上属于参数未知的随机信号的检测问题。本章将首先介绍信号捕获的概况，然后从信号检测的角度深入分析传统导航信号捕获的基本原理，并按照相关、搜索和判决三层划分方式详细介绍信号捕获的实现过程。在此基础上，本章还详细介绍新一代 GNSS 中增加 BOC 信号和导频通道对信号捕获的影响，最后以北斗地面运控系统中的监测接收机作为工程设计实例介绍信号捕获的设计方案。

4.1　信号捕获的概况

微课视频

用户接收机在初始工作时，需要通过信号捕获来确定哪些卫星是可见的，并粗略估计可见卫星的信号参数，为后续的跟踪处理提供初始输入。本节首先介绍信号捕获的过程，然后分析信号捕获的参数搜索范围。

4.1.1　信号捕获过程

导航接收机使用全向天线接收所有可视卫星的信号，在任意时刻 t 接收到的导航信号 $r_0(t)$ 可表示为

$$r_0(t) = \sum_{i \in S} \sqrt{2C^i}\, d^i\left(t - \tau_0^i\right) c^i\left(t - \tau_0^i\right) \cos\left[2\pi\left(f_0 + f_d^i\right)t + \theta_0^i\right] + n(t) \tag{4.1.1}$$

其中，上标 i 表示可见卫星的 PRN 号；S 表示所有可见卫星 PRN 号的集合；C 表示信号功率；$d(t)$ 表示电文符号；$c(t)$ 表示伪码；τ_0 表示伪码延迟；f_0 表示标称载波频率；f_d 表示多普勒频率；θ_0 表示载波初相；$n(t)$ 表示噪声。

在冷启动条件下，可见卫星集合 S 是未知的。以北斗系统为例，完整星座的卫星 PRN 号集合为 1~63，然而实际可见的卫星数一般不超过 28 颗，因此信号捕获时首先要确定星座中哪些卫星是可见的。

在没有任何先验信息的情况下，接收机将按顺序搜索所有可能出现的卫星，假设导航接收机按照 PRN 号由小到大的顺序捕获卫星信号，每颗卫星的伪码信息和基准频率在各 GNSS 网站的接口控制文件中可获取。因此对于卫星 i，式 (4.1.1) 中卫星的伪码 $c^i(t)$ 和标称载波频率 f_0 是已知的，而未知的信号参数包括信号功率 C^i、电文符号 $d^i(t)$、伪码延迟 τ_0^i、多普勒频率 f_d^i 和载波初相 θ_0^i。上述未知参数中，电文符号和载波初相可以通过非相干处理的方式来消除，信号功率主要是影响捕获成功率，因此信号捕获需要估计的参数主要是伪码延迟和多普勒频率。

信号捕获在对伪码延迟和多普勒频率进行参数估计时，通常是按照一定的搜索间

扩展阅读：冷启动是指接收机没有概略位置、概略时间、星历和历书数据，与之相对的是温启动和热启动。

扩展阅读：对于导航接收机而言，不同卫星间的最主要差异是使用的 PRN 序列，因此在卫星导航中通常直接使用 PRN 号指示特定卫星。

扩展阅读：BDS 星座中包含多颗 GEO 卫星，在我国绝大部分地区，这些 GEO 卫星始终是可见的，因此在信号捕获时刻可优先捕获 GEO 卫星。

隔进行的，将所有可能的参数取值范围分成若干搜索区间，然后采用串行或并行的方式完成所有搜索区间的处理。由于伪码延迟和多普勒频率是完全独立的，因此所有搜索区间可组成一个二维矩阵，如图 4.1.1 所示。

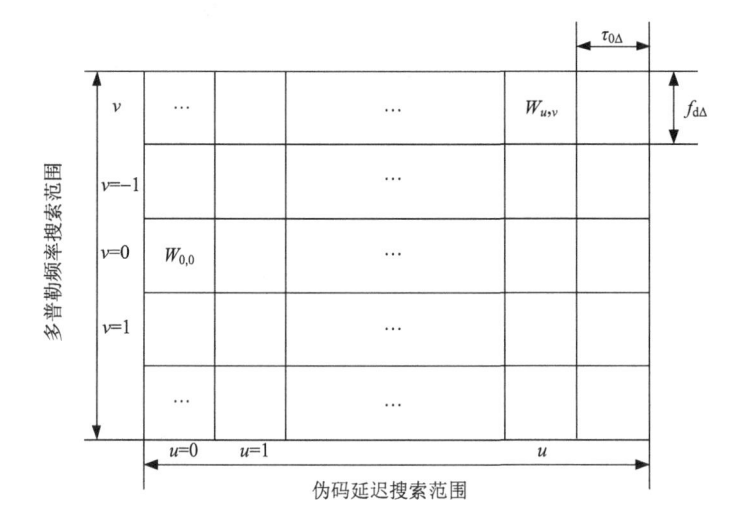

图 4.1.1　伪码延迟和多普勒频率的二维搜索过程

扩展阅读：对于民用信号，测距码的生成方式在各系统的接口控制文件（ICD）中是公开的，而军民用信号的标称载波频率则都是公开的。

扩展阅读：卫星信号不存在，可视为卫星功率为 0。

在图 4.1.1 中对于单个搜索方格，导航接收机的信号捕获单元根据该方格对应的伪码延迟和多普勒频率生成本地信号，并将其与接收信号进行相关。由第 3 章中的 3.2 节内容可知，卫星信号中的伪码具有优异的自相关属性，当本地信号的伪码相位与接收信号的伪码相位偏移量为零时，自相关函数取值最大，否则取值接近零(图 3.2.9)。因此，在信号搜索阶段，当本地信号与真实信号的伪码延迟接近时，自相关函数会得到较大的相关值；反之，只能得到较小的相关值。

根据该特性，计算完所有搜索方格的相关值后，信号捕获单元可以将最大相关值与事先设定的门限进行比较。当最大相关值超过门限时，表明导航信号存在，且该相关值对应的伪码延迟和多普勒频率即为导航信号参数的粗略估计值；反之，则表明导航信号不存在。

在完成卫星 i 的捕获之后，导航接收机继续对下一颗卫星进行捕获，直至完成对所有卫星的轮询。当轮询完所有卫星后，导航接收机可以将信号捕获单元设为空闲状态以降低功耗，并根据需要再次启动捕获。

4.1.2　参数搜索范围

由前面对信号捕获流程的介绍可知，信号捕获需要按照一定的搜索范围，对伪码延迟和多普勒频率所有可能的取值进行验证，因此这两个参数的搜索范围直接决定了信号捕获的计算复杂度。本节将详细分析影响伪码延迟和多普勒频率取值范围的因素。

1. 伪码延迟

影响式(4.1.1)中伪码延迟 τ_0 取值范围的主要因素包括星地距离和星地钟差。星地距离主要取决于卫星轨道高度，对于 GNSS 中的 MEO 卫星，轨道高度为 19100～23220km，其信号传播至地球表面的时间延迟为 88～112ms，而 GEO/IGSO 卫星信号的轨道高度为 35786km，时间延迟为 119～142ms。星地钟差指卫星时间与接收机本地时间之间的差异，通常情况下卫星时间与系统时间差别很小，因此星地钟差主要取决

扩展阅读：定位解算中需要修正的电离层延迟、对流层延迟等因素由于量级的原因，对伪码延迟搜索范围的影响几乎可以忽略。

扩展阅读：L2C 信号中导频分量的扩频码周期为 1.5s，但通常不直接对该分量进行捕获，而是捕获周期为 20ms 的数据分量。

扩展阅读：军用信号使用无周期伪码的特性可以大幅提高敌方实施欺骗的难度。

扩展阅读：通常要求本地时间与系统时间的误差保持在 ±1s 范围。

扩展阅读：敌方可以通过构造时间虚假的民用信号，当接收机捕获到虚假信号后将无法获得真实卫星时间，从而使接收机无法完成军用信号的捕获。

于接收机本地时间相对于系统时间的偏差。当导航接收机本地没有实时时钟模块（RTC）辅助时，开机后的本地时间是任意选取的，这种情况下星地钟差具有非常大的不确定范围。但对于使用周期性伪码的民用信号而言，伪码具有周期性，无论伪码延迟 τ_0 达到多大的取值范围，其搜索范围必然不超过 1 个伪码周期。

GNSS 中民用信号的伪码周期基本都不超过 20ms。以 BDS 的 B1I 信号为例，该信号的扩频码周期为 1ms，码率为 2.046Mchip/s，一个伪码周期对应的伪码延迟搜索范围为 2046 码片，因此民码信号的捕获相对比较容易。为了使敌方无法提前生成虚假信号，GNSS 中的军用信号均使用无周期伪码。由于没有周期性，军用信号捕获的伪码搜索范围必须覆盖伪码延迟的取值范围。很显然，如果导航接收机开机后无法保证本地时间与系统时间的误差在一定范围内，那么必然无法完成军用信号的直接捕获。一种可行的方案是首先捕获民用信号，在使用民用信号获得系统信号时间后再进行军用信号的捕获，但这种方案存在被敌方欺骗的风险。另一种更加安全的方案是使用 RTC 或者外部授时的方式使本地时间与系统时间保持在较小误差范围内，并直接对整个不确定范围的伪码进行搜索，因此军用信号捕获的处理复杂度远高于民用导航接收机。

2. 多普勒频率

影响式 (4.1.1) 中多普勒频率 f_d 取值范围的主要因素包括星地相对运动和星地相对钟漂。下面分别分析这两个因素所导致的多普勒频率不确定范围。

除了高速飞行载体以外，卫星速度通常远大于用户速度，因此在分析星地相对运动导致的多普勒频率变化范围时，只需估算卫星相对于地面静止用户的最大径向速度。如图 4.1.2 所示，假设导航卫星 S 在以地心 O 为中心的圆周轨道上做周期为 T 的匀速圆周运动，则卫星相对于用户接收机 R 的径向速度为平均速度在卫星与接收机径向上的投影：

$$v_d = R_s \frac{2\pi}{T} \cos\beta = v_s \sin\alpha \tag{4.1.2}$$

其中，R_s 表示卫星 S 到地心 O 之间的距离；v_s 表示卫星相对于地球运动的平均线速度；α 表示卫星与用户和地心之间的夹角。

在三角形 $\triangle OSR$ 中使用正弦定理，有

$$\frac{\sin\alpha}{R_e} = \frac{\cos\theta}{d} \tag{4.1.3}$$

其中，R_e 表示地球半径；θ 表示卫星相对地球转动的角度；d 表示卫星与接收机的距离。

根据式 (4.1.2) 和式 (4.1.3)，可以得到卫星径向速度 v_d 与角度 θ 之间的关系：

$$v_d = \frac{v_s R_e \cos\theta}{\sqrt{R_e^2 + R_s^2 - 2R_e R_s \sin\theta}} \tag{4.1.4}$$

将式 (4.1.4) 对 θ 求导并令导数为零，可以得到卫星径向速度 v_d 取极值所对应的角度 θ，具体为

$$\theta = \arcsin\left(\frac{R_e}{R_s}\right) \tag{4.1.5}$$

将式 (4.1.5) 得到的角度 θ 代入式 (4.1.4) 即可得到卫星最大径向速度。假定地球半径 R_e 为 6368km，卫星 S 到地心 O 之间的距离 R_s 为 26560km，那么卫星最大径向速度约为 926m/s。对于中心频点为 1575.42MHz 的信号，该速度导致的多普勒频率约为 4862Hz。

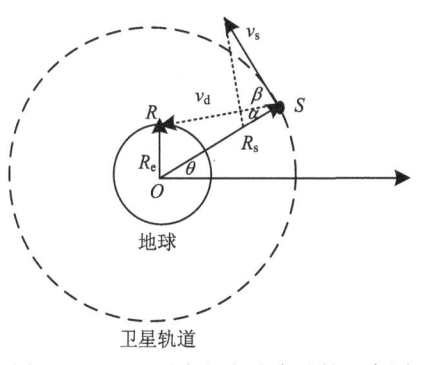

图 4.1.2　卫星最大径向速度估算示意图

星地相对钟漂是产生多普勒频率的另一主要因素。由于导航卫星使用高性能的原子钟，因此星地相对钟漂主要取决于接收机时钟的频偏。普通接收机一般使用晶体振荡器作为频率源，不同类型的晶体振荡器的频率偏差率存在很大的差异。当频率偏差率为 1×10^{-6}(1ppm) 时，频率偏差在 GPS 的 L1 信号中心频点 1575.42MHz 处产生的多普勒频率为 1575.42Hz。

因此，卫星运动速度和接收机时钟频偏是影响地面低速运动接收机多普勒频率搜索范围的最主要因素。其中，卫星运动引入的多普勒频率变化范围为 ± 5kHz，再考虑频率源的影响后，多普勒频率搜索范围一般设为 $\pm 5 \sim \pm 10$kHz。

微课视频

4.2　信号捕获的基本原理

4.1 节概述了信号捕获流程和参数搜索范围，本节将从信号检测的角度介绍信号捕获的基本原理。首先介绍接收信号与复现信号的相关函数，然后介绍相关函数与伪码延迟和多普勒频率偏差之间的关系，最后在此基础上介绍导航信号捕获的二维搜索过程。

4.2.1　相关函数及其特性

在对某特定卫星进行捕获时，其他卫星信号可视为噪声，因此可以将式 (4.1.1) 所示的信号模型简化为仅含单颗卫星信号的形式：

$$r_0(t) = \sqrt{2C}d(t-\tau_0)c(t-\tau_0)\cos\left[2\pi(f_0+f_d)t+\theta_0\right]+n(t) \tag{4.2.1}$$

在信号捕获前，导航接收机会将接收信号下变频至基带（具体处理过程见 8.2 节，即使用本地产生的正交载波信号与接收信号进行混频再滤波，并去除信号中的高频分量，得到基带信号）。基带信号在第 3 章中介绍过，是没有调制高频载波信号的低频信号，为电文符号和伪码的乘积。为了简化后面的表达式，这里直接使用零中频基带的形式来表示接收到的导航信号，具体为

$$\begin{aligned} r(t) &= \mathrm{LP}\left\{\sqrt{2}r_0(t)\mathrm{e}^{-\mathrm{j}2\pi f_0 t}\right\} \\ &= \sqrt{C}d(t-\tau_0)c(t-\tau_0)\mathrm{e}^{\mathrm{j}(2\pi f_d t+\theta_0)}+n(t) \end{aligned} \tag{4.2.2}$$

其中，$\mathrm{e}^{-\mathrm{j}2\pi f_0 t}$ 表示本地产生的用作混频的频率为 f_0 的正交载波信号；$\mathrm{LP}\{\bullet\}$ 表示对信号进行低通滤波。滤波后得到仅包含多普勒频率 f_d 的低频信号。

由 4.1 节的概述可知，信号捕获是通过计算接收信号与本地信号的相关值完成导航信号的检测的。下面首先给出相关值的具体定义，然后分析相关值与本地信号参数之间的关系。在不考虑导航电文的情况下，当本地信号的伪码延迟和多普勒频率估计值分别为 $\tilde{\tau}_0$ 和 $\tilde{f}_d$ 时，在一个时间段内接收信号与本地信号归一化的相关值表达式为

扩展阅读：信号检测理论深入解释了使用相关值进行信号检测的原理，考虑到读者还未系统学习过相关知识，这里直接给出相关值的定义。

$$\chi\left(\tilde{\tau}_0, \tilde{f}_d\right) = \left|\frac{1}{T_i}\int_{t=0}^{T_i} r\left(t + \tilde{\tau}_0\right)c\left(t\right)\mathrm{e}^{-\mathrm{j}2\pi\tilde{f}_d t}\,\mathrm{d}t\right|^2$$
$$= CR^2\left(\tau_\varepsilon\right)\mathrm{sinc}^2\left(\pi f_\varepsilon T_i\right) + n_\chi \tag{4.2.3}$$

其中，T_i 表示总的积分时长；$\tau_\varepsilon = \tau_0 - \tilde{\tau}_0$ 表示伪码延迟真实值与估计值间的偏差；$f_\varepsilon = f_d - \tilde{f}_d$ 表示多普勒频率真实值与估计值间的偏差；$R(\cdot)$ 表示测距码 $c(t)$ 的自相关函数；n_χ 表示相关值中的噪声分量。

以码速率为 1.023Mchip/s 的 GPS L1C/A 信号为例，伪码延迟偏差和多普勒频率偏差与相关值之间的关系如图 4.2.1～图 4.2.3 所示。其中图 4.2.1 是伪码延迟偏差、多普勒频率偏差与相关值的三维关系图，图中相关值进行了归一化，因此最大值为 1。由该图可见，当伪码延迟偏差和多普勒频率偏差均为 0 时，相关值取最大值 1；当偏差取其他值时，相关值较小接近 0。

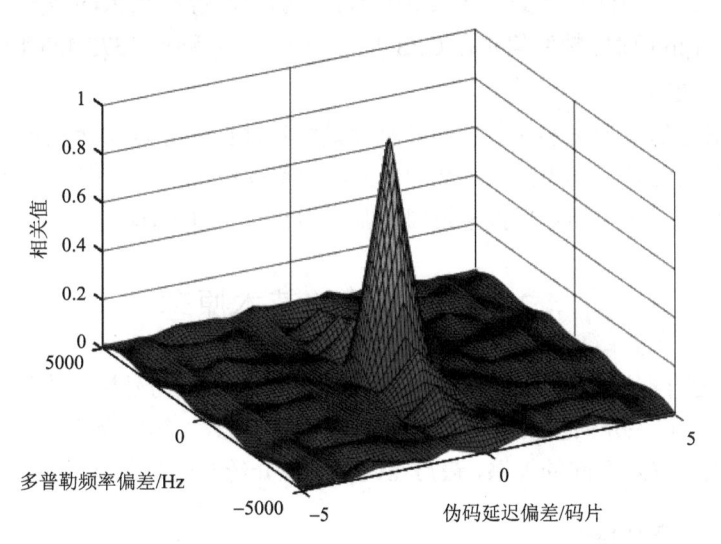

图 4.2.1　相关值与伪码延迟偏差和多普勒频率偏差之间的关系图

在上述三维图形(图 4.2.1)的基础上，图 4.2.2 为相关值与伪码延迟偏差的二维图形。由图 4.2.2 可以清晰看出，当伪码延迟偏差 τ_ε 超过 1 码片时，相关值接近 0。

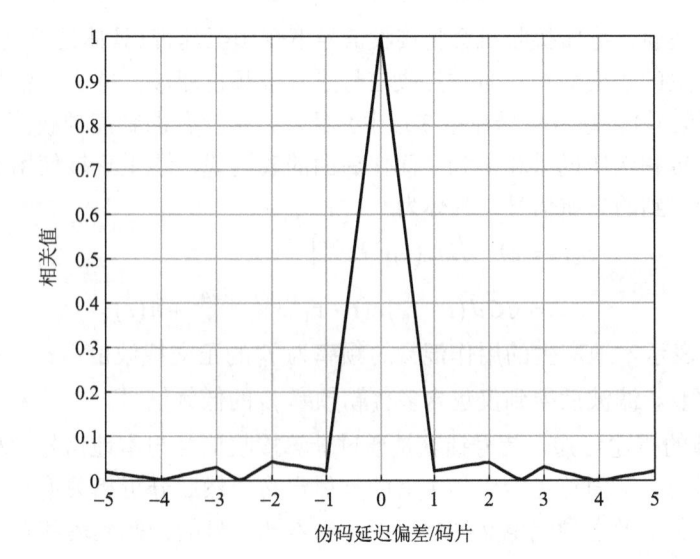

图 4.2.2　相关值与伪码延迟偏差之间的关系

图 4.2.3 为相关值与多普勒频率偏差之间的二维图形，多普勒频率偏差 f_ε 与相关值的关系为 sinc 函数，由 sinc 函数的性质可知，当 f_ε 取 0 时相关值最大，当 f_ε 大于 $1/T_i$ 时，相关值接近 0。

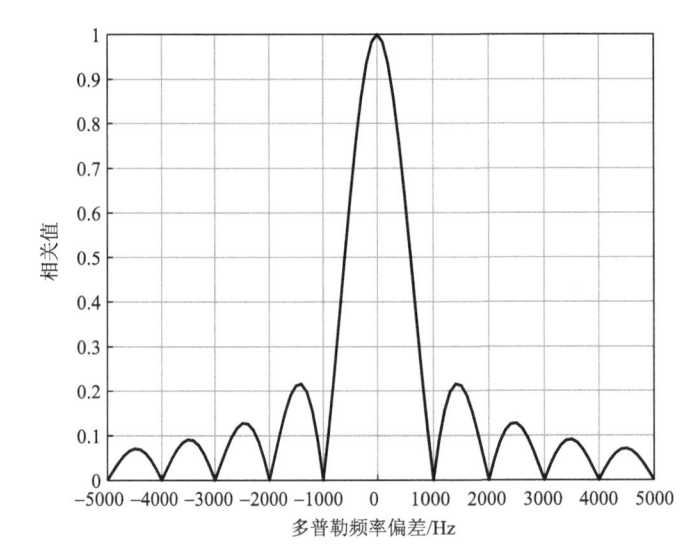

图 4.2.3　相关值与多普勒频率偏差之间的关系

基于上述伪码延迟偏差、多普勒频率偏差和相关值之间的关系特性，就可根据各种信号参数下的最大相关值来判断信号是否存在：当最大值未超过设定的门限时，表明卫星信号不存在；反之则表明导航信号存在，且最大相关值对应的伪码延迟和多普勒频率即为卫星信号参数的粗略估计值。

上述过程就是导航信号捕获的基本原理，可使用数学表达式表示为

$$T_a = \max_{\tilde{\tau}_0, \tilde{f}_d} \left\{ \chi\left(\tilde{\tau}_0, \tilde{f}_d\right) \right\} \underset{H_0}{\overset{H_1}{\gtrless}} \lambda \tag{4.2.4}$$

其中，T_a 为信号捕获的检测统计量；λ 表示判决门限；H_1 和 H_0 分别表示信号存在和不存在两种假设。

4.2.2　捕获的二维搜索过程

式 (4.2.4) 要求用户接收机在计算检测统计量 T_a 时遍历信号参数的所有可能取值，但接收信号的伪码延迟和多普勒频率在一定范围内连续变化，只能将可能的取值范围按一定间隔分成若干方格后进行处理，其处理过程可用图 4.1.1 来表示。很显然，如果选择的搜索间隔较大，可能会导致真实信号参数与所有方格均存在较大偏差，从而导致无法正确检测到信号；相反，如果选择较小的搜索间隔，则会显著提升信号捕获的计算量。因此，搜索间隔的选择应该是检测性能和计算量之间的折中。

假设码相位和多普勒频率的搜索间隔分别为 τ_Δ 和 f_Δ，搜索方格 (u,v) 对应的伪码延迟和多普勒频率分别为 $u\tau_\Delta$ 和 vf_Δ，参照式 (4.2.4)，在不考虑导航电文影响时，二维搜索的检测统计量可表示为

$$T_a = \max_{u,v} \left| \frac{1}{T_i} \int_{t=0}^{T_i} r\left(t + u\tau_\Delta\right) c(t) \mathrm{e}^{-\mathrm{j}2\pi v f_\Delta t} \, \mathrm{d}t \right|^2 \tag{4.2.5}$$

式 (4.2.5) 表示在每一个搜索方格 (u,v) 中均计算检测统计量 T_a，其中搜索方格标号

(u,v) 的取值范围由伪码延迟和多普勒频率的搜索范围决定。

例 4.2.1 假设某空中载体的最高飞行速度为 1000m/s，载体上的接收机接收 GPS L1C/A 信号，并采用 500Hz 和 1/2 码片作为多普勒频率和码相位的搜索间隔，试求在该条件下信号捕获过程中的搜索单元总数。

解 由 GPS 卫星轨道高度可知，对于地面静止的用户接收机，卫星的运动速度在与用户接收机连线方向上投影的最大值接近 1000m/s。考虑到飞行载体自身的运动速度最高为 1000m/s，那么卫星与接收机之间的相对运动在连线方向上投影的范围为 ±2000m/s。根据 GPS L1C/A 信号的载波频率 $f_0 = 1575.42\text{MHz}$，可知对应的最大多普勒频率为

$$f_{d\max} = \frac{v_{\max}}{c} f_0 = \frac{2000}{299792458} \times 1575.42 \times 10^6 \approx 10.5(\text{kHz})$$

已知 GPS L1C/A 信号扩频码周期为 1023 码片，即伪码搜索范围为 1023 码片，因此可以得到二维步进搜索总的单元数为

$$N_c = \left\lceil \frac{2f_{d\max}}{f_\Delta} \right\rceil \times \left\lceil \frac{\tau_{\max}}{\tau_\Delta} \right\rceil = \left\lceil \frac{2 \times 10000}{500} \right\rceil \times 1023 \times 2 = 81840$$

在计算各搜索方格的相关值时，本地信号与接收信号之间不可避免地存在着多普勒频率偏差。当积分时间较长时，多普勒频率偏差会引入较大的信噪比损耗。除此以外，当积分时间超过电文符号宽度时，符号翻转会导致相关值之间相互抵消。为了减小多普勒频率偏差和电文符号翻转带来的影响，导航接收机通常使用"分段相干–视频积累"检测统计量，其表达式为

$$
\begin{aligned}
T_a &= \max_{u,v} \sum_{i=0}^{K-1} \left| \frac{1}{T_c} \int_{t=iT_c}^{(i+1)T_c} r(t + u\tau_\Delta) c(t) e^{-j2\pi v f_\Delta t} \, dt \right|^2 \\
&= \max_{u,v} \sum_{i=0}^{K-1} \left| w_{u,v}[i] \right|^2
\end{aligned}
\tag{4.2.6}
$$

其中，K 为后积累次数；T_c 为相干积分时间，通常选为 1ms；$w_{u,v}[i]$ 表示搜索方格 (u,v) 第 i 次后积累的相关值。

目前几乎所有的导航接收机均采用数字处理方式，式(4.2.6)中的连续信号积分需要相应地修改为离散信号求和的形式。假设数字信号的采样周期为 T_s，则相关值 $w_{u,v}[i]$ 的计算表达式为

$$w_{u,v}[i] = \frac{1}{N_c} \sum_{k=0}^{N_c-1} r(kT_s + iT_c + u\tau_\Delta) c(kT_s + iT_c) e^{-j2\pi v f_\Delta (kT_s + iT_c)} \tag{4.2.7}$$

其中，$N_c = [T_c / T_s]$ 表示相干积分时间内的采样点数；$[x]$ 表示取 x 的整数部分。

在绝大部分情况下，采用连续积分和离散求和这两种形式计算相关值的差异是可以忽略的，下面将会根据行文的需要进行选择。

综上所述，导航信号的捕获过程就是按照一定的搜索间隔计算各方格的相关值，并根据相关值构造检测统计量，最后将其与预设门限比较完成判决。目前大量的文献给出了各种不同的捕获算法，这些算法通常只涉及捕获过程中的某个环节，为了能够准确清晰地描述这些算法的原理，这里将信号捕获过程分为如下相对独立的三层。

(1)相关层处理：根据输入信号 $r(t)$ 计算某搜索方格 (u,v) 的积累值 $W_{u,v}$，积累值的定义为

扩展阅读： 为了便于与相关值 $w_{u,v}$ 进行区分，将检波和后积累处理得到的 $W_{u,v}$ 称为积累值。

$$W_{u,v} = \sum_{i=0}^{K-1} h\left(w_{u,v}[i]\right) \qquad (4.2.8)$$

其中，$h(\cdot)$ 表示检波函数。

（2）搜索层处理：根据设定的二维搜索间隔 τ_{Δ} 和 f_{Δ}，遍历得到所有方格的积累值 $W_{u,v}$，并按照二维搜索图的排列方式构造积累值矩阵 $\boldsymbol{W}$。

（3）判决层处理：根据积累值矩阵 $\boldsymbol{W}$ 构造检测统计量 $T(\boldsymbol{W})$，并与门限比较完成判决。

4.3～4.5 节即按照上述划分方法，将详细介绍信号捕获中相关层、搜索层和判决层的实现方法。

4.3　信号捕获的相关层处理

相关层的处理流程是根据搜索方格编号 (u,v) 对应的参数生成本地信号，并与接收信号 $r(t)$ 进行相关运算得到积累值 $W_{u,v}$。下面将积累值计算的表达式 (4.2.8) 重写如下：

$$\begin{aligned}
W_{u,v} &= \sum_{i=0}^{K-1} h\left(w_{u,v}[i]\right) \\
&= \sum_{i=0}^{K-1} h\left(\frac{1}{T_c}\int_{t=iT_c}^{(i+1)T_c} r(t+u\tau_{\Delta})\, s_{u,v}^*(t)\,\mathrm{d}t\right)
\end{aligned} \qquad (4.3.1)$$

其中，$s_{u,v}(t)$ 表示搜索方格 (u,v) 所对应的本地信号，上标"$*$"表示取复共轭。

根据式 (4.3.1)，可以将相关层处理进一步分解为相关累加、检波和后积累三个环节，具体如图 4.3.1 所示。

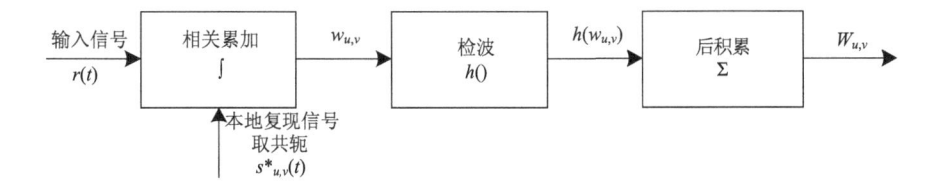

图 4.3.1　相关层处理的三个环节

相关值的信噪比对信号捕获最终的检测性能具有决定性的影响，本节将首先介绍影响相关值 $w_{u,v}$ 信噪比的因素，然后分析经过检波和后积累处理后 $W_{u,v}$ 的检测性能。

4.3.1　相关累加

为了表示简洁，在不需要区分搜索方格时，下面将 $w_{u,v}[i]$ 简写为 $w[i]$。当信号存在时，相关值 $w[i]$ 可表示为

$$\begin{aligned}
w[i] &= \sqrt{C}\,R(\tau_{\varepsilon})\,\mathrm{sinc}(\pi f_{\varepsilon}T_c)\,\mathrm{e}^{\mathrm{j}(i\pi f_{\varepsilon}T_c + \theta_v')} + w_n[i] \\
&\triangleq w_s[i] + w_n[i]
\end{aligned} \qquad (4.3.2)$$

其中，$w_s[i]$ 和 $w_n[i]$ 分别表示相关值 $w[i]$ 中的信号部分和噪声部分；$R(\cdot)$ 表示导航信号所调制测距码的自相关函数；θ_v' 表示与频率偏差相关的相位。

易知，噪声分量 $w_n[i]$ 的实部和虚部为相互独立的零均值高斯白噪声，其方差 σ_n^2 均

扩展阅读：通常情况下，相关累加中本地信号使用的测距码与接收信号一致，因此 $R(\cdot)$ 为自相关函数。某些情况下本地信号会使用与接收信号不同的测距码，此时 $R(\cdot)$ 即为互相关函数。新一代 GNSS 中 BOC 信号的单边带捕获和无模糊捕获即为此种情况，4.6.1 节将对此进行详细描述。

为

$$\sigma_{\mathrm{n}}^2 = \frac{N_0}{2T_{\mathrm{c}}} \tag{4.3.3}$$

其中，N_0 表示白噪声的功率谱密度。

扩展阅读：关于白噪声功率谱密度的介绍见 8.1.1 节。

根据 $w_{\mathrm{s}}[i]$ 和 $w_{\mathrm{n}}[i]$ 的统计特性，可以得到信号存在时相关值 $w[i]$ 的信噪比 R_{sn}，其表达式为

$$R_{\mathrm{sn}} = \frac{\left|w_{\mathrm{s}}[i]\right|^2}{2\sigma_{\mathrm{n}}^2} = R_{\mathrm{cn}}T_{\mathrm{c}}R^2(\tau_\varepsilon)\mathrm{sinc}^2(\pi f_\varepsilon T_{\mathrm{c}}) \tag{4.3.4}$$

扩展阅读：信噪比是指信号功率与噪声功率之间的比值。

其中，$R_{\mathrm{cn}} = C/N_0$ 表示输入信号的载噪比（信号功率 C 与热噪声功率谱密度 N_0 的比值）；$R_{\mathrm{cn}}T_{\mathrm{c}}$ 可视为本地信号的码相位和多普勒频率均无偏差时相关值的信噪比；$R^2(\tau_\varepsilon)$ 可视为因码相位偏差引入的信噪比损耗；$\mathrm{sinc}^2(\pi f_\varepsilon T_{\mathrm{c}})$ 可视为因多普勒频率偏差引入的信噪比损耗。下面为了表述简洁，将 $R^2(\tau_\varepsilon)$ 和 $\mathrm{sinc}^2(\pi f_\varepsilon T_{\mathrm{c}})$ 分别称为码相位偏差损耗和多普勒频率偏差损耗。

扩展阅读：关于载噪比和信噪比之间的联系与差异见 8.1.1 节。

由式(4.3.4)可知，码相位偏差损耗与自相关函数 $R(\cdot)$ 的形状有关，其中图 4.3.2 和图 4.3.3 分别为前端带宽为 2.046MHz 的 BPSK(1)信号和前端带宽为 4MHz 的 BOC(1,1)信号不同码相位偏差引入的信噪比损耗。

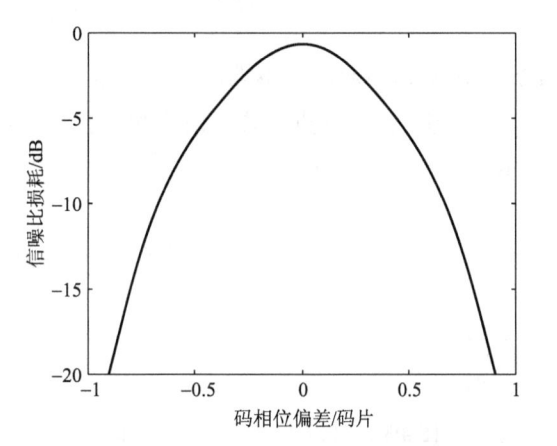

图 4.3.2　BPSK(1)信号的码相位偏差损耗

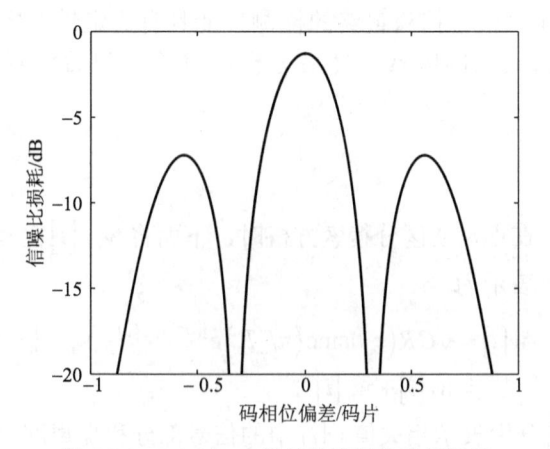

图 4.3.3　BOC(1,1)信号的码相位偏差损耗

由图 4.3.2 和图 4.3.3 可见，随着码相位偏差在 ±1 码片范围内逐步增大，BPSK(1) 信号的码相位偏差损耗会持续增大，而 BOC(1,1) 信号的码相位偏差损耗则会在一定范围内因相关峰零点而突然增大，这是由 BPSK 与 BOC 信号不同的自相关函数特性所决定的，具体已经在 3.4 节中介绍了。而由自相关函数的性质可知，当码相位偏差超过 1 码片时，会存在非常大的码相位偏差损耗，因此为了避免因码相位偏差损耗过大而漏检，选择的码相位搜索间隔通常不超过 1/2 码片。

扩展阅读：BOC 信号相关函数的这个特性会影响信号的捕获，具体解决方案可参见 4.6.1 节。

由式 (4.3.4) 可知，多普勒频率偏差损耗与 $f_\varepsilon T_c$ 有关。当相干积分时间 T_c 分别为 1ms 和 10ms 时，不同多普勒频率偏差引入的信噪比损耗如图 4.3.4 和图 4.3.5 所示。

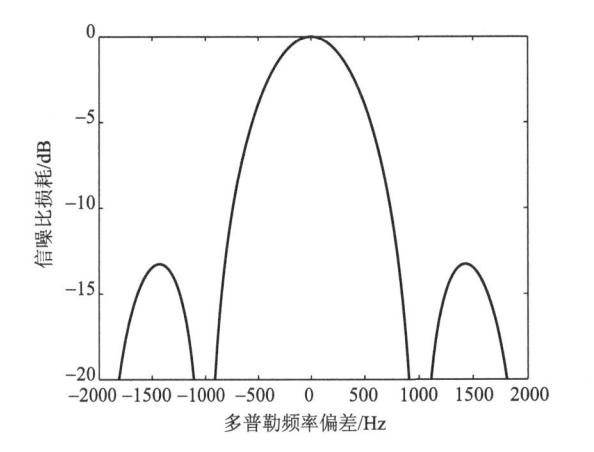

图 4.3.4　相干积分时间为 1ms 时的多普勒频率偏差损耗

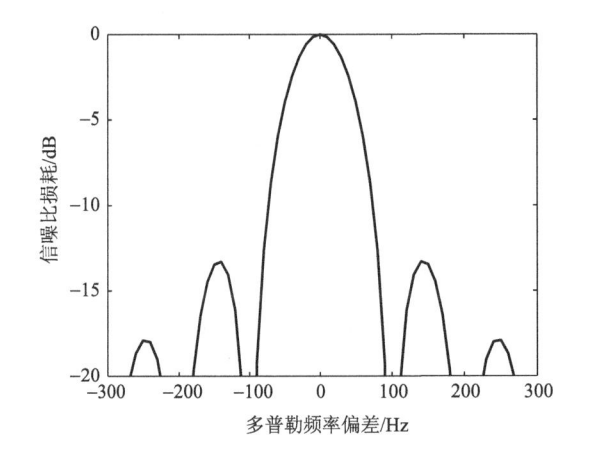

图 4.3.5　相干积分时间为 10ms 时的多普勒频率偏差损耗

由图 4.3.2 和图 4.3.3 可见，随着多普勒频率偏差与相干积分时间的乘积 $f_\varepsilon T_c$ 在 ±1 范围内逐步增大，多普勒频率偏差损耗会持续增大。当乘积 $f_\varepsilon T_c$ 超出 ±1 范围时，会存在非常大的多普勒频率偏差损耗，因此当使用较长的相干积分时间时，为了减小多普勒频率偏差损耗，必须要减小多普勒频率搜索间隔。通常情况下，选择的多普勒频率搜索间隔 f_Δ 需保证 $f_\Delta T_c \leqslant 1/2$。

例 4.3.1　假设某 GPS L1C/A 接收机信号捕获的相干积分时间为 1ms，多普勒频率搜索间隔可设为 1000Hz、500Hz 和 250Hz，码相位搜索间隔可设为 1 码片、1/2 码片和 1/4 码片，试求不同码相位和多普勒频率搜索间隔时对应的最大检波输入信噪比损耗。

解　易知，最大码相位和多普勒频率偏差分别为码相位和多普勒频率搜索间隔的

1/2。由检波输入的信噪比 R_{sn} 的表达式可知，当码相位偏差分别为 1/2 码片、1/4 码片和 1/8 码片时，信噪比损耗分别为 –6.0dB、–2.3dB 和 –1.1dB；当多普勒频率偏差分别为 500Hz、250Hz 和 125Hz 时，信噪比损耗分别为 –3.9dB、–0.9dB 和 –0.2dB。

由上述计算结果可知，在多普勒频率和码相位搜索间隔分别为 1000Hz 和 1 码片的基础上，将搜索间隔均缩小一半可以使信噪比损耗降低 3.7dB 和 3.0dB，其代价是总的搜索单元数增大为原来的 4 倍。如果在此基础上进一步将搜索间隔缩小一半，那么信噪比损耗仅额外降低 1.2dB 和 0.7dB。这就意味着继续减小搜索间隔只能略微改善信噪比损耗，因此在进行接收机设计时需要综合权衡搜索单元数和信噪比损耗，从而合理确定接收机信号捕获的搜索间隔。

4.3.2 计算过程

由 4.3.1 节的分析可知，在接收信号载噪比一定的前提下，增加相干积分时间是提高相关值信噪比的最直接方法。但增加相干积分时间要求减小多普勒频率搜索方格，同时当相干积分超过电文符号宽度时，还会受到电文符号翻转的影响，因此提高信噪比更常用的方法是对相关值检波后再进行后积累。

平方律检波是目前常用的检波方法，当后积累次数为 K 时，平方律检波得到的积累值 W 的表达式为

扩展阅读：包络检波是指对复相关值取绝对值，如果对绝对值进行平方即为平方律检波。

$$W = \sum_{i=0}^{K-1} |w[i]|^2 \tag{4.3.5}$$

积累值 W 的检测性能是信号捕获相关层处理的核心指标，取决于其在 H_0 和 H_1 两种假设条件下的概率分布。假设在两种假设检验条件下积累值 W 的概率密度函数分别为 $p(W|H_0)$ 和 $p(W|H_1)$，则不同检测门限 λ 下的虚警概率 P_{fa} 和检测概率 P_d 分别为

扩展阅读：为了简化分析，假设信号存在时仅有唯一的搜索方格检测到信号。

$$P_{fa}(\lambda) = \int_\lambda^{+\infty} p(W|H_0)\,\mathrm{d}W \tag{4.3.6}$$

$$P_d(\lambda) = \int_\lambda^{+\infty} p(W|H_1)\,\mathrm{d}W \tag{4.3.7}$$

下面首先考虑最简单的后积累次数等于 1 的情况。在 H_0 假设条件下，积累值 W 服从式(4.3.8)所示的自由度为 2 的中心 χ^2 分布；在 H_1 假设条件下，积累值 W 服从式(4.3.9)所示的自由度为 2 的非中心 χ^2 分布。具体的概率密度函数分别为

$$p(W|H_0) = \frac{1}{2\sigma_n^2} \exp\left\{ -\frac{W}{2\sigma_n^2} \right\} \tag{4.3.8}$$

$$p(W|H_1) = \frac{1}{2\sigma_n^2} \exp\left\{ -\frac{W+\beta}{2\sigma_n^2} \right\} I_0\left(\frac{\sqrt{W\beta}}{\sigma_n^2} \right) \tag{4.3.9}$$

其中，$I_0(\bullet)$ 表示零阶修正 Bessel 函数；β 表示 χ^2 分布的非中心参数，其表达式为

$$\beta = CR^2(\tau_\varepsilon)\mathrm{sinc}^2(\pi f_\varepsilon T_c) \tag{4.3.10}$$

根据上述的概率密度函数，可以得到后积累次数为 1 时的虚警概率和检测概率，具体为

$$P_{fa}(\lambda) = \exp\left\{ -\frac{\lambda}{2\sigma_n^2} \right\} \tag{4.3.11}$$

$$P_{\mathrm{d}}(\lambda) = Q_1\left(\sqrt{\frac{\beta}{\sigma_{\mathrm{n}}^2}}, \sqrt{\frac{\lambda}{\sigma_{\mathrm{n}}^2}}\right) \tag{4.3.12}$$

其中，λ 表示检测门限；Q_1 表示 1 阶广义 Marcum Q 函数。

当后积累次数大于 1 时，积累值 W 的统计特性更加复杂。当信号不存在时，积累值 W 服从自由度为 $2K$ 的中心 χ^2 分布；当信号存在时，积累值 W 服从自由度为 $2K$ 的非中心 χ^2 分布，其非中心参数为 $K\beta$。此时，积累值 W 对应的虚警概率和检测概率分别为

$$P_{\mathrm{fa}}(\lambda) = \exp\left\{-\frac{\lambda}{2\sigma_{\mathrm{n}}^2}\right\}\sum_{i=0}^{K-1}\frac{1}{i!}\left(\frac{\lambda}{2\sigma_{\mathrm{n}}^2}\right)^i \tag{4.3.13}$$

$$P_{\mathrm{d}}(\lambda) = Q_K\left(\sqrt{\frac{K\beta}{\sigma_{\mathrm{n}}^2}}, \sqrt{\frac{\lambda}{\sigma_{\mathrm{n}}^2}}\right) \tag{4.3.14}$$

其中，Q_K 表示 K 阶广义 Marcum Q 函数。

由上述分析可知，根据输入信号载噪比、相干积分时间和后积累次数等参数即可计算得到积累值的检测性能。

例 4.3.2　假设某 GPS L1C/A 接收机的输入信号载噪比为 36dB·Hz，多普勒频率搜索间隔为 500Hz、码相位搜索间隔为 1/2 码片，为了能够在虚警概率为 10^{-3} 的条件下达到 90% 的检测概率，试求相干积分时间为 1ms 时的最小后积累次数。

解　首先根据式 (4.3.4) 计算信号存在时相关值的信噪比 R_{sn}。由于码相位和多普勒频率偏差是随机量，下面考虑最恶劣情况下的信噪比，即码相位偏差为 1/4 码片，多普勒频率偏差为 250Hz，此时相关值的信噪比 R_{sn} 为

$$R_{\mathrm{sn}} = 10^{3.6} \times 10^{-3} \times (1 - 1/4)^2 \times \mathrm{sinc}^2(\pi \times 0.25) \approx 1.8$$

根据式 (4.3.13) 可以得到不同后积累次数下，虚警概率为 10^{-3} 时的检测门限，然后根据式 (4.3.14) 可以得到在该检测门限下所对应的检测概率。图 4.3.6 给出了不同后积累次数对应的接收机工作特征 ROC 曲线，由图可见，当后积累次数为 12 次时，在 10^{-3} 虚警概率下可达到约 93% 的检测概率。

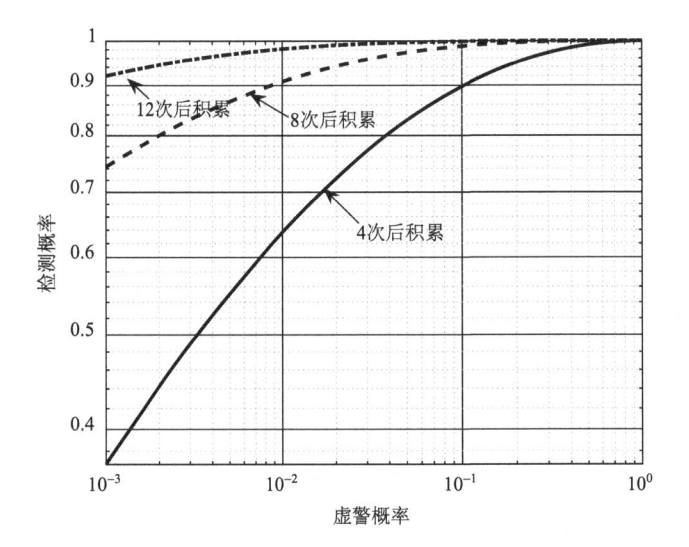

图 4.3.6　不同后积累次数对应的接收机工作特征 ROC 曲线

4.4　信号捕获的搜索层处理

4.3 节详细介绍了单个搜索方格积累值 $W_{u,v}$ 的计算过程，为了完成对码相位和多普勒频率不确定范围的搜索，需要计算所有搜索方格的积累值并构造积累值矩阵 W，这就是信号捕获搜索层需要完成的处理。

搜索层最简单的处理方法就是按照一定的搜索顺序，串行完成各搜索方格积累值 $W_{u,v}$ 的计算。这种串行搜索方法只需要很少的硬件资源，但较低的计算效率导致信号捕获需要较长的搜索时间，因此其主要应用在处理能力受限的导航接收机中。随着集成电路技术的快速发展，硬件资源不再是搜索层处理的主要约束，而如何快速高效地计算积累值矩阵中的各个元素则成为搜索层的关键。

目前搜索层最常用的高效处理方法包括频域并行搜索和时域并行搜索，下面详细介绍这两种搜索算法的实现原理。由于不同搜索算法的差异主要体现在相关值 $w_{u,v}$ 的计算上，而检波和后积累处理并无差异，因此下面的描述主要聚焦于相关值的计算过程。

4.4.1　频域并行搜索

频域并行搜索算法利用不同频率搜索方格相关值之间的关系，针对某一码相位并行完成所有多普勒频率搜索方格相关值的计算。下面以搜索方格 (u,v) 的相关值 $w_{u,v}[0]$（下面简记为 $w_{u,v}$）为例，介绍该算法的基本原理。

假设多普勒搜索范围为 $[-Vf_\Delta, Vf_\Delta]$，如果按照串行搜索的方法计算搜索码相位为 $u\tau_\Delta$ 的所有多普勒频率方格，那么这 $2V+1$ 个多普勒搜索方格均需要进行如下的计算：

$$w_{u,v} = \frac{1}{T_c} \int_{t=0}^{T_c} r(t+u\tau_\Delta) c(t) e^{-j2\pi v f_\Delta t} dt \tag{4.4.1}$$

通过将相干积分时间 T_c 分为 N 段，可以将相关值 $w_{u,v}$ 分解为 N 个分段相关值 $z_{u,v}[i]$（$0 \leqslant i \leqslant N-1$）之和，即

$$w_{u,v} = \sum_{i=0}^{N-1} z_{u,v}[i] \tag{4.4.2}$$

假设分段后的相干积分时间为 $T_c' = T_c / N$，则分段相关值的表达式为

$$z_{u,v}[i] = \frac{1}{T_c'} \int_{t=iT_c'}^{(i+1)T_c'} r(t+u\tau_\Delta) c(t) e^{-j2\pi v f_\Delta t} dt \tag{4.4.3}$$

在不考虑噪声分量的情况下，分段相关值与多普勒频率偏差之间的关系为

$$z_{u,v}[i] = \sqrt{C} R(\tau_\varepsilon) \mathrm{sinc}(\pi f_\varepsilon[v] T_c') e^{j(i\pi f_\varepsilon[v]T_c' + \theta_v')} \tag{4.4.4}$$

其中，$f_\varepsilon[v] = f_d - v f_\Delta$ 表示频率搜索方格 v 所对应的多普勒频率偏差；θ_v' 表示与频率偏差相关的相位。

很显然，搜索方格 (u,v) 和 $(u,0)$ 的多普勒频率偏差存在如下关系：

$$f_\varepsilon[v] = f_\varepsilon[0] - v f_\Delta \tag{4.4.5}$$

扩展阅读：在实际接收机的设计中，当 $T_c' < 1/(4Vf_\Delta)$ 时，即可认为式(4.4.6)成立。

当分段相干积分时间满足 $T_c' \ll 1/(Vf_\Delta)$ 时，可近似认为所有频率搜索方格均有 $\mathrm{sinc}(\pi v f_\Delta T_c') \approx 1$，此时有

$$z_{u,v}[i] \approx \sqrt{C}R(\tau_\varepsilon)\mathrm{e}^{\mathrm{j}(i\pi f_\varepsilon[v]T_\mathrm{c}'+\alpha_v')} \tag{4.4.6}$$

由式 (4.4.5) 和式 (4.4.6) 可知，搜索方格 (u,v) 和 $(u,0)$ 的分段相关值之间存在如下的关系：

$$z_{u,v}[i] = z_{u,0}[i]\mathrm{e}^{\mathrm{j}(-i\pi v f_\Delta T_\mathrm{c}'+\theta_v'-\theta_0')} \tag{4.4.7}$$

利用上述近似关系，在计算得到搜索方格 $(u,0)$ 分段相关值 $z_{u,0}[i]$ 的基础上，各多普勒频率方格的相关值包络可通过下式计算得到：

$$\begin{aligned}
|w_{u,v}| &= \left| \sum_{i=0}^{N-1} z_{u,v}[i] \right| \\
&= \left| \mathrm{e}^{\mathrm{j}(\theta_v'-\theta_0')} \sum_{i=0}^{N-1} z_{u,0}[i]\mathrm{e}^{\mathrm{j}(-i\pi v f_\Delta T_\mathrm{c}')} \right| \\
&= \left| \sum_{i=0}^{N-1} z_{u,0}[i]\mathrm{e}^{\mathrm{j}(-i\pi v f_\Delta T_\mathrm{c}')} \right|
\end{aligned} \tag{4.4.8}$$

上述式 (4.4.8) 意味着通过将相干积分时间分段就能够根据分段相关值 $z_{u,0}[i]$ 以较低的计算复杂度得到所有多普勒频率方格的相关值，这就是频域并行搜索的基本原理。由于仅需要计算单个频率搜索方格的相关值，因此频域并行搜索的计算复杂度仅约为串行搜索的 $1/(2V+1)$。除此以外，式 (4.4.8) 符合 DFT 的形式，因此可使用 FFT 进一步提高频域并行处理的计算效率。

从单载波检测的角度同样可以解释频域并行搜索算法的基本原理：当搜索的码相位正确时，接收信号与本地测距码相关后变为多普勒频率未知的单载波信号，此时使用周期图法即可实现对单载波信号的最优检测。

在频域并行搜索算法中，分段相干积分时间 T_c' 是重要的设计参数。当 T_c' 较大时，单个分段相关值具有较高的信噪比，可以实现较高的检测性能，但同时意味着较小的频率搜索范围。反之，减小分段相干积分时间可以增加单次搜索的频率范围，但是会导致检测性能的下降。因此在实际接收机中，分段相干积分时间的选择是检测性能和频率搜索速度的折中。

例 4.4.1　以例 4.2.1 中的 GPS L1C/A 接收机为例，其多普勒频率范围为 $\pm 10.5\mathrm{kHz}$，假设输入信号载噪比不低于 $40\mathrm{dB\cdot Hz}$，试设计频域并行搜索的合适参数。

解　假设要求计算周期图单点输入信噪比不小于 0dB，那么在输入信号载噪比不低于 $40\mathrm{dB\cdot Hz}$ 的条件下，在不考虑码相位偏差和多普勒频率偏差引入的信噪比损耗的条件下，分段相干积分时间需满足如下条件：

$$T_\mathrm{c} \geqslant \frac{R_\mathrm{sn}}{R_\mathrm{cn}} = 0.1(\mathrm{ms}) \tag{4.4.9}$$

当总相干积分时间 T_c 为 1ms，分段相干积分时间 T_c' 为 0.1ms 时，单次频域并行搜索的多普勒频率范围为 $\pm 5\mathrm{kHz}$，为了覆盖 $\pm 10.5\mathrm{kHz}$ 的多普勒不确定范围，至少需要进行 3 次频域并行搜索。为了避免多普勒频率处于搜索边界所导致的捕获错误，不同次搜索区间之间通常会存在一定的重叠。一种可行的频率搜索方案是将 $\pm 10.5\mathrm{kHz}$ 的搜索范围划分为 $(0\pm 5)\mathrm{kHz}$、$(9\pm 5)\mathrm{kHz}$、$(-9\pm 5)\mathrm{kHz}$ 三个区间。

在不考虑后积累的情况下，频域并行搜索的实现框图如图 4.4.1 所示。

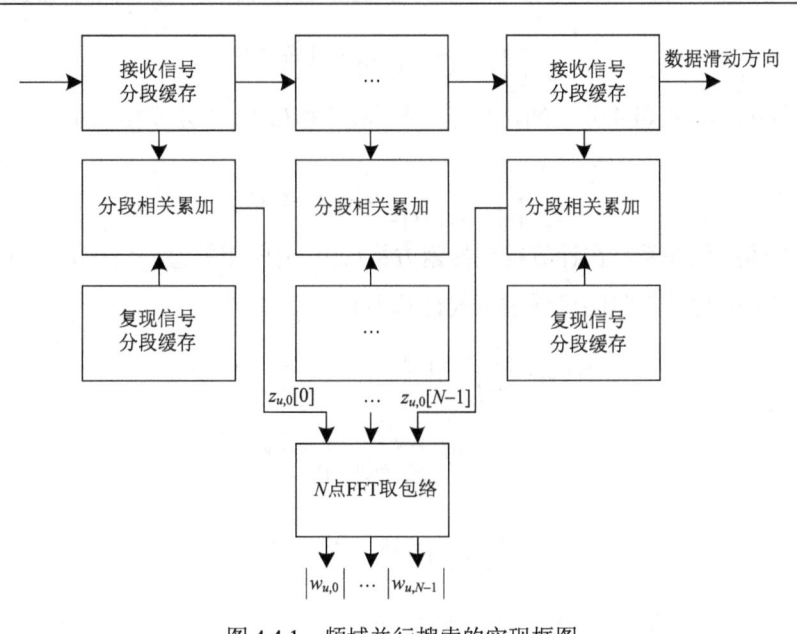

图 4.4.1　频域并行搜索的实现框图

在频域并行搜索中，通过滑动接收信号即可实现对码相位的搜索。频域并行搜索中的分段相关累加非常适合流水实现，因此在硬件接收机中得到了广泛的应用。

4.4.2　时域并行搜索

时域并行搜索算法利用循环相关与周期卷积的等价关系，针对某一多普勒频率并行完成所有码相位搜索方格相关值的计算。在介绍时域并行搜索算法前，首先回顾循环相关的定义及其傅里叶变换。

假设两个长度均为 N 的有限长序列 $x[i]$ 和 $y[i]$（$0 \leqslant i < N$），其循环相关值 $z[i]$（$0 \leqslant i < N$）的表达式为

$$z[i] = \frac{1}{N} \sum_{n=0}^{N-1} x[n]_N \, y[n+i]_N \tag{4.4.10}$$

其中，$[n]_N = \left[\mathrm{mod}(n, N) \right]$ 表示将 n 对 N 取模后再对序列取值。

下面分析 $x[i]$ 和 $y[i]$ 及其循环相关值 $z[i]$ 的离散傅里叶变换之间的关系。假设 $X[k]$ 和 $Y[k]$（$0 \leqslant k < N$）分别为序列 $x[i]$ 和 $y[i]$ 的离散傅里叶变换，即

$$X[k] = \sum_{n=0}^{N-1} x[n] W_N^{kn} \tag{4.4.11}$$

$$Y[k] = \sum_{n=0}^{N-1} y[n] W_N^{kn} \tag{4.4.12}$$

其中，$W_N^k = \exp\{-\mathrm{j} 2\pi k / N\}$。

那么循环相关值 $z[i]$ 的离散傅里叶变换 $Z[k]$ 可表示为

$$\begin{aligned}
Z[k] &= \frac{1}{N} \sum_{n=0}^{N-1} z[n] W_N^{kn} \\
&= \frac{1}{N} \sum_{n=0}^{N-1} \left(\sum_{i=0}^{N-1} x[i]_N \, y[i+n]_N \right) W_N^{kn}
\end{aligned}$$

$$
\begin{aligned}
&= \frac{1}{N} \sum_{i=0}^{N-1} \left(\sum_{n=0}^{N-1} x[i]_N \, y[i+n]_N \right) W_N^{-ki} W_N^{k(i+n)} \\
&= \frac{1}{N} \sum_{i=0}^{N-1} x[i]_N \, W_N^{-ki} \left(\sum_{n=0}^{N-1} y[i+n]_N \, W_N^{k(i+n)} \right) \\
&= \frac{1}{N} Y[k] \sum_{i=0}^{N-1} x[i]_N \, W_N^{-ki} \\
&= \frac{1}{N} X^*[k] Y[k]
\end{aligned}
\tag{4.4.13}
$$

其中，$X^*[k]$ 表示对 $X[k]$ 取共轭。

由式 (4.4.13) 可知，循环相关值 $z[i]$ 的离散傅里叶变换 $Z[k]$ 等于序列 $x[i]$ 和 $y[i]$ 的离散傅里叶变换的乘积（需要对 $x[i]$ 的离散傅里叶变换取共轭）。

上述关系还可以由时域卷积和频域乘积之间的对偶关系得到。将循环相关值做如下变形：

$$
\begin{aligned}
z[i] &= \frac{1}{N} \sum_{n=0}^{N-1} x[n]_N \, y[n+i]_N \\
&= \frac{1}{N} \sum_{n=0}^{N-1} x[-n]_N \, y[i-n]_N \\
&= \frac{1}{N} x[-i] \otimes y[i]
\end{aligned}
\tag{4.4.14}
$$

其中，$\otimes$ 表示循环卷积运算。

由式 (4.4.14) 可知，序列 $x[i]$ 和 $y[i]$ 的循环相关可视为序列 $x[-i]$ 和 $y[i]$ 的周期卷积。根据时频域之间的对偶关系，$z[i]$ 的离散傅里叶变换为 $x[-i]$ 的离散傅里叶变换 $X^*[k]$ 和 $y[i]$ 的离散傅里叶变换 $Y[k]$ 之间的乘积，因此可以将不同码相位相关值的计算转换至频域进行处理。

假设当前需要搜索的多普勒频率为 vf_Δ，相干积分时间 $T_c = N_c T_s$，构造如下的两个有限长离散序列：

$$
r_v'[k] = r(kT_s) \mathrm{e}^{-\mathrm{j}2\pi vf_\Delta kT_s}, \quad 0 \leqslant k < 2N_c
\tag{4.4.15}
$$

$$
c'[k] = \begin{cases} c(kT_s), & 0 \leqslant k \leqslant N_c \\ 0, & N_c < k < 2N_c \end{cases}
\tag{4.4.16}
$$

很显然，当码相位搜索间隔 τ_Δ 等于采样周期 T_s 时，不同码相位搜索方格的相关值 $w_{u,v}$ 可视为序列 $r_v'[k]$ 和 $c'[k]$ 的循环相关，即

$$
\begin{aligned}
w_{u,v} &= \sum_{k=0}^{N_c-1} r(kT_s + u\tau_\Delta) c(kT_s) \mathrm{e}^{-\mathrm{j}2\pi vf_\Delta kT_s} \\
&= \sum_{k=0}^{2N_c-1} r_v'[k+u]_{2N_c} \, c'[k]_{2N_c}
\end{aligned}
\tag{4.4.17}
$$

假设序列 $r_v'[k]$ 和 $c'[k]$ 的离散傅里叶变换分别为 $S_r^v[n]$ 和 $S_c[n]$，那么可通过下式从频域计算得到不同码相位搜索方格的相关值 $w_{u,v}$，具体为

$$
w_{u,v} = \mathrm{IDFT}\left\{ S_r^v[n] S_c^*[n] \right\}
\tag{4.4.18}
$$

其中，$\mathrm{IDFT}\{\cdot\}$ 表示离散傅里叶逆变换。

下面从计算复杂度的角度来分析将时域相关转换为频域相乘的意义。假设相干积

分数据点数为 N_c，易知，在时域完成所有码相位相关值处理的计算复杂度为 $O(N_c^2)$，而将其变换至频域处理过程中，离散傅里叶变换和频域相乘的计算复杂度分别为 $O(N_c^2)$ 和 $O(N_c)$，因此整体的计算复杂度主要取决于离散傅里叶变换。众所周知，当离散傅里叶变换的点数 $2N_c$ 刚好等于 2 的指数时，可以使用计算复杂度为 $O(N_c\log_2 N_c)$ 的快速傅里叶变换来完成时频域变换。因此时域并行搜索可以将计算复杂度由 $O(N_c^2)$ 降为 $O(N_c\log_2 N_c)$，当相干积分数据点数 N_c 较大时，将时域相关转换为频域相乘可以大幅提高码相位搜索的计算效率。

在不考虑后积累的情况下，对单个多普勒频率搜索方格进行时域并行搜索的实现框图如图 4.4.2 所示。

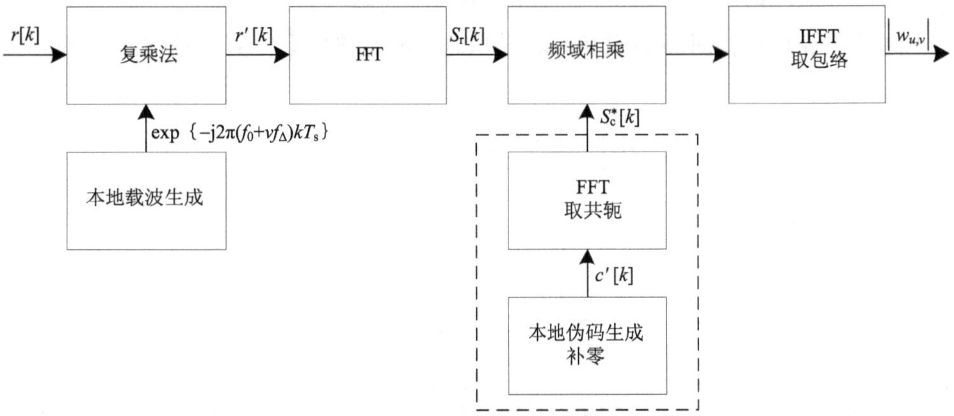

图 4.4.2　时域并行搜索的实现框图

在时域并行搜索中，需要缓存较长的接收数据以及本地测距码的频域数据，同时还需要完成大数据点数的 FFT，因此这种搜索算法更适合应用在软件接收机中。

前面描述了如何通过频域相乘高效得到某一多普勒频率不同码相位对应的相关值，为了完成多普勒频率维度的搜索，需要将接收信号与不同频率的本地载波相乘，并重复执行上述过程。通过选择特定多普勒频率搜索间隔，可进一步简化多普勒频率维度搜索的计算复杂度，下面介绍其原理。

易知，长度为 $2N_c$ 的序列 $r_v'[k]$ 进行 $N_t = 2^{\log_2(2N_c)}$ 点补零 FFT 得到的结果 $S_r^v[n]$ 可表示为

$$
\begin{aligned}
S_r^v[n] &= \sum_{k=0}^{N_t-1} r_v'[k] W_{N_t}^{nk} \\
&= \sum_{k=0}^{N_c-1} r(kT_s) e^{-j2\pi v f_\Delta kT_s} W_{N_t}^{nk}
\end{aligned}
\tag{4.4.19}
$$

其中，$W_{N_t} = \exp\{-j2\pi / N_t\}$。

当选择的频率搜索 f_Δ 为 $1/(N_t T_s)$ 的整数倍时，假设 $f_\Delta = m/(N_t T_s)$，则有

$$
\begin{aligned}
S_r^v[n] &= \sum_{k=0}^{N_c-1} r(kT_s) e^{-j2\pi v f_\Delta kT_s} W_{N_t}^{nk} \\
&= \sum_{k=0}^{N_c-1} r(kT_s) W_{N_t}^{(n+vm)k} \\
&= S_r^0[n+vm]_{N_t}
\end{aligned}
\tag{4.4.20}
$$

由式 (4.4.20) 可见，当选择的频率搜索间隔满足上述条件时，不同多普勒频率搜索方格对应的 $S_r^v[n]$ 可以由 $S_r^0[n]$ 循环移位得到，这样就只需要对 $r_v'[k]$ 进行一次 FFT，进一步降低了时域并行的计算复杂度。

例 4.4.2　以例 4.2.1 中的 GPS L1C/A 接收机为例，假设经过重采样后信号捕获所使用的基带信号的采样率为 2.046MHz/s，试设计能够实现 FFT 结果高效复用的多普勒频率搜索间隔，并分析相干积分时长为 1ms 时，时域并行搜索算法的计算量。

解　为了进行 1ms 的相干积分，时域并行搜索使用时长为 2ms 的输入信号 $r_v'[k]$ 和本地信号 $c'[k]$。当基带信号的采样率为 2.046MHz/s 时，两个离散序列的长度均为 4092。为了能够使用高效的 FFT 运算，通过补零将 FFT 点数 N_t 调整为 4096。

由前面的介绍可知，时域并行搜索的处理过程包括 2 次 4096 点的 FFT、1 次 4096 点的复乘法和 1 次 4096 点的 IFFT。由于 $c'[k]$ 是固定的，可通过存储 $S_c[k]$ 的方式省略 $c'[k]$ 的 FFT 处理。在这种情况下，单个多普勒频率搜索方格的主要计算量为 4096 点的 FFT 和 IFFT。

假设选择的多普勒频率搜索间隔在 500Hz 附近，为了满足 $f_\Delta = m/(N_t T_s)$ 的约束条件，整数 m 应选为 1，此时准确的多普勒频率搜索间隔为

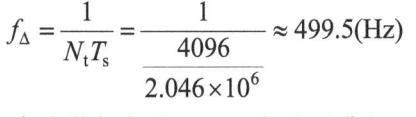

$$f_\Delta = \frac{1}{N_t T_s} = \frac{1}{\dfrac{4096}{2.046 \times 10^6}} \approx 499.5 \text{(Hz)}$$

为了覆盖 ±10.5kHz 的多普勒频率范围，至少需要进行 43 次的上述处理，因此最终时域并行搜索的主要计算量为 1 次 4096 点的 FFT 和 43 次 4096 点的 IFFT。

4.5　信号捕获的判决层处理

在遍历完所有搜索方格得到积累值矩阵 W 后，就可以根据积累值矩阵构造检测统计量 $T(W)$。由式 (4.2.4) 可知，信号捕获应使用积累值矩阵中所有元素的最大值进行判决。但某些情况下，为了能够以较低的计算复杂度实现较优的检测性能，会采用更加复杂的判决策略。对可能正确的搜索方格进行多次检测是提高捕获性能的有效方法，根据单个搜索方格的判决次数可以将判决层的不同方法分为单次比较判决和多次比较判决两类。在单次比较判决中，每个搜索方格只需要计算一次统计量；而在多次比较判决中，某些搜索方格需要多次计算统计量，并根据多次比较的结果完成信号是否存在的判决。

下面按照上述分类标准介绍判决层的不同处理方法。在对单次比较判决的介绍中，主要关注检测统计量的构造方法；而在对多次比较判决的介绍中，则侧重于不同判决策略间的性能差异。

4.5.1　单次比较判决

在单次比较判决策略中，根据积累值矩阵 W 构造出检测统计量 $T(W)$ 之后，直接将其与门限进行二元判决。由式 (4.2.4) 可知，为了获得最优的检测性能，检测统计量应采用取最大的方式。最大判决策略对应的表达式为

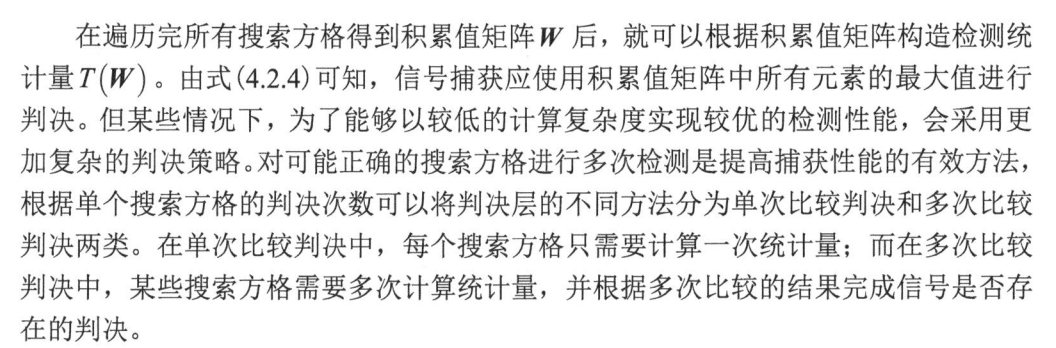

$$T_g(W) = \max_{u,v} W_{u,v} \underset{H_0}{\overset{H_1}{\gtrless}} \lambda \tag{4.5.1}$$

在某些情况下，上述直接取最大的方法并非最优的判决策略，具体原因包括以下方面。

（1）由 4.1.2 节中的介绍可知，军用信号使用无周期长码，在信号捕获时需要根据本地时间不确定范围进行大范围的码相位搜索。如果在遍历完整个搜索范围后再取最大积累值进行二元判决必然会花费很长的时间，而采用对每个搜索方格逐次判决的策略，在统计量超过门限后立刻停止该卫星的搜索则可以显著缩短信号捕获时间。

扩展阅读：弱信号条件通常是指接收信号的载噪比低于30dB·Hz。

（2）在弱信号条件下，由于信噪比较低，正确参数对应的积累值在所有搜索方格中很可能不是最大值。在这种情况下，通过取最大值进行捕获判决必然无法得到正确的捕获结果。弱信号条件下更合理的判决策略是在降低判决门限的基础上进行逐次或局部取大判决，以高虚警率为代价获得导航信号参数正确的粗略估计值。

扩展阅读：在搜索方格过门限之后，还会进行更长时间的积累，对该搜索方格进行虚警验证。

综上所述，某些情况下使用全局最大作为判决统计量并非判决层的最优处理策略。目前接收机中常用的判决策略还包括逐次判决和局部最大判决，参照式(4.5.1)，这两种策略可分别表示为

$$T_s(\boldsymbol{W}) = W_{u,v} \underset{H_0}{\overset{H_1}{\gtrless}} \lambda \left(对每个 \ u,v\right) \tag{4.5.2}$$

$$T_l(\boldsymbol{W}) = \max_u W_{u,v} \underset{H_0}{\overset{H_1}{\gtrless}} \lambda \left(对每个 v\right) 或者 \ T_l(\boldsymbol{W}) = \max_v W_{u,v} \underset{H_0}{\overset{H_1}{\gtrless}} \lambda \left(对每个 u\right) \tag{4.5.3}$$

下面从捕获成功率的角度，分析比较全局最大判决和逐次判决两种判决策略的检测性能。出于表述简洁的考虑，将所有搜索方格按照码相位优先的方式进行一维排列，并将方格 $k \left(1 \leqslant k \leqslant M, M 表示搜索方格总数\right)$ 对应的积累值标记为 W_k。为了简化分析过程，进行如下假设。

（1）当信号存在时，有且仅有一个搜索方格对应着正确的信号参数。

（2）对于信号存在且参数正确的搜索方格，其积累值的概率密度函数为 p_1，门限为 λ 时的检测概率为 $P_d(\lambda)$，对于信号不存在或参数不正确的搜索方格，其积累值的概率密度函数为 p_0，门限为 λ 时的虚警概率为 $P_{fa}(\lambda)$。

（3）正确码相位或多普勒频率落在每个搜索方格的概率相等。

（4）所有搜索方格的积累值相互独立。

对于全局取最大策略，正确检测和产生虚警的条件分别如下。

① 正确检测：当信号存在且搜索方格 i 正确时，$\max_k W_k = W_i$ 且 $W_i \geqslant \lambda$。

② 产生虚警：当信号不存在时，$\max_k W_k \geqslant \lambda$。

根据每个搜索方格积累值的概率密度函数和检测性能，可以得到上述条件满足所对应的概率，分别为

$$\begin{aligned}
P_D^g(\lambda) &= \Pr\left\{\underset{1 \leqslant k \leqslant M, k \neq i}{W_k < W_i}, W_i \geqslant \lambda\right\} \\
&= \int_\lambda^{+\infty} \underbrace{\Pr\left\{W_k < W_i | W_i = x\right\}}_{1 \leqslant k \leqslant M, k \neq i} p_1(x) \mathrm{d}x \\
&= \int_\lambda^{+\infty} \left[1 - P_{fa}(x)\right]^{M-1} p_1(x) \mathrm{d}x
\end{aligned} \tag{4.5.4}$$

$$\begin{aligned}
P_{FA}^g(\lambda) &= 1 - \Pr\left\{\max_k W_k < \lambda\right\} \\
&= \int_\lambda^{+\infty} \underbrace{W_k < \lambda}_{1 \leqslant k \leqslant M} \mathrm{d}x \\
&= 1 - \left[1 - P_{fa}(x)\right]^M
\end{aligned} \tag{4.5.5}$$

对于逐次判决统计量，正确检测和产生虚警的条件分别如下。

(1)正确检测：在信号存在的条件下，（方格 1 正确 且 $W_1 \geqslant \lambda$）或

（方格 2 正确 且 $W_2 \geqslant \lambda$ 且 $W_1 < \lambda$）或

······

（方格 M 正确 且 $W_M \geqslant \lambda$ 且 $\underbrace{W_k < \lambda}_{1<k<M}$）

(2)产生虚警：在信号不存在的条件下，（$W_1 \geqslant \lambda$）或

（$W_2 \geqslant \lambda$ 且 $W_1 < \lambda$）或

······

（$W_M \geqslant \lambda$ 且 $\underbrace{W_k < \lambda}_{1<k<M}$）

类似地，可以得到逐次判决策略的检测概率和虚警概率，具体为

$$
\begin{aligned}
P_{\mathrm{D}}^{\mathrm{s}}(\lambda) &= \frac{1}{M} \sum_{m=1}^{M} \mathrm{Pr}\left\{\underbrace{W_k < \lambda}_{0<k<m}, W_m \geqslant \lambda\right\} \\
&= \frac{1}{M} \sum_{m=1}^{M} \left[1 - P_{\mathrm{fa}}(x)\right]^{m-1} \int_{\lambda}^{+\infty} p_1(x)\mathrm{d}x \\
&= \frac{1 - \left[1 - P_{\mathrm{fa}}(\lambda)\right]^M}{M P_{\mathrm{fa}}(\lambda)} \int_{\lambda}^{+\infty} p_1(x)\mathrm{d}x
\end{aligned}
\tag{4.5.6}
$$

$$
\begin{aligned}
P_{\mathrm{FA}}^{\mathrm{s}}(\lambda) &= \sum_{m=1}^{M} \mathrm{Pr}\left\{\underbrace{W_k < \lambda}_{0<k<m}, W_m \geqslant \lambda\right\} \\
&= \sum_{m=1}^{M} P_{\mathrm{fa}}(\lambda)\left[1 - P_{\mathrm{fa}}(\lambda)\right]^{m-1} \\
&= 1 - \left[1 - P_{\mathrm{fa}}(\lambda)\right]^M
\end{aligned}
\tag{4.5.7}
$$

由式(4.5.5)和式(4.5.7)可知，在相同的判决门限下，全局取最大策略和逐次判决策略具有完全相同的虚警概率。当 $P_{\mathrm{fa}}(\lambda)$ 比较小时，可对式(4.5.4)和式(4.5.6)进行如下的近似：

$$
P_{\mathrm{D}}^{\mathrm{g}}(\lambda) \approx \int_{\lambda}^{+\infty} p_1(x)\mathrm{d}x
\tag{4.5.8}
$$

$$
P_{\mathrm{D}}^{\mathrm{s}}(\lambda) \approx \frac{1 - \left[1 - M P_{\mathrm{fa}}(\lambda)\right]}{M P_{\mathrm{fa}}(\lambda)} \int_{\lambda}^{+\infty} p_1(x)\mathrm{d}x = \int_{\lambda}^{+\infty} p_1(x)\mathrm{d}x
\tag{4.5.9}
$$

由式(4.5.4)和式(4.5.6)可知，在相同的判决门限下，全局取最大策略和逐次判决策略的检测概率近似相等。因此在上述假设下，两种判决策略的检测性能是完全相同的。

4.5.2　多次比较判决

在前面所介绍的单次比较判决中，所有搜索方格仅进行单次比较判决，并且积累值均采用完全相同的相干积分时间和后积累次数。如果要提高检测性能，就需要同时增加所有搜索方格的积累时间。实际上，更优的策略是进行多次比较判决：首先使用较短的积累时间和较低的判决门限，对搜索方格进行初步的筛选，然后针对筛选后的搜索方格进行多次积累值计算和门限判决，或者直接使用更长的积累时间。

受限于并行计算能力，早期接收机相关层处理难以进行长时间的积累。在单次检

测性能有限的情况下，通过多次比较来提高捕获成功率的判决策略得到了大量的研究，其中最有代表性的是 Tong 检测器和 N 取 M 检测器两种方法。Tong 检测器的判决流程如图 4.5.1 所示。

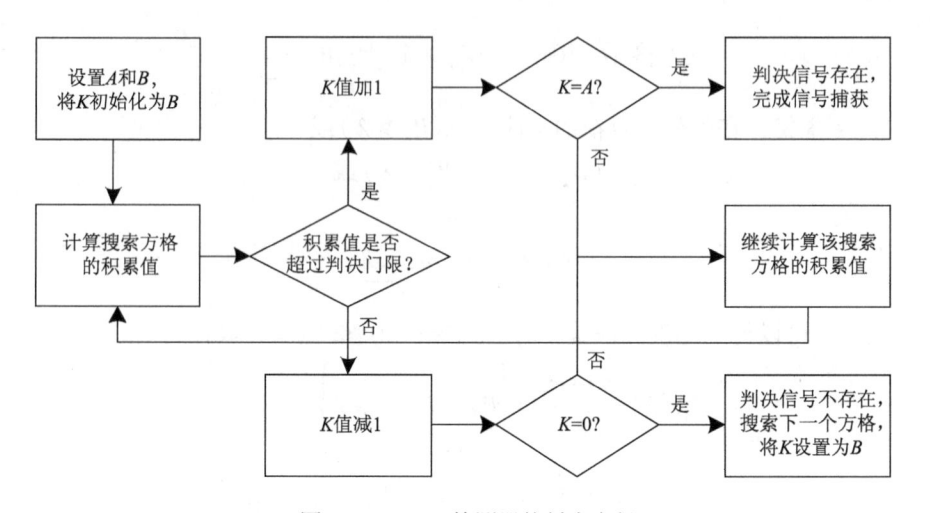

图 4.5.1　Tong 检测器的判决流程

由图 4.5.1 可知，Tong 检测器首先将 K 初始化为 B，每当得到的积累值超过门限时，K 值加 1，否则 K 值减 1，直至 K 值等于 0 或者 A 时退出该搜索方格。K 值等于 0 意味着卫星信号参数不在该搜索方格范围内，而 K 值等于 A 则表明成功捕获到该卫星信号。由该流程可知，Tong 检测器的检测概率 P_D 和虚警概率 P_FA 分别为

$$P_\mathrm{D} = \frac{\left(\dfrac{1-P_\mathrm{d}}{P_\mathrm{d}}\right)^B - 1}{\left(\dfrac{1-P_\mathrm{d}}{P_\mathrm{d}}\right)^{A+B+1} - 1} \tag{4.5.10}$$

$$P_\mathrm{FA} = \frac{\left(\dfrac{1-P_\mathrm{fa}}{P_\mathrm{fa}}\right)^B - 1}{\left(\dfrac{1-P_\mathrm{fa}}{P_\mathrm{fa}}\right)^{A+B+1} - 1} \tag{4.5.11}$$

其中，P_d 和 P_fa 分别表示进行单次比较判决的检测概率和虚警概率。

以例 4.3.2 中的参数为例，假设单次比较判决进行 2 次后积累，则 Tong 检测器中的 A、B 不同取值时的 ROC 曲线如图 4.5.2 所示。

由图 4.5.2 可见，Tong 检测器通过多次判决可以实现相比于单次判决更优的检测性能。另外，增大参数 A 和 B 均可以达到提升检测性能的目的。

由图 4.5.1 所示流程可知，Tong 检测器中单颗卫星所需的处理时间是不确定的，极端情况下，有可能出现 K 值长时间在 $(0, A)$ 范围内变化而无法退出捕获的现象。针对该不足，提出了对每颗卫星进行固定次数判决的 N 取 M 检测器方法。N 取 M 检测器的判决流程如图 4.5.3 所示。

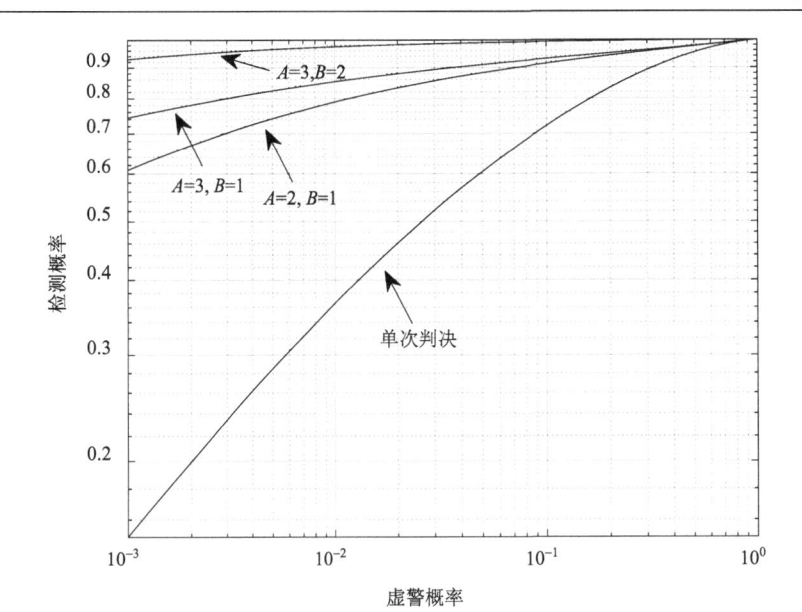

图 4.5.2　Tong 检测器的检测性能

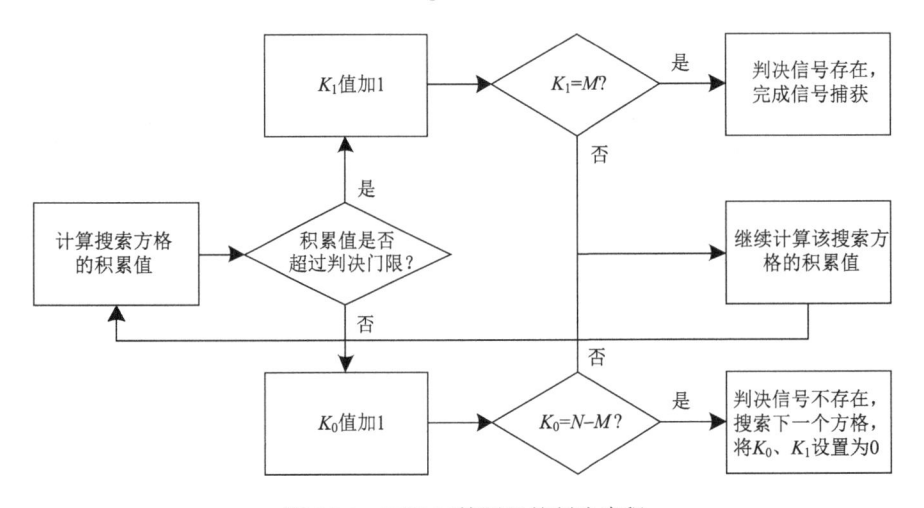

图 4.5.3　N 取 M 检测器的判决流程

由图 4.5.3 可见，在 N 取 M 检测器中，每个搜索方格最多进行 N 次判决，如果超过门限的次数不小于 M 次，则表明该卫星信号存在，反之则表明卫星信号参数不在该搜索方格范围内。

根据上述处理流程，易知 N 取 M 检测器的检测概率和虚警概率分别为

$$P_{\mathrm{D}} = \sum_{i=M}^{N} \binom{N}{i} P_{\mathrm{d}}^{i} \left(1 - P_{\mathrm{d}}\right)^{N-i} \tag{4.5.12}$$

$$P_{\mathrm{FA}} = \sum_{i=M}^{N} \binom{N}{i} P_{\mathrm{fa}}^{i} \left(1 - P_{\mathrm{fa}}\right)^{N-i} \tag{4.5.13}$$

由式 (4.5.12) 和式 (4.5.13) 可以看出，N 取 M 检测器的检测性能与 N、M 的关系比较复杂。通常情况下，增大 N 和 M 可以提升检测器的检测性能。使用和 Tong 检测器类似的参数，不同 N、M 取值时的 ROC 曲线如图 4.5.4 所示。

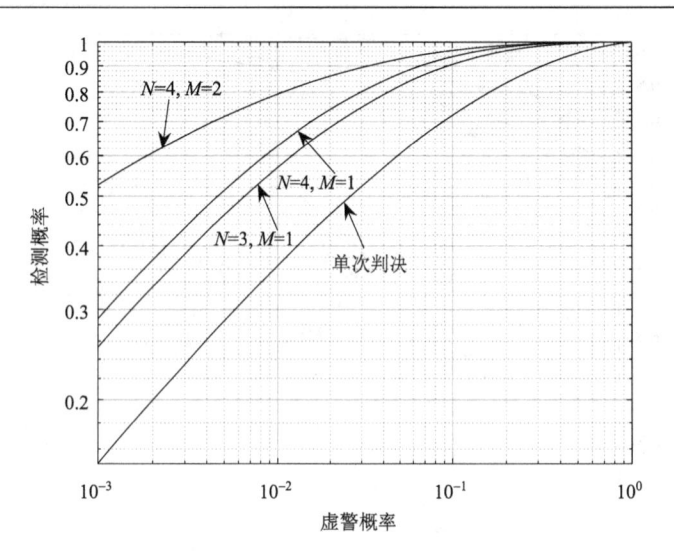

图 4.5.4　N 取 M 检测器的检测性能

由图 4.5.4 可见，N 取 M 检测器同样可以通过多次检测提升最终的检测性能。实际情况中 N 和 M 的最优取值需要根据单次判决的性能来确定。

得益于集成电路技术的快速发展，现有接收机具有强大的并行处理能力，能够在较短时间内完成多次后积累处理，单次判决即可实现较高的检测性能，因此不再需要采用前述复杂的多次比较判决策略。目前接收机通常进行两层判决，分别称为快速捕获和虚警验证。在快速捕获阶段，采用并行搜索算法以较短的积累时间快速完成码相位和多普勒频率方格的搜索，并以较低的判决门限进行初步筛选；在虚警验证阶段，再对通过初步筛选的搜索方格以较长的积累时间计算统计量并完成最终的捕获判决。

4.6　新一代 GNSS 信号的捕获

为了提供更优的导航、定位和授时服务，GPS、BDS 等卫星导航系统在传统信号体制的基础上新增了现代化的导航信号，而 Galileo 系统开始建设时间相对较晚，直接采用了现代化的信号体制。

与传统 GNSS 信号体制相比，新一代 GNSS 信号在扩频码调制、多路信号复用、电文编码和电文编排等多个方面采用了新的技术，其中对信号捕获具有较大影响的变化包括使用包含副载波的 BOC 调制和增加无电文调制的导频分量。下面详细介绍 BOC 调制和导频分量对信号捕获的影响。

4.6.1　BOC 信号的捕获

为了实现不同信号的频谱分离，BOC 调制在新一代 GNSS 信号中得到了广泛的应用。与 BPSK 调制相比，BOC 调制具有分裂谱、多零点、多峰值等诸多新的特性，这些特性给 BOC 信号的捕获引入了新的问题。下面依次介绍这些特性对信号捕获的影响，以及相应的解决方案。

1. 分裂谱特性

对比图 3.4.1 和图 3.4.6 可以发现，BPSK 信号的频谱只有一个主瓣，其能量主要集中在中心频点附近；而 BOC 信号在中心频点两侧各有一个主瓣，且两个主瓣的中心相隔 2 倍副载波频率。根据 Nyquist 采样定理，BOC 信号的这种分裂谱特性必然要求其基带数据比同码率的 BPSK 信号具有更高的速率。对于信号捕获而言，更高的数据速率意味着相同条件下需要完成更多的相关累加操作，这将提高相关层的计算复杂度。为了降低 BOC 信号捕获相关累加时的数据速率，目前最常用的方法是单边带捕获算法，下面介绍该算法的基本原理。

为了表示简洁，下面的分析省略了调制的导航电文和噪声，则接收到的 BOC 信号可表示为

$$r_0(t) = \sqrt{2C}\, c_{\mathrm{pn}}(t-\tau_0)\, c_{\mathrm{sc}}(t-\tau_0)\cos\left[2\pi(f_0+f_{\mathrm{d}})t+\theta_0\right] \tag{4.6.1}$$

其中，$c_{\mathrm{pn}}(t)$ 和 $c_{\mathrm{sc}}(t)$ 分别表示 BOC 信号的扩频码和副载波。

假设 f_{c} 和 f_{sc} 分别为 BOC 信号标称的扩频码码率和副载波速率，对式 (4.6.1) 中的副载波进行傅里叶分解，可以得到：

$$
\begin{aligned}
r_0(t) &= \sum_{k=0}^{+\infty} \frac{4\sqrt{2C}}{(2k+1)\pi}\sin\left[(2k+1)2\pi(f_{\mathrm{sc}}+f_{\mathrm{dsc}})(t-\tau_0)\right] \\
&\quad \times c_{\mathrm{pn}}(t-\tau_0)\cos\left[2\pi(f_0+f_{\mathrm{d}})t+\theta_0\right] \\
&= \frac{2\sqrt{2C}}{\pi}c_{\mathrm{pn}}(t-\tau_0)\sin\left[2\pi(f_0+f_{\mathrm{sc}}+f_{\mathrm{d}}+f_{\mathrm{dsc}})(t-\tau_0)+\theta_0-\theta_{\mathrm{sc}}\right] \\
&\quad -\frac{2\sqrt{2C}}{\pi}c_{\mathrm{pn}}(t-\tau_0)\sin\left[2\pi(f_0-f_{\mathrm{sc}}+f_{\mathrm{d}}-f_{\mathrm{dsc}})(t-\tau_0)+\theta_0+\theta_{\mathrm{sc}}\right] \\
&\quad +r_\varepsilon(t) \\
&\triangleq r_{\mathrm{U}}(t)-r_{\mathrm{L}}(t)+r_\varepsilon(t)
\end{aligned}
\tag{4.6.2}
$$

其中，$f_{\mathrm{dsc}}=\dfrac{f_{\mathrm{d}}}{f_0}f_{\mathrm{sc}}$ 表示副载波的多普勒频率；$\theta_{\mathrm{sc}}=2\pi f_{\mathrm{sc}}\tau_0$ 是由副载波传输延迟引入的载波相位；$r_{\mathrm{U}}(t)$、$r_{\mathrm{L}}(t)$ 和 $r_\varepsilon(t)$ 分别为 BOC 信号的上边带、下边带以及高次谐波分量。

由式 (4.6.2) 可以看出，上边带信号 $r_{\mathrm{U}}(t)$ 可视作幅度为 $2\sqrt{2C}/\pi$、测距码为 $c_{\mathrm{pn}}(t)$、中心频点为 f_0+f_{sc}、载波多普勒频率为 $f_{\mathrm{d}}+f_{\mathrm{dsc}}$、载波初相为 $\theta_0-\theta_{\mathrm{sc}}$ 的 BPSK 信号。同样地，下边带信号 $r_{\mathrm{U}}(t)$ 也可视作中心频点为 f_0-f_{sc} 的 BPSK 信号。

根据上述特性，可直接沿用传统 BPSK 信号的捕获方法对 BOC 信号的上边带或下边带进行处理，从而降低基带信号的数据速率和信号捕获的计算复杂度。但由于单边带的能量仅为原始信号的 $4/\pi^2$，因此单边带捕获的代价是检测性能存在较大的损耗。

2. 多零点特性

对比图 3.4.2 和图 3.4.9 可以发现，不同于 BPSK 调制信号三角形的相关函数，BOC 调制的相关函数在 ±1 码片范围内存在多个零点。因此当码相位偏差在 ±1 码片范围内逐渐减小时，BOC 信号的码相位偏差损耗会因相关峰零点突然增大。为了避免因搜索到零点导致的漏检，需要选择较小的码相位搜索间隔。

为了评估不同码相位搜索间隔 τ_Δ 对检测性能的影响，定义最大码相位偏差损耗 L_{m}，其表达式为

$$L_{\mathrm{m}} = \max_{-\tau_\Delta/2\leqslant\tau_\delta\leqslant\tau_\Delta/2}\left\{\min_{k\in N}\frac{1}{R^2(\tau_\delta+k\tau_\Delta)}\right\} \tag{4.6.3}$$

其中，τ_δ 是在 $[-\tau_\Delta/2,\tau_\Delta/2]$ 内随机分布的码相位偏差。

扩展阅读：BOC(1,1) 和 BOC(14,2)是北斗系统使用的两种典型的 BOC 调制方式。

根据上述定义，可以得到 BOC 信号和 BPSK 信号选择不同码相位搜索间隔时所对应的最大码相位偏差损耗，具体如图 4.6.1 所示。

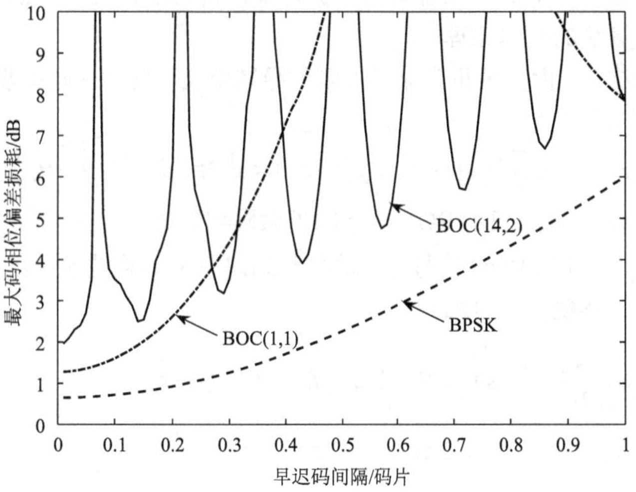

图 4.6.1　BPSK、BOC(1,1) 和 BOC(14,2) 信号不同码相位搜索间隔对应的最大码相位偏差损耗

由图 4.6.1 可见，BPSK 信号的最大码相位偏差损耗随着码相位搜索间隔的增大而增大，而 BOC(1,1) 和 BOC(14,2) 信号的最大码相位偏差损耗与码相位搜索间隔之间的关系比较复杂，因此必须选择合适的码相位搜索间隔。除此以外，为了使最大码相位偏差损耗与 BPSK 信号相当，BOC 信号捕获需要更小的码相位搜索间隔，但这意味着搜索层处理需要更长的处理时间和更高的计算复杂度。

在不减小码相位搜索间隔的前提下，直接改变相关函数形状同样是消除 BOC 信号相关峰零点的有效方法。前面提到的单边带捕获算法可以得到三角形相关峰，可以解决相关峰零点导致的码相位偏差损耗过大的问题。除此以外，一些文献提出通过构造特殊本地码消除零点的方法，但这类方法在计算复杂度和检测性能方面相比于单边带捕获并无优势，这里就不再赘述。

3. 多峰值特性

扩展阅读：跟踪发生错锁的具体原理见 5.5.1 节。

在 ±1 码片范围内具有多个峰值是 BOC 信号相关峰的显著特征，这种多峰值特性使得当跟踪初始误差超过一定范围时会发生错锁现象。为了避免因捕获到相关峰旁瓣导致较大的跟踪初始误差，很多研究提出无模糊捕获算法。这类算法通过多个相关函数的组合来抑制相关峰旁瓣，从而获得仅有单个峰值的相关函数。无模糊捕获算法可以保证较小的码相位偏差，但是多个相关函数组合必然会导致检测性能下降。更为严重的是，抑制相关峰旁瓣后需要使用更小的码相位搜索间隔才能避免漏检，这势必会显著增加信号捕获所需的时间。

扩展阅读：可以在捕获得到的码相位的基础上，以较小的码相位间隔计算不同码相位的相关值，然后通过取大的方式得到更高精度的码相位估计值。

由于信号捕获的计算复杂度远高于信号跟踪，因此信号捕获的首要目标应该是在相同计算复杂度下获得尽可能高的检测性能。至于跟踪错锁的问题，更合理的解决方案是采用无模糊跟踪算法或者在完成捕获后增加伪码相位精细估计环节。

综上所述，BOC 信号分裂的频谱以及包含多个零点和峰值的相关函数使其捕获相比于传统 BPSK 信号更加复杂，需要解决的最主要问题是如何以较低的计算复杂度获得较优的检测性能。

4.6.2 导频通道的捕获

增加无电文调制的导频通道是新一代 GNSS 信号的另一个显著特点。传统 GNSS 信号仅包含调制了电文信息的数据通道,以 GPS L1C/A 信号为例,数据通道的电文速率为 50bit/s。由于电文符号的存在,当相干积分时间超过 1ms 时,有可能因电文符号翻转导致检测性能损耗。为了避免符号翻转对相干积分的影响,在对每个扩频码周期的相关值进行相干累加时就需要考虑相关值的相对符号关系,这就会增加信号捕获的处理复杂度。

信号捕获框架

为了消除符号翻转对信号捕获的影响,新一代 GNSS 信号均增加了无电文调制的导频通道。当直接对无电文调制的导频通道进行捕获时,接收机不需要考虑符号翻转的问题,因此能够以非常小的代价进行长时间的相干积分,从而提高接收机在弱信号条件下的捕获能力。

新一代 GNSS 信号数据和导频通道的能量配比包括 1:1 和 1:3 两种。对于 1:1 能量配比的情况,如果捕获时仅使用导频通道,那么将只使用 1/2 的信号能量。为了提高捕获性能,某些文献提出数据和导频通道联合捕获的方法。在联合捕获中,数据和导频通道使用不同的相干积分时长计算相关值,并将得到的相关值进行非相干组合,因此该方法可视为相关层的检波处理。

假设总的积累时间为 NMT_c,其中数据通道的相干积分时间为 T_c,对应的相关值为 $w_d[i](0 \leqslant i < NM)$,导频通道的相干积分时间为 MT_c,对应的相关值为 $w_p[i](0 \leqslant i < N)$,则检波处理的具体表达式为

$$W = \sum_{i=0}^{NM-1}\left|w_d[i]\right|^2 + \sum_{i=0}^{N-1}\left|w_p[i]\right|^2 \tag{4.6.4}$$

必须要指出的是,在总积累时间相同的情况下,与仅捕获导频通道相比,联合捕获需要使用额外的硬件资源完成数据通道的相关累加。这意味着在相同硬件资源下,仅捕获导频通道时的总积累时间是联合捕获的 2 倍,因此通常情况下仅捕获导频通道是更优的策略。

4.7　信号捕获工程设计实例

本节以北斗地面运控系统监测接收机为工程实例,介绍该设备对信号捕获的设计要求,并在此基础上介绍信号捕获的详细设计方案。

微课视频

4.7.1 工程实例背景

北斗地面运控系统的监测接收机装于监测站中(包括有人值守监测站和无人值守监测站),用于对视场范围内 BDS 的所有信号以及 GPS、GLONASS 和 Galileo 的民用信号进行连续观测,为北斗系统精密定轨、时间同步、电离层延迟模型改正和系统间时差监测等业务提供高精度原始测量数据,其性能直接决定了北斗系统定位、授时服务的性能。本书作者所在团队研制的监测接收机是北斗地面运控系统首批列装的接收机,目前已批量安装在北斗地面运控系统的多个监测站中,保持长期连续稳定运行,且观测数据质量优异,是北斗系统定轨业务的主要数据源。本书作者所在团队研制的监测接收机扼流圈天线和主机如图 4.7.1 所示。

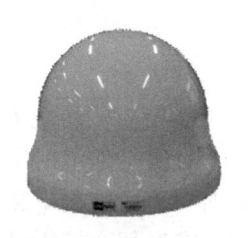

(a) 监测接收机扼流圈天线

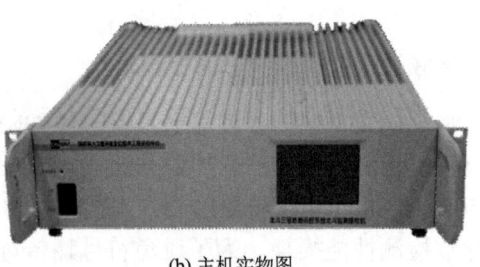

(b) 主机实物图

图 4.7.1　监测接收机扼流圈天线及主机实物图

为了提高卫星定轨性能，应尽可能加大地面监测站对卫星的可视观测弧段，监测接收机要能够及时接收到低仰角卫星所播发的信号。为了实现上述目标，监测接收机将捕获灵敏度指标设计为优于–141dBm。下面以 BDS 的 B3I 信号捕获为例，介绍监测接收机信号捕获模块判决层、相关层和搜索层的设计方案。

4.7.2　捕获模块设计

1. 判决层

在输入信号载噪比较低的情况下，如果使用取大判决的方式，很有可能无法捕获到正确的码相位和多普勒频率，因此在判决层采用逐次判决的方法。另外，为了兼顾检测性能和捕获速度，使用快速捕获和虚警验证相结合的两次判决策略：在快速捕获阶段，遍历所有可能的码相位和多普勒频率搜索方格，以高虚警率为代价保证较快的捕获速度；在虚警验证阶段，对过门限的搜索方格进行更长时间的积累，从而以较少的硬件资源实现较高的检测性能。

如果要求捕获模块最终的虚警概率为 0.01%，检测概率优于 90%，那么快速捕获和虚警验证两个阶段一种可行的检测性能分配方案为：快速捕获阶段的虚警概率和检测概率分别为 5% 和 95%，虚警验证阶段的虚警概率和检测概率分别为 0.2% 和 97%，最终捕获模块总的虚警概率和检测概率分别为 0.01% 和 92%。

2. 相关层

相关层的相干积分时长和后积累次数直接决定了检测量的检测性能。下面根据判决层给出的检测性能指标，进行快速捕获和虚警验证两个阶段的方案设计。

由于 4.3.2 节中给出的积累值统计特性非常复杂，为了简化分析，这里使用等效理想检测能力因子来近似评估其检测性能。根据图 4.7.2 所示的等效理想检测能力因子与检测性能之间的关系，为了达到快速捕获阶段和虚警验证阶段所要求的检测性能，正确搜索方格的等效理想检测能力因子分别为 10.8 和 22.7。

等效理想检测能力因子 D 与后积累次数 N、包络检波输入信噪比 R_{sn} 之间的关系如下：

$$D = \frac{2NR_{sn}}{1 + \dfrac{2.3}{R_{sn}}} \tag{4.7.1}$$

由式 (4.3.4) 可知，包络检波输入信噪比 R_{sn} 除了与接收信号载噪比、相干积分时间有关以外，还受到码相位和多普勒频率偏差的影响。由于码相位和多普勒频率偏差是随机量，在评估其影响时，通常考虑最恶劣情况下的包络检波输入信噪比。捕获模块通常以 1/2 码片为码相位搜索间隔以实现相关值的高效复用，在这种情况下，码相位偏差最大为 1/4 码片。对于多普勒频率偏差，可暂先假定 $f_\varepsilon T_c$ 小于 1/4。

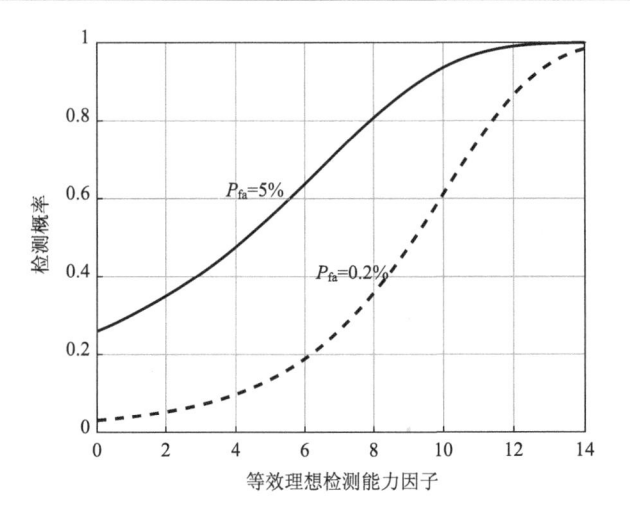

图 4.7.2　等效理想检测能力因子与检测性能之间的关系

当接收信号功率为−141dBm 时，对应的载噪比约为 32dB·Hz。在这种情况下，快速捕获和虚警验证阶段选择不同相干积分时间时所对应的总积累时间如图 4.7.3 所示。

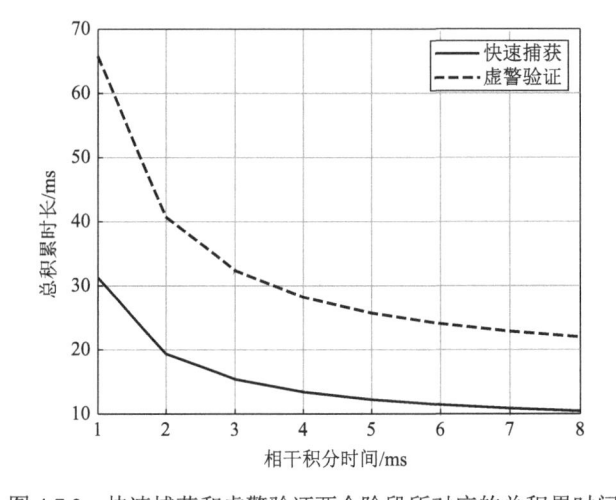

图 4.7.3　快速捕获和虚警验证两个阶段所对应的总积累时间

由图 4.7.3 可见，增大相干积分时间，可以缩短总的积累时间。但是当相干积分时间超过 1ms 时，为了消除符号位的影响，需要遍历不同的符号组合，其计算量会急剧增加。同时，增加相干积分时间相应地要求更小的多普勒频率搜索间隔。综合总积累时间和硬件复杂度两方面的考虑，快速捕获阶段的相干积分时间和后积累次数分别选为 1ms 和 31，虚警验证阶段的相干积分时间和后积累次数分别选为 1ms 和 66。

3. 搜索层

搜索层采用频域并行搜索算法，需要确定的参数包括分段相干积分时间和 FFT 点数：分段相干积分时间越长，则频域并行搜索引入的损耗也越小，但多普勒搜索范围也越小；FFT 点数则决定了多普勒频率捕获结果的分辨率。频域并行搜索中使用的 FFT 要求能够与相位搜索的速度匹配，需要较多的硬件资源，因此应尽可能减少 FFT 点数。

对于 1ms 相干积分时长，典型的设计参数为：分段相干积分时间取为 1/10ms，FFT 点数为 32。此时，多普勒频率在 ±5kHz 范围内时，捕获输出的多普勒频率分辨率为 312.5Hz，可以保证 $f_\varepsilon T_c$ 不大于 1/4。

4.8 本 章 小 结

本章首先概括了信号捕获的处理过程，并估算了信号捕获中伪码延迟和多普勒频率的搜索范围，然后从信号检测的角度介绍了信号捕获的基本原理。在此基础上，按照相关层、搜索层以及判决层的划分方法，详细分析了信号捕获过程中各环节的典型算法，具体如表 4.8.1 所示。

表 4.8.1 信号捕获各环节的典型算法

捕获环节	典型算法	简要说明
相关层	匹配滤波	使用与接收信号一致的本地信号，具有最优的检测性能
	非匹配滤波	本地信号与接收信号不一致，以检测性能为代价，获取其他方面的收益
搜索层	串行搜索	按照一定顺序，依次计算各搜索方格的积累值，主要用于早期硬件资源受限的接收机
	频域并行搜索	通过计算分段相关值，同时计算多个多普勒频率搜索方格的积累值，被目前绝大多数硬件接收机所采用
	时域并行搜索	利用循环相关与周期卷积间的等价关系，使用 FFT 同时计算多个码相位搜索方格的积累值，主要用于软件接收机
判决层	单次判决	每个搜索方格仅计算一次用于判决的统计量，主要判决策略包括逐次判决、局部取大判决和全局取大判决等
	多次判决	某些搜索方格需要多次计算用于判决的统计量，早期主要采用 Tong 检测器和 N 取 M 检测器这两种判决策略，目前接收机主要采用"快速捕获+虚警验证"的两层判决策略

在相关层处理部分，本章重点介绍了影响相关值检测性能的因素，并给出了相关值的统计特性和检测性能；在搜索层处理部分，本章重点介绍了频域并行和时域并行的基本原理；在判决层部分，本章首先分析了单次判决中不同判决策略的性能，然后以 Tong 检测器和 N 取 M 检测器为例，证明了可通过多次判决提升捕获的整体性能。

除了上述内容以外，本章还介绍了新一代 GNSS 信号中 BOC 调制和导频分量对信号捕获的影响：BOC 调制分裂的频谱提升了信号捕获的处理复杂度，同时相关峰中的零点降低了捕获的检测性能；导频分量不含电文调制，可以实现长时间的相干积分时间，可以提升弱信号条件下的捕获性能。

习 题 4

4-1 推导式(4.2.3)中归一化的相关值与多普勒频率偏差之间的关系。

4-2 当多普勒频率和码相位的搜索间隔分别为 500Hz 和 1/2 码片时，计算地面静止的 BDS B1I 接收机捕获单颗卫星信号时需要搜索的方格总数。

4-3 当输入信号载噪比为 40dB·Hz，相干积分时间为 1ms，多普勒频率和码相位的搜索间隔分别为 500Hz 和 1/2 码片时，计算码相位和多普勒频率偏差最小的搜索方格对应的包络检波输入的最低信噪比。

4-4 推导 4.4.1 节中频域并行搜索 FFT 点数与相关值信噪比损耗之间的关系。

4-5 根据 FFT 的实现结构，分析 4.4.2 节中时域并行搜索的计算量。

4-6 当单次比较判决的检测概率和虚警概率分别为 0.9 和 0.1 时，计算当 A 和 B 分别为 2 和 1 时，Tong 检测器的检测概率和虚警概率，并根据计算结果阐述使用 Tong 检测器的意义。

第 5 章 GNSS 信号的跟踪

在完成信号捕获后，用户接收机即可根据捕获结果对各卫星信号的伪码和载波进行连续的相位估计，进而获得伪距和载波相位等各种观测量，为最终的定位解算提供数据。上述对伪码和载波进行连续的相位估计，并获得精确的伪距和载波相位观测量的处理过程即为导航信号的跟踪。

导航信号的跟踪本质上属于非平稳连续信号的参数估计问题。本章将首先介绍信号跟踪的概况，然后从信号估计的角度深入分析导航信号跟踪的基本原理，接着详细介绍载波环和码环的组成和性能。在此基础上，本章还将详细介绍新一代 GNSS 中 BOC 调制和导频通道对信号跟踪的影响，最后以北斗地面运控系统中的监测接收机作为工程设计实例介绍信号跟踪的设计方案。

5.1 信号跟踪的概况

通过信号捕获得到各卫星伪码延迟和多普勒频率的粗略估计值后，导航接收机即开始对导航信号进行跟踪，并获得伪距、载波相位和多普勒频率等观测量。本节将首先介绍信号跟踪的具体过程，然后介绍信号跟踪时接收机所进行的其他处理。

微课视频

5.1.1 信号跟踪处理过程

信号跟踪的主要任务是对导航信号参数进行持续估计。由于导航信号参数时刻发生变化，导航接收机大都采用跟踪环路的方式完成信号参数的估计：导航接收机根据当前时段的信号参数生成本地信号，并计算其与接收信号的相关累加值，然后根据相关值估计本地信号与接收信号之间的参数差异，最后对信号参数进行修正并开始下一时段的处理。

在进行信号跟踪时，导航接收机需要为每颗卫星分配一个跟踪通道，并独立地完成各卫星信号的跟踪。跟踪通道由载波跟踪环路和伪码跟踪环路两部分组成，具体组成框图如图 5.1.1 所示。

图 5.1.1 中跟踪通道首先使用本地生成的载波对接收信号进行相位旋转，然后将得到的同相(I)分量和正交(Q)分量与本地生成的 3 路伪码(分别为提前 E、准时 P 和滞后 L 支路)分别进行相关累加得到 6 路相关值，并使用相关值实现码环和载波环的鉴相，最后根据跟踪鉴相结果调整本地载波和伪码的频率控制字。

载波环使用准时支路相关值实现载波多普勒频率和载波相位的跟踪，当载波环处于锁定状态时，信号能量集中在同相分量相关值 I_P 中，而正交分量相关值 Q_P 主要为噪声。码环使用提前支路和滞后支路的相关值完成伪码相位的跟踪，当码环处于锁定状态时，提前支路相关值包络 $\sqrt{I_E^2 + Q_E^2}$ 与滞后支路相关值包络 $\sqrt{I_L^2 + Q_L^2}$ 相等，并均具有较高的幅度。

跟踪环路处理的具体过程如图 5.1.2 所示。

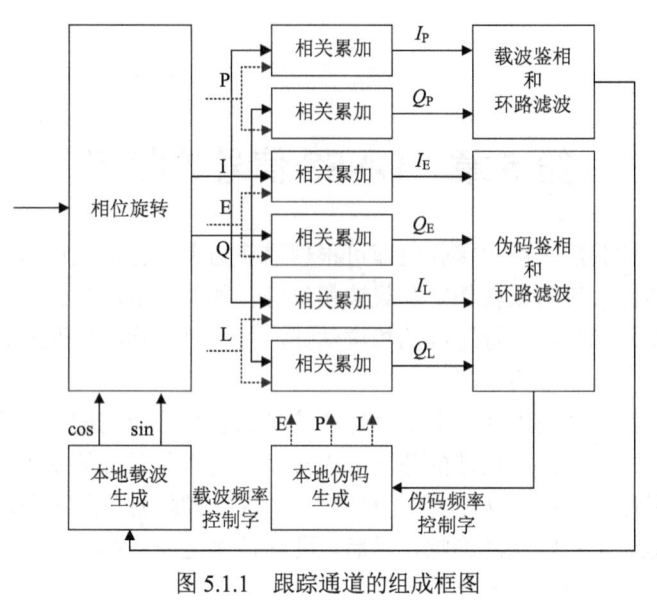

图 5.1.1　跟踪通道的组成框图

扩展阅读：相位旋转就是将接收信号与本地载波进行复乘法，剥离接收信号中的残留载波。

扩展阅读：导航接收机通常通过增加噪声通道来判断跟踪通道的相关值是否具有较高的幅度，对噪声通道的描述见 5.1.2 节的环路锁定检测部分。

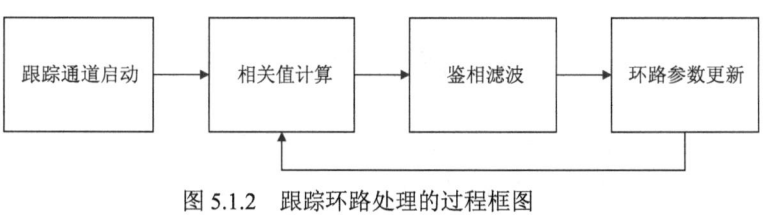

图 5.1.2　跟踪环路处理的过程框图

下面详细介绍图 5.1.2 中的各处理环节。

(1) 跟踪通道启动。信号捕获模块捕获到某卫星的信号后，导航接收机为该卫星分配一个空闲的跟踪通道，根据捕获得到的伪码延迟和多普勒频率对跟踪通道的寄存器进行配置。参数配置完成后，启动跟踪通道。

(2) 相关值计算。跟踪通道启动后，跟踪环路计算本地信号与接收信号的相关累加值。每个相关值进行累加的开始时刻和停止时刻由本地伪码的码片计数来控制，以保证相关值不受电文符号翻转的影响。通常情况下相关值的积分时间为 1ms，弱信号条件下可以增加积分时间来提高跟踪灵敏度。

扩展阅读：跟踪灵敏度，指接收机能正常工作时的接收信号的最低功率。

(3) 鉴相滤波。在得到载波环和码环的相关值后，分别进行伪码相位和载波相位的鉴相。为了降低相关值中噪声分量的影响，还需要对鉴相结果进行滤波。本章的 5.3 节和 5.4 节将对此进行详细分析。

(4) 环路参数更新。对鉴相结果进行滤波处理后，即可对环路参数进行更新，主要包括本地伪码和本地载波的频率控制字。更新完环路参数后，开始下一时段的处理。

5.1.2　跟踪时的其他处理

在环路跟踪的同时，导航接收机会使用跟踪环路的中间结果进行其他处理，包括环路锁定检测、测量值获取、导航电文处理。下面对这三个处理过程进行简要介绍。

1. 环路锁定检测

信号跟踪过程中，不可避免地存在信号中断或者环路失锁的情况，此时导航接收机输出的观测量必然是不可用的，因此对载波环和码环的锁定状态进行检测是环路跟踪过程中必不可少的环节。

由 5.1.1 节中的介绍可知，当载波环稳定跟踪时，信号能量主要集中于同相分量，正交分量中主要是噪声。根据该特性，可基于正交分量相关值幅度设计载波锁定检测门限，并在此基础上，根据同相分量相关值幅度是否超过门限来判断载波环锁定情况。当码环稳定跟踪时，准时支路相关值幅度会显著高于信号不存在时的情况。导航接收机射频前端通常会使用自动增益控制，因此信号存在时准时支路相关值幅度会随着射频增益发生变化。为了能够自适应地调整码环锁定检测门限，接收机通常增加专门的噪声通道。噪声通道相关值的计算方式与准时支路类似，主要差异在于本地使用的扩频码与接收信号不存在相关性。由于噪声通道的相关值能够准确反映信号不存在时跟踪通道相关值的幅度，因此可以用于设计码环锁定的检测门限。

为了防止相关值中噪声影响检测的稳定性，锁定判决之前通常要对相关值进行低通滤波。除此以外，接收机还使用多次比较的方法来提高判决的准确性。必须要指出的是，环路锁定检测的准确性和实时性是相互矛盾的指标，需要根据具体的使用场景进行取舍。

载波环和码环锁定检测的实现框图如图 5.1.3 所示。

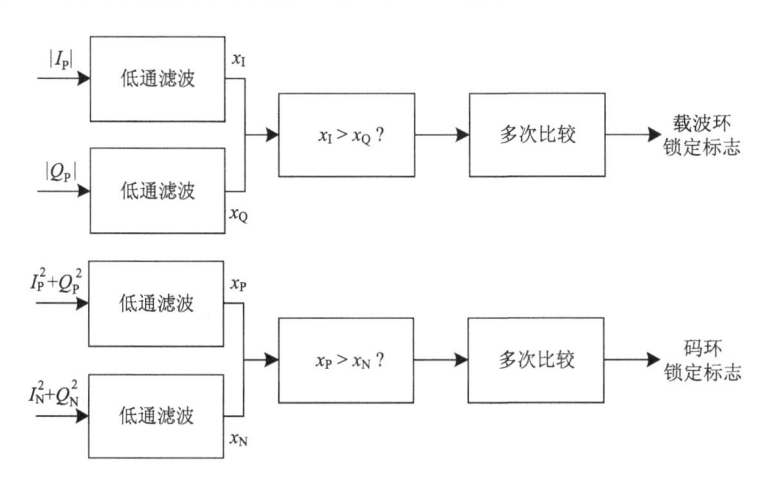

图 5.1.3 载波环和码环锁定检测的实现框图

图 5.1.3 中 I_N 和 Q_N 分别表示噪声通道同相/正交分量的相关值。

2. 测量值获取

需要对星地距离进行高精度测量是卫星导航系统与卫星广播系统之间的重要差异。卫星导航接收机需要获取的测量值包括反映星地相对距离的伪码伪距和载波伪距、反映星地相对速度的多普勒频率以及反映信号功率的载噪比。

根据 1.2 节对测距定位原理的介绍，伪距是指信号接收时间(本地时间)与信号发射时间(信号时间)之差，其中信号发射时间可从跟踪环路的本地复现信号中获得。本地复现信号由伪码和载波两部分组成，这两者的相位均可反映信号的发射时间，因此导航接收机会分别输出伪码伪距和载波伪距。伪码伪距和载波伪距存在一定的差异，其中伪码伪距不存在模糊度，但是误差较大，而载波伪距精度很高，但是存在整周模糊度。

受多普勒效应的影响，载波频率和伪码速率均会偏离其标称值。理论上这两者的偏差均能用于速度测量，但由于载波频率的测量精度远高于伪码速率，因此导航接收机的多普勒频率测量值均是指载波多普勒频率，可直接从载波跟踪环路中获得。

在进行码环锁定检测时，会估计准时支路相关值和噪声通道相关值的功率，根据

扩展阅读：很多文献将伪码伪距称为伪距，将载波伪距称为载波相位或积分多普勒，但载波相位或积分多普勒容易引起误解，也无法体现伪码伪距和载波伪距本质上的联系。

两者的比值即可最终推算得到接收信号的载噪比。

获取上述测量值的具体实现方法将在本书 8.3 节详细介绍，这里不再详述。

3. 导航电文处理

导航卫星通过电文给用户播发时间、星历、钟差、电离层延迟等参数，而电文解调则是获得上述电文参数的过程。在载波环锁定的情况下，准时支路相关值 I_P 中包含电文信息，通过对 I_P 进行位同步、帧同步和译码等处理即可获得导航电文。本书 8.3 节将对导航电文处理过程进行详细介绍。

微课视频

5.2 信号跟踪的基本原理

导航信号跟踪的主要任务是对信号参数进行持续估计。由于导航信号属于参数时变的连续信号，因此在进行参数估计时需要将信号分段，并假定每个分段内信号参数是不变的。在估计信号参数时，如果独立地对各分段进行处理，其处理复杂度较高。实际上，由于相邻时段的信号参数是连续的，在前一时段估计值的基础上，通过估计其与当前时段信号参数的差异，能够以较小的代价获得当前时段信号参数的估计值。这就是闭环跟踪的基本原理。

导航信号中的伪码延迟、多普勒频率、载波相位等参数随时间不断发生变化，假设信号跟踪时的分段周期为 T_c，在不考虑信号功率变化的情况下，参照式 (4.2.2)，$\left[kT_c,(k+1)T_c\right]$ 时段内基带形式的导航信号 $r_k(t)$ 可表示为

载波和伪码跟踪原理

$$r_k(t)=\sqrt{C}d_k c\left(t-\tau_{0,k}\right)\mathrm{e}^{\mathrm{j}\left(2\pi f_{d,k}t+\theta_{0,k}\right)}+n_k(t) \tag{5.2.1}$$

其中，d_k、$\tau_{0,k}$、$f_{d,k}$ 和 $\theta_{0,k}$ 分别表示 kT_c 时刻信号的导航电文、伪码延迟、多普勒频率和载波初相；$n_k(t)$ 表示 $\left[kT_c,(k+1)T_c\right]$ 时段的噪声，其余符号的定义与式 (4.2.2) 相同。

导航信号跟踪就是对每个时段的 $\tau_{0,k}$、$f_{d,k}$ 和 $\theta_{0,k}$ 进行估计，由于伪码延迟 $\tau_{0,k}$ 和载波初相 $\theta_{0,k}$ 相互独立，因此可以对伪码和载波独立地进行跟踪处理。本节将在上述信号模型的基础上，介绍导航信号载波跟踪和伪码跟踪的基本原理。

5.2.1 载波跟踪的基本原理

载波跟踪的目的是估计式 (5.2.1) 中的多普勒频率 $f_{d,k}$ 和载波初相 $\theta_{0,k}$。多普勒频率 $f_{d,k}$ 可视为相邻时段载波初相 $\theta_{0,k}$ 的差分，因此准确估计载波初相 $\theta_{0,k}$ 后很容易估计得到多普勒频率 $f_{d,k}$。下面首先基于随机信号估计理论介绍直接估计载波初相的方法，然后介绍闭环跟踪的基本原理。

在已知伪码延迟估计值 $\tilde{\tau}_{0,k}$ 的情况下，生成伪码延迟为 $\tilde{\tau}_{0,k}$ 的本地伪码并将其与接收信号相乘，可得到无扩频调制的单载波信号，具体表达式为

$$\begin{aligned}r_k'(t)&=r_k(t)c\left(t-\tilde{\tau}_{0,k}\right)\\&=\sqrt{C}d_k\,\mathrm{e}^{\mathrm{j}\left(2\pi f_{d,k}t+\theta_{0,k}\right)}+n_k(t)\end{aligned} \tag{5.2.2}$$

由随机信号估计理论可知，单载波的多普勒频率和载波初相的最优估计分别为

$$\hat{f}_{d,k}=\arg\left\{\max_{\tilde{f}_{d,k}}\left|I\left(\tilde{f}_{d,k}\right)\right|^2\right\} \tag{5.2.3}$$

$$\hat{\theta}_{0,k} = \mathrm{ang}\left\{ I\left(\tilde{f}_{\mathrm{d},k}\right) \right\} \tag{5.2.4}$$

其中，$\mathrm{arg}\{\max()\}$ 表示括号中表达式取最大时对应的变量值；$\mathrm{ang}\{z\}$ 表示取复数 z 的相位角；$I\left(\tilde{f}_{\mathrm{d},k}\right)$ 表示复现信号多普勒频率为 $\tilde{f}_{\mathrm{d},k}$ 时，接收信号 $r_k(t)$ 和复现信号的共轭相关值，具体表达式为

$$I\left(\tilde{f}_{\mathrm{d},k}\right) = \frac{1}{T_{\mathrm{c}}} \int_0^{T_{\mathrm{c}}} r_k'(t) \mathrm{e}^{-\mathrm{j}2\pi\tilde{f}_{\mathrm{d},k}t} \, \mathrm{d}t \tag{5.2.5}$$

由式 (5.2.3) 和式 (5.2.4) 可知，载波初相的最优估计要首先计算各种频率的相关值 $I\left(\tilde{f}_{\mathrm{d},k}\right)$。很显然，该方法对应的处理过程具有很高的处理复杂度。下面介绍如何利用相邻分段信号参数的连续性来降低载波初相估计的复杂度。

假设已准确估计得到 $\left[(k-1)T_{\mathrm{c}}, kT_{\mathrm{c}}\right]$ 时段的多普勒频率 $\tilde{f}_{\mathrm{d},k-1}$、载波初相 $\tilde{\theta}_{0,k-1}$ 和伪码延迟 $\tilde{\tau}_{0,k-1}$，将这些参数作为 $\left[kT_{\mathrm{c}}, (k+1)T_{\mathrm{c}}\right]$ 时段的预测值并生成本地信号，此时本地信号与接收信号的相关值为

扩展阅读：在 Kalman 滤波理论中，预测值的产生方式与系统模型有关，具体可参阅附录。

$$\begin{aligned} y[k] &= \frac{1}{T_{\mathrm{c}}} \int_0^{T_{\mathrm{c}}} r_k(t) c\left(t - \tilde{\tau}_{0,k}\right) \mathrm{e}^{-\mathrm{j}\left(2\pi\tilde{f}_{\mathrm{d},k-1}t + \tilde{\theta}_{0,k-1}\right)} \, \mathrm{d}t \\ &= \sqrt{C} d_k R\left(\tau_{\varepsilon,k}\right) \mathrm{sinc}\left(\pi f_{\varepsilon,k} T_{\mathrm{c}}\right) \mathrm{e}^{\mathrm{j}\left(\pi f_{\varepsilon,k} T_{\mathrm{c}} + \theta_{\varepsilon,k}\right)} + n_y[k] \end{aligned} \tag{5.2.6}$$

其中，$f_{\varepsilon,k} = f_{\mathrm{d},k} - \tilde{f}_{\mathrm{d},k-1}$ 表示多普勒频率预测值与真实值之间的误差；$\theta_{\varepsilon,k} = \theta_{0,k} - \tilde{\theta}_{0,k-1}$ 表示载波初相预测值与真实值之间的误差；$\tau_{\varepsilon,k} = \tau_{0,k} - \tilde{\tau}_{0,k}$ 表示伪码延迟预测值与真实值之间的误差；$R(\bullet)$ 表示伪码 $c(t)$ 的自相关函数；$n_y[k]$ 表示相关值中的噪声。

易知，当前后时段多普勒频率变化较小或者分段时间较短时，有 $f_{\varepsilon,k-1}T_{\mathrm{c}} \approx 0$。此时载波初相误差与相关值存在如下的近似关系：

$$\theta_{\varepsilon,k} = \mathrm{ang}\left\{ y[k] \right\} + \varepsilon_{\theta,k} \tag{5.2.7}$$

其中，$\varepsilon_{\theta,k}$ 表示由相关值中噪声所引入的估计误差。

使用式 (5.2.7) 估计得到的相位差 $\theta_{\varepsilon,k}$ 对预测值 $\tilde{\theta}_{0,k-1}$ 进行修正，即可得到 $\left[kT_{\mathrm{c}}, (k+1)T_{\mathrm{c}}\right]$ 时段载波初相的估计值 $\tilde{\theta}_{0,k} = \tilde{\theta}_{0,k-1} + \theta_{\varepsilon,k}$。因此，在信号参数变化缓慢的情况下，可使用前一时刻的估计值产生本地信号，并根据本地信号和接收信号的相关值估计出信号参数的变化，进而得到当前时刻的估计值。这就是载波相位闭环跟踪的基本原理。与式 (5.2.3) 所示的直接估计方法相比，闭环跟踪的处理复杂度要远低于前者。

扩展阅读：信号跟踪初始时刻的估计值通过信号捕获的方式获得。

5.2.2　伪码跟踪的基本原理

导航信号跟踪除了需要对信号的多普勒频率 $f_{\mathrm{d},k}$ 和载波初相 $\theta_{0,k}$ 进行估计以外，还需要估计信号的伪码延迟 $\tau_{0,k}$。根据信号估计理论，在已知多普勒频率和载波初相估计值的情况下，伪码延迟 $\tau_{0,k}$ 的最优估计为

$$\begin{aligned} \hat{\tau}_{0,k} &= \mathrm{arg}\left\{ \max_{\tilde{\tau}_{0,k}} \left| \frac{1}{T_{\mathrm{c}}} \int_0^{T_{\mathrm{c}}} r_k(t) c^*\left(t - \tilde{\tau}_{0,k}\right) \mathrm{e}^{\mathrm{j}\left(2\pi\tilde{f}_{\mathrm{d},k}t + \tilde{\theta}_{0,k}\right)} \, \mathrm{d}t \right|^2 \right\} \\ &= \mathrm{arg}\left\{ \max_{\tilde{\tau}_{0,k}} \left| I\left(\tilde{\tau}_{0,k}\right) \right|^2 \right\} \end{aligned} \tag{5.2.8}$$

其中，$c^*(t)$ 表示接收信号伪码 $c(t)$ 的复共轭；$I\left(\tilde{\tau}_{0,k}\right)$ 表示本地信号伪码延迟为 $\tilde{\tau}_{0,k}$ 时的相关值。

如果以一定的搜索间隔遍历各种伪码延迟下的相关值，不仅具有非常高的计算复杂度，而且估计精度会受到搜索间隔的限制。下面介绍如何利用伪码自相关函数特性降低伪码延迟估计的复杂度。

由式(5.2.6)可知，相关值与伪码延迟误差 $\tau_{\varepsilon,k}$ 之间的关系为

$$y[k] = \sqrt{C}d_k R(\tau_{\varepsilon,k})\mathrm{sinc}(\pi f_{\varepsilon,k}T_c)\mathrm{e}^{j(\pi f_{\varepsilon,k}T_c + \theta_{\varepsilon,k})} + n_y[k] \tag{5.2.9}$$

与式(5.2.7)所示的载波初相误差估计方法不同的是，根据相关值 $y[k]$ 难以直接解析地获得伪码延迟误差 $\tau_{\varepsilon,k}$ 的估计值，而伪码自相关函数 $R(\tau)$ 的特性使得可采用迭代估计的方法获得伪码延迟 $\tau_{0,k}$ 的估计值。如图5.2.1所示，伪码自相关函数 $R(\tau)$ 关于 $\tau=0$ 对称，且在一定范围内 $R(0)$ 是唯一的极值，通过如下步骤可实现伪码延迟估计。

(1)根据当前伪码延迟估计值 $\tilde{\tau}_{0,k}$，产生延迟分别为 $\tilde{\tau}_{0,k} - \Delta/2$（提前支路）和 $\tilde{\tau}_{0,k} + \Delta/2$（滞后支路）的伪码。

(2)计算提前支路和滞后支路的相关值 $y_E[k]$ 和 $y_L[k]$。

(3)比较 $y_E[k]$ 和 $y_L[k]$ 的大小，当 $y_E[k] > y_L[k]$ 时，减小伪码延迟估计值 $\tilde{\tau}_{0,k}$，反之增大伪码延迟估计值 $\tilde{\tau}_{0,k}$。

(4)重复步骤(1)～(3)，直至 $y_E[k]$ 和 $y_L[k]$ 相等。

上述迭代估计过程就是伪码闭环跟踪的基本原理。

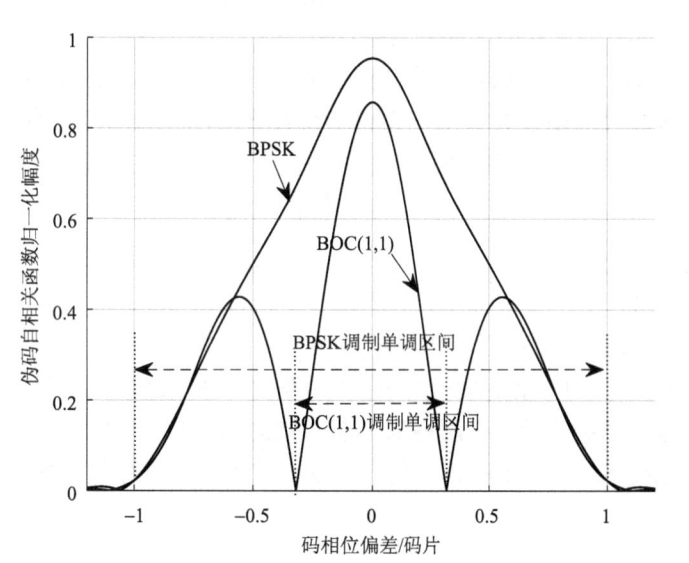

图5.2.1 BPSK 和 BOC(1,1) 调制的伪码自相关函数

微课视频

5.3 载波跟踪环路

5.2.1节简要介绍了载波跟踪的基本原理，本节将具体介绍载波跟踪环路的实现方法。实际上，导航接收机大多采用相位锁定环路(PLL)进行载波跟踪。相位锁定环路简称锁相环，早期的锁相环主要由模拟器件所组成，随着数字技术的快速发展，现在绝大部分设备都采用数字形式的锁相环。由于模拟锁相环的理论分析已比较完备，因此本节将首先介绍模拟锁相环的原理，然后以此为基础详细介绍数字锁相环的基本组成，最后详细分析锁相环在稳态相位误差、跟踪精度和动态适应性等方面的性能。

5.3.1 基本组成

典型的模拟锁相环由鉴相器、环路滤波器和压控振荡器三部分组成。其中压控振荡器 (VCO) 产生本地载波，鉴相器用于估计接收信号和本地信号的相位差，环路滤波器对鉴相器输出的相位差进行滤波，并控制压控振荡器的输出频率。模拟锁相环的具体结构如图 5.3.1 所示。

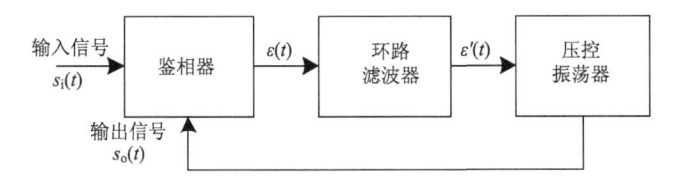

图 5.3.1　模拟锁相环的结构框图

考虑到模拟锁相环的电路设计与本书的关联性较低，下面使用数学表达式来描述其各组成环节。假设锁相环输入信号和压控振荡器输出信号的表达式分别为

$$s_i(t) = A_i \sin(\omega_i t + \theta_i) + n_i(t) \tag{5.3.1}$$

$$s_o(t) = A_o \cos(\omega_o t + \theta_i) \tag{5.3.2}$$

其中，A_i、ω_i 和 θ_i 分别表示锁相环输入信号的幅度、频率和相位；A_o、ω_o 和 θ_o 分别表示压控振荡器输出信号的幅度、频率和相位；n_i 表示输入信号中的噪声。输入/输出信号分别采用正弦和余弦的形式是为了使稳定跟踪时输入/输出信号的相位相等。

鉴相器用来估计输入/输出信号的相位差，可视为简单的乘法器，其输出结果的表达式为

$$\begin{aligned}
\varepsilon(t) &= s_i(t) s_o(t) \\
&= \frac{A_i A_o}{2} \sin\left[(\omega_i - \omega_o)t + (\theta_i - \theta_o)\right] \\
&\quad + \frac{A_i A_o}{2} \sin\left[(\omega_i + \omega_o)t + (\theta_i + \theta_o)\right] + \varepsilon_n(t) \\
&= K_d \sin\left[(\omega_i - \omega_o)t + (\theta_i - \theta_o)\right] + \varepsilon_h(t) + \varepsilon_n(t)
\end{aligned} \tag{5.3.3}$$

其中，K_d 表示鉴相器增益；ε_h 和 ε_n 分别表示鉴相结果中的高频分量和噪声分量。

环路滤波器对鉴相结果进行低通滤波，抑制其中的高频分量和噪声分量。当输入/输出信号的频率近似相等且相位差较小时，滤波后的鉴相结果近似为

$$\varepsilon'(t) = \mathrm{LF}\{\varepsilon(t)\} \approx K_d(\theta_i - \theta_o) \tag{5.3.4}$$

其中，$\mathrm{LF}\{\bullet\}$ 表示低通滤波操作。该式表明鉴相结果反映了输入/输出信号之间的相位差。当 $\theta_i > \theta_o$ 时，鉴相结果 $\varepsilon'(t) > 0$，此时会增大压控振荡器输出频率，使 θ_o 接近 θ_i；反之亦然。因此锁相环跟踪的主要过程是控制压控振荡器输出频率，使鉴相结果趋于零，进而使输出信号的相位与输入信号保持一致。

前述时域模型清晰地描述了模拟锁相环的基本原理，而在性能分析时，通常采用模拟锁相环的频域模型。假设模拟锁相环接收信号载波相位的拉氏变换为 $\theta_i(s)$，本地信号载波相位的拉氏变换为 $\theta_o(s)$，鉴相器增益为 K_d，环路滤波器的传递函数为 $F(s)$，压控振荡器的增益为 K_o，对应的传递函数为 K_o/s，那么模拟锁相环对应的拉氏变换框图如图 5.3.2 所示。

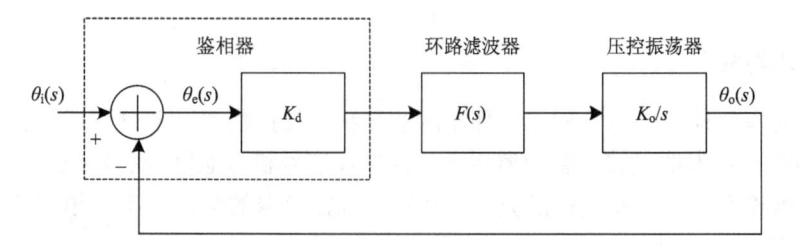

图 5.3.2 模拟锁相环的拉氏变换框图

模拟锁相环的系统传递函数 $H(s)$ 和误差传递函数 $E(s)$ 分别为

$$H(s) = \frac{\theta_o}{\theta_i} = \frac{K_d K_o F(s)}{s + K_d K_o F(s)} \tag{5.3.5}$$

$$E(s) = \frac{\theta_e}{\theta_i} = \frac{s}{s + K_d K_o F(s)} \tag{5.3.6}$$

与模拟锁相环相比,数字锁相环在实现复杂度、参数灵活性等方面具有明显的优势,因此目前导航接收机基本都使用数字锁相环实现载波相位的跟踪。与模拟锁相环类似,数字锁相环主要由数字形式的数控振荡器、鉴相器和环路滤波器等部分组成,其组成框图如图 5.3.3 所示。

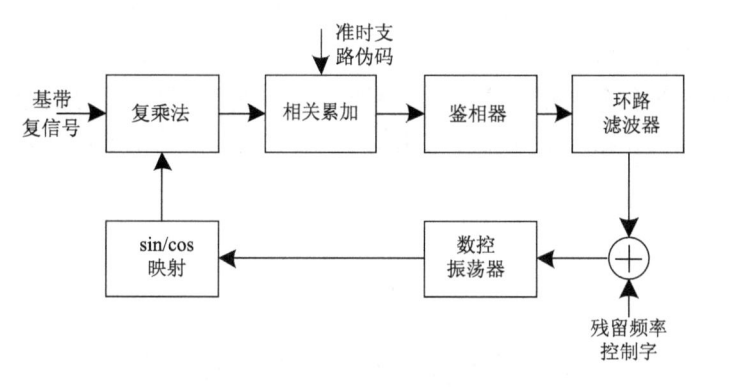

图 5.3.3 数字锁相环的组成框图

为了简化参数设计,数字锁相环通常会对鉴相器增益 K_d 和数控振荡器增益 K_o 进行归一化处理,此时式(5.3.5)和式(5.3.6)所示的系统传递函数和误差传递函数可简化为

$$H(s) = \frac{F(s)}{s + F(s)}, \quad E(s) = \frac{s}{s + F(s)} \tag{5.3.7}$$

下面按照数控振荡器、鉴相器和环路滤波器的顺序,详细介绍数字锁相环各环节的实现方式。

5.3.2 数控振荡器

数控振荡器(NCO)是压控振荡器(VCO)的数字实现形式。数控振荡器使用矩形波数字积分器代替 VCO 中的模拟积分器,并根据相位幅度查找表产生本地载波,其实现框图如图 5.3.4 所示。

数控振荡器中累加器的工作过程可以简单描述为按照工作时钟以频率控制字为增量不断进行累加,当累加值达到计数周期后清零,并继续进行下一周期的累加。为了便于实现，累加器通常以 2^N 作为计数周期。假设数控振荡器的频率控制为 M，工作时钟频率为 f_s，相位寄存器的计数周期 $L = 2^N$，易知输出载波的频率 f_o 为

$$f_o = \frac{M}{2^N} f_s \tag{5.3.8}$$

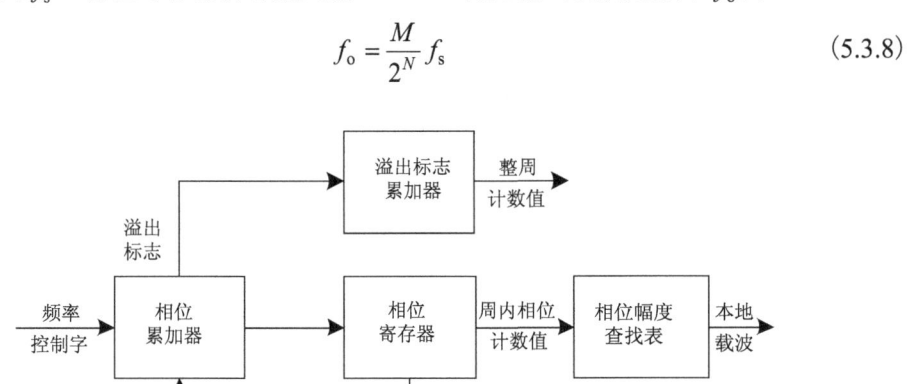

图 5.3.4　数控振荡器的实现框图

数控振荡器使用相位幅度查找表将累加器输出的计数值映射为本地生成的正弦/余弦信号，因此计数值就准确反映了本地载波的周内相位。由于正弦/余弦信号具有周期性，所以只需要使用计数周期内的累加值即可产生本地载波信号。但载波相位测量需要获得特定时间段内本地载波的整周数，因此数控振荡器还会对累加器的溢出标志进行计数以获得本地载波的整周计数值。

例 5.3.1　假设 GPS L1C/A 信号某高精度测量型接收机的残留频率为 100kHz，基带处理时钟为 10MHz，如果载波相位测量频度为 50Hz，且要求载波相位测量值的分辨率为 0.001 周，多普勒频率测量值的分辨率为 0.001m/s，试设计锁相环数控振荡器中累加器的计数周期和整周计数字长。

解　根据式(5.3.8)，为了使锁相环输出频率分辨率不大于 0.001m/s，则累加器的计数周期 L 不小于

$$L \geqslant \frac{f_s}{f_o} = \frac{10 \times 10^6}{\dfrac{0.001}{299792458 \times 1575.42 \times 10^6}} \approx 1.9 \times 10^9$$

如果要求计数周期 $L = 2^N$，那么 N 必须不小于 31，也就是累加器字长至少为 31bit。当累加器字长选为 32bit 时，载波相位测量值只需要累加器的高 10bit 即可满足分辨率不低于 0.001 周的要求。

当载波相位测量频度为 50Hz 时，在 20ms 的时间间隔内因残留频率引入的载波相位变化的整周计数不超过 2000 周，因此整周计数字长选为 11bit。

综上所述，为了满足上述的测量分辨率要求，累加器计数周期的字长可选为 32bit，整周计数字长可选为 16bit，并且将整周计数和累加器高 16bit 作为载波相位输出，其单位为 $1/2^{16}$ 周。

由于导航信号的功率谱远低于热噪声，数控振荡器在使用相位幅度查找表将相位映射为幅度时并不需要很高的分辨率。在导航接收机的设计中，使用累加值高 3bit 进行寻址，并对幅度进行 3bit 量化即可满足载波高精度跟踪的要求。根据上述参数得到的正弦/余弦信号的波形分别如图 5.3.5 和图 5.3.6 所示。

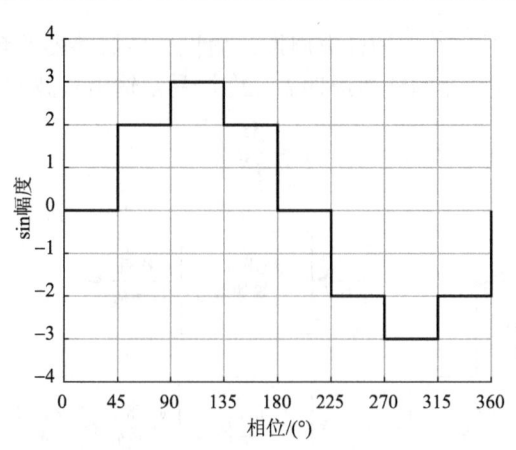

图 5.3.5 高 3bit 寻址、3bit 幅度量化的正弦信号波形

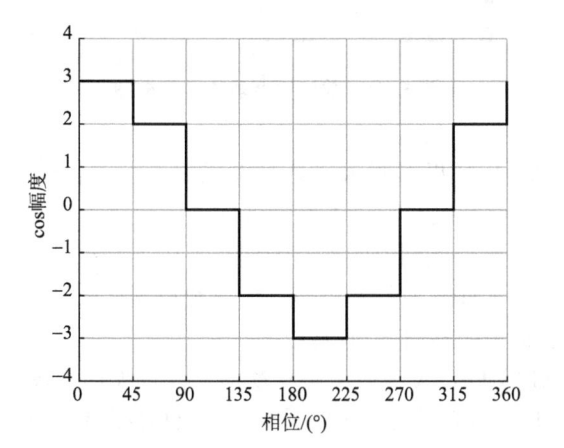

图 5.3.6 高 3bit 寻址、3bit 幅度量化的余弦信号波形

5.3.3 鉴相器

由 5.2.1 节中的介绍可知，载波跟踪需要根据相关值估计载波初相预测值与真实值之间的误差，也就是载波鉴相。下面介绍载波环鉴相器的具体实现。

扩展阅读：载波环鉴相使用准时支路的相关值，为了与 5.4.2 节中伪码鉴相器使用的提前支路和滞后支路的相关值相区别，增加了下标 P。

由式 (5.2.6) 可知，当多普勒频率 $\tilde{f}_{\mathrm{d},k-1}$ 和伪码延迟 $\tilde{\tau}_{0,k}$ 的估计误差可忽略时，接收信号与本地信号的相关值可表示为

$$y_{\mathrm{P}}[k] = \frac{1}{T_{\mathrm{c}}} \int_0^{T_{\mathrm{c}}} r_k(t) c(t - \tilde{\tau}_{0,k}) \mathrm{e}^{-\mathrm{j}\left(2\pi \tilde{f}_{\mathrm{d},k-1} t + \tilde{\theta}_{0,k-1}\right)} \, \mathrm{d}t$$
$$= \sqrt{C} d_k \mathrm{e}^{\mathrm{j}\theta_{\varepsilon,k}} + n_{\mathrm{P}}[k] \tag{5.3.9}$$

其中，$n_{\mathrm{P}}[k]$ 表示准时支路相关值的噪声。

为了能够在电文符号 d_k 未知的情况下估计得到载波相位差 $\varepsilon_{\theta,k}$，可使用如下的鉴相函数：

$$D(\theta_{\varepsilon,k}) = \arctan\left(\frac{Q_{\mathrm{P}}[k]}{I_{\mathrm{P}}[k]}\right) \tag{5.3.10}$$

其中，$I_{\mathrm{P}}[k]$ 和 $Q_{\mathrm{P}}[k]$ 分别表示相关值 $y_{\mathrm{P}}[k]$ 的实部和虚部。

早期导航接收机的计算能力较弱，为了避免复杂的二象限反正切函数，还使用了如下三种形式的鉴相器：

$$D\left(\theta_{\varepsilon,k}\right)=\frac{Q_{\mathrm{P}}\left[k\right]}{I_{\mathrm{P}}\left[k\right]}\approx\tan\theta_{\varepsilon,k} \tag{5.3.11}$$

$$D\left(\theta_{\varepsilon,k}\right)=\frac{1}{2}Q_{\mathrm{P}}\left[k\right]\times I_{\mathrm{P}}\left[k\right]\approx\frac{C}{2}\sin2\theta_{\varepsilon,k} \tag{5.3.12}$$

$$D\left(\theta_{\varepsilon,k}\right)=Q_{\mathrm{P}}\left[k\right]\times\mathrm{sign}\left(I_{\mathrm{P}}\left[k\right]\right)\approx\sqrt{C}\sin\theta_{\varepsilon,k} \tag{5.3.13}$$

式 (5.3.11)~式 (5.3.13) 所示的三种鉴相器虽然降低了计算的复杂度，但同时也恶化了载波环跟踪的稳定性。这是因为二象限反正切函数能够在 $\left[-90°,+90°\right]$ 范围内准确输出载波相位误差 $\varepsilon_{\theta,k}$，而后三种鉴相器的鉴相结果仅在零点附近小范围内近似等于载波相位误差 $\varepsilon_{\theta,k}$。虽然载波跟踪并不要求鉴相结果准确反映真实载波相位误差，但在弱信号或高动态条件下，如果鉴相结果存在持续的偏差，很有可能会导致环路失锁。目前导航接收机的计算能力不再是瓶颈，因此均使用二象限反正切函数进行载波鉴相。

为了增大载波环鉴相器的线性范围，新一代 GNSS 除了播发含电文调制的数据分量以外，还播发无电文调制的导频分量。在无电文调制的情况下，载波环可以使用四象限反正切函数 $\arctan2(\bullet)$ 对导频分量相关值进行鉴相。很显然，与二象限反正切函数相比，四象限反正切函数在 $\left[-180°,+180°\right]$ 范围内均可准确输出载波相位误差，因此能够提升弱信号或高动态场景下的跟踪能力。

5.3.4　环路滤波器

锁相环中的环路滤波器对鉴相输出结果进行低通滤波，降低鉴相结果中噪声分量对跟踪稳定性的影响。根据式 (5.3.7) 所示的系统传递函数，环路滤波器的传递函数 $F(s)$ 是锁相环最重要的设计参数。由于模拟锁相环的理论比较成熟，因此在进行数字锁相环滤波器设计时，通常首先设计满足要求的模拟滤波器，然后对模拟滤波器数字化，得到数字滤波器的参数。

根据环路滤波器的阶数可以将锁相环分为一阶、二阶和三阶锁相环，不同阶模拟锁相环环路滤波器的传递函数和拉氏变换框图如表 5.3.1 所示。

表 5.3.1　不同阶模拟锁相环环路滤波器的传递函数和拉氏变换框图

名称	传递函数	拉氏变换框图
一阶锁相环	$F\left(s\right)=\omega_{\mathrm{n}}$	
二阶锁相环	$F\left(s\right)=\dfrac{\omega_{\mathrm{n}}^{2}}{s}+a_{2}\omega_{\mathrm{n}}$	
三阶锁相环	$F\left(s\right)=\dfrac{\omega_{\mathrm{n}}^{3}}{s^{2}}+\dfrac{a_{3}\omega_{\mathrm{n}}^{2}}{s}+b_{3}\omega_{\mathrm{n}}$	

环路滤波器对锁相环性能的影响可以使用噪声带宽(也称为环路带宽)来衡量。通常而言,较小的噪声带宽能够实现更高的测量精度,但同时也难以适应信号的快速变化。5.3.5 节将详细分析噪声带宽对跟踪性能的影响。

不同阶锁相环环路滤波器参数与噪声带宽之间的关系如表 5.3.2 所示。

表 5.3.2 不同阶锁相环环路滤波器参数与噪声带宽之间的关系

名称	环路滤波器参数	噪声带宽 B_n
一阶锁相环	ω_n	$0.25\omega_n$
二阶锁相环	ω_n, $a_2 = 1.414$	$\dfrac{1+a_2^2}{4a_2}\omega_n \approx 0.53\omega_n$
三阶锁相环	ω_n, $a_3 = 1.1$, $b_3 = 2.4$	$\dfrac{a_3 b_3^2 + a_3^2 - b_3}{4(a_3 b_3 - 1)}\omega_n \approx 0.78\omega_n$

例 5.3.2 假设某接收机的载波跟踪环路使用三阶锁相环,其环路带宽为 18Hz,试计算环路滤波器的各个参数及对应的拉氏变换框图。

解 根据表 5.3.2 中的结论,可计算三阶锁相环环路滤波器的 $\omega_n \approx B_n / 0.78 \approx 23$。由此可以得到表 5.3.1 中环路滤波器拉氏变换框图中的各个系数,分别为 $\omega_n^3 \approx 12167$、$a_3\omega_n^2 \approx 581.9$、$b_3\omega_n \approx 55.2$。

根据上述计算得到的各个系数,可以给出环路滤波器的拉氏变换框图,具体如图 5.3.7 所示。

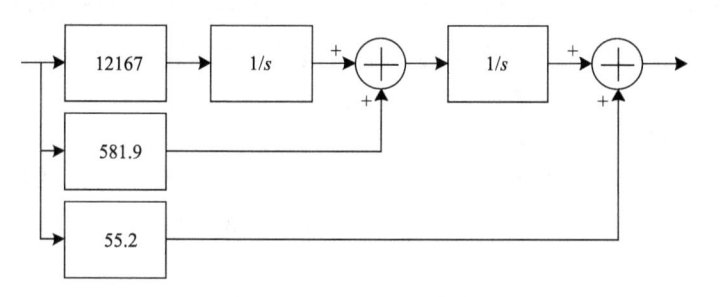

图 5.3.7 三阶锁相环环路滤波器的拉氏变换框图

导航接收机的载波跟踪环路通常使用二阶锁相环或者三阶锁相环,在完成噪声带宽和滤波器参数设计后,对模拟滤波器数字化即可得到数字环路滤波器。模拟滤波器数字化的最主要任务是将传递函数中的模拟积分器 $1/s$ 使用数字积分器来代替。常用的数字积分器包括如图 5.3.8 所示的矩形波积分器和双线性变换积分器,其中矩形波积分器实现更加简单,而双线性变换积分器则可以保证更优的频率响应特性。

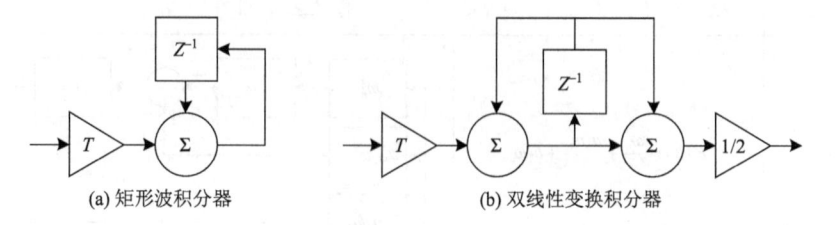

(a) 矩形波积分器　　　(b) 双线性变换积分器

图 5.3.8 矩形波积分器和双线性变换积分器的实现框图

在导航接收机中，通常采用矩形波积分器实现模拟滤波器的数字化。下面以三阶锁相环的环路滤波器为例，通过将图 5.3.7 中的模拟积分器 $1/s$ 替换为矩形波积分器，即可得到数字锁相环环路滤波器的实现框图，具体如图 5.3.9 所示。

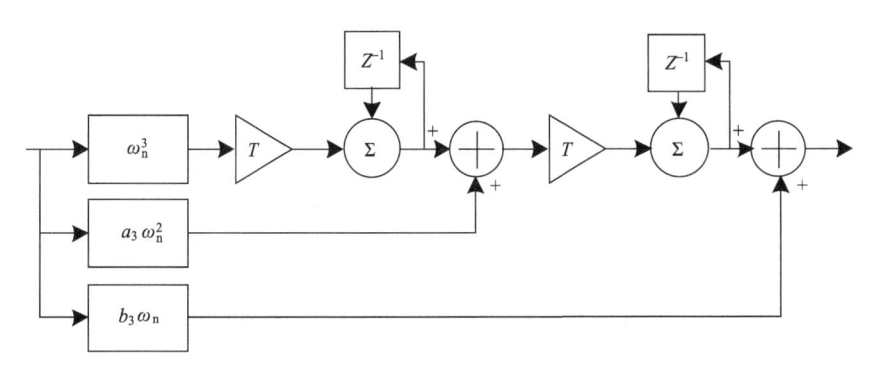

图 5.3.9　数字锁相环环路滤波器的实现框图

5.3.5　跟踪性能

锁相环的跟踪性能主要包括稳态相位误差、热噪声误差、动态适应性和跟踪灵敏度，其中稳态相位误差和热噪声误差反映了载波跟踪的精度，动态适应性和跟踪灵敏度则反映了锁相环能够稳定跟踪的信号条件。下面借助模拟锁相环的理论对上述四方面的性能进行分析。

1. 稳态相位误差

稳态相位误差是指瞬态过程完全消失之后，接收信号与本地信号之间的相位误差。根据模拟锁相环的误差传递函数和拉氏变换的终值定理有

$$\lim_{t \to \infty} \theta_e(t) = \lim_{s \to 0} sE(s)\theta_i(s)$$
$$= \lim_{s \to 0} \frac{s^2 \theta_i(s)}{s + F(s)} \tag{5.3.14}$$

当 s 趋于 0 时，仅需要考虑环路滤波器传递函数 $F(s)$ 和输入信号拉氏变换 $\theta_i(s)$ 中的高阶项，因此可以将其简化为

$$F(s) = \frac{\omega_n^N}{s^{N-1}} \tag{5.3.15}$$

$$\theta_i(s) = \frac{\mathrm{d}^N r}{\mathrm{d}t^N} \frac{1}{s^{N+1}} \tag{5.3.16}$$

其中，$\dfrac{\mathrm{d}^N r}{\mathrm{d}t^N}$ 表示星地距离 r 对时间的 N 阶导数。

将式 (5.3.15) 和式 (5.3.16) 代入式 (5.3.14)，即可得到模拟锁相环的稳态相位误差：

$$\lim_{t \to \infty} \theta_e(t) = \frac{1}{\omega_n^N} \frac{\mathrm{d}^N r}{\mathrm{d}t^N} \tag{5.3.17}$$

式 (5.3.17) 表明，N 阶锁相环可以无偏地跟踪 $N-1$ 阶动态信号，在跟踪 N 阶动态信号时则存在固定偏差，对于存在 $N+1$ 阶动态信号则无法稳定跟踪。例如，假设信号存在恒定的加速度（也就是二阶动态不为零），那么接收机使用一阶锁相环无法实现稳

定跟踪，使用二阶锁相环则存在恒定的相位偏差，而使用三阶锁相环则可以实现无偏跟踪。

例 5.3.3 假设卫星与 GPS L1C/A 导航信号接收机之间的径向加加速度最大为 10m/s^3，如果接收机使用环路带宽为 18Hz 的三阶锁相环，试分析锁相环的稳态相位误差。

解 根据例 5.3.2 中的结果，环路带宽为 18Hz 时，$\omega_\text{n}^3 \approx 12167$。将其代入式 (5.3.17)，并将稳态相位误差换算为度，则

$$\lim_{t \to \infty} \theta_\text{e}(t) = \frac{360}{\omega_\text{n}^N} \frac{\text{d}^N r}{\text{d}t^N} \frac{f_0}{c} = \frac{10 \times 9.8 \times 1575.42 \times 10^6 \times 360}{12167 \times 299792458} \approx 15.2(°)$$

通常而言，高阶锁相环具有更优的动态适应性能，但这并不意味着导航接收机应该使用三阶以上的锁相环。这是因为在实际物理世界中，载体的加速度通常是连续变化的，使用三阶锁相环通常能够保证载波的连续跟踪。当加速度变化较大导致三阶锁相环无法稳定跟踪时，使用更高阶的锁相环同样无法实现稳定跟踪。

2. 热噪声误差

锁相环的跟踪精度用于衡量稳定跟踪条件下载波相位的估计误差。导致载波环相位估计误差的因素包括热噪声和振荡器的相位抖动。其中振荡器相位抖动通常是瞬时的，因此在评估锁相环跟踪精度时通常仅考虑热噪声导致的相位估计误差。当以周为单位时，锁相环跟踪精度的表达式为

$$\sigma_\text{P} = \frac{1}{2\pi} \sqrt{\frac{B_\text{n}}{R_\text{cn}} \left(1 + \frac{1}{2R_\text{cn}T_\text{c}}\right)} \tag{5.3.18}$$

其中，B_n 表示锁相环噪声带宽；R_cn 表示输入信号载噪比；T_c 表示相干积分时间。

例 5.3.4 假设天线入口处 GPS L1C/A 信号电平不低于 -133dBm，导航信号接收机载波跟踪环路使用的相干积分时间为 1ms，试求噪声带宽为 18Hz 时的载波相位测量精度。

解 信号电平 -133dBm 对应的载噪比约为 40dB·Hz，根据式 (5.3.18) 可得

$$\sigma_\text{P} = \frac{1}{2\pi} \sqrt{\frac{18}{10^4} \left(1 + \frac{1}{2 \times 10^{-3} \times 10^4}\right)} \approx 0.007(\text{周})$$

对于高精度测量型接收机，通常要求载波相位测量精度优于 0.01 周，因此噪声带宽选为 18Hz 可以满足指标要求。

3. 动态适应性和跟踪灵敏度

动态适应性和跟踪灵敏度分别反映了锁相环稳定跟踪对导航信号在动态和功率方面的要求，两者是相互关联的。当信号动态较大时，锁相环为了能够稳定跟踪就需要导航信号具有较高的功率；反之，当信号动态较小时，在导航信号功率较低的情况下，锁相环也能够实现稳定的跟踪。下面根据锁相环稳定跟踪的经验门限定量分析动态适应性和跟踪灵敏度两者之间的关联性。

锁相环稳定跟踪的经验门限为

$$3\sigma_\text{P} + \theta_\text{e} \leqslant 45° \tag{5.3.19}$$

其中，θ_e 表示环路的动态应力误差，当载波跟踪使用三阶锁相环时，根据式 (5.3.17) 可计算得到加加速度引入的动态应力误差。

根据上述经验门限公式 (5.3.19)，可以得到使用不同环路参数时，不同输入信号载噪比下锁相环稳定跟踪所能达到的加加速度最大值，具体结果如图 5.3.10 所示。

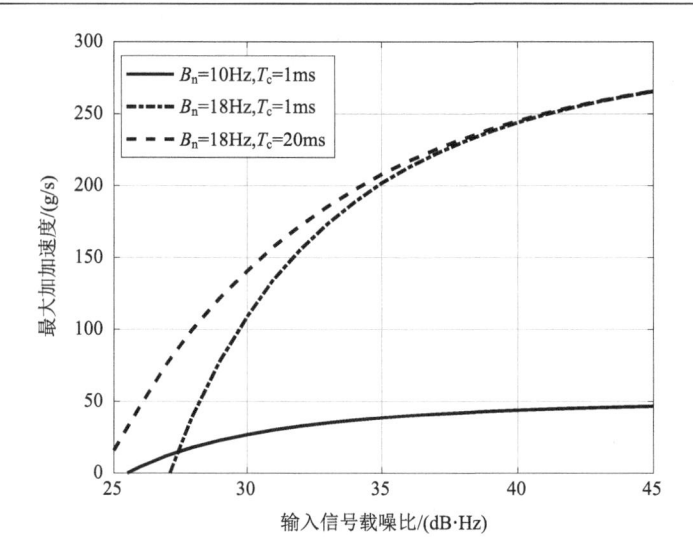

图 5.3.10　不同输入信号载噪比下所能达到的加加速度最大值

由图 5.3.10 可见，在环路带宽和相干积分时间不变的情况下，动态适应性能的提升会导致跟踪灵敏度的恶化。如果要求在不恶化跟踪灵敏度的条件下改善动态适应性能，可对环路带宽和相干积分时间进行调整。但特定跟踪灵敏度下所能达到的动态范围是有上限的，如果要求的动态性能超出了跟踪环路的适应范围，必须要外部信息辅助载波环路的跟踪。

5.4　伪码跟踪环路

在导航接收机中，伪码跟踪环路用于持续估计导航信号中的伪码。伪码跟踪环路的原理和载波跟踪环路的原理是类似的，其主要差异在于环路鉴相器的实现。由 5.2.2 节中的介绍可知，当码相位估计误差为零时，提前支路和滞后支路的相关值相等，因此目前导航接收机基本都使用早迟支路相关值幅度差进行码环的鉴相。除此以外，能够较好抑制多径误差的抗多径鉴相器也得到广泛的应用。

本节将首先介绍伪码跟踪环路的基本组成，并在此基础上详细介绍伪码鉴相器的实现和跟踪性能，最后讨论基于伪码鉴相器的抗多径技术。

5.4.1　基本组成

与载波跟踪环路的实现结构类似，伪码跟踪环路同样由基于数控振荡器的本地伪码生成模块、伪码鉴相器和环路滤波器等部分所组成，其组成框图如图 5.4.1 所示。

扩展阅读：使用惯性导航辅助卫星导航可显著改善接收机的动态性能，感兴趣的读者可查阅 GNSS/INS 深组合方面的文献。

微课视频

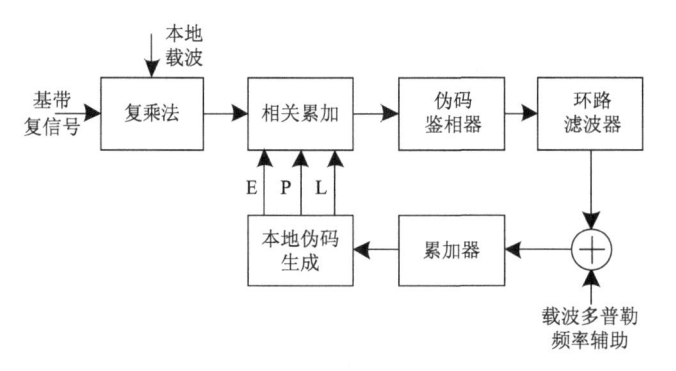

图 5.4.1　伪码跟踪环路的组成框图

本节主要介绍伪码跟踪环路中的伪码生成模块和环路滤波器，对伪码鉴相器的详细分析将在 5.4.2 节和 5.4.3 节展开。

伪码跟踪环路使用的本地伪码由图 5.4.2 所示结构来产生。本地伪码和载波生成方式的差异在于数控振荡器相位与生成信号之间的映射关系。伪码跟踪环路使用数控振荡器的溢出标志作为伪码生成器的驱动时钟，产生相关累加所需要的本地伪码，同时数控振荡器中的溢出标志累加值和相位累加值分别代表了本地伪码的码片计数和码片内相位计数，共同反映了本地伪码的相位。

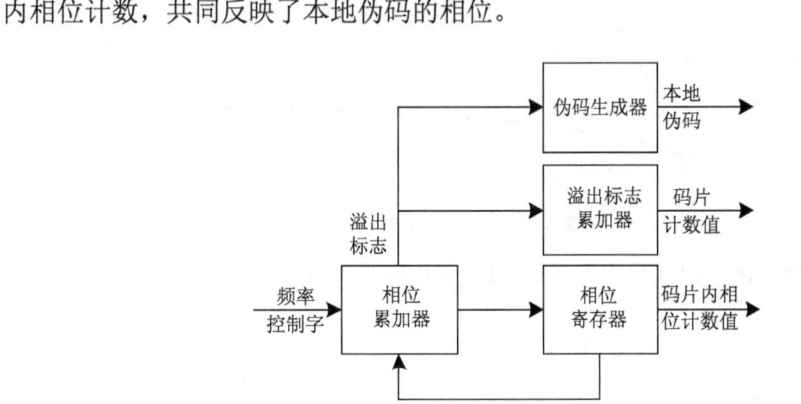

图 5.4.2　本地伪码生成的结构框图

由于载波多普勒和伪码多普勒之间存在确定性的关系，因此可将载波环的多普勒频率作为辅助信息来消除伪码的动态。在这种情况下，使用一阶环即可保证伪码的稳定跟踪。包含载波辅助的码环的结构框图如图 5.4.3 所示。

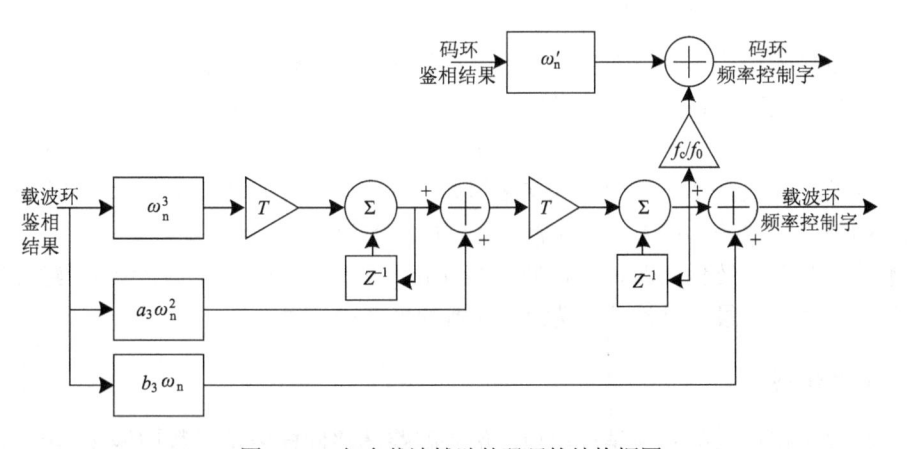

图 5.4.3　包含载波辅助的码环的结构框图

由于载波多普勒辅助消除了伪码绝大部分动态，因此码环可以使用较小的噪声带宽（如 0.1Hz），这可以显著降低热噪声对伪码跟踪的影响，提高伪距测量精度。

5.4.2　伪码鉴相器

由 5.2.2 节的介绍可知，通过迭代调整伪码延迟使提前支路和滞后支路的相关值相等，可以得到伪码延迟估计值。这种迭代调整可通过伪码鉴相和闭环跟踪来实现。下面详细介绍伪码鉴相器的实现方法。

参照式（5.3.9），假设提前支路和滞后支路相对于准时支路的码相位间隔为 $\Delta/2$，当多普勒频率的估计误差可忽略时，提前支路和滞后支路的相关值分别为

$$y_{\mathrm{E}}[k] = \frac{1}{T_{\mathrm{c}}} \int_0^{T_{\mathrm{c}}} r_k(t) c\left(t - \tilde{\tau}_{0,k} + \frac{\varDelta}{2}\right) \mathrm{e}^{-\mathrm{j}\left(2\pi \tilde{f}_{\mathrm{d},k-1} t + \tilde{\theta}_{0,k-1}\right)} \mathrm{d}t$$

$$= \sqrt{C} d_k R\left(\tau_{\varepsilon,k} - \frac{\varDelta}{2}\right) \mathrm{e}^{\mathrm{j}\theta_{\varepsilon,k}} + n_{\mathrm{E}}[k] \tag{5.4.1}$$

$$y_{\mathrm{L}}[k] = \frac{1}{T_{\mathrm{c}}} \int_0^{T_{\mathrm{c}}} r_k(t) c\left(t - \tilde{\tau}_{0,k} - \frac{\varDelta}{2}\right) \mathrm{e}^{-\mathrm{j}\left(2\pi \tilde{f}_{\mathrm{d},k-1} t + \tilde{\theta}_{0,k-1}\right)} \mathrm{d}t$$

$$= \sqrt{C} d_k R\left(\tau_{\varepsilon,k} + \frac{\varDelta}{2}\right) \mathrm{e}^{\mathrm{j}\theta_{\varepsilon,k}} + n_{\mathrm{L}}[k] \tag{5.4.2}$$

其中，$n_{\mathrm{E}}[k]$ 和 $n_{\mathrm{L}}[k]$ 分别表示提前支路和滞后支路的相关值中的噪声。

以提前减滞后功率鉴相器为例，其表达式为

$$D(\tau_{\varepsilon,k}) = \frac{2 - 2\varDelta + \dfrac{\varDelta^2}{2}}{4 - 2\varDelta} \times \frac{\left|y_{\mathrm{E}}[k]\right|^2 - \left|y_{\mathrm{L}}[k]\right|^2}{\left|y_{\mathrm{E}}[k]\right|^2 + \left|y_{\mathrm{L}}[k]\right|^2} \tag{5.4.3}$$

下面以 BPSK 信号为例，给出码相位偏差与鉴相器输出之间的关系。无限带宽 BPSK 信号的自相关函数的表达式为

$$R(\tau) = \begin{cases} 1 - \left|\dfrac{\tau}{\tau_{\mathrm{c}}}\right|, & |\tau| \leqslant \tau_{\mathrm{c}} \\ 0, & |\tau| > \tau_{\mathrm{c}} \end{cases} \tag{5.4.4}$$

> **扩展阅读：** 码相位偏差与鉴相器输出之间的关系一般以鉴相曲线的形式来反映。

其中，τ_{c} 表示伪码码片宽度。

将式 (5.4.1)、式 (5.4.2) 和式 (5.4.4) 代入式 (5.4.3)，在不考虑相关值中噪声的情况下，早迟码间隔为 1/4 码片和 1 码片时，提前减滞后功率鉴相器的鉴相曲线如图 5.4.4 所示。

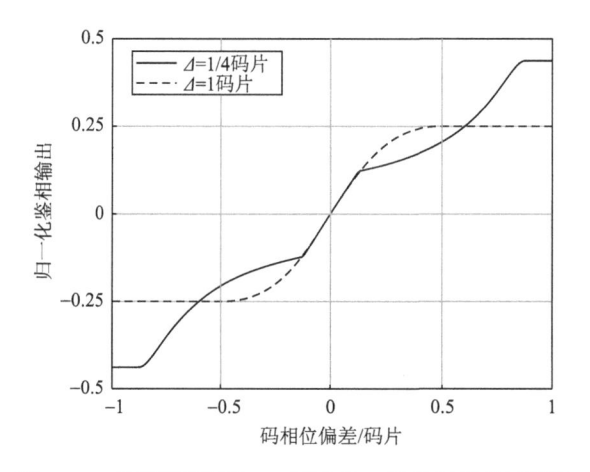

图 5.4.4　早迟码间隔为 1/4 码片和 1 码片时提前减滞后
功率鉴相器的鉴相曲线

由图 5.4.4 可见，当早迟码间隔为 1/4 码片和 1 码片时，在 ±0.1 码片范围内鉴相曲线斜率为 1。与载波鉴相不同，由于码片宽度远大于载波波长，因此伪码鉴相并不要求很大的线性范围。

除提前减滞后功率鉴相器以外，常用的码环鉴相器还包括相干鉴相器、点积功率鉴相器和提前减滞后包络鉴相器等形式，其表达式分别为

$$D\left(\tau_{\varepsilon,k}\right) = \frac{1}{2}\frac{\mathrm{Re}\left\{y_{\mathrm{E}}\left[k\right] - y_{\mathrm{L}}\left[k\right]\right\}}{\mathrm{Re}\left\{y_{\mathrm{P}}\left[k\right]\right\}} \tag{5.4.5}$$

$$D\left(\tau_{\varepsilon,k}\right) = \frac{1}{4}\frac{\mathrm{Re}\left\{y_{\mathrm{E}}\left[k\right] - y_{\mathrm{L}}\left[k\right]\right\}}{\mathrm{Re}\left\{y_{\mathrm{P}}\left[k\right]\right\}} + \frac{1}{4}\frac{\mathrm{Im}\left\{y_{\mathrm{E}}\left[k\right] - y_{\mathrm{L}}\left[k\right]\right\}}{\mathrm{Im}\left\{y_{\mathrm{P}}\left[k\right]\right\}} \tag{5.4.6}$$

$$D\left(\tau_{\varepsilon,k}\right) = \left(1 - \frac{\Delta}{2}\right) \times \frac{\left|y_{\mathrm{E}}\left[k\right]\right| - \left|y_{\mathrm{L}}\left[k\right]\right|}{\left|y_{\mathrm{E}}\left[k\right]\right| + \left|y_{\mathrm{L}}\left[k\right]\right|} \tag{5.4.7}$$

在环路带宽相同的情况下，上述四种鉴相器的性能并无显著差异。

5.4.3 跟踪性能

由于接收机的动态适应性和跟踪灵敏度主要取决于载波环，因此对伪码跟踪环路性能的关注主要在热噪声误差方面。

根据文献中的结论，使用相干鉴相器时伪码跟踪精度（以 m 为单位）的克拉美罗下限（CRLB）为

$$\sigma_{\mathrm{D}} = \frac{c}{2\pi}\sqrt{\frac{B_{\mathrm{n}}\left(1 - B_{\mathrm{n}}T_{\mathrm{c}}\right)}{R_{\mathrm{cn}}\int_{-\beta/2}^{+\beta/2}f^2 G\left(f\right)\mathrm{d}f}} \tag{5.4.8}$$

其中，β 表示接收机的射频前端带宽；$G\left(f\right)$ 表示扩频信号 $c\left(t\right)$ 的功率谱密度；R_{cn} 表示输入信号载噪比；B_{n} 表示伪码跟踪环路的噪声带宽。

式(5.4.8)给出的码环跟踪精度下限是在早迟码间隔无限小的情况下得到的，但考虑到跟踪的稳定性，实际接收机并不会采用非常小的早迟码间隔。这是因为带限条件下 BSPK 信号的自相关函数不再是理想的三角形，而在峰值变得平坦（图5.4.5）。如果选择非常小的早迟码间隔（图5.4.6 为早迟码间隔为 0.01 码片），鉴相曲线在零点处的斜率会非常接近于零，此时鉴相函数很有可能输出错误的伪码相位误差，从而导致环路无法稳定跟踪。

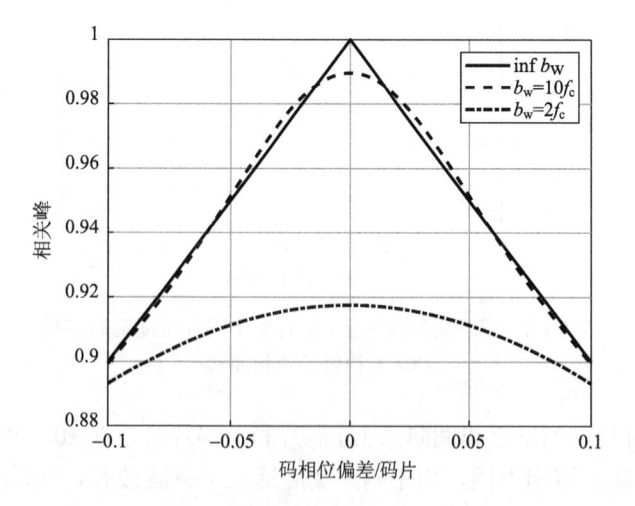

图 5.4.5 ±0.1 码片范围内 BSPK 信号的自相关函数

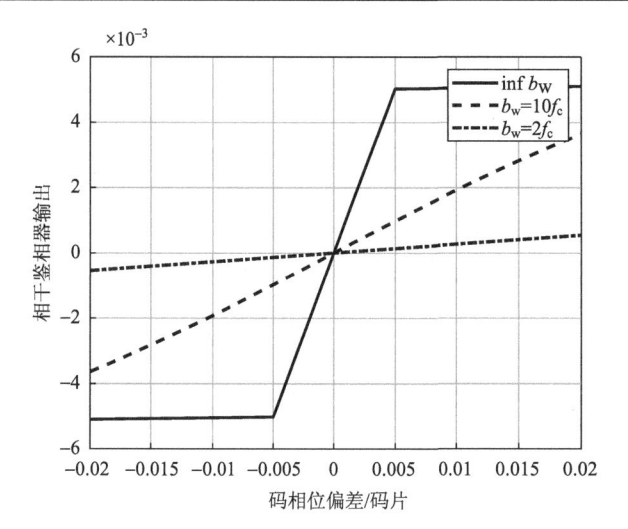

图 5.4.6 不同前端带宽下 BSPK 信号零点附近的鉴相曲线

以提前减滞后功率鉴相器为例，当接收机使用不同早迟码间隔时，热噪声引起的伪码跟踪误差(以 m 为单位)的解析表达式为

$$\sigma_{\mathrm{D}} = \begin{cases} \dfrac{c}{f_{\mathrm{c}}} \sqrt{\dfrac{B_{\mathrm{n}}\Delta}{2R_{\mathrm{cn}}} \left[1 + \dfrac{1}{\left(1-\dfrac{\Delta}{2}\right)R_{\mathrm{cn}}T_{\mathrm{c}}}\right]}, & \Delta \geqslant \pi\alpha \\[4mm] \dfrac{c}{f_{\mathrm{c}}} \sqrt{\dfrac{B_{\mathrm{n}}}{2R_{\mathrm{cn}}} \left[\alpha + \dfrac{(\Delta-\alpha)^2}{\alpha(\pi-1)}\right]\left[1 + \dfrac{1}{\left(1-\dfrac{\Delta}{2}\right)R_{\mathrm{cn}}T_{\mathrm{c}}}\right]}, & \alpha \leqslant \Delta \leqslant \pi\alpha \\[4mm] \dfrac{c}{f_{\mathrm{c}}} \sqrt{\dfrac{\alpha B_{\mathrm{n}}}{2R_{\mathrm{cn}}}\left(1 + \dfrac{1}{R_{\mathrm{cn}}T_{\mathrm{c}}}\right)}, & \Delta \leqslant \alpha \end{cases} \qquad (5.4.9)$$

其中，f_{c} 表示信号的伪码速率；$\alpha = f_{\mathrm{c}}/\beta$ 表示码率与射频前端带宽的比值。

例 5.4.1 假设 GPS L1C/A 信号接收机射频前端带宽为 20MHz，早迟码间隔为 1/4 码片，相干积分时间为 1ms，噪声带宽为 1Hz，试求输入信号载噪比为 40dB·Hz 时，伪码跟踪精度的 CRLB 以及使用提前减滞后功率鉴相器时的伪码跟踪精度。

解 根据 BPSK 信号功率谱密度的表达式为

$$G(f) = \frac{1}{f_{\mathrm{c}}} \mathrm{sinc}^2\left(\frac{f}{f_{\mathrm{c}}}\right)$$

用数值计算的方法计算射频前端带宽为 20MHz 时信号的 Gabor 带宽，结果约为 $1.0265 \times 10^6 \mathrm{MHz}$。将其代入式(5.4.8)可以得到：

$$\sigma_{\mathrm{D}} \approx \frac{299792458}{2\pi \times 1.0265 \times 10^6} \sqrt{\frac{1 \times (1-10^{-3})}{10^4}} \approx 0.46 (\mathrm{m})$$

经验证，早迟码间隔满足 $1/4 \geqslant 3.14 \times 1.023/20$ 的约束，因此可以使用如下的表达式计算提前减滞后功率鉴相器的伪码跟踪精度，具体为

$$\sigma_{\mathrm{D}} \approx \frac{299792458}{1.023 \times 10^6} \sqrt{\frac{\frac{1}{4}}{2 \times 10^4} \times \left[1 + \frac{1}{\left(1 - \frac{1}{4}\right) \times 10^4 \times 10^{-3}}\right]} \approx 1.10(\mathrm{m})$$

由例题可知，当计算射频前端带宽为 20MHz 时，早迟码间隔为 1/4 码片时的伪码跟踪精度约为 CRLB 的 2.4 倍。理论上而言，减小早迟码间隔可以提高码环的跟踪精度，但为了保证跟踪的稳定性，更加合理的方案是减小环路的噪声带宽。另外，热噪声只是影响伪距测量精度的一个因素，当热噪声误差明显小于其他误差时，进一步减小码环的噪声带宽并不能有效改善伪距的测量精度。

5.4.4 多径误差抑制

导航信号传播过程中受反射物的影响会产生多径，多径信号比直达信号具有更长的传输路径，因此存在相对延迟。当相对延迟超过 2 码片时，多径信号不会对直达信号的相关函数产生影响；而当多径信号相对直达信号的延迟小于 2 码片时，两者合路信号的相关函数(图 5.4.7)将不再对称，这会导致鉴相曲线(图 5.4.8)的零点存在偏差。对于低码率信号而言，多径信号会导致米级的跟踪误差。随着卫星导航系统的不断改进，许多误差源都得到了大幅改善，因此有必要抑制多径信号引入的测距偏差。

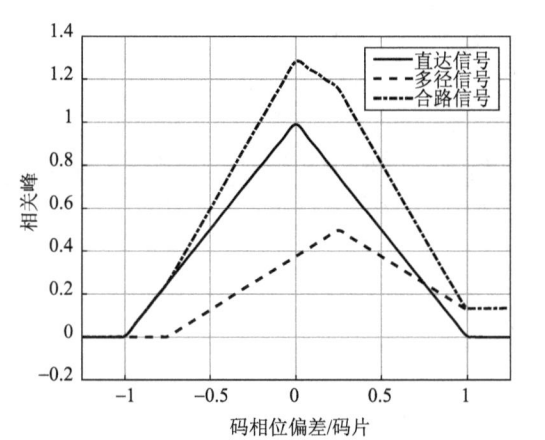

图 5.4.7　直达信号、多径信号和合路信号的相关峰

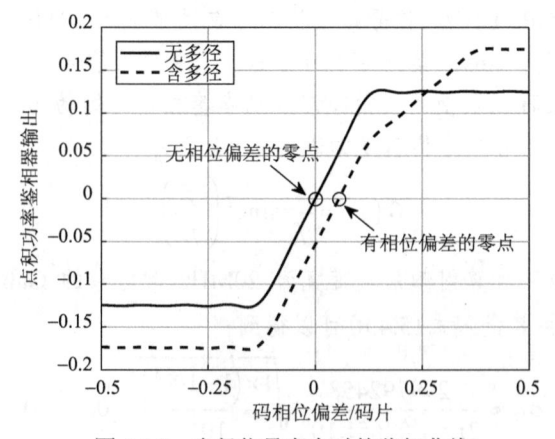

图 5.4.8　多径信号存在时的鉴相曲线

从天线、信号处理和数据处理等角度均可进行多径误差抑制，其中基于信号处理的抗多径技术因实现成本低、适用范围广等优点在导航接收机中得到了广泛的应用。

信号处理抗多径技术可分为如下两类。

1. 基于参数估计的抗多径技术

多径延迟锁定环（MEDLL）是典型的基于参数估计的抗多径技术，该技术使用多个相关器对相关峰进行采样，并根据相关峰形状估计各路信号的幅度、时延和相位等参数，最后基于直达信号时延得到伪距测量值。在仅有单路多径的情况下，估计直达信号和多径信号的参数相对容易；但当存在多路多径时，准确估计各路信号的参数将变得非常困难，因此基于参数估计的抗多径技术在复杂多径环境下难以取得较好的效果。

2. 基于鉴相函数的抗多径技术

码相关参考波形（CCRW）技术是典型的基于鉴相函数的抗多径技术，该技术通过构造特殊的本地参考波形得到锐截止的鉴相曲线。这类鉴相曲线的特点是当伪码延迟超过一定范围时，鉴相函数的输出等于零。由于多径信号总是滞后于直达信号，因此当多径信号的相对延迟超过一定范围时，就不会对鉴相结果产生影响。

由上述介绍可知，与 MEDLL 技术相比，CCRW 技术并未对多径信号的参数进行任何假设，在实际使用时具有更好的适应性，能够取得更好的多径抑制效果。下面详细介绍 BPSK 信号 CCRW 技术的基本原理和实现方法。

参考式（5.2.1），当存在多径信号时，接收信号可表示为（为了表示简洁，式中省略了电文调制）

$$
\begin{aligned}
r_k(t) = &\sqrt{C}c(t-\tau_{0,k})e^{j(2\pi f_{d,k}t+\theta_{0,k})} \\
&+ \sum_{i=1}^{N}\sqrt{C}\alpha_{i,k}c(t-\tau_{0,k}-\tau_{i,k})e^{j(2\pi f_{d,k}t+\theta_{0,k}+\theta_{i,k})} + n_k(t)
\end{aligned}
\tag{5.4.10}
$$

其中，N 表示多径信号路数；$\alpha_{i,k}$、$\tau_{i,k}$ 和 $\theta_{i,k}$ 分别表示第 i 路多径信号相对于直达信号的幅度、时延和相位。

CCRW 技术最大的特点在于需要生成非匹配的本地参考波形。本地参考波形在每码片的边沿处为闸波 $v[k]$，非边沿处的幅度为 0。闸波 $v[k]$ 通常由 4 个相同宽度的二进制符号组成，每个二进制符号宽度称为闸波宽度。闸波宽度为 $1/L$ 码片的本地参考波形 $c_w(t)$ 的生成规则如下。

（1）定义第 k 码片的边沿所对应的时间为 $[(-2/L+k)\tau_c,(2/L+k)\tau_c]$。

（2）在非码片边沿处，$w(t)=0$。

（3）在非码片边沿处，当第 $k+1$ 码片为正时，$w(t)=-v[\mathrm{mod}(Lt/\tau_c+2,4)]$，当第 $k+1$ 码片为负时，$w(t)=v[\mathrm{mod}(Lt/\tau_c+2,4)]$。

以闸波波形 $v[k]=[-1,1,1,-1]$、闸波宽度为 $1/8$ 码片为例，按照上述规则生成的本地参考波形如图 5.4.9 所示（为了便于与伪码序列区分，图中本地参考波形的幅度乘以0.5）。

基于上述生成规则，根据伪码延迟估计值 $\tilde{\tau}_0$ 生成本地参考波形 $w(t-\tilde{\tau}_0)$，并将其与接收信号相关，得到参考波形支路的相关值，其表达式为

$$
y_W[k] = \frac{1}{T_c}\int_0^{T_c} r_k(t)w(t-\tilde{\tau}_{0,k})e^{-j(2\pi\tilde{f}_{d,k-1}t+\tilde{\theta}_{0,k-1})}dt
\tag{5.4.11}
$$

CCRW 技术使用如下形式的鉴相函数：

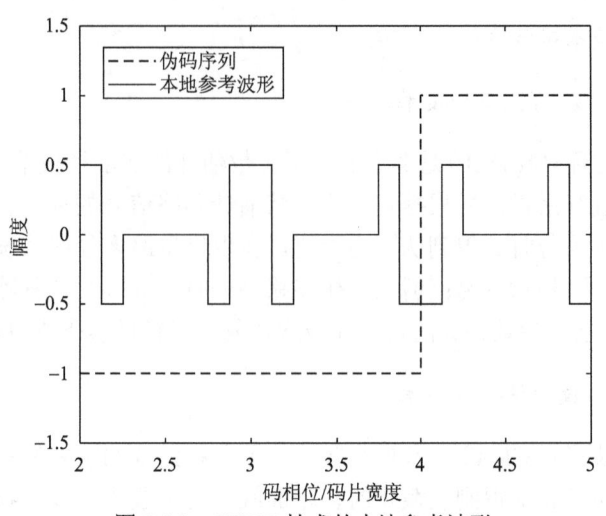

图 5.4.9　CCRW 技术的本地参考波形

$$D(\tau_{\varepsilon,k}) = \frac{\text{Re}\{y_P[k]y_W^*[k]\}}{|y_P[k]|^2} \tag{5.4.12}$$

与普通伪码跟踪环路类似，CCRW 技术使用式 (5.4.12) 得到鉴相结果后对本地伪码延迟进行控制，进而完成伪码跟踪。下面详细解释 CCRW 技术抑制多径误差的原理。参考式 (5.4.1)，当接收信号中包含多径时，准时支路和参考波形支路的相关值 (为了简化表示，忽略了多普勒频率误差和电文调制) 可表示为

$$y_P[k] = \sqrt{C}R(\tau_{\varepsilon,k})e^{j\theta_{\varepsilon,k}} + \sum_{i=1}^{N}\sqrt{C}\alpha_{i,k}R(\tau_{\varepsilon,k}+\tau_{i,k})e^{j(\theta_{\varepsilon,k}+\theta_{i,k})} + n_P[k] \tag{5.4.13}$$

$$y_W[k] = \sqrt{C}W(\tau_{\varepsilon,k})e^{j\theta_{\varepsilon,k}} + \sum_{i=1}^{N}\sqrt{C}\alpha_{i,k}W(\tau_{\varepsilon,k}+\tau_{i,k})e^{j(\theta_{\varepsilon,k}+\theta_{i,k})} + n_W[k] \tag{5.4.14}$$

其中，$W(\cdot)$ 表示扩频码 $c(t)$ 和参考波形 $w(t)$ 的互相关函数；$n_W[k]$ 表示相关值 $y_W[k]$ 中的噪声。

当不考虑式 (5.4.13) 和式 (5.4.14) 中与噪声和多径有关的分量时，有

$$D(\tau_{\varepsilon,k}) = \frac{R(\tau_{\varepsilon,k})W(\tau_{\varepsilon,k})}{R^2(\tau_{\varepsilon,k})} = \frac{W(\tau_{\varepsilon,k})}{R(\tau_{\varepsilon,k})} \tag{5.4.15}$$

下面通过数值仿真的方法给出 CCRW 技术的互相关函数和鉴相函数，具体如图 5.4.10 和图 5.4.11 所示。

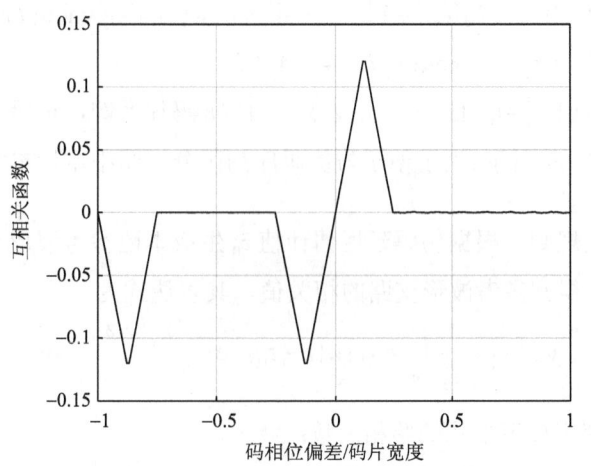

图 5.4.10　CCRW 技术的互相关函数

如图 5.4.11 所示，CCRW 的鉴相函数在零点处的输出为 0，且零点附近的斜率为正，这保证了在没有多径信号的条件下码环能够实现无偏的跟踪。更为重要的是，相比图 5.4.4 给出的鉴相曲线，当伪码延迟超过 0.25 码片时，CCRW 技术的鉴相输出即为 0，这就是鉴相曲线的锐截止特性。下面介绍鉴相曲线锐截止特性能够抑制多径误差的原因。

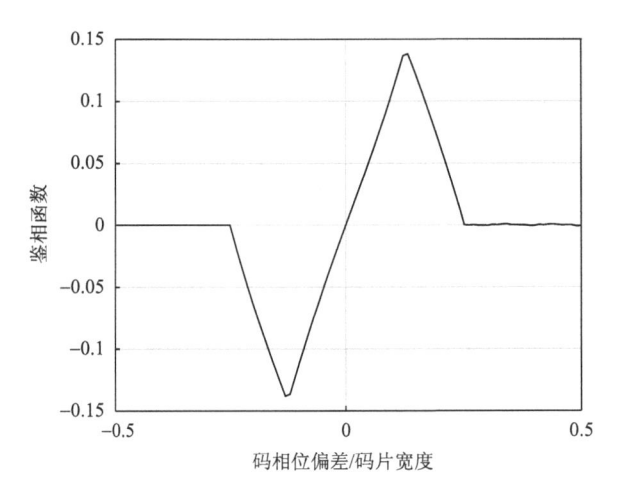

图 5.4.11　CCRW 技术的鉴相函数

当不考虑相关值中的噪声时，式(5.4.12)中的分子可表示为

$$
\begin{aligned}
y_{\mathrm{P}}[k]y_{\mathrm{W}}^{*}[k] = &\, R(\tau_{\varepsilon,k})W(\tau_{\varepsilon,k}) \\
&+ R(\tau_{\varepsilon,k})\sum_{i=1}^{N}\alpha_{i,k}W(\tau_{\varepsilon,k}+\tau_{i,k})\cos\theta_{i,k} \\
&+ W(\tau_{\varepsilon,k})\sum_{i=1}^{N}\alpha_{i,k}R(\tau_{\varepsilon,k}+\tau_{i,k})\cos\theta_{j,k} \\
&+ \sum_{i=1}^{N}\sum_{j=1}^{N}\alpha_{i}\alpha_{j}R(\tau_{\varepsilon,k}+\tau_{i,k})W(\tau_{\varepsilon,k}+\tau_{j,k})\cos(\theta_{i,k}-\theta_{j,k})
\end{aligned}
\tag{5.4.16}
$$

根据图 5.4.10 所示的互相关函数特性，当多径信号相对延迟大于 2 倍闸波宽度时，$W(\tau_{i,k})=0$。在这种情况下，当伪码延迟误差 $\tau_{\varepsilon,k}$ 为 0 时，鉴相输出为 0，这意味着相对延迟大于 2 倍闸波宽度的多径信号不会使 CCRW 技术鉴相函数零点发生偏移。

虽然减小闸波宽度会提升多径抑制性能，但是减小闸波宽度会减小环路收敛区间以及放大跟踪环路的热噪声误差，最终影响跟踪的稳定性，因此闸波宽度的选择需要综合考虑多径抑制和跟踪的稳定性。

5.5　新一代 GNSS 信号的跟踪

由 4.6 节可知，新一代 GNSS 信号中增加的 BOC 调制和导频通道给信号捕获带来了新的挑战。同样地，BOC 调制和导频通道也会对信号跟踪产生影响，本节将对此进行详细的介绍。

微课视频

5.5.1　BOC 信号的跟踪

由 4.6.1 节的内容可知，BOC 调制的分裂谱和多零点特性显著增加了信号捕获的

计算复杂度，然而跟踪阶段只需要计算 3 个码相位的相关值，因此这两个特性对 BOC 信号跟踪几乎没有影响，但 BOC 信号相关函数的多峰值特性会对伪码跟踪产生影响。

与 BPSK 信号相比，BOC 信号的自相关函数存在多个峰值，如果沿用传统 BPSK 信号的鉴相方法，得到的鉴相曲线会存在多个零点。以 BOC(1,1) 信号为例，当早迟码间隔为 1/4 码片时，使用式(5.4.7)所示的提前减滞后包络鉴相器得到的鉴相曲线如图 5.5.1 所示。

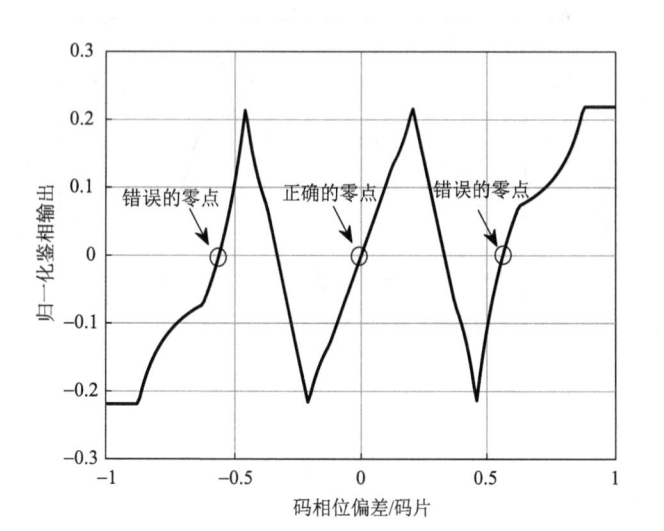

图 5.5.1　早迟码间隔为 1/4 码片时 BOC(1,1) 信号的鉴相曲线

图 5.5.1 中错误的零点可能会导致 BOC 信号跟踪时发生错锁，从而出现严重的测距偏差。为了避免 BOC 信号跟踪发生错锁，大量文献研究了 BOC 信号的无模糊跟踪方法。目前 BOC 信号的无模糊跟踪算法可分为如下三类。

1. 基于事后纠错的跟踪算法

基于事后纠错的跟踪算法是指在 5.4.1 节介绍的伪码跟踪环路基础上增加错锁监测功能，当检测到错锁之后调整本地伪码相位恢复到正常跟踪状态。"bump-jump"算法是典型的基于事后纠错的 BOC 信号跟踪算法，该算法在提前(E)支路、准时(P)支路和滞后(L)支路的基础上增加超早(VE)支路和超迟(VL)支路，这两个新增支路与准时支路之间的间隔为半个副载波周期。当准时支路锁定在正确的相关峰上时，该支路的相关峰值比超早支路、超迟支路的大；反之，则小于超早支路、超迟支路中的某一个支路。以 BOC(10,5) 调制为例，图 5.5.2 反映了环路锁定在正确和错误的相关峰上时，超早支路、准时支路、超迟支路相关值幅度的相对关系。

由"bump-jump"算法原理可知，基于事后纠错的跟踪算法只能防止环路长时间处于错锁状态，而无法避免错锁的发生。另外，对于 BOC(14,2) 这类高阶 BOC 调制，相邻相关峰之间的幅度差异较小，对错锁进行事后检测具有一定的难度。

2. 基于无模糊鉴相曲线的跟踪算法

基于无模糊鉴相曲线的跟踪算法是通过构造具有唯一零点的鉴相曲线防止错锁的发生。无模糊鉴相曲线的构造方法可分为两类：一类是将 BOC 信号视作两个频点的 BPSK 信号，直接使用 BPSK 信号跟踪方法对上下边带进行处理；另一类是额外增加非匹配的本地码，通过自相关和互相关的组合构造出具有唯一零点的鉴相曲线。其中，"BPSK-like"跟踪算法即属于第一类方法，而第二类方法由于设计自由度比较高，得到了广泛的研究，典型的代表包括 SCPC（sub-carrier phase cancellation）算法和 ASPeCT（autocorrelation side-peak cancellation technique）算法。

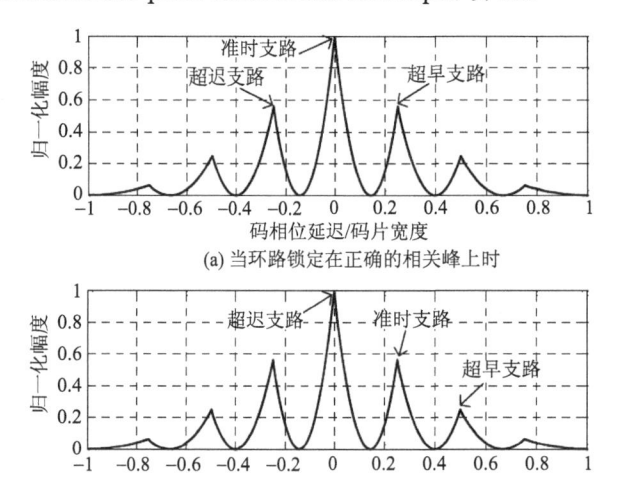

图 5.5.2　当环路锁定在正确和错误的相关峰上时，超早、准时、超迟支路相关值幅度的相对关系

与匹配跟踪的"bump-jump"算法相比，上述两类基于无模糊鉴相曲线的跟踪算法在热噪声误差方面均存在明显的损耗，这是消除跟踪错锁所付出的代价。

3. 基于伪码和副载波独立处理的跟踪算法

DET（double estimation technique）算法是这类算法的典型代表，该算法忽略了 BOC 信号伪码和副载波之间的相位约束关系，使用 DLL 和 SLL 对伪码和副载波进行独立跟踪，并使用伪码相位作为最终的跟踪结果。

由于 DET 算法仅使用伪码相位作为测量结果，因此其热噪声误差相当于相同码率的 BPSK 信号，完全舍弃了副载波对伪码跟踪性能的提升。虽然有文献提出同时使用伪码和副载波相位构造最终的测距值，但这种方法本质上是增加了伪码和副载波之间的相位约束，有可能引入与错锁类似的测量偏差。

由上述对三类 BOC 的介绍可知，对于 BOC(1,1) 这类低码率的低阶 BOC 调制，发生错锁的概率非常低，为了降低热噪声误差可以使用"bump-jump"算法；而对于 BOC(14,2) 这类高阶 BOC 调制，为了保证跟踪的稳定性，DET 算法是更优的选择。

5.5.2　导频通道的跟踪

根据 4.6.2 节的介绍，新一代 GNSS 信号中增加了无电文调制的导频通道以提升信号捕获性能。同样地，导频通道也可以提升信号的跟踪性能，主要体现在如下两个方面。

（1）增加相干积分时间。传统导航信号受电文调制影响，跟踪环路的相干积分时间难以超过电文符号宽度，这就限制了弱信号条件下的跟踪能力。增加无电文调制的导频通道后，可以进行更长时间的相干积分。

（2）扩大鉴相曲线的线性范围。由 5.3.3 节可知，在对导频通道进行载波跟踪时，使用四象限反正切鉴相函数可以在 $[-180°, +180°]$ 范围内均准确输出载波相位误差，从而提升弱信号或高动态场景下的跟踪能力。

除了上述两个方面以外，导频通道对跟踪的影响还包括数据和导频的联合处理问题。虽然 4.6.2 节表明在相同硬件资源条件下，数据和导频通道联合捕获相比于导频通道单独捕获并无明显优势，但对于信号跟踪而言，必须要通过数据通道的相关值来获得导航电文，因此对数据和导频通道进行联合跟踪并不会增加额外的硬件资源，关键在于如何通过联合处理提升跟踪性能。

数据和导频联合跟踪可以分为非同步鉴相和同步鉴相两类。下面对这两类方法进行简要介绍。

(1)数据和导频通道的非同步鉴相。与数据通道相比，导频通道可以进行更长时间的相干积分，因此两者的鉴相频度可能存在差异。传统跟踪环路(5.3 节所介绍的环路结构)的更新频度是固定的，难以应用于数据和导频非同步鉴相的情况。为了解决该问题，可以基于 Kalman 滤波框架，使用数据和导频通道的鉴相结果分别建立量测方程，最终实现信号参数的最优估计。

(2)数据和导频通道的同步鉴相。为了能够在传统跟踪环路框架下实现数据和导频的联合处理，可以通过非相干累加的方法使数据和导频通道具有相同的更新频度。在同步鉴相的前提下，由于数据和导频通道具有不同的统计特性，联合处理的关键在于根据两个通道不同的统计特性分配最优的加权系数。

5.6　信号跟踪设计实例

微课视频

与 4.7 节类似，本节首先介绍北斗地面运控系统监测接收机对信号跟踪的设计要求，然后在此基础上介绍信号跟踪的详细设计方案。

5.6.1　工程实例背景

与一般的导航接收机不同，北斗地面运控系统监测接收机一方面要能够接收 BDS、GPS、GLONASS 和 Galileo 等系统所有可见卫星的信号，另一方面还要能对信号进行精确测量，输出高精度的伪距和载波相位测量值。同时，为了提高卫星的定轨性能，还要求监测接收机尽可能增大卫星的观测弧段，在卫星低仰角(弱信号)情况下保持测量精度。根据以上条件，监测接收机设计的跟踪灵敏度要优于–141dBm，并且在–133dBm 的信号电平下，伪距测量精度优于 0.08m，载波相位测量精度优于 0.01 周。下面以 BDS 的 B1I 信号跟踪为例，给出信号跟踪的详细设计方案。

5.6.2　跟踪模块设计

1. 载波环的设计方案

载波环需要设计的参数包括载波鉴相器、环路阶数、相干积分时间和环路带宽。根据跟踪灵敏度和跟踪精度的指标要求，载波环采用基于二象限反正切函数的三阶环，其相干积分时间为 1ms，环路带宽为 10Hz。

下面给出该跟踪环路跟踪灵敏度和跟踪精度的仿真结果。其中，图 5.6.1 为信号电平为–141dBm、加加速度为 $1m/s^3$ 时载波环跟踪误差的仿真结果；图 5.6.2 为信号电平为–133dBm、加加速度为 $0m/s^3$ 时载波环跟踪误差的仿真结果。

图 5.6.1 中的仿真结果表明，当信号电平为–141dBm 时，载波环能够在加加速度为 $1m/s^3$ 时稳定跟踪，说明跟踪环路能够在该电平下适应较大的动态范围。但由于动态应力误差的原因，载波跟踪结果存在约 0.03 周的偏差。图 5.6.2 中的仿真结果表明，当输入信号电平不低于–133dBm(对应载噪比约为 40dB·Hz 时)，载波相位测量精度为 0.005 周，跟踪精度可以满足指标要求。

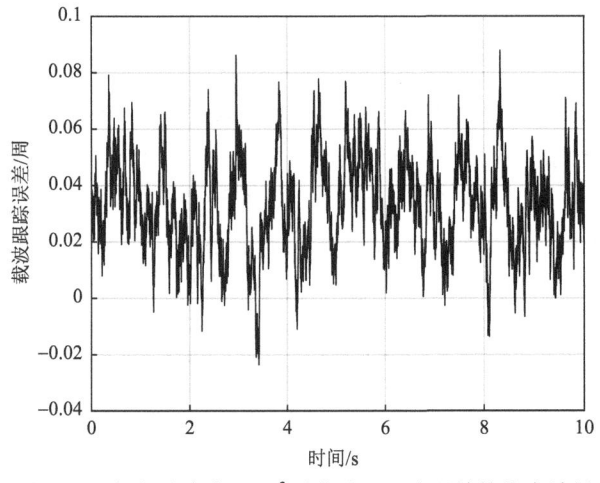

图 5.6.1　加加速度为 1m/s³ 时载波环跟踪误差的仿真结果

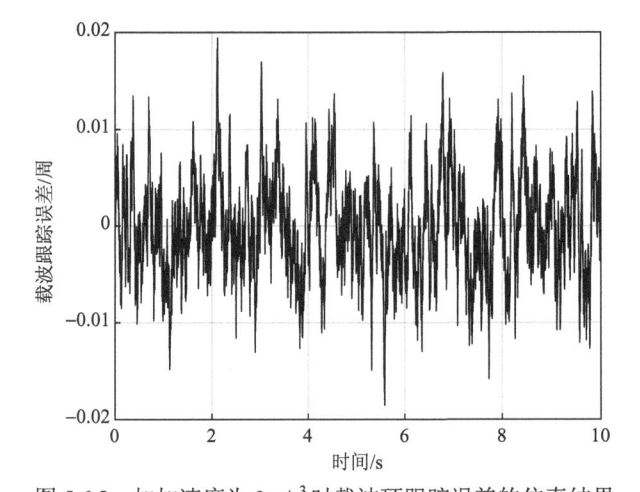

图 5.6.2　加加速度为 0m/s³ 时载波环跟踪误差的仿真结果

2. 码环的设计方案

码环需要设计的参数包括环路阶数、伪码鉴相器、早迟码间隔、相干积分时间和环路带宽。码环使用载波环辅助的一阶环，并使用早迟码间隔为 1/4 码片的点积功率鉴相器。由式 (5.4.9) 可知，当相干积分时间为 1ms、码环带宽为 0.1Hz 时，B1I 信号的伪码跟踪精度约为 0.06m。当输入信号电平为 –133dBm 时，图 5.6.3 所示的仿真结果表明，码环使用上述设计参数，伪码跟踪精度可以满足指标要求。

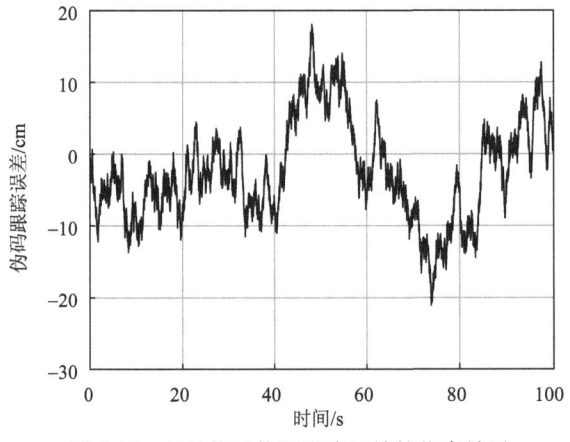

图 5.6.3　B1I 信号伪码跟踪误差的仿真结果

3. 锁定检测的设计方案

锁定检测的主要设计参数包括低通滤波和判决门限。为了降低噪声的影响，使用 IIR 滤波器对锁定检测的输入进行低通滤波，其表达式为

$$y[k]=(1-\alpha)y[k-1]+\alpha x[k] \tag{5.6.1}$$

其中，$x[k]$表示 IIR 滤波器的输入；α 表示滤波器系数，可取为 0.01。

判决门限需要能够正确反映环路的状态，直接决定了跟踪环路的灵敏度。当输入信号电平为-141dBm时，载波和伪码锁定检测的输入如图 5.6.4 和图 5.6.5 所示，其中图 5.6.4 为输入信号电平为-141dBm时载波锁定检测输入，图 5.6.5 为输入信号电平为-141dBm时伪码锁定检测输入。

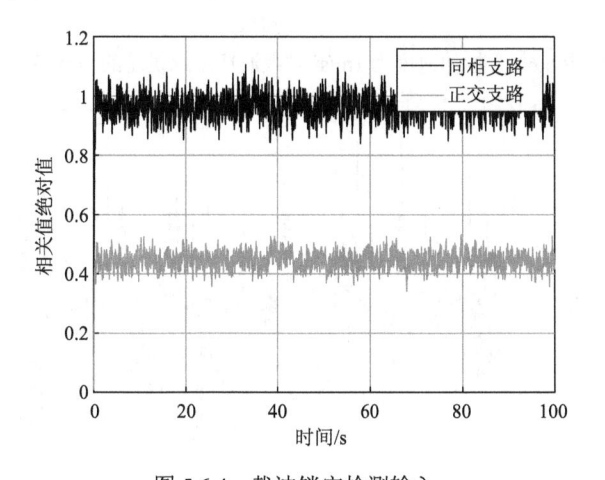

图 5.6.4　载波锁定检测输入

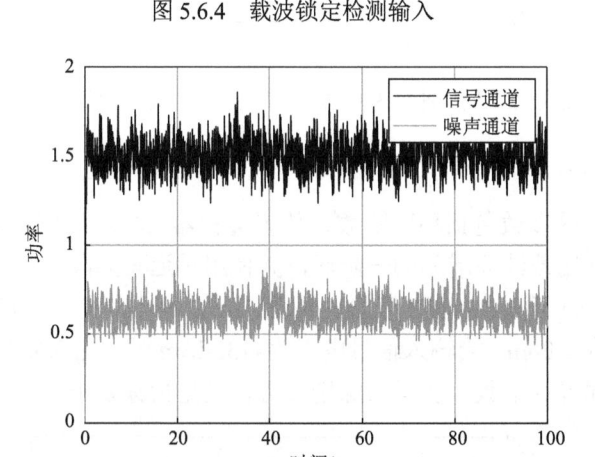

图 5.6.5　伪码锁定检测输入

上述仿真结果表明，当载波和伪码锁定检测门限分别选为 2 和 2.5 时，可以保证锁定检测能够正确判断环路的锁定状态。

5.7　本 章 小 结

本章首先概括介绍了信号跟踪的处理过程以及跟踪时的其他处理，然后从信号参数估计的角度详细介绍了载波和伪码跟踪的基本原理。在此基础上，本章详细介绍了载波环和码环的原理和实现，具体如表 5.7.1 所示。

表 5.7.1　信号跟踪环路的模块组成

信号跟踪环路	模块组成	简要说明
载波跟踪环路	数控振荡器	使用累加值高 3bit 进行寻址，并对幅度进行 3bit 量化即可满足载波高精度跟踪的要求
	鉴相器	传统导航信号使用二象限反正切函数进行鉴相，新一代导航信号中的导频分量可以使用四象限反正切函数
	环路滤波器	通常使用二阶或三阶环，使用二阶环时加速度会产生动态应力误差
伪码跟踪环路	伪码生成模块	使用数控振荡器的溢出信号驱动产生本地伪码
	伪码鉴相器	通常使用基于早迟支路的鉴相器，CCRW 技术使用本地参考波形构造锐截止的鉴相曲线
	环路滤波器	使用载波环辅助的一阶环，并减小环路带宽提高跟踪精度

在载波跟踪环路部分中，本章对环路中的数控振荡器、鉴相器和环路滤波器等主要组成模块进行了介绍。其中，数控振荡器部分主要介绍了导航接收机中载波 NCO 的常用实现方案，鉴相器部分重点介绍了二象限和四象限反正切函数的性能差异，环路滤波器部分详细介绍了不同阶环的结构差异。最后，从理论上详细分析了载波跟踪环路的稳态相位误差、热噪声误差、动态适应性和跟踪灵敏度。

在伪码跟踪环路部分中，本章重点介绍了不同伪码鉴相器的表达式，并以提前减滞后功率鉴相器为例，分析了热噪声引起的伪码跟踪误差。最后，介绍了信号处理抗多径技术，并重点介绍了码相关参考波形技术的原理。除了上述内容以外，本章还介绍了新一代 GNSS 信号中 BOC 信号和导频分量的跟踪算法。其中，在 BOC 信号跟踪部分介绍了三类无模糊跟踪算法，在信号的导频分量跟踪部分介绍了数据和导频的联合处理方法。以上方法是新一代 GNSS 信号跟踪的基础方法，感兴趣的读者可以参阅相关的学术论文作进一步的研究。

习　题　5

5-1　假设基带处理时钟为 100MHz，锁相环数控振荡器中整周计数字长为 32bit，计算数控振荡器输出频率的分辨率。

5-2　假设模拟锁相环中滤波器的传递函数为 $F(s) = \dfrac{\omega_n^2}{s} + a_2\omega_n$，鉴相器增益和压控振荡器增益的乘积为 K，推导模拟锁相环的系统传递函数的表达式。

5-3　假设载波鉴相误差为 $\varepsilon[k]$，环路更新周期为 T_c，残留频率的标称频率控制字为 $m_0[k]$，数控振荡器的处理时钟为 f_s，当载波环使用图 5.3.9 所示的滤波器时，给出频率控制字 $m[k]$ 更新的表达式。

5-4　当接收机 PLL 环路带宽为 10Hz，相干积分时间为 1ms 时，计算当 BDS B1I 信号载噪比为 40dB·Hz 时的载波跟踪精度。

5-5　计算 BDS B1I 在进行伪码跟踪时，多普勒频率辅助的比例系数。

5-6　假设 BDS B1I 信号载噪比为 40dB·Hz，前端带宽为 5MHz，计算当伪码跟踪环路带宽为 0.1Hz，早迟码间隔分别为 1 码片、1/2 码片和 1/8 码片时热噪声引起的伪码跟踪误差。

第6章 单点 PVT 信息处理

卫星导航系统是当代科技发展的重要成果之一，能够为用户提供全覆盖、全天候、实时的位置、速度和时间信息，极大地便利了人们的生活和生产活动，因而在多个领域广泛应用。民用领域，无论是汽车导航、智能手机定位、户外探险还是灾害救援，卫星导航的位置、速度和时间服务都发挥着不可或缺的作用。对于国防而言，更是具有举足轻重的战略意义。现代战争中，卫星导航系统能够提供实时、准确的地理位置、时间和速度信息，对于指挥控制、战场管理、目标定位等都至关重要，能够有效确保军事行动的协调和执行。总之，卫星导航系统作为一项重要的基础设施，在民用领域、国防和安全领域都有着不可替代的重要地位。

第 3 章聚焦导航信号的设计，详细介绍了导航电文、扩频信号、载波信号以及扩频调制技术，第 4 章、第 5 章则重点围绕信号的接收，深入阐述了导航信号的捕获、跟踪原理及过程。正确实现导航信号的捕获、跟踪后，接收机就可以得到导航信号中的电文信息以及伪码、相位、多普勒频移等原始测量值。然而，此时还不能直接得到接收机自身的位置(position)、速度(velocity)及时间(time)信息，需要进一步地处理和计算，由测量值解算得到接收机最终位置、速度和时间信息的这一过程通常称为单点 PVT 解算，又称普通单点定位，也是卫星导航信号为用户提供定位服务的最终环节。如图 6.0.1 所示是一个典型的单点 PVT 处理示意图，PVT 处理主要在信息处理单元中完成。信息处理单元的主要功能是利用接收单元给出的导航电文和原始观测值，通过一系列处理得到位置、速度和时间信息，这些处理包括卫星位置和钟差的解算、观测量和观测方程的处理、定位测速和授时的处理，以及对解算得到的位置、速度和时间等信息进行性能评估等。

本章将学习单点 PVT 信息处理的理论方法和具体实现流程，首先介绍卫星的轨道和钟差相关理论，并详细介绍如何利用导航电文计算卫星的位置和钟差，接着介绍基本的观测量和观测方程，然后依次介绍位置、速度和时间解算的具体实现技术和方法，最后给出定位测速授时性能评估方法和处理实例。

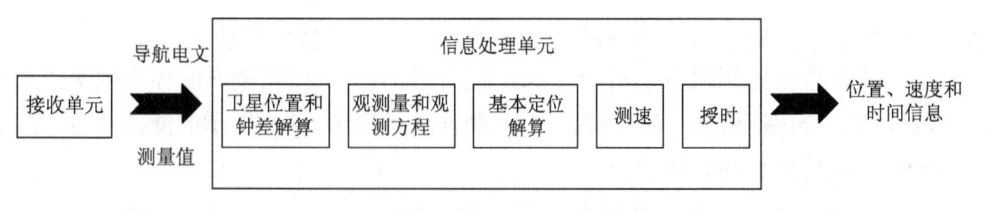

图 6.0.1 单点 PVT 处理示意图

6.1 卫星钟差及位置

根据第 1 章中 GNSS 定位原理的介绍，定位的前提是已知卫星的位置和时间信息。在卫星导航系统中，卫星的位置和时间信息通过导航电文播发给用户，具体内容在第 3 章中进行了详细介绍，本节将结合卫星的时间、轨道基础理论，进一步讲解如何根据导航电文计算出卫星的位置和钟差。

6.1.1 卫星钟差计算

尽管现有 GNSS 系统中卫星载荷均配置了高性能的原子钟，但卫星钟读数与系统时仍不可避免地存在误差，而距离又是基于时间的测量，因此卫星钟差是一个影响用户 PVT 解算的重要因素，定位解算时需要进行改正。本节将介绍与卫星钟差相关的一些概念，并阐述在 PVT 解算中如何计算出卫星钟差。

1. 相关概念

1) 钟差的分类

卫星钟与导航系统的系统时并不严格同步，二者偏差称为卫星钟差。通常，卫星钟差可分为物理同步误差和数学同步误差两类。

物理同步误差，是指某一时刻卫星钟的表面时读数与系统时之间的差值。例如，对 GPS 系统而言，在 t 时刻，某卫星钟的表面读数为 02:50，而此刻 GPS 系统时为 02:45，那么该卫星钟的物理同步误差为 5min。通常，该类物理同步误差的量级小于 1ms。在 GNSS 系统中，监测站利用接收到的特定频点观测值来计算卫星时钟误差，并使用钟差修正模型进行拟合和预测，将误差修正参数嵌入导航电文中，播发给用户以进行误差改正(详见第 3 章)。若记物理同步误差为 Δt ，则其值可由导航电文中的钟差参数计算得到：

$$\Delta t = a_0 + a_1(t - t_{oc}) + a_2(t - t_{oc})^2 \tag{6.1.1}$$

其中，t_{oc} 为导航电文中播发的钟差参数对应的参考历元；a_0 为卫星钟在参考历元的钟差；a_1 为卫星钟的钟速；a_2 为卫星钟的钟漂，也称钟速变化率。

数学同步误差，是指经过物理同步误差改正后，卫星钟读数与系统时之间的时间差值，仍以 GPS 系统为例，在 t 时刻，某卫星钟的表面读数为 02:50，而此刻 GPS 系统时为 02:45，经过物理同步误差改正后，卫星钟时间与系统时仍然存在微小的差异，这主要是由卫星钟的稳定度导致的。通常数学同步误差的量级在 2～5ns，不超过 10ns，该类误差在实际处理中通常予以忽略。

2) 影响钟差的相关因素

从卫星钟差的影响因素上考虑，可分为由非圆轨道引起的卫星钟的相对论效应钟误差改正和由信号群延差引起的卫星钟误差改正。

需要对卫星钟的相对论效应进行改正，是指由于卫星轨道不是严格的圆轨道，导致卫星钟的相对论效应，造成的偏差记为 Δt_r ，其值可由导航电文中的参数计算得到：

$$\Delta t_r = \left(-2\mu^{1/2} / c^2\right) e\sqrt{A} \sin E_k \tag{6.1.2}$$

其中，e 为卫星轨道偏心率，其余各参数可由本卫星信号中播发的星历参数得到，具体含义如下：

$\sqrt{A}$ 为卫星轨道长半轴的开方，由本卫星的星历参数计算得到；

E_k 为卫星轨道偏近点角，由本卫星的星历参数计算得到；

μ 为地心引力常数，值为 $3.986004418 \times 10^{14} \, \mathrm{m^3 / s^2}$ ；

c 为真空中的光速，值为 $2.99792458 \times 10^8 \, \mathrm{m / s}$ 。

群延差引起的卫星钟改正，是指不同频率的信号虽然是在同一个卫星钟的统一驱动下产生的，但由于不同的卫星信号在卫星内的时延并不相同，导致其离开卫星天线相位中心的时间并不相同，而引起的卫星钟改正。导航电文中给出的卫星钟差参数，是以卫星发射天线的相位中心为参考点，且以特定频点观测值测定并预报的，因此对于非特定频点的用户，不能直接使用广播星历给出的钟差参数，而应该在此基础上考虑群延差改正量，不同频点上的改正项参数在导航电文中播发。对于 GPS 系统，导航电文中所给出的卫星钟参数是由 L1/L2 双频计算得到的；对于 BDS 系统，则是由 B3 频点伪距计算得到的。以 GPS 为例，若用户采用 L1 和 L2 频点信号进行定位，可以直接采用导航电文中的钟差参数计算卫星钟差，而对于其他频点的用户，则不能直接使用导航电文中的钟差参数，而应在此基础上再加上一个改正项 Δt_{TGD}。这个改正项 Δt_{TGD} 在导航电文中播发，利用这个改正量将钟差归算到这个对应频点上再进行定位解算。

2. 计算方法

根据上述相关概念，下面给出在 PVT 信息处理过程中，利用导航电文计算卫星钟差的步骤和方法。

在计算卫星位置和钟差时，需要首先计算出信号的发射时刻。卫星的钟差和位置是基于信号发射时刻所描述的，一般而言，可采用直接伪距法计算信号发射时刻。记接收机接收信号的钟面时间或设备时间为 t_{r}，则卫星信号发射时间 t_{e} 为

$$t_{\text{e}} = t_{\text{r}} - \frac{\rho}{c} + \delta t_{\text{e}} \tag{6.1.3}$$

其中，c 为真空中的光速；ρ 为 t_{r} 时刻的伪距观测值；δt_{e} 为卫星钟差，可由导航电文中的钟差参数计算得到。

对于卫星钟差而言，由第 3 章电文内容可知，导航电文中的钟差参数包括 t_{oc}、a_0、a_1 和 a_2，分别为钟差参数参考时刻、卫星钟偏差系数、卫星钟漂移系数、卫星钟漂移率系数。理论上，用户接收机可通过下式计算出信号发射时刻的系统时：

$$t = t_{\text{sv}} - \Delta t_{\text{sv}} \tag{6.1.4}$$

其中，t 为信号发射时刻的系统时，对于北斗卫星导航系统，t 即 BDT；t_{sv} 为信号发射时刻的卫星测距码相位时间，即接收机时间减去信号的传播时间，为 $t_{\text{sv}} = t_{\text{r}} - t_{\text{e}}$；$\Delta t_{\text{sv}}$ 为卫星测距码相位时间偏移，由物理同步误差 Δt、相对论效应引起的钟误差 Δt_{r} 以及群延差引起的改正项 Δt_{TGD} 共同计算得到：

$$\Delta t_{\text{sv}} = \Delta t + \Delta t_{\text{r}} + \Delta t_{\text{TGD}} \tag{6.1.5}$$

由此，可根据导航电文和测距码计算得到卫星的钟差。

6.1.2 卫星位置计算

卫星的轨道是 GNSS 提供定位、测速和授时服务的基础。导航电文中的星历，是描述卫星轨道运动的一组参数，可由星历计算出卫星的位置信息。为深化理解，本节从卫星运动原理入手，依次讲解卫星的无摄运动和受摄运动，并详细阐述根据导航电文计算卫星位置的具体方法和流程。

1. 相关概念

1）开普勒定律
约翰内斯·开普勒在没有望远镜帮助的情况下，经过长时间精心的天体观测数据收集，最终总结出三个描述行星在太空中运动的规律，即著名的开普勒定律，具体包括以下方面。

第一定律(轨道定律):所有行星均在椭圆轨道上运行,太阳在椭圆的一个焦点上。

第二定律(面积定律):行星和太阳连线,在椭圆内相等时间段扫过的面积相等。

第三定律(周期定律):任何行星的运动周期,其平方与其轨道长半轴的立方成正比。

开普勒定律是由围绕太阳运行的行星轨道推导出来的,对卫星的运动也同样适用。

2) 无摄运动

基于开普勒定律,英国数学家、科学家牛顿从天体运动背后的动力学问题出发,揭示了万有引力定律。对于卫星而言,无摄运动是指卫星主要受来自地球的引力作用,也是常说的二体运动。

为了描述卫星在以地球质心为原点的空间直角坐标系中的运行轨道,在二体问题(即地球与卫星)中,由万有引力定律可知,地球作用在卫星上的引力为

$$F = -\frac{GMm\boldsymbol{R}_{\mathrm{s}}}{\left|\boldsymbol{R}_{\mathrm{s}}\right|^3} \tag{6.1.6}$$

其 中, $G \approx 6.673 \times 10^{-11}\mathrm{N \cdot m^2 / kg^2}$ 为 万 有 引 力 常 数; m 为 卫 星 的 质 量; $M \approx 5.965 \times 10^{24}\mathrm{kg}$ 为地球质量; $\boldsymbol{R}_{\mathrm{s}}$ 为卫星相对于地球的位置矢量,由地心指向卫星,如图 6.1.1 所示。从而可知 F 是由卫星指向地心的矢量。

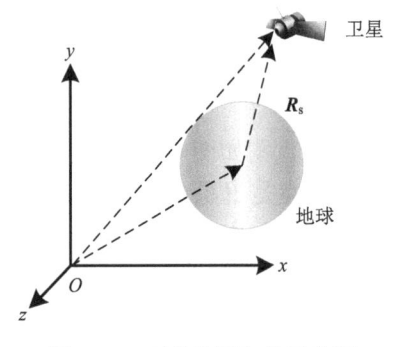

图 6.1.1 卫星位置矢量示意图

卫星在地球引力 F 的作用下,加速度矢量 $\boldsymbol{a}_{\mathrm{s}}$ 为

$$\boldsymbol{a}_{\mathrm{s}} = \frac{F}{m} = -\frac{GM\boldsymbol{R}_{\mathrm{s}}}{R_{\mathrm{s}}^3} \tag{6.1.7}$$

其中, R_{s} 为卫星相对于地球的位置矢量 $\boldsymbol{R}_{\mathrm{s}}$ 的模。卫星对地球的引力与 F 大小相等方向相反,则地球在 $-F$ 作用下的加速度矢量 $\boldsymbol{a}_{\mathrm{e}}$ 为

$$\boldsymbol{a}_{\mathrm{e}} = -\frac{F}{M} = \frac{Gm\boldsymbol{R}_{\mathrm{s}}}{R_{\mathrm{s}}^3} \tag{6.1.8}$$

卫星的加速度矢量减去地球的加速度矢量,得到卫星相对于地球的加速度矢量 $\boldsymbol{a}$ 为

$$\boldsymbol{a} = \boldsymbol{a}_{\mathrm{s}} - \boldsymbol{a}_{\mathrm{e}} = \frac{-G(M+m)\boldsymbol{R}_{\mathrm{s}}}{R_{\mathrm{s}}^3} \approx -\frac{GM\boldsymbol{R}_{\mathrm{s}}}{R_{\mathrm{s}}^3} = -\frac{\mu\boldsymbol{R}_{\mathrm{s}}}{R_{\mathrm{s}}^3} \tag{6.1.9}$$

其中, $\mu = GM$ 为地心引力常数。可见,卫星相对于地球的加速度矢量只与位置矢量有关,距离越远加速度越小,距离越近加速度越大。由式(6.1.9)可以整理得到一个关于位置矢量 $\boldsymbol{R}_{\mathrm{s}}$ 的二阶齐次微分方程:

$$\frac{\mathrm{d}^2 \boldsymbol{R}_s}{\mathrm{d}t^2} + \frac{\mu}{R_s^3} \boldsymbol{R}_s = 0 \qquad (6.1.10)$$

在三维空间中，方程(6.1.10)实际是包含三个二阶常微分方程的方程组。方程组积分解算后存在六个积分常数，称为轨道六根数。卫星的开普勒轨道及任意时刻 t 卫星在轨道上的位置可由这六个轨道根数来表示，即 $r(t)=r(t;a,e,i,\Omega,\omega_s,f_s)$，其轨道空间示意图如图 6.1.2 所示。

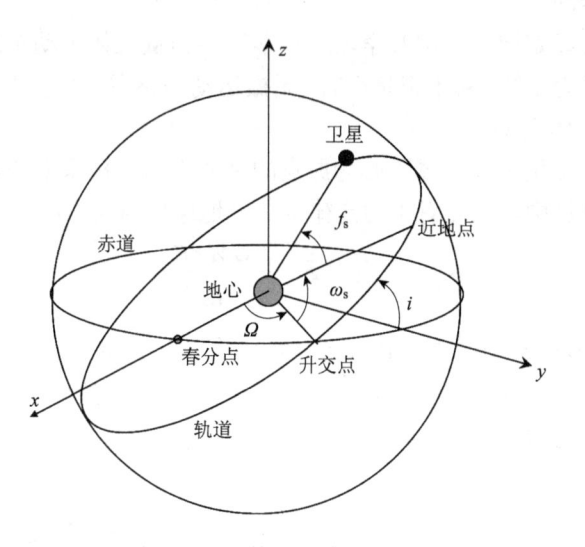

图 6.1.2　开普勒轨道参数示意图

各轨道参数的物理含义示意图如图 6.1.2 所示，定义如下。

(1)升交点赤经 Ω：升交点是卫星由南向北运行与赤道面的一个交点，升交点赤经是赤道面上的春分点与升交点的夹角。

(2)轨道倾角 i：卫星运行的轨道面与地球赤道面的夹角。

(3)近地点角距 ω_s：也可以简称为 ω，表示卫星轨道是一个以地球为焦点的椭圆，地球位于这个椭圆的一个焦点上，卫星在轨道中离地心最近的一点称为近地点，离地心最远的点称为远地点。近地点角距则表示轨道升交点与近地点之间的地心夹角。

(4)轨道长半轴 a：椭圆轨道的长半轴。

(5)偏心率 e：椭圆轨道的偏心率。

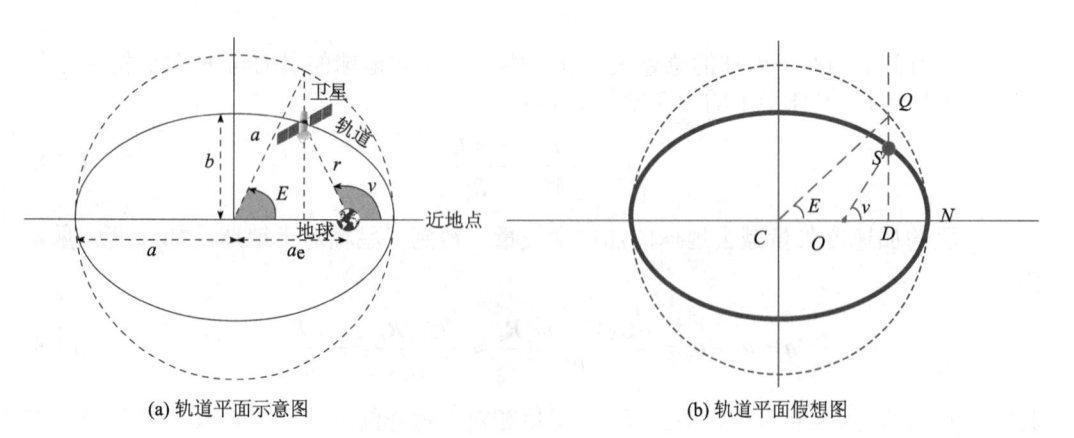

(a) 轨道平面示意图　　　　　　　　(b) 轨道平面假想图

图 6.1.3　轨道平面参数示意图

(6)真近点角 f_s：也有教材将其简称为 v，表示卫星过近地点时刻，轨道平面上卫星与近地点之间的地心角距。

以上六个参数就可以描述理想状态下卫星椭圆轨道的形状、大小及其在空间的指向，以及确定任一时刻卫星在轨道上的位置。具体而言，轨道长半轴 a、偏心率 e 确定了椭圆的形状和大小，升交点赤经 Ω、轨道倾角 i 确定了卫星轨道平面相对于地球的空间指向，近地点角距 ω_s 表达了开普勒椭圆在轨道平面上的定向，真近点角 f_s 则确定了卫星在轨道平面上的瞬时位置。前五个参数可认为是常数，而第 6 个参数，即真近点角，是一个随时间变化的参数。

通常，轨道参数是通过导航电文播发的，根据轨道参数就可以计算出卫星位置。需要注意的是，真近点角并非常数，不方便在星历中播发，因此实际上在星历设计和依据星历计算卫星位置时，常采用偏近点角 E 和平近点角 M 来代替，它们的关系推导过程如下。

首先假设一个以卫星椭圆轨道的中心为圆心、椭圆的长半轴 a 为半径的假想圆，如图 6.1.3 所示的虚线圆，而图中的实线椭圆为卫星运行的真实椭圆轨道。过卫星的位置 S 向椭圆长半轴作垂线，交长半轴于 D，交假想圆于 Q，则 $\angle QCN$ 称为偏近点角 E。为了方便计算，卫星在椭圆轨道上运行，可以等价于在假想圆上运行，它们运行的周期相等，若卫星在椭圆轨道上运行的平均角速度为 n，卫星经过近地点 N 的时刻为 t_0，那么在任意时刻 t，卫星的平近点角 M 可以定义为：$M = n(t - t_0)$，即卫星任意时刻 t 在虚线圆上的位置与近地点的夹角。由开普勒方程可以导出偏近点角 E 与平近点角 M 的关系：

$$M = E - e\sin E \tag{6.1.11}$$

其中，e 是椭圆轨道的偏心率，当已知平近点角 M 时，通过迭代可以求出 E。卫星在实际运行过程中，除了受到地球引力的影响，还受到来自太阳、月亮等天体的引力、太阳光辐射压力等各种因素的影响，使得卫星运行的轨道不是理想的椭圆轨道，这种实际运行的复杂轨道称为摄动轨道，导致轨道摄动的作用力称为摄动力。卫星播发的星历考虑了卫星受摄运动，因此星历中除了上述二体运动中的轨道六根数外，还有对各项摄动力的表征参数。

3）受摄运动

上述二体运动描述的是理想情况下的运动规律。然而，卫星在实际运动中，并非简单的二体运动，还会受到很多其他摄动力的影响。卫星的受摄运动是由地球引力场不均匀、太阳和月球引力作用、太阳光压等多种因素造成的，图 6.1.4 为卫星的受摄动力示意图。

卫星在轨运行期间受到的作用力主要为保守力与非保守力两种。保守力包括地球中心引力、日月行星引力等摄动力、地球固体潮和海潮引起的摄动力、广义相对论引起的摄动力，非保守力则主要包括太阳光压摄动力、地球反照辐射压摄动力以及空气阻力等。下面概要介绍 GNSS 卫星的主要摄动力模型。

（1）地球中心引力。

导航卫星在轨运动期间，地球中心对卫星的引力为主要作用力。由式（6.1.9）可知地球中心引力对卫星产生的加速度 a 可表示为

$$\boldsymbol{a} = -\frac{G(M + m)\boldsymbol{R_s}}{R_s^3} \tag{6.1.12}$$

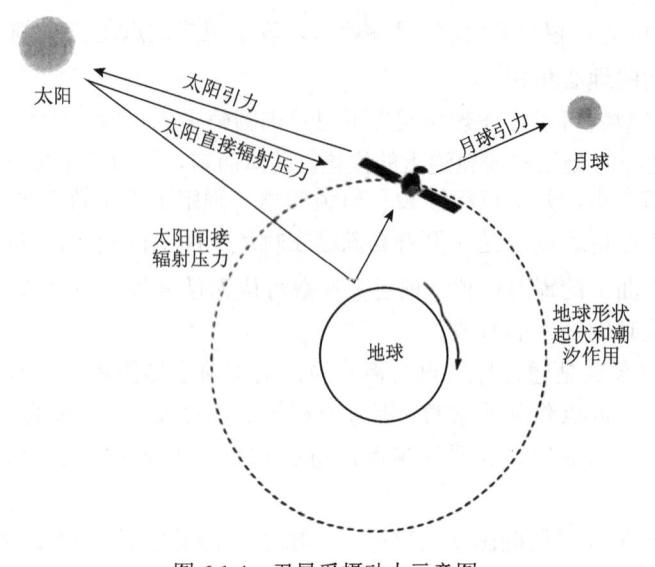

图 6.1.4 卫星受摄动力示意图

其中，M 与 m 分别为地球与卫星的质量；R_s 为地心至卫星的向径。将卫星质量忽略后，式(6.1.12)可表示为

$$a = -\frac{GM}{R_s^3}R_s \tag{6.1.13}$$

其中，GM 即为地心引力常数。

(2) N 体摄动。

卫星绕地球运行时，会受到其他天体的引力。若将地球与其他行星均看作质点，则有 N 体摄动引起的卫星摄动加速度 a_{nb} 可以表示为

$$a_{nb} = \sum_{i=1}^{n} GM_i \left(-\frac{R - R_i}{|R - R_i|^3} - \frac{R_i}{R^3} \right) \tag{6.1.14}$$

其中，n 为天体个数；M_i 为第 i 个天体质量；G 为万有引力常数；R 与 R_i 分别为卫星和第 i 个天体在惯性系下的位置矢量。

(3) 相对论效应。

考虑到广义相对论对卫星的摄动力影响，由相对论效应引起的摄动加速度 a_{RL1} 可表示为

$$a_{RL1} = \frac{GM}{c^2 R^3} \left\{ \left[\frac{4GM}{R} - \dot{R} \right] R + 4(R \cdot \dot{R})R \right\} \tag{6.1.15}$$

其中，c 为真空中的光速；GM 为地心引力常数；R 与 $\dot{R}$ 为惯性系下卫星的位置矢量与速度矢量。

(4) 固体潮摄动。

由于地球是一个非刚体，因此地球的形状和质量会随着日月等天体的引力作用而变化，进而导致地球引力位的变化。目前通常采用 Wahr 模型来表示由固体潮摄动导致的引力位变化。

(5) 海潮摄动。

由于日月引力的变化，海潮潮汐发生变化也会使地球引力位发生变化，可通过修正地球引力场系数来表示海潮摄动的影响。

(6)大气潮汐摄动。

大气潮汐摄动主要由热源引起，大致为固体潮摄动效应的 2.5%。其对卫星的摄动影响体现在地球引力场系数的微小改正上。

(7)太阳光压摄动。

太阳光压摄动是卫星在轨运行期间受到的主要摄动力之一。按照其建立方式可分为三类：分析型光压模型、经验型光压模型、半分析半经验型光压模型。

第一类为分析型光压模型，从物理机制层面出发，通过分析卫星所受光压力，来反映卫星在轨道面上正常运行的物理现象。如果已获取卫星几何结构、热力学属性、姿态等信息，则可建立较为准确的分析型光压模型。第二类为经验型光压模型，该类模型以大量的卫星在轨数据为基础，分析其变化趋势，再选择利用适当的函数模型对其变化趋势进行拟合。经验型光压模型尽管没有明确的物理意义，但可以较高精度地描述卫星的受照情况。目前最具代表性的经验型光压模型为 ECOM 光压模型与 GPSM 光压模型。第三类为半分析半经验型光压模型，较为典型的有 Box-wing 模型，该模型将卫星结构简化为一个四方体与两个太阳帆板平面。在 Box-wing 模型的基础上进一步开发了可用于导航卫星精密定轨的 Adjustable Box-wing 模型，采用实测轨道数据对模型中卫星光学属性参数进行拟合调整。

表 6.1.1 和图 6.1.5 分别给出了主要摄动力对导航卫星轨道的影响量级以及与卫星轨道高度的关系。

表 6.1.1 主要摄动力对导航卫星轨道的影响量级

摄动力	量级/(m/s^2)	24 小时轨道误差/m
地球中心引力	0.59	—
非球形引力	5×10^{-6}	10000
月球引力	5×10^{-6}	3000
太阳引力	2×10^{-6}	800
太阳光压力	1×10^{-7}	300
地球反照辐射力	1×10^{-9}	3
固体潮汐	1×10^{-9}	3
天线推力	1×10^{-10}	0.3

在上述非保守力(如太阳辐射压、大气阻力等)的影响下，卫星运行的轨道要素不再保持常数，而是随时间发生变化。考虑到这些非保守力对卫星位置的影响，导航电文中的星历模型不仅采用轨道六根数，还增加了轨道要素的时间变化率以及摄动力改正参数，以表征受摄动力影响下的轨道。星历参数在第 3 章已有详细说明，此处不再赘述，以下将重点放在如何根据星历参数计算卫星的位置。

2. 计算方法

根据导航电文中的广播星历参数计算卫星位置的主要思路是：首先计算卫星在轨道平面坐标系下的坐标，然后对卫星在轨道坐标系下的坐标进行转换，先将轨道坐标系的 YOZ 平面绕 X 轴旋转轨道倾角，接着将 XOY 平面绕 Z 轴旋转升交点经度对应的角度，便可以求出卫星在地心地固坐标系下的坐标，也是用户定位、测速和授时信息处理中采用的坐标系。其坐标转换示意图如图 6.1.6 所示，其中实线表示轨道平面坐标系，虚线表示地心地固坐标系，点划线表示惯性系。

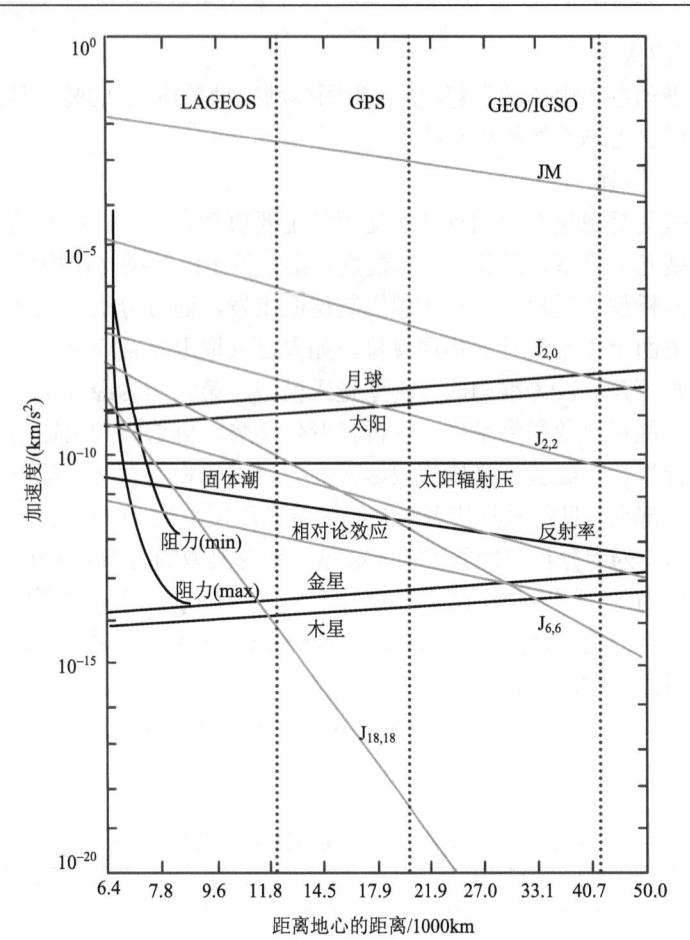

图 6.1.5　主要摄动力与卫星轨道高度的关系

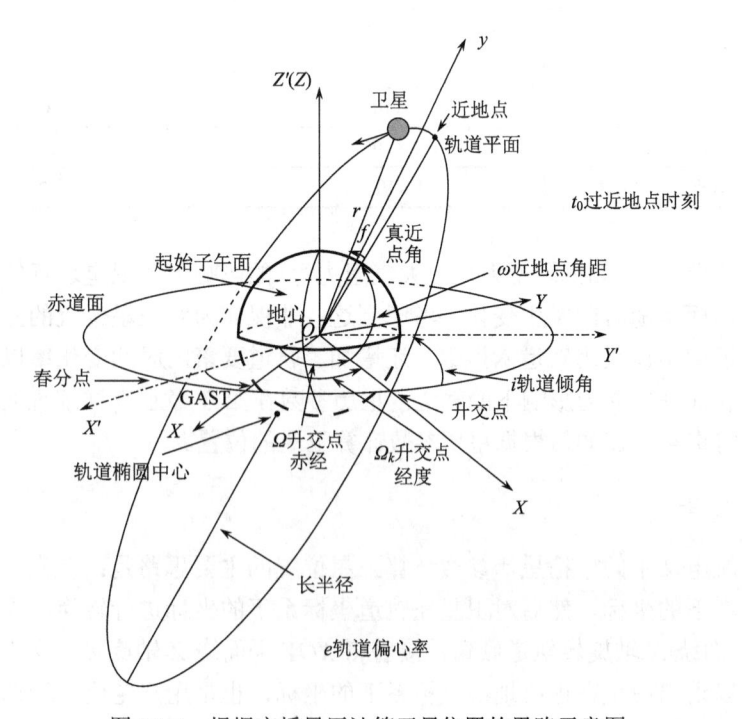

图 6.1.6　根据广播星历计算卫星位置的思路示意图

其主要的计算步骤包括以下方面。

(1)计算参考时刻卫星运行的平均角速度。

(2)计算观测瞬间时刻卫星的平近点角。

(3)计算偏近点角。

(4)计算真近点角。

(5)计算未经过改正的升交距角。

(6)计算未经过改正的卫星向径。

(7)计算摄动改正项。

(8)进行摄动改正。

(9)计算卫星在轨道平面坐标系中的位置。

(10)计算观测瞬间升交点经度,广播星历中不直接给出参考时刻的升交点赤经,而是给出升交点赤经与本周起始格林尼治恒星时的差值。

(11)计算卫星在瞬时地心地固坐标系下的坐标。

(12)计算卫星在协议地球坐标系下的坐标,包含极移改正。

需要注意的是,如第 3 章所述,不同卫星导航系统广播星历有差异,因此计算卫星位置的算法也会有不同,但整体思路和步骤一致。为了便于理解,且更好地指导实现,本节分别以 GPS、BDS 为例,给出了根据其广播星历计算卫星位置的具体公式。

GPS 系统广播星历采用 16/18 参数模型,对卫星轨道所受到的各种摄动力影响都进行了合理的修正和吸收。本节以 GPS 的 16 参数模型为例,介绍用户对卫星位置的计算方法。利用导航电文中的 16 个星历参数,可以计算得到卫星在任意时刻 t 的位置,具体计算过程如表 6.1.2 所示。

表 6.1.2 GPS 系统 16 参数星历的用户算法

步骤	参数计算公式	公式含义	单位
1	$\mu = 3.986004418 \times 10^{14} \, \mathrm{m}^3 / \mathrm{s}^2$	地心引力常数	$\mathrm{m}^3 / \mathrm{s}^2$
2	$\dot{\Omega}_c = 7.2921151467 \times 10^{-5} \, \mathrm{rad/s}$	地球旋转速率	rad/s
3	$A = (\sqrt{A})^2$	轨道长半轴	m
4	$n_0 = \sqrt{\dfrac{\mu}{A^3}}$	卫星平均角速度	rad/s
5	$t_k = t - t_{oe}$	观测历元与参考历元的时间差	s
6	$n = n_0 + \Delta n$	改正后的平均角速度	rad/s
7	$M_k = M_0 + n t_k$	平近点角	rad
8	$M_k = E_k - e \sin E_k$	迭代计算偏近点角	rad
9	$v_k = \arctan\left(\dfrac{\sin v_k}{\cos v_k}\right)$ $= \arctan\left(\dfrac{\sqrt{1-e^2}\sin E_k / (1-e\cos E_k)}{\cos E_k - e / (1-e\cos E_k)}\right)$	真近点角计算	rad
10	$\Phi_k = v_k + \omega$	升交点角距的计算	rad
11	$\delta u_k = C_{us}\sin 2\Phi_k + C_{uc}\cos 2\Phi_k$ $\delta r_k = C_{rs}\sin 2\Phi_k + C_{rc}\cos 2\Phi_k$ $\delta i_k = C_{is}\sin 2\Phi_k + C_{ic}\cos 2\Phi_k$	纬度的幅角改正项 轨道半径改正项 轨道倾角改正项	rad
12	$u_k = \Phi_k + \delta u_k$	改正后的纬度幅角	rad
13	$r_k = A(1 - e\cos E_k) + \delta r_k$	改正后的轨道半径	m

步骤	参数计算公式	公式含义	单位
14	$i_k = i_0 + \dot{i}t_k + \delta i_k$	改正后的轨道倾角	rad
15	$x_k' = r_k \cos u_k$ $y_k' = r_k \sin u_k$	轨道平面内的卫星坐标	m
16	$\Omega_k = \Omega_0 + (\dot{\Omega} - \dot{\Omega}_e)t_k - \dot{\Omega}_e t_{oe}$	改正后的升交点赤经	rad
17	$x_k = x_k' \cos \Omega_k - y_k' \cos i_k \sin \Omega_k$ $y_k = x_k' \sin \Omega_k + y_k' \cos i_k \cos \Omega_k$ $z_k = y_k' \sin i_k$	卫星在 WGS-84 下的坐标	m

其中，步骤 5 中的 t 指的是当前时刻(需要计算当前时刻 t 的卫星位置)；t_k 指的是当前时刻 t 与参考时刻 t_{oe} 之间的差值。如果 $t_k > 302400\text{s}$ ，则 $t_k = t_k - 604800\text{s}$ ；如果 $t_k < -302400\text{s}$ ，则 $t_k = t_k + 604800\text{s}$ 。

北斗系统星历与 GPS 星历略有差异，但利用星历获取卫星位置的算法与 GPS 相似，用户接收机根据接收到的北斗星历参数，可以计算相应卫星在北斗坐标系中的坐标。以北斗公开服务信号 B2b 为例，相应的星历参数计算卫星位置算法如表 6.1.3 所示。

表 6.1.3　北斗星历及用户算法

公式	说明
$\mu = 3.986004418 \times 10^{14}\,\text{m}^3/\text{s}^2$	BDCS 坐标系下的地心引力常数
$\dot{\Omega}_e = 7.2921150 \times 10^{-5}\,\text{rad/s}$	BDCS 坐标系下的地球自转角速度
$\pi = 3.1415926535898$	圆周率
$t_k = t - t_{oe}^{\ *}$	计算与参考时刻的时间差
$A_0 = A_{ref} + \Delta A^{**}$	计算参考时刻的长半轴
$A_k = A_0 + (\dot{A})t_k$	计算长半轴
$n_0 = \sqrt{\dfrac{\mu}{A_0^3}}$	计算参考时刻的卫星平均角速度
$\Delta n_A = \Delta n_0 + \dfrac{1}{2}\Delta \dot{n}_0 t_k$	计算卫星平均角速度的偏差
$n_A = n_0 + \Delta n_A$	计算改正后的卫星平均角速度
$M_k = M_0 + n_A t_k$	计算平近点角
$M_k = E_k - e\sin E_k$	迭代计算偏近点角
$\begin{cases} \sin v_k = \dfrac{\sqrt{1-e^2}\sin E_k}{1-e\cos E_k} \\ \cos v_k = \dfrac{\cos E_k - e}{1-e\cos E_k} \end{cases}$	计算真近点角
$\Phi_k = v_k + \omega$	计算纬度幅角
$\begin{cases} \delta u_k = C_{us}\sin 2\phi_k + C_{uc}\cos 2\phi_k \\ \delta r_k = C_{rs}\sin 2\phi_k + C_{rc}\cos 2\phi_k \\ \delta i_k = C_{is}\sin 2\phi_k + C_{ic}\cos 2\phi_k \end{cases}$	计算纬度幅角改正项 计算径向距离改正项 计算轨道倾角改正项
$u_k = \phi_k + \delta u_k$	计算改正后的纬度幅角
$r_k = A_k(1 - e\cos E_k) + \delta r_k$	计算改正后的径向距离
$i_k = i_0 + \dot{i}t_k + \delta i_k$	计算改正后的轨道倾角

续表

公式	说明
$\begin{cases} x_k = r_k \cos u_k \\ y_k = r_k \sin u_k \end{cases}$	计算卫星在轨道平面内的坐标
$\Omega_k = \Omega_0 + (\dot{\Omega} - \dot{\Omega}_e)t_k - \dot{\Omega}_e t_{oe}$	计算改正后的 MEO/IGSO 卫星升交点经度
$\begin{cases} X_k = x_k \cos \Omega_k - y_k \cos i_k \sin \Omega_k \\ Y_k = x_k \sin \Omega_k + y_k \cos i_k \cos \Omega_k \\ Z_k = y_k \sin i_k \end{cases}$	计算 MEO/IGSO 卫星在 BDCS 坐标系中的坐标

注：*表达式中，t 是信号发射时刻的 BDT 时间，即修正信号传播时延后的系统时间。t_k 是 t 和星历参考时刻 t_{oc} 之间的总时间差，并考虑了跨过一周开始或结束的时间，如果 $t_k > 302400$s，就从 t_k 中减去 604800s；如果 $t_k < -302400$s，就对 t_k 加上 604800s。

**表达式中，长半轴参考值 $A_{ref} = 27906100$m（MEO），$A_{ref} = 42162200$m（IGSO/GEO）。

北斗星历 18 参数模型是在 16 参数模型的基础上进行了进一步优化改进。相比于 16 参数模型，18 参数模型增加了长半轴变化率 $\dot{A}$ 和参考时刻卫星平均角速度与计算值之差的变化率 $\Delta\dot{n}_0$。

下面给出两个典型的例题，更具体、直观地理解和掌握卫星位置和钟差计算的思路和步骤。

例 6.1.1　如图 6.1.7 所示为 GPS 某一卫星特定时刻的广播星历，其中包括了钟差改正参数、卫星星历参数等，计算 $t = 199368$s 时刻该卫星的位置和钟差。

```
G04 2019 10 01 08 00 00 2.451241016388e-06-4.649791662814e-11 0.000000000000e+00
     3.400000000000e+01-1.155625000000e+02 4.599120143243e-09 1.699075304872e+00
    -5.902722477913e-06 1.475233526435e-02 9.264796972275e-06 5.153681812286e+03
     2.016000000000e+05-3.259629011154e-07-1.091936976129e-01 5.774199962616e-08
     9.590228562257e-01 2.046875000000e+02 6.837269280624e-01-8.244629136182e-09
    -3.957307694893e-10 1.000000000000e+00 2.073000000000e+03 0.000000000000e+00
     2.000000000000e+00 6.300000000000e+01-5.587935447693e-09 3.400000000000e+01
     1.944000000000e+05 4.000000000000e+00
```

图 6.1.7　卫星广播星历文件

解　从广播星历中提取用于计算卫星位置的参数，如下所示。

$a_0 = 2.451241016388 \times 10^{-6}$；$a_1 = -4.649791662814 \times 10^{-11}$；$a_2 = 0.000000000000 \times 10^{0}$

$t_{oe} = 2.016000000000 \times 10^{5}$；$\sqrt{A} = 5.153681812286 \times 10^{3}$；$e = 1.475233526435 \times 10^{-2}$

$i_0 = 9.590228562257 \times 10^{-1}$；$\Omega_0 = -1.091936976129 \times 10^{-1}$；$\omega = 6.837269280624 \times 10^{-1}$

$M_0 = 1.699075304872 \times 10^{0}$；$\Delta n = 4.599120143243 \times 10^{-9}$；$i = -3.957307694893 \times 10^{-10}$

$\dot{\Omega} = -8.244629136182 \times 10^{-9}$

$C_{uc} = -5.902722477913 \times 10^{-6}$；$C_{rc} = 2.046875000000 \times 10^{2}$；$C_{ic} = -3.259629011154 \times 10^{-7}$

$C_{us} = 9.264796972275 \times 10^{-6}$；$C_{rs} = -1.155625000000 \times 10^{2}$；$C_{is} = 5.774199962616 \times 10^{-8}$

根据由广播星历计算卫星位置的步骤，该时刻卫星位置的计算流程如表 6.1.4 所示。

表 6.1.4 卫星位置计算流程表

步骤	计算流程	单位
1	$A = \left(\sqrt{A}\right)^2 = 26560436.222287513$	m
2	$n = n_0 + \Delta n = \dfrac{\mu}{A^3} + \Delta n = 0.00014585785029794723$	rad/s
3	$t_k = t - t_{oe}^* = -2232.0$	s
4	$M_k = M_0 + n_k = 1.3735205830069819$	rad
5	$M_k = E_k - e\sin E_k = 1.3880272058351995$	rad
6	$v_k = \arctan\left(\dfrac{\sin v_k}{\cos v_k}\right) = \arctan\left(\dfrac{\sqrt{1-e^2}\,\sin E_k}{1-e\cos E_k}\right)\Big/\left(\dfrac{\cos E_k - e}{1-e\cos E_k}\right)$ $= 1.40255383980888$	rad
7	$\Phi_k = v_k + \omega = 2.08628076051489$	rad
8	$u_k = \Phi_k + \delta u_k = 2.86275853661298$	rad
9	$r_k = A(1 - e\cos E_k) + \delta r_k = 26489214.0423851$	m
10	$i_k = i_0 + (\text{IDOT}) \times t_k + \delta i_k = 0.9590238575068554$	rad
11	$x_k' = r_k\cos\Omega_k - v_k'\sin\Omega_k = 17927326.1391382$ $y_k' = r_k\sin\Omega_k + v_k'\cos\Omega_k = 4931779.063749035$ $z_{k'} = y_k'\sin i_k = 18867087.569379408$	m

卫星钟差的计算步骤如表 6.1.5 所示。

表 6.1.5 卫星钟差的计算流程表

步骤	计算流程	单位
1	$t_k = t - t_{oc} = -2232.0$	s
2	$\Delta t_1 = a_0 + a_1(t - t_{oc}) + a_2(t - t_{oc})^2 = 2.555024366 \times 10^{-6}$	s
3	$\Delta t_r = (-2\mu^{1/2}/c^2)e\sqrt{A}\sin E_k = -3.321554867 \times 10^{-8}$	s
4	$\Delta t_{sv} = a_0 + a_1(t - t_{oc}) + a_2(t - t_{oc})^2 = 2.521808818 \times 10^{-6}$	s

由此实现了基于广播星历计算卫星的位置和钟差。

例 6.1.2 图 6.1.8 和图 6.1.9 分别为 GPS 04 卫星在某时刻的观测值信息和观测值类型说明，计算卫星发射信号时的系统时刻、钟差和位置。

```
> 2019 10 01 08 01  0.0000000  0 30
G04  22130440.006    116295540.096
```

图 6.1.8 Rinex 观测文件观测值

```
G   20 C1C L1C D1C S1C C1W L1W D1W S1W C2W L2W D2W S2W C2X  SYS / # / OBS TYPES
       L2X D2X S2X C5X L5X D5X S5X                          SYS / # / OBS TYPES
```

图 6.1.9 Rinex 观测文件题头说明

解 首先说明图 6.1.8 的各个数据含义，接收机标记时刻：

t_r =2019 年 10 月 01 日 08 时 01 分 00 秒，转换为 GPS 系统时 GPST 为 2073 周，周内 2 天。

广播星历参考时间：

t_{oc} =2019 年 10 月 01 日 08 时 00 分 00 秒，转换为 GPS 系统时 GPST 为 2073 周，

周内 2 天。

周内秒计算步骤：

$$t_{\mathrm{r}} = \mathrm{dow} \times 86400 + \mathrm{hour} \times 3600 + \min \times 60 + \sec = 2 \times 86400 + 8 \times 3600 + 1 \times 60 + 0 = 201660$$

$$t_{\mathrm{oc}} = \mathrm{dow} \times 86400 + \mathrm{hour} \times 3600 + \min \times 60 + \sec = 2 \times 86400 + 8 \times 3600 + 0 \times 60 + 0 = 201600$$

G04 的 L1C 信号伪距观测值（C1C）为 $\rho = 22130440.006\mathrm{m}$。具体对应数据如表 6.1.6 所示。

表 6.1.6　数据信息

符号	文件信息显示	周内秒
t_{r}	2019 10 01 08 01 0.0000000	201660
t_{oc}	2019 10 01 08 00 00	201600
ρ	22130440.006（m）	

沿用例 6.2.1 卫星 G04 的星历参数计算的钟差相关结果：

$$\Delta t_1 = a_0 + a_1(t - t_{\mathrm{oc}}) + a_2(t - t_{\mathrm{oc}})^2 = 2.555024366\mathrm{e} - 06(\mathrm{s})$$

$$\Delta t_{\mathrm{r}} = (-2\mu^{1/2} / c^2)e\sqrt{A}\sin E_k = -3.321554867\mathrm{e} - 08(\mathrm{s})$$

$$t_{\mathrm{sv}} = t_{\mathrm{r}} - \frac{\rho}{c} = 201660 - \frac{22130440.006}{2.99792458 \times 10^8} = 201659.9926180798(\mathrm{s})$$

则卫星发射信号的系统时间为

$$t = t_{\mathrm{sv}} - \Delta t_{\mathrm{sv}} = t_{\mathrm{sv}} - (\Delta t_1 + \Delta t_{\mathrm{r}}) = 201659.9926154916(\mathrm{s})$$

将 t 代入星历计算公式中，即可算出该时刻的卫星位置，不同时刻均需要首先计算出卫星发射信号的系统时间，然后按照上述步骤代入公式依次解算。

6.2　观测量和方程

微课视频

在计算出卫星的位置和钟差之后，由第 1 章定位原理可知，还需要卫星和用户接收机的距离值。依据现有卫星导航系统信号体制，GNSS 系统中可表征距离信息的基础观测量包含三种，分别为测距码（也称为伪距）观测量、载波相位观测量和多普勒观测量，其中测距码观测量和载波相位观测量都直接体现了信号从卫星至用户接收机的传输距离，它们的对应关系示意图如图 6.2.1 所示。

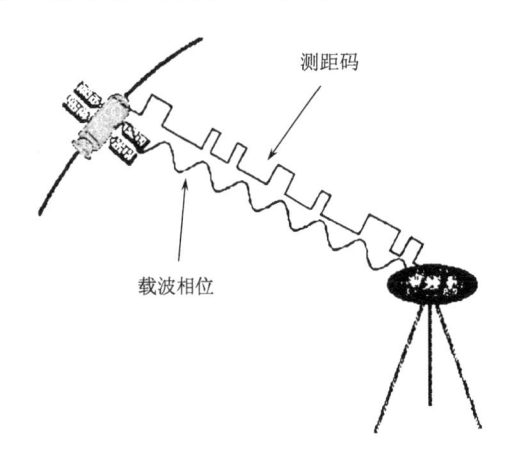

测距码

载波相位

图 6.2.1　卫星导航系统观测量示意图

需要说明的是，多普勒观测量是信号频率的变化，在图 6.2.1 中未详细展示。下面对各观测量的具体含义、表征距离方法以及建立观测方程的详细过程进行重点阐述。

6.2.1 测距码

观测量

测距码表示距离，重点在于精确测定信号的传播时间。假设卫星钟和接收机钟无误差，同时在时间上与系统时保持严格的同步。在这个假设前提下，使用测距码测量距离的基本原理为：某一时刻卫星上生成特定结构的测距码，与此同时，接收机也生成相同的复制测距码，接收机不断调整复制码时延 Δt，直至与接收信号的测距码对齐。那么，复制码的延迟时间 Δt，即为卫星信号的传播时间。具体如图 6.2.2 所示，卫星信号在 T 时刻离开卫星，经过一个距离的传输后在 $T+\Delta t$ 时刻到达接收机，当卫星钟和接收机钟完全一样时，此时接收机本地产生的测距码应该是 $T+\Delta t$ 时刻的，若将此时的本地码反向移动 Δt，则可以实现与接收信号测距码完全对齐，移动的 Δt 就是卫星信号在空中传输的时间，将时间乘以光速就是距离。

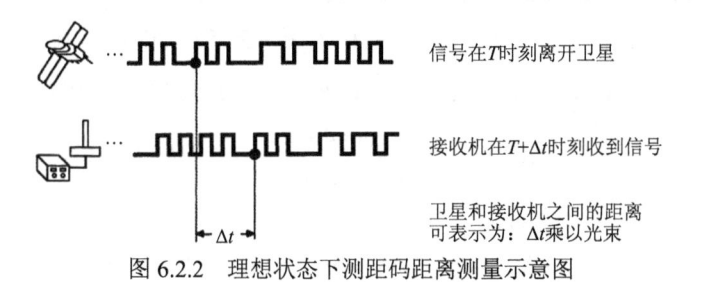

信号在 T 时刻离开卫星

接收机在 $T+\Delta t$ 时刻收到信号

卫星和接收机之间的距离
可表示为：Δt 乘以光束

图 6.2.2 理想状态下测距码距离测量示意图

在此理想状态下，测距码表征距离的基本原理，就是传输时间 Δt 乘以光速 c，得到几何距离观测值 r：

$$r = \Delta t \cdot c \tag{6.2.1}$$

然而实际情况不同于上述理想情况，存在两个现象：一是卫星钟差和接收机钟差产生的时间并不能与系统时严格同步；二是信号在传输过程中，经过大气会发生折射，真实的传输路径和理想路径有差异，导致传输有时延。

具体如图 6.2.3 所示，记由接收机测定的信号到达接收机的时刻为 t_r，由卫星钟测定的信号离开卫星的时刻为 t^s，可以看到，相比于理想状态，卫星钟和接收机钟都有

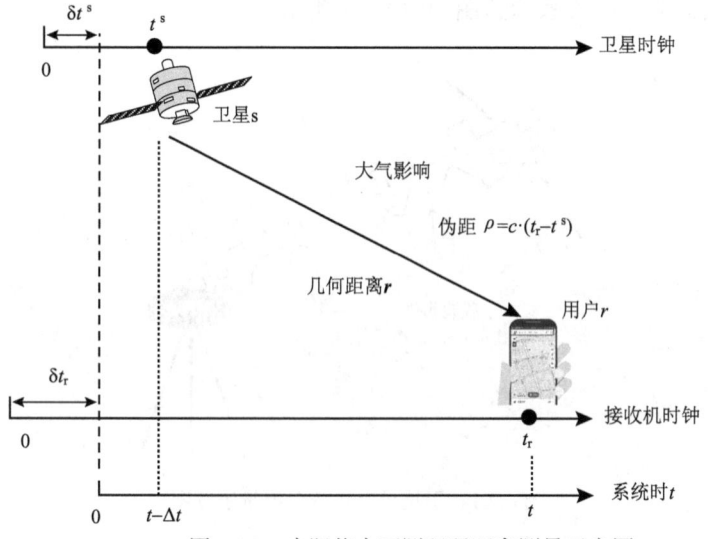

图 6.2.3 实际状态下测距码距离测量示意图

一个相对于系统时的偏量，分别记为 δt^s、δt_r，则此时非理想状态下的距离记为 ρ，该测量值不等于卫星和接收机之间实际的几何距离，故称其为伪距，可以记为

$$\rho = c(t_r - t^s) \tag{6.2.2}$$

若记信号发射时卫星钟对应的系统时为 τ^s，信号接收时接收机钟对应的系统时为 τ_r，则有

$$\begin{cases} \tau_r = t_r + \delta t_r \\ \tau^s = t^s + \delta t^s \end{cases} \tag{6.2.3}$$

将式 $(6.2.3)$ 代入式 $(6.2.2)$，可得

$$\begin{aligned} \rho &= c(t_r - t^s) \\ &= c\left[(\tau_r - \delta t_r) - (\tau^s - \delta t^s) \right] \\ &= c(\tau_r - \tau^s) + c\delta t^s - c\delta t_r \end{aligned} \tag{6.2.4}$$

此外，信号在大气传输过程中，还受到电离层、对流层的影响，信号将发生折射，从而产生延迟改正。记电离层折射延迟改正为 v_{ion}，对流层折射延迟改正为 v_{trop}，则卫星和接收机之间的真实传播距离可记为

$$r = c(\tau_r - \tau^s) + v_{ion} + v_{trop} \tag{6.2.5}$$

综合真实距离（式 $(6.2.5)$）和伪距（式 $(6.2.4)$）的表达式，可以得到测距码/伪距的观测方程为

$$\rho = c(\tau_r - \tau^s) + v_{ion} + v_{trop} + c(\delta t^s - \delta t_r) \tag{6.2.6}$$

需要说明的是，为了简化表示，我们在公式中未明确区分不同的卫星导航系统和频点，而是采用了测距码/伪距观测方程的通用表达形式。

6.2.2　载波相位

根据第 3 章所述，卫星导航信号是将测距码调制在载波上的。测距码码元宽度大，而测量精度通常为码元宽度的百分之一，因此伪距测量精度不高，对于 C/A 码而言，通常为 ±3m 左右。而载波是典型的余弦波，载波频率较大，对应波长较小，因此，如果能把载波当作测距信号来使用，对载波进行相位测量，就可以得到很高的测量精度。

对载波进行相位测量得到距离的前提是载波重建。如第 3 章所述，卫星导航信号利用二进制相位调制的方法在载波上调制了测距码和数据码（导航电文），调制后的信号通常称为调制波，调制波的相位是不连续的，因此需要将调制波进行解调，将调制在载波上的测距码、导航电文去掉，重新恢复载波，这个过程称为载波重建。载波重建常用的方法有码相关技术、平方技术、交叉相关技术以及 Z 跟踪技术等。

载波恢复后，关键点在于如何利用载波来表征距离。理想状态下，假设接收机和卫星之间保持相对静止，且两者的时钟完全同步、相位完全相同时，若某时刻卫星发出一载波信号，初始的载波相位记录为 φ_R，信号到达接收机时，载波信号相位记录为 φ^s，载波相位的单位为周。此处，φ_R、φ^s 为卫星发送的同一起点开始的包括整周数的完整的相位。一周的相位变化距离对应一个载波波长，以周为单位的载波相位测量值乘以波长 λ 后就可以转换成以距离为单位的载波相位测量值，此时卫星和接收机之间的距离可以表示为

$$r = \lambda(\varphi^s - \varphi_R) \tag{6.2.7}$$

然而在实际情况下，接收机会产生一个复制载波信号，那么上述过程就可以更严

扩展阅读： 码相关技术是将所接收到的调制信号（卫星信号）与接收机产生的复制码相乘，基于滤波器分离导航电文和载波，其核心技术要点是将较弱的卫星信号与较强的接收机信号相乘。特点是可同时获得伪距观测值和导航电文，可获得全波长的载波，信号质量好，前提是需要了解码的结构。

扩展阅读： 平方技术，是将所接收到的调制信号（卫星信号）自乘。其核心技术要点是两个较弱的卫星信号相乘。特点是无法获得伪距观测值和导航电文，所获载波波长为原来波长的一半，信号质量较差，但是无须了解码的结构。

扩展阅读： 交叉相关技术，也称为互相关技术，是用码相关方法恢复全波长的 L1 载波，同时获得 C/A 码伪距及电文，在不同频率的调试信号（卫星信号）进行相关性处理，获取两个频率间的伪距差。其技术要点是将不同频率的较弱的卫星信号进行相关处理。特点是可获得全波长的载波，无须了解其他码的结构，可获得双频伪距观测值和导航电文，信号质量比平方技术好。

扩展阅读： Z 跟踪技术，是打破 Y 码，将其重新分解为 P 码和 W 码，然后再利用 P 码来测距。其特点是无须了解 Y 码结构，可测定双频伪距观测值，并获得导航电文，可获得全波长的载波，信号质量比平方技术好。

格地表示为：φ^s 实际是接收机根据自身的时钟在 t_R 时刻复制载波信号的相位，记为 $\Phi(t_R)$，φ_R 实际为接收机根据自身的时钟在 t_R 时刻所接收到卫星在 t^s 时刻发射信号的相位，记为 $\Phi(t^s)$。此时卫星和地面接收机的距离就可以表示为

$$r = \lambda[\Phi(t_R) - \Phi(t^s)] \tag{6.2.8}$$

两种情况的示意图如图 6.2.4 所示。

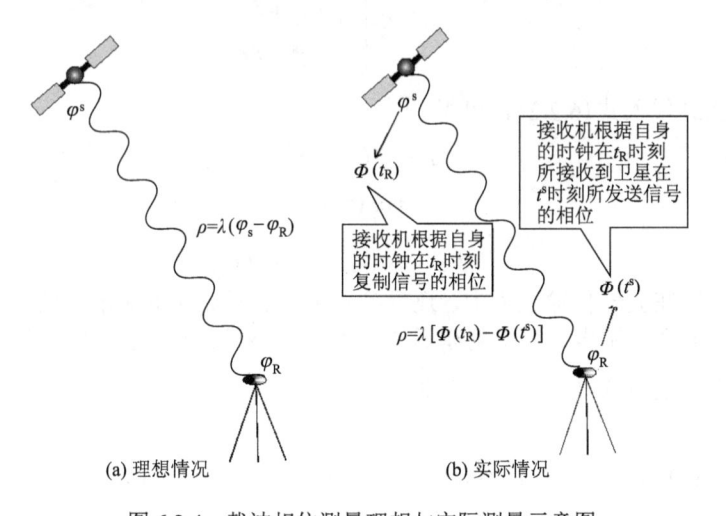

图 6.2.4　载波相位测量理想与实际测量示意图

更具体地，接收机是通过对信号的载波变化的周计数来进行距离测量的。也就是说，接收机锁定卫星信号并进行首次载波相位测量后，后续是以计数器来记录信号载波相位变化过程中的整波长数。每当信号的载波相位从 360° 变为 0° 时，计数器的计数增加 1，计数器记录的整波长数称为整周计数。此处存在一个问题，就是接收机首次进行载波相位测量时，是不能准确知道信号的整周数的，只能知道测量时刻载波的相位除去整周数的小数部分。因此，在接收机对信号载波相位进行连续测量时，实际的观测值是在首次观测相位的小数部分的基础上，相位变化的整周数和小数相位部分。但是，表示卫星和接收机距离的完整观测应该包括首次观测前的整周数、首次观测后的实际观测（包括变化的整周和小数部分），具体如图 6.2.5 所示。

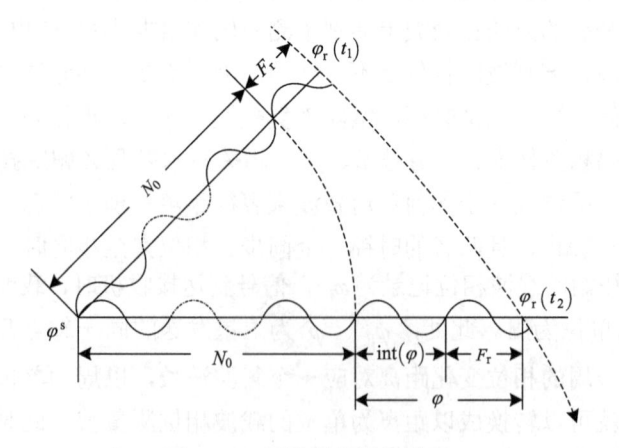

图 6.2.5　载波相位测量原理

图中，N_0 表示首次观测前的整周的载波数，由于该值无法精确测量，因此通常称为整周模糊度。F_{r_0} 表示首次观测时载波的未满整周的小数部分，通常也记为图 6.2.5 中的 $\text{int}(\varphi)$，F_{r_i} 表示首次观测后载波相位的计数（包括变化的整周和小数部分）。因此实际接收机的载波相位测量值表示为

$$\varphi = \lambda(F_{r_0} + F_{r_i}) \tag{6.2.9}$$

而卫星和接收机的理论距离除了式 (6.2.9) 所示载波相位对应的距离外，还包括无法观测的载波整周数 N_0，因此卫星和接收机距离可表示为

$$r = \lambda(N_0 + \phi) \tag{6.2.10}$$

至此给出了理想状态下载波相位测量的观测方程。然而，需要说明的是，载波相位测量中还存在两个方面的误差不容忽视，一是卫星钟和接收机钟难以完全同步，二是信号在大气传播过程中存在误差的情况。实际情况中需要对这两类误差进行充分考虑，与测距码类似，考虑这两类误差，记卫星和接收机间的实际距离为 r，载波相位的观测方程可以表示为

$$\begin{aligned}
\rho &= r + v_{\text{ion}} - v_{\text{trop}} + c(\delta t^s - \delta t_r) \\
&= \lambda(N_0 + \phi) + v_{\text{ion}} - v_{\text{trop}} + c(\delta t^s - \delta t_r)
\end{aligned} \tag{6.2.11}$$

至此，载波相位的观测方程可以表示为

$$\lambda\phi = \rho - \lambda N_0 - v_{\text{ion}} + v_{\text{trop}} - c(\delta t^s - \delta t_r) \tag{6.2.12}$$

可以注意到，式 (6.2.12) 中电离层的符号和测距码中的符号相反，这是因为电离层对测距码、载波的影响特性不同，这将在第 7 章中详细阐述。

6.2.3　多普勒

在第 1 章中已经提到，利用频率的变化可以测速，利用距离差可以实现定位。这些技术的关键就是多普勒频移、多普勒积分。本节将详细阐述多普勒相关的概念、测量原理以及观测方程。

多普勒效应起源于 1842 年奥地利物理学家及数学家克里斯琴·约翰·多普勒在火车经过时汽笛声调发生变化的现象：当火车靠近时，汽笛声调变高；当火车远离时，汽笛声调变低。对于电磁波而言，多普勒现象也同样存在。如图 6.2.6 所示，假如一颗卫星正以速度 v^s 运动，卫星发射的信号频率为 f_s。地面上静止的接收机接收到的信号频率 f_r 不再等于 f_s，而是等于 $f_s + f_d$。

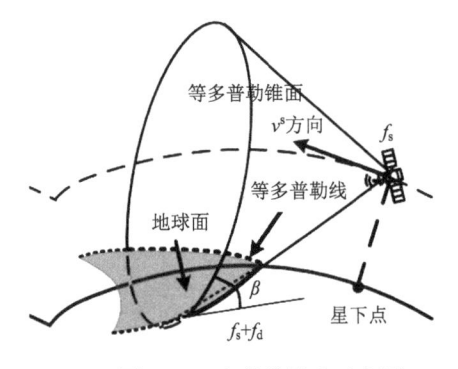

图 6.2.6　多普勒效应示意图

图中，f_d 便是由卫星与接收机相对运动所引起的频率偏移，通常称为多普勒频移 (Doppler shift)。从电磁波传播的基本理论出发，可以推导出以下多普勒频移值 f_d 的理

扩展阅读：可以直观
理解成：当信号发射
源朝着接收机运动
时，接收机在相同时
间内接收到的载波周
数比其静止时更多。
反之，若信号发射源
正在远离接收机，则
相同时间内接收机接
收到的载波周数比其
静止时更少。

扩展阅读：卫星星下
点是指在卫星运行轨
道上，卫星与地球之
间的连线与地球表面
的交点。在卫星运行
过程中，卫星星下点
会不断变化，因为卫
星会绕着地球轨道运
行，不停地改变连线
与地面的交点位置。
卫星星下点的位置可
以被用来确定卫星在
地球表面的影响范
围，也可以用来确定
卫星当前的位置和运
动状态。在地面接收
卫星信号时，计算卫
星星下点位置也是一
个重要的步骤。

论值计算公式：

$$f_{\mathrm{d}} = \frac{v^s}{\lambda}\cos\beta = \frac{v^s}{c}f\cos\beta \tag{6.2.13}$$

其中，λ 为与信号发射频率 f_s 所对应的信号波长；c 为信号在真空中传递的速度，通常为光速；β 为信号入射角。对于静态接收机而言，信号入射角 β 指的是卫星运动方向与信号入射接收机方向的夹角。由式 (6.2.13) 不难看出，一颗发射信号的卫星在环绕地球飞行过程中，会形成一个等多普勒锥面，锥面的张角由信号入射角 β 决定。等多普勒锥面与地球表面相交，得到一条近似的圆锥曲线，通常称该曲线为等多普勒线。图 6.2.7 所示为卫星某一星下点时刻等多普勒线的大致分布。当卫星在靠近接收机方向运动时，信号入射角的绝对值 $|\beta|$ 小于 90°，此时由式 (6.2.13) 计算得到的多普勒频移 f_{d} 大于零，即接收信号频率大于卫星发射信号频率。如果卫星的运动方向与接收机垂直，即 $|\beta|$ 等于 90°，那么多普勒频移为零。尽管接收机与信号发射源存在相对运动，但两者之间的距离却瞬时保持不变。由此可见，多普勒频移反映的是卫星与接收机之间连线距离的变化率，因此，可以用伪距率来更加直观地理解多普勒频移。同样地，当 $|\beta|$ 大于 90° 时，多普勒频移 f_{d} 为负值。

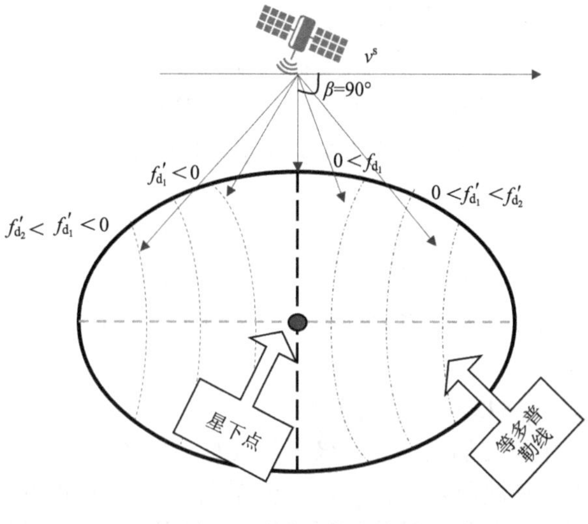

图 6.2.7 等多普勒线示意图

接下来，我们梳理一下多普勒频移、积分多普勒和载波相位测量值之间的关系。积分多普勒 $\mathrm{d}\phi$ 是多普勒频移 f_{d} 对时间的积分，即

$$\mathrm{d}\phi_k \equiv \mathrm{d}\phi(t_k) = -\int_{t_0}^{t_k} f_{\mathrm{d}}(t)\mathrm{d}t \tag{6.2.14}$$

其中，$\mathrm{d}\phi_k$ 代表接收机在历元 k 输出的积分多普勒测量值。在载波跟踪环路刚锁定载波信号的那一刻，接收机一般将积分多普勒值重置为零。接收机对多普勒频移进行积分相当于对多普勒频移引起的载波相位变化进行以周为单位的计数，通常称这个数值为多普勒计数。对于历元 m，积分多普勒值等于从历元 0 到历元 m 时间内载波相位测量值的变化量。而多普勒积分值 $\mathrm{d}\phi_k$ 乘以波长 λ 后的值等于这段时间内，卫星与接收机之间连线距离的变化量。总结来说，多普勒频移是一个瞬时值，它体现的是用户接收机在测量时刻相对于卫星的瞬时运动速度；而积分多普勒是一个平均值，反映的是两时刻之间卫星相对于用户的总位移，这个运动总位移反映的其实是相对运动的平均速度。

多普勒计数的观测量的具体实现过程及原理如图 6.2.8 所示，由于卫星与接收机存在相对运动，假设在 $t_i\,(i=1,2,\cdots)$ 时刻，卫星与接收机的距离为 r_i。

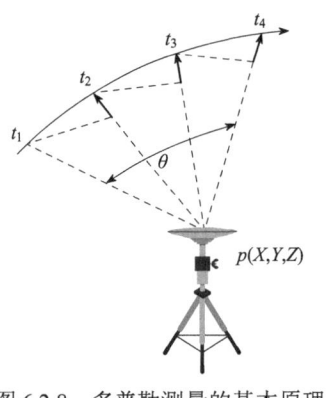

图 6.2.8　多普勒测量的基本原理

若接收机产生一个频率为 f_0 的本振信号并与接收到频率为 f_R 的卫星信号进行混频，然后将混频后的差频信号在时间段 $[t_1,t_2]$ 上进行积分，则积分值 N 和距离差 (r_2-r_1) 之间有下列关系（以 $[t_1,t_2]$ 时间段为例）：

$$N = \int_{t_1}^{t_2}\left(f_0 - f_R\right)\mathrm{d}t = \left(f_0 - f_S\right)\left(t_2 - t_1\right) + \int_{t_1}^{t_2}\frac{f_S}{c}\frac{\mathrm{d}r}{\mathrm{d}t}\mathrm{d}t$$
$$= \left(f_0 - f_S\right)\left(t_2 - t_1\right) + \frac{f_S}{c}\left(r_2 - r_1\right) \tag{6.2.15}$$

其中，N 为时间段 $[t_1,t_2]$ 内的多普勒计数，是多普勒测量中的观测值；r_1 和 r_2 分别为 t_1 和 t_2 时刻卫星至接收机的距离。由式 (6.2.15) 可知，进行多普勒测量之后，可以根据多普勒计数 N 求出 t_1 和 t_2 时刻卫星至接收机的距离差 (r_2-r_1)：

$$r_2 - r_1 = \lambda_s\left[N - \left(f_0 - f_S\right)\left(t_2 - t_1\right)\right] \tag{6.2.16}$$

其中，λ_s 为发射信号的波长。若卫星在 t_1 和 t_2 时刻的位置已知，就可以求得卫星与接收机的距离差 (r_2-r_1)，当能观测 4 颗以上卫星的多普勒计数时，就可以联立方程组解算得到接收机位置。若接收机静止，则只需对一颗卫星进行多个时间段的观测，联立方程组，用最小二乘法也可完成定位解算。

由于式 (6.2.16) 表示的是以卫星在 t_1 和 t_2 时刻的位置为焦点、距离差为 (r_2-r_1) 的双曲面，因此，只有当两焦点与地面站之间的夹角越大，才能形成较好的定位几何条件，从而保证定位的精度。如果要改善多普勒定位的几何条件，可从两方面进行考虑：一方面，可以尽可能地提高多普勒计数的积分间隔 (t_2-t_1)；另一方面，根据轨道高度越低、卫星运动速度越快的特点，可采用轨道高度更低的卫星进行定位，例如，低轨卫星通常小于 2h，相比之下，在中圆轨道的北斗卫星的周期约为 12h。

对本节所阐述的三类基础观测量进行总结，如表 6.2.1 所示。

表 6.2.1　基础观测量特点一览表

基础观测量	测距原理	测量精度	特点	适用场景
伪距	测量信号传播时间乘以光速	粗码为 ±3m，精码为 ±0.3m	定位精度较低，但解算原理简单	精度需求较低的导航定位
载波相位	测量相位差乘以观测频率	0.2～0.3mm	定位精度较高，但解算复杂，需要考虑整周模糊度、各类误差项的影响	高精度单点定位及相对定位
多普勒频移	信号接收频率与信号发射频率之间的关系	30～1000m	定位精度较低，且需要一段时间收敛	导航信号拒止情况下的备份导航

微课视频

6.3 基本单点定位

由第 1 章可知 GNSS 属于几何式定位体制，使用的定位方法有测距定位和多普勒定位两种。而其根本原理就是测量用户接收机与卫星的几何关系以实现用户的定位。本节从用户接收机对卫星的观测量入手来说明定位的过程，首先介绍一颗卫星组成的观测方程组及其线性化，然后介绍常用的参数估计方法，最后给出单点定位的详细处理流程。

6.3.1 方程组与线性化

观测方程是一个非线性方程，已知量为卫星的位置、卫星钟差、距离观测量，未知量为接收机的三维位置和钟差，共计 4 个参数。牛顿迭代法是一个用于求解非线性方程和非线性方程组的常用方法，每一次牛顿迭代主要包括以下步骤：首先将各个方程式在参数的估计值处线性化，然后求解线性化后的方程组，最后更新参数的估计值。这里将简单介绍牛顿迭代及其线性化方法，对此有基础的读者可跳过本节内容。

记用户接收机的位置为 (x, y, z)，此时共接收到 k 颗卫星的信号，假设第 i 颗卫星的位置矢量为 $\boldsymbol{x}^{(i)} = \left[x^{(i)}, y^{(i)}, z^{(i)} \right]^{\mathrm{T}}$，卫星 i 至接收机的距离方程设为

$$r_i(x, y, z) = \sqrt{\left[x - x^{(i)} \right]^2 + \left[y - y^{(i)} \right]^2 + \left[z - z^{(i)} \right]^2} \tag{6.3.1}$$

卫星向用户播发导航信号，假设在系统时间 t（卫星导航系统的标准时间，如 GPST、BDT）用户接收到卫星信号，此时用户时间为 t_{r}，它与标准的卫星时间 t 相差 δt_{r}，记为

$$t_{\mathrm{r}}(t) = t + \delta t_{\mathrm{r}}(t) \tag{6.3.2}$$

同时，假设卫星时间 $t^{(i)}$ 与标准卫星时间 t 相差 $\delta t^{(i)}$，记为

$$t^{(i)}(t) = t + \delta t^{(i)}(t) \tag{6.3.3}$$

其中，卫星钟差 $\delta t^{(i)}$ 为已知，可以从导航电文中获取。

若卫星至用户接收机的信号实际传输时延为 τ_i，则信号在离开卫星时刻可以记为

$$t^{(i)}(t - \tau_i) = t - \tau_i + \delta t^{(i)}(t - \tau_i) \tag{6.3.4}$$

伪距 ρ_i 定义为信号接收时间 $t_{\mathrm{r}}(t)$ 与信号发射时间 $t^{(i)}(t - \tau_i)$ 之间的差值再乘以光速：

$$\rho_i(t) = c[t_{\mathrm{r}}(t) - t^{(i)}(t - \tau_i)] = c\tau_i + c[\delta t_{\mathrm{r}}(t) - \delta t^{(i)}(t - \tau_i)] \tag{6.3.5}$$

由于实际电磁波在空中传播还受到大气层中电离层、对流层的影响，其速度要小于真空中的速度，所以时延 τ_i 要比真实时延大：

$$\tau_i = \frac{r_i(t - \tau_i)}{c} + I_i(t) + T_i(t) + \varepsilon_i(t) \tag{6.3.6}$$

基本单点定位

其中，$r_i(t)$ 为卫星 i 与接收机的真实几何距离；$I_i(t)$ 为电离层传播时延；$T_i(t)$ 为对流层传播时延，这两个时延可通过模型求出；$\varepsilon_i(t)$ 为传播过程中的其他误差，包括地球自转误差、接收机处理时延等。则伪距观测方程为

$$\rho_i(t) = r_i(t - \tau_i, t) + c\left[\delta t_{\mathrm{r}}(t) - \delta t^{(i)}(t - \tau_i) \right] + cI_i(t) + cT_i(t) + \varepsilon_i(t) \tag{6.3.7}$$

将卫星钟差引起的距离等已知误差量归结到 ρ_i 中，未知误差项归结为 ε_i，则伪距测量方程可以写为

$$\rho_i = r_i + c\delta t_r + \varepsilon_i \qquad (6.3.8)$$

式 (6.3.8) 的伪距测量方程为未知数 $(x, y, z, \delta t_r)$ 的函数，即

$$\rho_i(x, y, z, \delta t_r) = r_i + c\delta t_r + \varepsilon_i \qquad (6.3.9)$$

下面对用户接收机的位置进行估计，估计值为 $(\hat{x}, \hat{y}, \hat{z})$，用户时钟 t_r 与系统时钟的误差 δt_r 是未知数，对它的估计为 $\delta \hat{t}_r$。定义 $\Delta x = x - \hat{x}$，$\Delta y = y - \hat{y}$，$\Delta z = z - \hat{z}$，$\Delta t = \delta t_r - \delta \hat{t}_r$。将式 (6.3.9) 所示的伪距测量方程在估计值 $(\hat{x}, \hat{y}, \hat{z}, \delta \hat{t}_r)$ 处进行一阶泰勒 (Taylor) 展开：

$$\rho_i = \hat{\rho}_i + \frac{\partial \rho_i}{\partial x}\Bigg|_{\substack{x=\hat{x}\\y=\hat{y}\\z=\hat{z}\\\delta t_r=\delta \hat{t}_r}} \Delta x + \frac{\partial \rho_i}{\partial y}\Bigg|_{\substack{x=\hat{x}\\y=\hat{y}\\z=\hat{z}\\\delta t_r=\delta \hat{t}_r}} \Delta y + \frac{\partial \rho_i}{\partial z}\Bigg|_{\substack{x=\hat{x}\\y=\hat{y}\\z=\hat{z}\\\delta t_r=\delta \hat{t}_r}} \Delta z + \frac{\partial \rho_i}{\partial \delta t_r}\Bigg|_{\substack{x=\hat{x}\\y=\hat{y}\\z=\hat{z}\\\delta t_r=\delta \hat{t}_r}} \Delta t_r + \varepsilon_i \qquad (6.3.10)$$

其中

$$\frac{\partial \rho_i}{\partial x}\Bigg|_{\substack{x=\hat{x}\\y=\hat{y}\\z=\hat{z}\\\delta t_r=\delta \hat{t}_r}} = -\frac{x^{(i)} - \hat{x}}{r_i(\hat{x}, \hat{y}, \hat{z})} = l_i \qquad (6.3.11)$$

$$\frac{\partial \rho_i}{\partial y}\Bigg|_{\substack{x=\hat{x}\\y=\hat{y}\\z=\hat{z}\\\delta t_r=\delta \hat{t}_r}} = -\frac{y^{(i)} - \hat{y}}{r_i(\hat{x}, \hat{y}, \hat{z})} = m_i \qquad (6.3.12)$$

$$\frac{\partial \rho_i}{\partial z}\Bigg|_{\substack{x=\hat{x}\\y=\hat{y}\\z=\hat{z}\\\delta t_r=\delta \hat{t}_r}} = -\frac{z^{(i)} - \hat{z}}{r_i(\hat{x}, \hat{y}, \hat{z})} = n_i \qquad (6.3.13)$$

$$\frac{\partial \rho_i}{\partial \delta t_r}\Bigg|_{\substack{x=\hat{x}\\y=\hat{y}\\z=\hat{z}\\\delta t_r=\delta \hat{t}_r}} = c \qquad (6.3.14)$$

式中，ε_i 记为原来测量方程的误差项加上 Taylor 展开后的高阶项带来的误差。当接收 k 颗卫星信号后，可以得到 k 个伪距测量方程，写成矩阵形式为

$$\boldsymbol{G} \cdot \Delta \boldsymbol{x} = \boldsymbol{b} + \boldsymbol{\varepsilon} \qquad (6.3.15)$$

其中

$$\boldsymbol{G} = \begin{bmatrix} l_1 & m_1 & n_1 & 1 \\ l_2 & m_2 & n_2 & 1 \\ \vdots & \vdots & \vdots & \vdots \\ l_k & m_k & n_k & 1 \end{bmatrix}, \quad \Delta \boldsymbol{x} = \begin{bmatrix} \Delta x \\ \Delta y \\ \Delta z \\ \Delta t \end{bmatrix}, \quad \boldsymbol{b} = \begin{bmatrix} \rho_1 - \hat{\rho}_1 \\ \rho_2 - \hat{\rho}_2 \\ \vdots \\ \rho_k - \hat{\rho}_k \end{bmatrix}, \quad \boldsymbol{\varepsilon} = \begin{bmatrix} \varepsilon_1 \\ \varepsilon_2 \\ \vdots \\ \varepsilon_k \end{bmatrix}$$

式中，矢量 $\Delta \boldsymbol{x}$ 表示估计值与真实值的误差矢量。

6.3.2　参数估计

非线性方程组经过线性化后，问题的关键就变成求解线性方程组。本节将介绍常用的最小二乘法、递推最小二乘法。

1. 最小二乘法

最小二乘法一般用于处理线性方程组，而 GNSS 的原始观测方程都是非线性的。如前所述，在进行参数估计前一般会将原始观测方程组线性化为如式 (6.3.15) 所示，再对线性方程组进行解算，一般使用最小二乘法。本节将对最小二乘法进行推导，一般地，一个包含了观测噪声的线性观测方程组可以写为

$$Y = Ax + n \tag{6.3.16}$$

其中，Y 是进行 m 次观测得到的观测数据，是 $m \times 1$ 的矢量；x 是未知待估计的 k 维状态量；A 是 $m \times k$ 的观测矩阵，它反映了从状态量到观测量的变换关系；n 是测量噪声，也是 $m \times 1$ 的矢量。

由于未知的状态量 x 无法直接测量，只能通过观测量 Y 来估计，那么如何由观测量 Y 来估计出最优的状态量 x 呢？若对 x 的估计为 $\hat{x}$，定义代价函数 $J(\hat{x})$：

$$J\left(\hat{x}\right) = \left(Y - A\hat{x}\right)^{\mathrm{T}}\left(Y - A\hat{x}\right) \tag{6.3.17}$$

$J(\hat{x})$ 表示估计值与观测值之间的误差平方，当误差平方取最小值时，认为对 x 的估计为最优估计。将式 (6.3.17) 展开并对 $\hat{x}$ 求导，得

$$\frac{\partial J\left(\hat{x}\right)}{\partial \hat{x}} = \frac{\left(Y^{\mathrm{T}}Y - \hat{x}^{\mathrm{T}}A^{\mathrm{T}}Y - Y^{\mathrm{T}}A\hat{x} + \hat{x}^{\mathrm{T}}A^{\mathrm{T}}A\hat{x}\right)}{\hat{x}} \tag{6.3.18}$$
$$= -2A^{\mathrm{T}}Y + 2A^{\mathrm{T}}A\hat{x}$$

令式 (6.3.18) 为零可以得到 $\hat{x}$ 的表达式：

$$\hat{x} = (A^{\mathrm{T}}A)^{-1}A^{\mathrm{T}}Y \tag{6.3.19}$$

式 (6.3.19) 就是对状态量 x 的最小二乘估计值，它满足在有观测噪声的情况下，观测量与估计量线性函数的误差平方最小的条件。

基于此，对于式 (6.3.15) 得到的线性观测方程，运用最小二乘法解得

$$\hat{x} = (G^{\mathrm{T}}G)^{-1}G^{\mathrm{T}}b \tag{6.3.20}$$

将计算得到的 $\hat{x} = [\Delta x, \Delta y, \Delta z, \Delta t]^{\mathrm{T}}$，对估计值进行修正：$\hat{x} = x + \Delta x$，$\hat{y} = y + \Delta y$，$\hat{z} = z + \Delta z$，$\delta \hat{t}_u = \delta t_u + \Delta t$。重复式 (6.3.10)～式 (6.3.15)、式 (6.3.20) 的计算直至得到的 $\hat{x}$ 小于一个足够小的门限值，这就说明对真实值的估计达到了一个非常接近的程度。以上就完成了一个历元的伪距定位解算，在下一个历元再重复上述单历元解算过程，就得到在各个观测历元上的位置信息。

2. 递推最小二乘法

基于以上的最小二乘法可直接实现单个历元时刻的解算。但在实际的数据处理中，需要对多个历元时刻进行连续解算。然而在多历元参数解算中，待估参数包括时不变参数(静态用户坐标、模糊度等)和时变参数(仿动态/动态用户坐标、接收机钟差、天顶对流层延迟等)，因此需要建立同时估计时不变参数和时变参数的历元递推解算，通常采用递推最小二乘算法或滤波算法。本节以递推最小二乘法为例进行详细推导。

递推最小二乘法的基本思想是：本次的参数估值等于上次的估计值加上修正项，可以观察随着时间的推移以及在新的输入、输出信息不断增加的情况下，参数估计的变化情况，特别适用于实时处理。

结合卫星导航系统定位解算原理及运动学模型和钟差模型章节可知，参数相邻历元间的变化统计关系可以用一个方程表示，该方程称为状态方程，与观测方程联合解算可实现定位的历元递推解算。

根据广义最小二乘原理，建立目标函数如下：

$$J(\hat{x}) = V_y^{\mathrm{T}} P_y V_y + \sum_{k=1}^{n} V_{x_k}^{\mathrm{T}} P_{x_k} V_{x_k} + \sum_{k=1}^{n} V_k^{\mathrm{T}} P_k V_k = \min \tag{6.3.21}$$

其中，V_y 表示时不变参数；P_y 表示时不变参数的权。相应地，V_{x_k} 表示时变参数在时刻 k 的估计值；P_x 表示时变参数的权。

根据式(6.3.20)，假设对于 k 历元，估计模型为

$$\hat{\boldsymbol{x}}_k = \left(\boldsymbol{A}_k^{\mathrm{T}} \boldsymbol{A}_k\right)^{-1} \boldsymbol{A}_k^{\mathrm{T}} \boldsymbol{Y}_k \tag{6.3.22}$$

与最小二乘法中的表示一致，$\boldsymbol{A}_k$ 为观测方程组的系数矩阵；$\boldsymbol{Y}_k$ 为观测值；$\hat{\boldsymbol{x}}_k$ 为时变参数和时不变参数的统称。设 $\boldsymbol{P}_k^{-1} = \boldsymbol{A}_k^{\mathrm{T}} \boldsymbol{A}_k$，那么，计算预测误差和增益向量，有

$$\boldsymbol{P}_k^{-1} = \sum_{i=1}^{k} a_i a_i^{\mathrm{T}} = \sum_{i=1}^{k-1} a_i a_i^{\mathrm{T}} + a_k a_k^{\mathrm{T}} = \boldsymbol{P}_{k-1}^{-1} + a_k a_k^{\mathrm{T}} \tag{6.3.23}$$

其中，a_i 为 $\boldsymbol{A}_k$ 矩阵中的元素。对于 $\boldsymbol{A}_k^{\mathrm{T}} \boldsymbol{Y}_k$：

$$\boldsymbol{A}_k^{\mathrm{T}} \boldsymbol{Y}_k = \sum_{i=1}^{k} a_i \boldsymbol{Y}_i = \sum_{i=1}^{k-1} a_i \boldsymbol{Y}_i + a_k \boldsymbol{Y}_k = \boldsymbol{A}_{k-1}^{\mathrm{T}} \boldsymbol{Y}_{k-1} + a_k \boldsymbol{Y}_k \tag{6.3.24}$$

综合式(6.3.22)～式(6.3.24)更新参数估计，可得

$$\hat{\boldsymbol{x}}_k = \left(\boldsymbol{A}_k^{\mathrm{T}} \boldsymbol{A}_k\right)^{-1} \boldsymbol{A}_k^{\mathrm{T}} \boldsymbol{Y}_k = \boldsymbol{P}_k \boldsymbol{A}_k^{\mathrm{T}} \boldsymbol{Y}_k = \boldsymbol{P}_k \left(\boldsymbol{A}_{k-1}^{\mathrm{T}} \boldsymbol{Y}_{k-1} + a_k \boldsymbol{Y}_k\right) \tag{6.3.25}$$

又因为：

$$\hat{\boldsymbol{x}}_{k-1} = \boldsymbol{P}_{k-1} \boldsymbol{A}_{k-1}^{\mathrm{T}} \boldsymbol{Y}_{k-1} \tag{6.3.26}$$

$$\boldsymbol{P}_{k-1}^{-1} \hat{\boldsymbol{x}}_{k-1} = \boldsymbol{A}_{k-1}^{\mathrm{T}} b_{k-1} \tag{6.3.27}$$

该式表示 k–1 时刻的状态参数估计式。其中，b_{k-1} 表示估计后的残差。至此，更新参数估计，可最终得到到递推最小二乘模型：

$$\hat{\boldsymbol{x}}_k = \hat{\boldsymbol{x}}_{k-1} + \boldsymbol{P}_k a_k \left(\boldsymbol{Y}_k - a_k \hat{\boldsymbol{x}}_{k-1}\right) \tag{6.3.28}$$

与最小二乘法相似，最终求解使得目标函数最优的参数值。该方法最明显的特点是可推导出相邻时刻参数的修正量，依次通过计算预测误差、增益向量、更新参数估计等步骤，从而实现从第 k–1 历元至第 k 历元的递推。

6.3.3　伪距定位

1. 伪距定位原理

根据 6.3.2 节推导的伪距测量方程(6.3.8)，如果某一观察时刻接收机对 N 颗可见卫星有伪距观测量，那么可以定义伪距测量值的观测方程：

$$\rho_i = r_i + c\delta t_{\mathrm{u}} + \varepsilon_i \tag{6.3.29}$$

如图 6.3.1 所示，式(6.3.29)中 r_i 是接收机到卫星 i 的几何距离：

$$r_i = \sqrt{(x_i - x)^2 + (y_i - y)^2 + (z_i - z)^2} \tag{6.3.30}$$

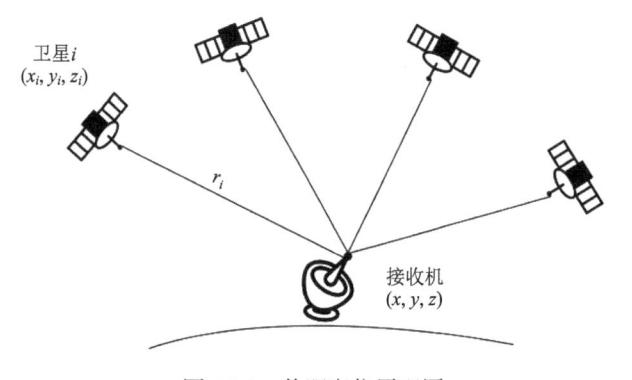

图 6.3.1　伪距定位原理图

其中，$[x_i, y_i, z_i]^T$ 为卫星 i 的位置坐标向量，$[x, y, z]^T$ 为待求解的接收机位置坐标向量。如果不考虑伪距测量误差 ε_i，那么伪距定位算法实际是求解一个四元非线性方程组：

$$\begin{cases} \sqrt{(x_1-x)^2+(y_1-y)^2+(z_1-z)^2} + c\delta t_u = \rho_1 \\ \sqrt{(x_2-x)^2+(y_2-y)^2+(z_2-z)^2} + c\delta t_u = \rho_2 \\ \quad\quad\quad\quad\quad\quad \vdots \\ \sqrt{(x_N-x)^2+(y_N-y)^2+(z_N-z)^2} + c\delta t_u = \rho_N \end{cases} \quad (6.3.31)$$

其中，每一个方程对应一颗可见卫星的伪距观测值。方程组中每颗卫星的位置坐标 $[x_i, y_i, z_i]^T$ 可以通过卫星星历获得，误差校正后的伪距 ρ_i 可由接收机得到，因此方程组仅有接收机位置 $[x, y, z]^T$ 和接收机钟差 δt_u 这四个参数为需要求解的未知量。当接收机的可见卫星大于等于四颗时，方程组 (6.3.31) 可解，继而可以实现伪距定位。

定位的基本原理实际上是三球交会定位原理，在理想条件下，当卫星时钟与用户时钟都精确同步时，用户接收机可通过测量信号传播时间得到卫星至用户的真实距离，利用三颗卫星的距离测量值，就可以计算得到用户三维位置坐标。即用户测量出自身到三颗卫星的距离，卫星的位置精确已知，并通过电文播发给用户，以卫星为球心，以卫星至用户的距离为半径画球面，三个球面相交得到两个点，排除一个不合理的点即得到用户位置。而在真实情况下，接收机存在钟差，因此需要引入第四个方程才能完全求解未知数，这也使得卫星导航系统拥有了授时的功能。

2. 伪距定位算法

通过 6.3.1 节和 6.3.2 节介绍的牛顿迭代法和最小二乘法可以得到求解伪距定位方程组的具体算法，通过牛顿迭代法将非线性方程线性化再利用最小二乘法逐步循环求解。接下来将对计算步骤进行详细说明。

1) 设置初始解

在进行定位算法的初步阶段，首先获取所有可见卫星在同一测量时刻的伪距测量值，再修正测量值中的各项偏差，根据式 (6.3.29) 得出校正后的伪距测量值。同时，对于所有可见卫星，根据卫星星历计算出经地球自转校正后的卫星空间位置坐标 $[x_i, y_i, z_i]^T$。

接下来需要设置接收机的初始位置坐标和钟差估计值。如果接收机在前一次定位中已成功获得结果，那么可以直接使用该结果作为本次定位的初始估计值。此外，如果知道用户前一次定位时的运动速度或者接收机时钟频率漂移已知，可以通过这些已知量推算出一个合理的接收机位置坐标和钟差的初值。

而如果接收机在近期没有进行过定位，那么需要进行首次定位。在首次定位情况下，一般将钟差初始值设为零，接收机初始值可以通过用户外界输入或者对多颗可见卫星位置坐标取平均值投影到地面上作为接收机初始估计，也可以将接收机的初始位置设置为零来简化迭代运算。

2) 方程组线性化

假设 k 代表当前历元进行的牛顿迭代次数，根据 6.3.1 节方程组与线性化内容，方程组 (6.3.31) 在 $[x_k, \delta t_{u,k}]^T$ 处线性化后矩阵方程式为

$$G \begin{bmatrix} \Delta x \\ \Delta y \\ \Delta z \\ \Delta \delta t_u \end{bmatrix} = b + \varepsilon \tag{6.3.32}$$

其中

$$G = \begin{bmatrix} l_1(x_k) & m_1(x_k) & n_1(x_k) & 1 \\ l_2(x_k) & m_2(x_k) & n_2(x_k) & 1 \\ \vdots & \vdots & \vdots & \vdots \\ l_N(x_k) & m_N(x_k) & n_N(x_k) & 1 \end{bmatrix}, \quad b = \begin{bmatrix} \rho_1 - \hat\rho_1 \\ \rho_2 - \hat\rho_2 \\ \vdots \\ \rho_N - \hat\rho_N \end{bmatrix}, \quad \varepsilon = \begin{bmatrix} \varepsilon_1 \\ \varepsilon_2 \\ \vdots \\ \varepsilon_N \end{bmatrix}$$

雅可比矩阵 G 只与各颗卫星相对于用户的几何位置有关，因此通常被称为几何矩阵。

3）求解线性方程组

将上一步得到的线性化伪距定位方程(6.3.32)代入 6.3.2 节的最小二乘法中，可以得到线性矩阵方程式的最小二乘解：

$$\begin{bmatrix} \Delta x \\ \Delta y \\ \Delta z \\ \Delta \delta t_u \end{bmatrix} = (G^T G)^{-1} G^T b \tag{6.3.33}$$

为提高定位精度，部分 GPS 接收机采用加权最小二乘法来解算定位结果，式(6.3.33)将变为

$$\begin{bmatrix} \Delta x \\ \Delta y \\ \Delta z \\ \Delta \delta t_u \end{bmatrix} = (G^T W^T W G)^{-1} G^T b \tag{6.3.34}$$

其中，W 为权重矩阵，通过设置权重矩阵能够使伪距观测质量高的卫星比重更大，从而提高伪距定位精度。

4）更新非线性方程组

解得方程(6.3.34)后，更新接收机的位置坐标 x_{k+1} 和钟差 $\delta t_{u,k+1}$：

$$x_{k+1} = x_k + \Delta x = x_k + \begin{bmatrix} \Delta x \\ \Delta y \\ \Delta z \end{bmatrix} \tag{6.3.35}$$

$$\delta t_{u,k+1} = \delta t_{u,k} + \Delta \delta t_u \tag{6.3.36}$$

5）迭代收敛判决

如果最小二乘迭代已经收敛到了所要求的精度，则算法停止迭代并将当前时刻的计算结果作为接收机该时刻的定位、授时结果，如果没有达到精度则返回第 2 步继续迭代计算。一般可以通过检查迭代计算得到的位置向量修正 $\|\Delta x\|$ 或者 $\sqrt{\|\Delta x\| + (\Delta \delta t_u)^2}$ 的值是否小于预先设定的门限。

6.4　速度测量处理

速度测量是载体姿态的基本状态参数，速度测量的应用非常广泛。例如，在自动

微课视频

驾驶汽车中,定速控制是实现自动巡航功能的关键。自动驾驶汽车通过车载传感器和先进的控制系统来监测车辆周围的交通状况和道路环境,并根据实时信息调整车速,以保持稳定的行驶速度。而定速控制的关键输入,便是载体的速度测量值。载体测量自身速度的方法有许多种,例如,使用惯性测量单元可以获得载体的加速度,加速度积分便可以得到速度测量值,但是该测量如果不进行修正,误差会逐渐累积。本节主要介绍利用 GNSS 观测值进行绝对速度测量的方法。

速度解算是确定用户的三维速度,通常有两种方法,一种是通过对用户位置近似求导来估计,另一种是利用多普勒频率进行速度测量。下面对这两种方法分别进行详细说明。

6.4.1 位置差分测速法

位置差分测速法是一种用于测量物体运动速度的方法。它基于物体在一定时间内移动的距离,根据时间间隔计算出平均速度。该方法的前提是用户位置已经依据定位原理进行解算。解算步骤如下。

(1)根据位置解算结果,计算载体在历元 k 和历元 $k+1$ 时刻的坐标值。

(2)根据坐标值计算历元 k 和历元 $k+1$ 时间内载体的运动距离。

(3)根据载体在历元 k 和历元 $k+1$ 时刻解算得到的精确时间,计算历元间的时间差。

(4)根据时间差与运动距离,计算载体平均速度,作为 k 时刻载体的速度近似值。

(5)重复以上步骤,计算历元 $k+1$ 的速度。

卫星测速原理

以上解算步骤的原理在于,若在解算时间段内用户的速度基本上保持恒定不变,不存在加速度,则用户速度 $\dot{u}$ 可以通过对用户位置进行近似求导来估计:

$$\dot{u} = \frac{\mathrm{d}u}{\mathrm{d}t} = \frac{u(t_{k+1}) - u(t_k)}{t_{k+1} - t_k} \tag{6.4.1}$$

式(6.4.1)本质上是一种一阶的速度近似。另外,还有一种精确度更高的二阶速度估计方法。其计算方法如下:

$$\dot{u} = \frac{\mathrm{d}u}{\mathrm{d}t} = \frac{-u(t_{k+1}) + 4u(t_k) - 3u(t_{k-1})}{2(t_{k+1} - t_k)} \tag{6.4.2}$$

下面我们从数学上理解式(6.4.1)和式(6.4.2)。考虑一个离散函数 $f(X_l)$,可以用泰勒展开对其进行近似:

$$f(x_{l+1}) = f(x_l) + f'(x_l)\Delta t + \frac{f''(X_l)}{2}\Delta t^2 + \cdots \tag{6.4.3}$$

其中,Δt 为历元间的时间间隔。由式(6.4.3),可以求解出一阶导数:

$$f'(x_l) = \frac{f(x_{l+1}) - f(x_l)}{h} - \frac{f'(x_l)}{2}h + O(h^2) \tag{6.4.4}$$

忽略二阶及以上的项,便可以得到式(6.4.1)对应的近似求导公式。同样,可以由式(6.4.3)求解出二阶导数的表达式:

$$f''(x_l) = \frac{f(x_{l+2}) - 2f(x_{l+1}) + f(x_l)}{h^2} + O(h) \tag{6.4.5}$$

将式(6.4.5)代入式(6.4.4),忽略高阶项,简化后可以得到与式(6.4.5)对应的更加精确的导数估计:

$$f'(x_l) = \frac{-f(x_{l+2}) + 4f(x_{l+1}) - 3f(x_l)}{2h} + O(h^2) \tag{6.4.6}$$

需要注意的是，该方法适用于用户低动态情况。若在解算时间段内用户速度基本恒定，位置测量间隔较短，不存在加速度，且两个相邻时刻的位置误差相对于位置差值来说较小，那么该种方法可基本满足用户速度解算的需求。

这里以一个简单的仿真算例，来直观感受上述两种位置差分测速方法的效果。首先仿真低动态载体的一条轨迹，如图 6.4.1 所示，载体平均速度为 2.6736m/s。

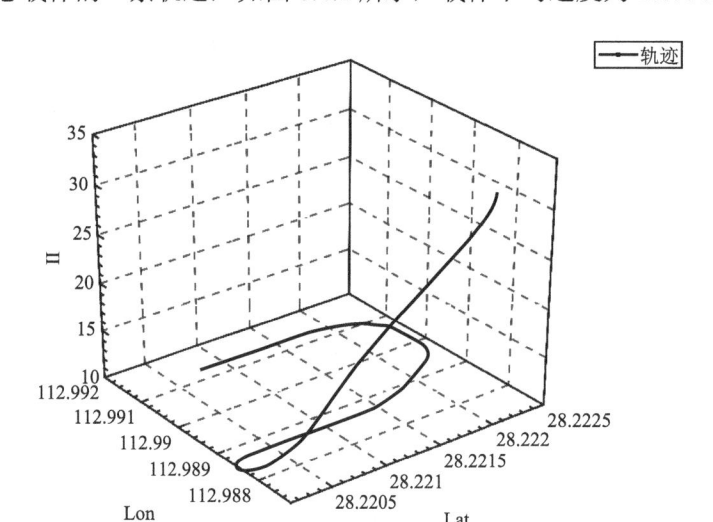

图 6.4.1 仿真轨迹图

利用轨迹坐标点，通过式 (6.4.5) 和式 (6.4.6) 计算载体的速度，并与真实速度比较，如图 6.4.2 所示。在低动态情况下，两种计算方法都有较高精度，式 (6.4.6) 在细节上，更加贴近真实情况。

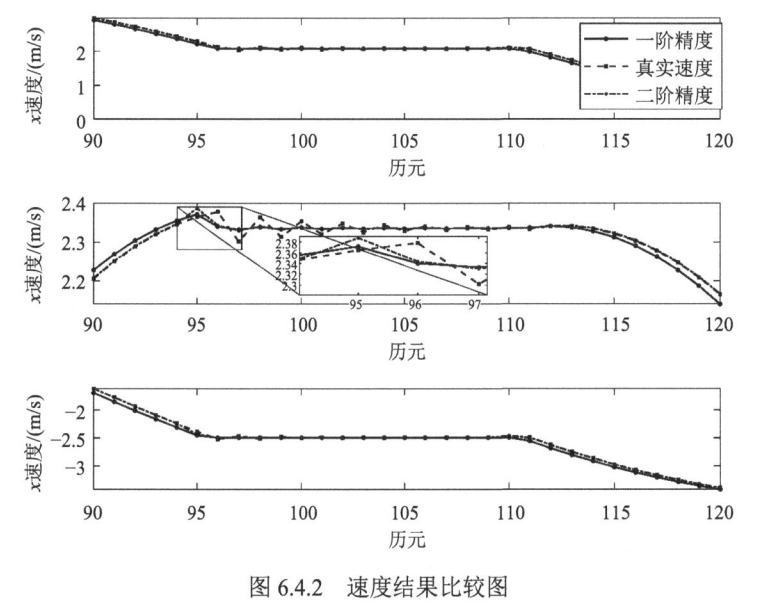

图 6.4.2 速度结果比较图

6.4.2 伪距变化率测速

对载波相位测量值进行处理，可以精确估计所接收卫星导航信号的多普勒频率，利用该多普勒频率可以进行速度测量。其具体原理为：卫星相对于用户存在相对运动，故存在多普勒频移，卫星的速度可以通过星历和接收机端的轨道模型计算，进而可以计算用户的速度。其公式实现与推导如下。

用户接收到的频率 f_R 可以用多普勒方程近似表示为

$$f_R = f_T \left(1 - \frac{(\boldsymbol{v}_r \cdot \boldsymbol{a})}{c}\right) \tag{6.4.7}$$

其中，f_T 为卫星发射信号的频率；$\boldsymbol{v}_r$ 为卫星与用户的相对速度矢量；$\boldsymbol{a}$ 为从用户指向卫星的直线方向的单位矢量；c 为传播速度；矢量 $\boldsymbol{v}_r$ 为速度差 $\boldsymbol{v}_r = \boldsymbol{v} - \dot{\boldsymbol{u}}$，其中 $\boldsymbol{v}$ 为卫星的速度，可由星历和轨道模型计算得出，$\dot{\boldsymbol{u}}$ 为用户的速度；$\boldsymbol{v}_r \cdot \boldsymbol{a}$ 表示相对速度矢量与用户指向卫星的单位矢量的点积。

由相对运动引起的多普勒偏移可由上述关系式整理为

$$f = f_R - f_T = -f_T \frac{(\boldsymbol{v} - \dot{\boldsymbol{u}}) \cdot \boldsymbol{a}}{c} \tag{6.4.8}$$

卫星位置和用户位置已知，卫星速度可由广播星历和轨道模型计算得到，因此用户速度可以求解出来。也就是说，得到多颗卫星的测量值 f_R、f_T，利用已知的 $\boldsymbol{v}$、$\boldsymbol{a}$ 和 $\boldsymbol{v}_r$，即可解算出用户的三维速度。

例 6.4.1 表 6.4.1 给出了伪距单点定位同一测站、同一历元所观测到的卫星的速度和钟速，以及多普勒观测值，这些参数均可以由广播星历和观测文件得到，请计算多普勒测速，并与单点定位位置求导测速的精度进行对比。

表 6.4.1 卫星速度、钟速及多普勒观测值信息

卫星编号	卫星位置钟差（ECEF/GPST）				多普勒观测值
	X/m	Y/m	Z/m	dT^s/s	
02	−2058.73936	131.39680	−2005.70653	−3.13e−12	973.195
05	−1569.058804	−1846.404414	1559.80760	−2.34e−12	681.615
06	−817.83082	−146.610939	−3073.356945	−1.12e−11	−1086.521
12	−659.648051	−742.76469	−2992.53017	−2.09e−12	−1766.344
13	−388.40374	117.831412	3173.762757	2.02e−12	3819.786
15	−757.857428	1041.072171	2765.7129801	1.73e−12	4688.777
29	−1373.46935	2366.92073	−732.45097	−1.02e−11	3783.278
30	112.23850	−335.676148	3112.31506	−7.17e−12	2581.316

解 由伪距单点定位得到测站坐标为 (−2267749.220, 5009153.198, 3221293.639)。第一次迭代时默认速度近似值 $\boldsymbol{V}_0^0$ 为 (0, 0, 0, 0)，分别为接收机三个位置参数以及接收机钟速参数。则由式 (6.3.10) ~ 式 (6.3.15) 分别计算得到 $\boldsymbol{G}$、$\boldsymbol{b}$ 矩阵，同时将所有观测值权重设为 1。首次迭代的各个矩阵如下：

$$\boldsymbol{H} = \begin{bmatrix} 0.605621 & -0.44643 & -0.65873 & 1 \\ 0.039573 & -0.65186 & -0.7573 & 1 \\ 0.988557 & -0.06157 & -0.13771 & 1 \\ -0.4259 & -0.78107 & 0.456665 & 1 \\ 0.479089 & -0.8367 & 0.265336 & 1 \\ -0.06025 & -0.82852 & 0.556715 & 1 \\ -0.51457 & -0.31303 & -0.79827 & 1 \end{bmatrix}, \quad \boldsymbol{L} = \begin{bmatrix} -169.45 \\ -169.448 \\ -169.453 \\ -169.369 \\ -169.437 \\ -169.416 \\ -169.423 \end{bmatrix}$$

则由最小二乘法计算得到第一次迭代后的速度改正量 $\hat{\boldsymbol{v}}$ 和改正后的速度 $\boldsymbol{V}_1^0$ 为

$$V_1^0 = V_0^0 + \hat{v} = \begin{bmatrix} 0 \\ 0 \\ 0 \\ 0 \end{bmatrix} + \begin{bmatrix} -0.04246 \\ 0.022441 \\ 0.033765 \\ -169.404 \end{bmatrix} = \begin{bmatrix} -0.04246 \\ 0.022441 \\ 0.03765 \\ -169.404 \end{bmatrix}$$

其中，第四行为接收机钟速。同时对得到的改正数进行判断，从而确定是否结束迭代循环获得坐标最优解。选择最小二乘迭代，阈值依然为 0.0001。若未能满足迭代收敛条件，则将第 i 次迭代改正后的坐标 V_i^0 作为下一次迭代的坐标近似值再次进行最小二乘解算。同时设定一定的迭代次数(这里设定为 10 次)，若超过次数仍未满足收敛条件，则本次解算失败。

很明显，上式中坐标改正量不能满足收敛条件，因此需要进行多次迭代。由于首次迭代结果精度较高，因此本次计算总共迭代了 2 次后解算成功。而且迭代结果变动不大，因此迭代的中间过程省略，直接给出第 2 次迭代的结果，具体如下所示：

$$V_1^0 = V_0^0 + \hat{v} = \begin{bmatrix} -0.04246 \\ 0.022441 \\ 0.033765 \\ -169.404 \end{bmatrix} + \begin{bmatrix} -1.37 \times 10^{-7} \\ -2.13 \times 10^{-7} \\ 1.67 \times 10^{-8} \\ 5.65 \times 10^{-8} \end{bmatrix} = \begin{bmatrix} -0.04246 \\ 0.022441 \\ 0.033765 \\ -169.404 \end{bmatrix}$$

则本次多普勒测速解算结果为(–0.04246，0.022441，0.033765)，单位为米/秒(m/s)。

进一步，对比伪距差分测速与多普勒测速的精度。

伪距差分测速，即对伪距定位结果进行历元间差分，得到接收机速度 v 为

$$v = \frac{p_{n+1} - p_n}{\mathrm{d}t}$$

其中，p 表示接收机位置矢量；下标表示时刻。

进行一天 24h 的伪距单点定位解算，并进行历元差分，得到伪距差分速度，同时进行多普勒测速解算。伪距差分均方根误差(RMS，将在 6.6 节精度评估指标中进行详细推导)为(0.0165，0.026，0.0176)，多普勒测速均方根误差为(0.0165，0.026，0.0195)，单位为米/秒(m/s)，由于所选测站为静态观测站，其理论速度应该为 0，可以看出这两种方法的计算结果在 X、Y 方向上相同，在 Z 方向上稍有差距。

6.5　终端授时解算

本节将探讨终端授时解算的关键技术，重点介绍两种方法：单向授时法和共视比对授时法。通过对这两种方法的详细分析，我们将了解它们在不同应用场景中的优势和局限性，以及实现时间同步的原理。这些技术在现代通信、导航和定位系统中扮演着至关重要的角色，为确保系统的可靠性和精确性提供基础。

6.5.1　单向授时法

单向授时的原理如图 6.5.1 所示，标准时钟源将时间信息 S 通过无线电波等方式传播到用户接收终端，用户接收到信号 S 后，通过简单计算就可以实现本地时间与标准时间的同步。单向授时的本质就是测量本地与远端标准时钟源的时间差，同时精确计算信号在传播介质中传播的时间，即传播时延，从而实现与标准时间的同步，完成授时。

用户时间与标准时间的时差 Δt 计算如下：

终端授时法

$$\Delta t = T - \tau \tag{6.5.1}$$

其中，T 为信号发射到用户信号接收的时间间隔；τ 为信号在传播介质中的传播时延。

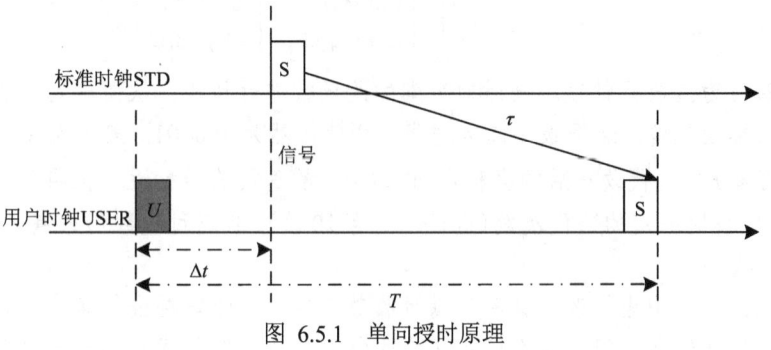

图 6.5.1　单向授时原理

6.5.2　共视比对授时法

在用户与标准时间没有直接单向授时链路，但是标准时间和用户与同一个参考时间存在单向授时链路的情况下，基于单向授时的原理，共视比对授时应运而生。共视比对授时是获取标准时间和用户与同一个中继时间进行单向授时得到的时差，对两个单向授时时差进行比对，间接实现用户与标准时间的时间同步，完成授时，其原理如图 6.5.2 所示。

图 6.5.2　共视比对授时原理

标准时钟与共视时钟进行单向授时，得到时差 Δt_{S}，用户时钟与共视时钟进行单向授时得到时差 Δt_{U}，根据单向授时原理，标准时间与参考时间的时差 Δt_{S}，以及用户与参考时间的时差 Δt_{U} 为

$$\Delta t_{\mathrm{S}} = T_{\mathrm{S}} - \tau_{\mathrm{S}} \tag{6.5.2}$$

$$\Delta t_{\mathrm{U}} = T_{\mathrm{U}} - \tau_{\mathrm{U}} \tag{6.5.3}$$

其中，T_{S} 为标准时钟信号发射与信号接收的时间间隔；τ_{S} 为中继时钟到标准时钟的单向授时传播时延；T_{U} 为用户时钟信号发射与信号接收的时间间隔；τ_{U} 为中继时钟到用户的单向授时传播时延。由此，可以计算得到用户与标准时间的时差 Δt：

$$\Delta t = \Delta t_{\mathrm{S}} - \Delta t_{\mathrm{U}} = (T_{\mathrm{S}} - \tau_{\mathrm{S}}) - (T_{\mathrm{U}} - \tau_{\mathrm{U}}) \tag{6.5.4}$$

6.6　性能评估与设计实例

本章按照单点 PVT 处理流程，依次介绍了卫星位置和钟差、观测量和观测方程、

基本定位解算、测速及以授时的基本原理、处理方法，本节将围绕其性能，介绍评估指标和评估方法，最后给出一些典型的设计案例来指导学习和实践。

6.6.1 性能评估

1. 评估指标

在第 1 章 GNSS 的性能部分，介绍了精度的评估指标，包括标准差、均方根误差以及百分位误差，同时也指出了卫星定位精度取决于用户等效距离误差(UERE)以及精度衰减因子(也称精度因子)(DOP)。需要说明的是，在 PVT 解算中，在每个时刻可见卫星不同，可根据实际接收到的卫星情况计算精度衰减因子和 UERE，而标准差、均方根误差一般是针对多个时刻解算值的统计结果。具体评估指标体系如表 6.6.1 所示。

表 6.6.1　PVT 解算精度评估指标体系

指标		使用说明
空间信号测距误差	用户等效距离误差	各时刻独立计算
用户设备误差		
卫星数量	精度衰减因子	
卫星和测站的几何分布		
离散度	标准差	多个时刻的统计值
准确度	均方根误差	
分布	百分位误差	

关于标准差、均方根误差以及百分位误差的详细计算方法，在第 1 章中已详细介绍，此处不再赘述。本节仅重点介绍用户等效距离误差、精度衰减因子这两个指标对 PVT 解算结果的影响情况。

用户等效距离误差由空间信号测距误差、用户设备误差共同影响。其对定位精度的影响可以形象地表示为图 6.6.1。图中，同心圆的宽度表示用户等效距离误差。可见，在图 6.6.1(a)中，用户等效距离误差较大，图 6.6.1(b)中较小。几个同心圆相交的地方为用户定位解算结果可能出现的范围。该范围越大，表示定位解算结果距离真实位置的偏差程度越大；反之，则表示定位解算结果越接近真实位置。对比图 6.6.1(a)和(b)可以发现，在可见卫星相同的情况下，用户等效距离误差越大，定位精度越低。

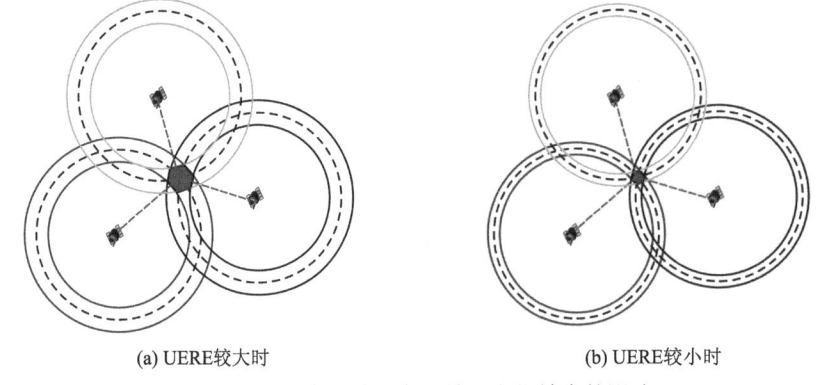

(a) UERE较大时　　　　　　　(b) UERE较小时
图 6.6.1　用户等效距离误差对定位精度的影响

精度衰减因子和可观测的卫星数目以及可见卫星与测站的几何分布有关。其对定位精度的影响可以形象地表示为图 6.6.2。图中，同心圆仍表示用户等效距离误差，

图 6.6.2(a) 和 (b) 中用户等效距离误差一致。同样地，几个同心圆相交的地方为用户定位解算结果可能出现的范围。可见卫星均为 3 时，图 6.6.2(a) 中 2 颗卫星分布较为集中，而图 6.6.2(b) 中 3 颗卫星分布均匀。对比图 6.6.2(a) 和 (b) 可以发现，在用户等效距离误差一定的情况下，精度衰减因子越小，定位精度越高。

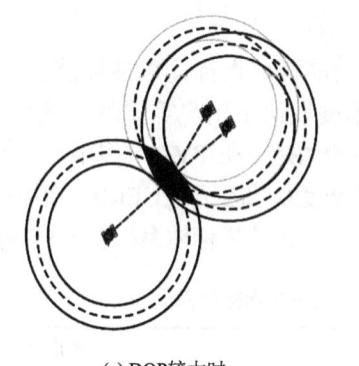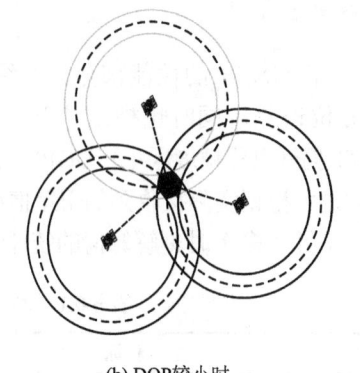

(a) DOP较大时　　　　　　　　　　　　(b) DOP较小时

图 6.6.2　精度衰减因子对定位精度的影响

综上可知，每个时刻的定位精度由用户等效距离误差和精度衰减因子共同决定。全部时刻解算完成后，可对处理时间段内的结果进行统计学计算，得到均方根误差、标准差以及百分位误差，从而作为衡量 PVT 解算精度的指标。

2. 评估方法

在了解定位精度评估指标，以及各因素是如何影响定位精度之后，需进一步了解用户等效距离误差和精度衰减因子的计算方法。

1）用户等效距离误差

用户等效距离误差将从卫星端的轨道、钟差误差，到信号传播过程中的电离层、对流层误差，以及用户端的多路径、噪声等各种误差归算至测站与卫星连线后的误差，可反映各种误差对用户测距精度的综合影响。其计算公式如下所示：

$$\mathrm{UERE} = \sqrt{\left(\sigma_{\mathrm{orb}}\right)^2 + \left(\sigma_{\mathrm{clk}}\right)^2 + \left(\sigma_{\mathrm{ion}}\right)^2 + \left(\sigma_{\mathrm{trop}}\right)^2 + \left(\sigma_{\mathrm{mp}}\right)^2 + \left(\sigma_{\mathrm{noise}}\right)^2} \tag{6.6.1}$$

其中，$\left(\sigma_{\mathrm{orb}}\right)^2$ 为轨道对 UERE 的影响，一般由轨道三个方向上的精度按照一定的映射因子计算得到，可表示为 $\sqrt{\left(\alpha\delta_{\mathrm{R}}\right)^2 + \beta^2\left(\delta_{\mathrm{A}}^2 + \delta_{\mathrm{C}}^2\right)}$，$\alpha$ 为卫星径向误差映射因子，δ_{R} 为广播轨道径向精度，β 为卫星切向和法向的误差映射因子，δ_{A} 和 δ_{C} 分别为广播轨道切向精度和法向精度。表 6.6.2 给出了 GNSS 卫星在截止角高度为 5° 时的映射因子 α 和 β 的值。

表 6.6.2　GNSS 系统卫星映射因子

导航系统		BDS		GPS	GLONASS	Galileo
卫星类型		GEO/IGSO	MEO	MEO	MEO	MEO
轨道高度/km		35786	21528	20200	19100	23222
映射因子	α	0.9924	0.9823	0.9804	0.9786	0.9844
	β	0.0867	0.1324	0.1392	0.1454	0.1246

此外，$\left(\sigma_{\mathrm{clk}}\right)^2$ 为广播钟差对 UERE 的影响，$\left(\sigma_{\mathrm{ion}}\right)^2$、$\left(\sigma_{\mathrm{trop}}\right)^2$ 分别为电离层、对流层对用户等效距离误差的影响，$\left(\sigma_{\mathrm{mp}}\right)^2$ 和 $\left(\sigma_{\mathrm{noise}}\right)^2$ 分别为用户端多路径、测量噪声对用

户等效距离误差的影响。

2) 精度衰减因子

在有观测噪声的情况下，使用最小二乘法估计得到的状态值与真实值之间仍然有误差，如式 (6.6.2) 是利用最小二乘法估计的用户三维位置和钟差误差，假设估计得到的 $\hat{x}$ 与真实值 x 之间的误差为

$$\Delta x = x - \hat{x} \tag{6.6.2}$$

其中，$\Delta x = \begin{bmatrix} \Delta x & \Delta y & \Delta z & \Delta t \end{bmatrix}^{\mathrm{T}}$ 表示估计的三维位置误差和钟差误差。

进一步，将式 (6.3.20) 代入式 (6.6.2) 得

$$
\begin{aligned}
\Delta x &= x - \left(G^{\mathrm{T}} G \right)^{-1} G^{\mathrm{T}} b \\
&= x - \left(G^{\mathrm{T}} G \right)^{-1} G^{\mathrm{T}} \left(G x - \varepsilon \right) \\
&= \left(G^{\mathrm{T}} G \right)^{-1} G^{\mathrm{T}} \varepsilon
\end{aligned}
\tag{6.6.3}
$$

其中，ε 为伪距测量误差矢量，表示各颗卫星的伪距测量误差。当对 m 颗卫星进行观测时，假设各卫星的伪距测量误差呈相同的正态分布，即 $\varepsilon_i \sim N\left(0, \sigma_{\mathrm{URE}}^2\right) (i = 1, 2, \cdots, m)$。$\sigma_{\mathrm{URE}}^2$ 称为用户测量误差的方差，它通常为测量各个环节误差的总和。ε 的均值为零，因此可知 Δx 的均值也为零，即 Δx 为无偏估计。计算 Δx 的协方差矩阵：

$$
\begin{aligned}
\mathrm{cov}(\Delta x) &= E\left(\Delta x \Delta x^{\mathrm{T}} \right) \\
&= \left(G^{\mathrm{T}} G \right)^{-1} G^{\mathrm{T}} E\left(\varepsilon \varepsilon^{\mathrm{T}} \right) G \left(G^{\mathrm{T}} G \right)^{-1}
\end{aligned}
\tag{6.6.4}
$$

其中，$E\left(\varepsilon \varepsilon^{\mathrm{T}} \right)$ 为伪距测量误差矢量 ε 的协方差矩阵，当各颗卫星的伪距测量值相互独立时，即误差不相关，ε 的协方差矩阵是一个对角阵，再由各颗卫星测量误差呈相同的正态分布的假设可知

$$E\left(\varepsilon \varepsilon^{\mathrm{T}} \right) = \sigma_{\mathrm{URE}}^2 I \tag{6.6.5}$$

式中，I 为 $m \times m$ 的单位矩阵。

由式 (6.6.4) 得到的协方差矩阵可以进一步化简得

$$
\begin{aligned}
\mathrm{cov}(\Delta x) &= E\left(\Delta x \Delta x^{\mathrm{T}} \right) \\
&= \left(G^{\mathrm{T}} G \right)^{-1} \sigma_{\mathrm{URE}}^2 \\
&= H \sigma_{\mathrm{URE}}^2
\end{aligned}
\tag{6.6.6}
$$

其中，$H = \left(G^{\mathrm{T}} G \right)^{-1}$ 为一个 4×4 的矩阵，称为权系数矩阵。Δx 的协方差矩阵反映了用户位置的三维坐标以及钟差与真实值误差的方差大小，它由用户测距误差方差 σ_{URE}^2 和权系数矩阵 H 共同决定，方差 σ_{URE}^2 越小、权系数矩阵 H 中的元素值越小，位置、钟差误差也就越小。

通常可以用 DOP 来评估定位误差，假设权系数矩阵 H 的对角线中的元素为 $h_{ii} (i = 1, 2, 3, 4)$，则由式 (6.6.6) 可知用户位置的三维坐标以及钟差误差方差可表示为

$$
\begin{bmatrix}
\sigma_x^2 & & & \\
& \sigma_y^2 & & \\
& & \sigma_z^2 & \\
& & & \sigma_t^2
\end{bmatrix}
=
\begin{bmatrix}
h_{11} & & & \\
& h_{22} & & \\
& & h_{33} & \\
& & & h_{44}
\end{bmatrix}
\sigma_{\mathrm{URE}}^2
\tag{6.6.7}
$$

其中，位置三维坐标误差的标准差为

$$\sigma_{\mathrm{P}} = \sqrt{\sigma_x^2 + \sigma_y^2 + \sigma_z^2} = \sqrt{h_{11} + h_{22} + h_{33}}\,\sigma_{\mathrm{URE}} \tag{6.6.8}$$

记式中的 $\sqrt{h_{11} + h_{22} + h_{33}}$ 为 PDOP，定义为空间位置精度因子（PDOP），它表示当用户测距误差 σ_{URE} 固定时，三维位置的定位误差被放大的倍数。

另外，还可定义用户钟差的标准差：

$$\sigma_{\mathrm{t}} = \sqrt{h_{44}}\,\sigma_{\mathrm{URE}} \tag{6.6.9}$$

记式中的 $\sqrt{h_{44}}$ 为 TDOP，定义为时间精度因子，当用户测距误差 σ_{URE} 固定时，用户钟差误差被放大了 TDOP 倍。

同理，还可定义几何精度因子：

$$\mathrm{GDOP} = \sqrt{h_{11} + h_{22} + h_{33} + h_{44}} = \sqrt{\mathrm{tr}(\boldsymbol{H})} \tag{6.6.10}$$

其中，$\mathrm{tr}(\boldsymbol{H})$ 表示矩阵的迹运算。几何精度因子表示当用户测距误差 σ_{URE} 固定时，位置误差和钟差误差被放大的倍数。

需要说明的是，以上对精度因子的定义是建立在地心地固坐标系下的，对定位精度的评估，通常还需要评估定位结果在水平方位和垂直方位的精度，需要将地心地固坐标系下的定位结果转换到当地地理坐标系（东-北-天坐标系）中。地心地固坐标系下的位置误差 $\begin{bmatrix} \Delta x & \Delta y & \Delta z \end{bmatrix}^{\mathrm{T}}$ 与东-北-天坐标系下的位置误差 $\begin{bmatrix} \Delta e & \Delta n & \Delta u \end{bmatrix}^{\mathrm{T}}$ 的关系为

$$\begin{bmatrix} \Delta e \\ \Delta n \\ \Delta u \end{bmatrix} = \boldsymbol{S} \begin{bmatrix} \Delta x \\ \Delta y \\ \Delta z \end{bmatrix} \tag{6.6.11}$$

其中，$\boldsymbol{S}$ 为坐标旋转矩阵。那么在东-北-天坐标系下的位置、钟差误差矢量 Δx_1 与地心地固坐标系下的误差矢量 $\Delta \boldsymbol{x}$ 的关系为

$$\begin{bmatrix} \Delta e \\ \Delta n \\ \Delta u \\ \Delta t \end{bmatrix} = \begin{bmatrix} \boldsymbol{S} & 0 \\ 0 & 1 \end{bmatrix} \begin{bmatrix} \Delta x \\ \Delta y \\ \Delta z \\ \Delta t \end{bmatrix} = \boldsymbol{W} \cdot \Delta \boldsymbol{x} \tag{6.6.12}$$

因此，可以计算 $\Delta \boldsymbol{x}_1$ 的协方差矩阵为

$$\begin{aligned} \mathrm{cov}(\Delta \boldsymbol{x}_1) &= E\left(\Delta \boldsymbol{x}_1 \Delta \boldsymbol{x}_1^{\mathrm{T}}\right) \\ &= \boldsymbol{W}\left(\boldsymbol{G}^{\mathrm{T}}\boldsymbol{G}\right)^{-1}\boldsymbol{W}^{\mathrm{T}}\sigma_{\mathrm{URE}}^2 \\ &= \boldsymbol{Q}\sigma_{\mathrm{URE}}^2 \end{aligned} \tag{6.6.13}$$

其中

$$\boldsymbol{Q} = \boldsymbol{W} \times \boldsymbol{H} \times \boldsymbol{W}^{\mathrm{T}} \tag{6.6.14}$$

若使用 $q_{ii}(i = 1, 2, 3, 4)$ 表示 $\boldsymbol{Q}$ 矩阵的对角线元素，则可以定义在东-北-天坐标系下的水平精度因子（HDOP）、垂直精度因子（VDOP）以及 PDOP 和 GDOP 等精度因子的值：

$$\mathrm{HDOP} = \sqrt{q_{11} + q_{22}} \tag{6.6.15}$$

$$\mathrm{VDOP} = \sqrt{q_{33}} \tag{6.6.16}$$

$$\mathrm{PDOP} = \sqrt{q_{11} + q_{22} + q_{33}} \tag{6.6.17}$$

$$\text{GDOP} = \sqrt{q_{11} + q_{22} + q_{33} + q_{44}} \tag{6.6.18}$$

$$\text{TDOP} = \sqrt{q_{44}} \tag{6.6.19}$$

其中，由坐标旋转矩阵 S 是单位正交矩阵的性质可知，在东-北-天坐标系下定义的 PDOP、GDOP 与地心地固坐标系下相同。由精度因子就能较方便地得到用户接收机各个方向上的定位误差标准差与测量误差的关系：

$$\sigma_H = \text{HDOP} \cdot \sigma_{\text{URE}} \tag{6.6.20}$$

$$\sigma_V = \text{VDOP} \cdot \sigma_{\text{URE}} \tag{6.6.21}$$

对于 GDOP 值，表征的是卫星对接收机的相对几何分布。以有四颗可视卫星为例，其最好的 GDOP 值为三颗卫星均匀地分布在水平方向，一颗卫星在俯仰角 90°方向，如图 6.6.3 所示。

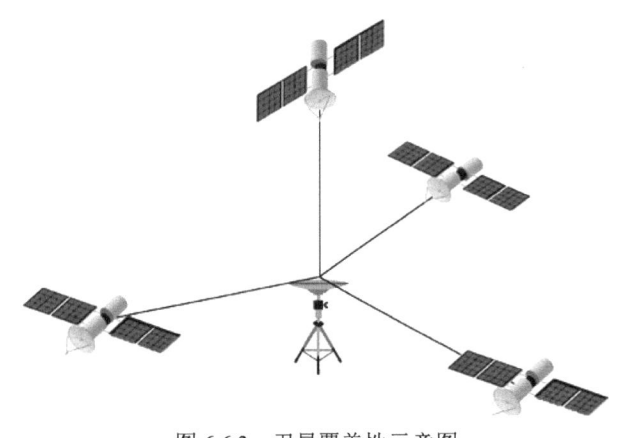

图 6.6.3 卫星覆盖性示意图

例 6.6.1 已知一测站 ECEF 的坐标为 (−2267749.220, 5009153.198, 3221293.639)，某一时刻可见卫星及各卫星位置如表 6.6.3 所示，请采用下面各卫星的位置参数计算卫星的高度角及测站 DOP 值。

表 6.6.3 可见卫星及位置信息

卫星编号	卫星位置（ECEF）		
	X/m	Y/m	Z/m
02	−15007280.2052	14399944.6194	17078013.1839
05	−3078265.6773	18360328.2077	18732057.2702
06	−24995638.1302	6424661.5073	6387435.8554
12	8170173.4739	24151598.0222	−7970664.3337
13	−12668106.2229	23172817.9399	−2538784.5491
15	−847292.2743	24543431.2126	−9904630.5505
29	9543929.1755	12194644.4358	21545113.7193

解 逐个卫星计算视线方向单位向量：

$$\text{LOS}_i = \left[\frac{X^i - X}{\rho_i}, \frac{Y^i - Y}{\rho_i}, \frac{Z^i - Z}{\rho_i} \right]$$

其中，(X, Y, Z) 为测站位置；(X^i, Y^i, Z^i) 为第 i 颗卫星的坐标；ρ_i 为第 i 颗卫星到测站的距离。由表 6.6.3 计算可得，02 星的视线方向单位向量为 (−0.6056, 0.4464, 0.6587)。

(1)将测站地心地固坐标 (x,y,z) 换算为大地坐标 (φ,λ,h) ，其中 (φ,λ,h) 分别代表纬度、经度和大地高：

$$\text{pos} = (\varphi,\lambda,h) = (0.5329, 1.9959, 26.4249)$$

(2)将 ECEF 下的单位向量 LOS 转换为当地地理坐标系 ENU：

$$\begin{bmatrix} \text{LOS}_E^i \\ \text{LOS}_N^i \\ \text{LOS}_U^i \end{bmatrix} = \begin{bmatrix} -\sin\lambda & \cos\lambda & 0 \\ -\sin B\cos\lambda & -\sin B\sin\lambda & \cos\varphi \\ \cos B\cos\lambda & \cos B\sin\lambda & \sin\varphi \end{bmatrix} \begin{bmatrix} \text{LOS}_X^i \\ \text{LOS}_Y^i \\ \text{LOS}_Z^i \end{bmatrix}$$

即 ENU 系下第 i 颗卫星的视线方向的单位向量为 $\left(\text{LOS}_E^i, \text{LOS}_N^i, \text{LOS}_U^i\right)$。例如，ENU 系下 02 星到测站视线方向上的单位向量为

$$\begin{bmatrix} \text{LOS}_E^1 \\ \text{LOS}_N^1 \\ \text{LOS}_U^1 \end{bmatrix} = \begin{bmatrix} -0.9110 & -0.4124 & 0 \\ 0.2095 & -0.4628 & 0.8613 \\ -0.3552 & 0.7847 & 0.5080 \end{bmatrix} \begin{bmatrix} -0.6056 \\ 0.4464 \\ 0.6587 \end{bmatrix} = \begin{bmatrix} 0.3676 \\ 0.2339 \\ 0.9001 \end{bmatrix}$$

(3)第 i 颗卫星的天顶距(azimuth) az_i 和高度角(elevation) el_i 分别为

$$\text{az}_i = \arctan\left(\text{LOS}_E^i / \text{LOS}_N^i\right)$$

$$\text{el}_i = \arcsin\left(\text{LOS}_U^i\right)$$

则由上式可以计算得到上述 7 颗卫星的天顶距和高度角，如表 6.6.4 所示。

表 6.6.4　可见卫星角度信息

项目	卫星号						
	02	05	06	12	13	15	29
天顶距/rad	1.0041	5.6860	1.7037	3.9593	3.0147	3.5780	5.5399
高度角/rad	1.1200	1.1440	0.4887	0.2317	0.7642	0.3532	0.4874

(4)构建 Q 矩阵：

$$Q = \left(H^{\text{T}}H\right)^{-1}$$

$$H = \begin{bmatrix} \cos(\text{el}_1)\sin(\text{az}_1) & \cos(\text{el}_1)\cos(\text{az}_1) & \sin(\text{el}_1) & 1 \\ \cos(\text{el}_2)\sin(\text{az}_2) & \cos(\text{el}_2)\cos(\text{az}_2) & \sin(\text{el}_2) & 1 \\ \vdots & \vdots & \vdots & \vdots \\ \cos(\text{el}_i)\sin(\text{az}_i) & \cos(\text{el}_i)\cos(\text{az}_i) & \sin(\text{el}_i) & 1 \end{bmatrix}$$

计算可得

$$H = \begin{bmatrix} 0.3676 & 0.2339 & 0.9001 & 1 \\ -0.2328 & 0.3423 & 0.9103 & 1 \\ 0.8752 & -0.1170 & 0.4694 & 1 \\ -0.7101 & -0.6656 & 0.2296 & 1 \\ 0.0914 & -0.7161 & 0.6919 & 1 \\ -0.3966 & -0.8503 & 0.3459 & 1 \\ -0.5979 & 0.6505 & 0.4684 & 1 \end{bmatrix}, \quad Q = \begin{bmatrix} 0.6277 & 0.0936 & -0.6326 & 0.4320 \\ 0.0936 & 0.6460 & -0.7964 & 0.5685 \\ -0.6326 & -0.7964 & 3.7644 & -2.3417 \\ 0.4320 & 0.5685 & -2.3417 & 1.6146 \end{bmatrix}$$

则计算可得

$$\text{GDOP} = \sqrt{0.6277 + 0.6460 + 3.7644 + 1.6146} \approx 2.5793$$
$$\text{PDOP} = \sqrt{0.6277 + 0.6460 + 3.7644} \approx 2.2446$$
$$\text{HDOP} = \sqrt{0.6277 + 0.6460} \approx 1.1286$$
$$\text{VDOP} = \sqrt{3.7644} \approx 1.9402$$

例 6.6.2 已知观测站 AMBF 与观测卫星位置坐标如表 6.6.5 所示。

表 6.6.5 观测站坐标及观测卫星位置

坐标/m 测站名称	X/km	Y/km	Z/km
AMBF	2919.7857120	−5383.7450670	1774.6046920
G10	8370.139081	−21703.04743	12674.25028
G12	21365.33293	−7024.790749	13775.51368
G18	7826.337309	−18093.44223	−17793.4009
G20	15039.06676	−21723.15303	504.107194
G32	−3105.646085	−15960.19822	21114.70897

请根据如下要求进行计算。

(1)计算每颗卫星对接收机的高度角和方位角。

(2)分别计算如下两组卫星的 PDOP 值。

A 组：G10,G12,G18,G20；

B 组：G10,G12,G18,G32。

解 以 G10 的高度角和方位角计算过程为例，其他卫星的计算步骤相同。

(1)对接收机位置进行坐标转换，将笛卡儿坐标系转换为大地坐标系：

$$\lambda = \arctan \frac{y}{x}$$

$$\varphi_0 = \arctan \left[\frac{\frac{z}{p}}{1-e^2} \right]$$

其中，$p = \sqrt{x^2 + y^2}$；$e^2 = 2f - f^2$，$f = 1/298.257223563$。

迭代 ρ 值，直到两次迭代值的差距极小时终止迭代。

$$N_{(i)} = \frac{a}{\sqrt{1 - e^2 \sin^2 \varphi_{(i-1)}}}$$

$$a = 6378137.0\text{m}$$

其中

$$h_i = \frac{p}{\cos \varphi_{(i-1)}} - N_{(i)}$$

$$\varphi_{(i)} = \arctan \left[\frac{\frac{z}{p}}{1 - \frac{N_{(i)}}{N_{(i)} + h_{(i)}} e^2} \right]$$

(2)地心地固坐标转换至站心坐标系单位向量：

$$\begin{bmatrix} \boldsymbol{e} \\ \boldsymbol{n} \\ \boldsymbol{u} \end{bmatrix} = \begin{bmatrix} -\sin\lambda & \cos\lambda & 0 \\ -\sin\varphi\cos\lambda & -\sin\varphi\sin\lambda & \cos\varphi \\ \cos\varphi\cos\lambda & \cos\varphi\sin\lambda & \sin\varphi \end{bmatrix}$$

(3)卫星与接收机之间的单位方向向量：

$$\rho = \frac{\boldsymbol{r}^{\text{sat}} - \boldsymbol{r}_{\text{rec}}}{\left\| \boldsymbol{r}^{\text{sat}} - \boldsymbol{r}_{\text{rec}} \right\|}$$

其中，$\boldsymbol{r}^{\text{sat}}$ 为 G10 卫星的坐标$(x^{\text{sat}}, y^{\text{sat}}, z^{\text{sat}})$；$\boldsymbol{r}_{\text{rec}}$ 为 AMBF 接收机的坐标$(x_{\text{rec}}, y_{\text{rec}}, z_{\text{rec}})$。

(4)高度角、方位角的计算：

$$\text{el} = \arcsin(\rho \cdot \boldsymbol{u})$$

$$\text{az} = \arctan\left(\frac{\rho \cdot \boldsymbol{e}}{\rho \cdot \boldsymbol{n}} \right)$$

将 G10 数值代入即可得到 G10 的高度角和方位角。

以 A 组卫星为例，计算 PDOP 值。B 组计算步骤相同。

(1)计算卫星到接收机的几何矩阵 $\boldsymbol{G}$：

$$\boldsymbol{G} = \begin{bmatrix} \dfrac{x_0 - x^1}{\rho_0^1} & \dfrac{y_0 - y^1}{\rho_0^1} & \dfrac{z_0 - z^1}{\rho_0^1} & 1 \\ \vdots & \vdots & \vdots & \vdots \\ \dfrac{x_0 - x^4}{\rho_0^4} & \dfrac{y_0 - y^4}{\rho_0^4} & \dfrac{z_0 - z^4}{\rho_0^4} & 1 \end{bmatrix}$$

其中，(x_0, y_0, z_0) 为 AMBF 接收机的坐标；(x^i, y^i, z^i) 为第 i 颗卫星的坐标。

$$\rho_0^i = \sqrt{\left(x_0 - x^i\right)^2 + \left(y_0 - y^i\right)^2 + \left(z_0 - z^i\right)^2}$$

(2)计算协因数矩阵 $\boldsymbol{Q}$：

$$\boldsymbol{Q} = \left(\boldsymbol{G}^{\text{T}}\boldsymbol{G}\right)^{-1} = \begin{bmatrix} q_{xx} & q_{xy} & q_{xz} & q_{xt} \\ q_{yx} & q_{yy} & q_{yz} & q_{yt} \\ q_{zx} & q_{zy} & q_{zz} & q_{zt} \\ q_{tx} & q_{ty} & q_{tz} & q_{tt} \end{bmatrix}$$

(3)计算 PDOP 值：

$$\text{PDOP} = \sqrt{q_{xx} + q_{yy} + q_{zz}}$$

将接收机与卫星坐标数据计算得到 PDOP(A)=2.684，同理计算得到 PDOP(B)=2.231。

6.6.2　设计实例

1. 单系统单点定位

例 6.6.3　表 6.6.6 为测站某一历元所观测到的所有卫星位置和钟差(由广播星历计算得出)及其某一频率上的伪距观测值(由观测文件得到)，请由此数据进行伪距单点定位解算。

解　第一次迭代时默认测站近似值 $\boldsymbol{V}_0^0$ 为 $(0,0,0,0)$，由此依据牛顿迭代法进行观测方程线性化，计算每颗卫星到近似测站视线方向上的单位向量，得到系数矩阵，记为 $\boldsymbol{H}$：

$$
H = \begin{bmatrix}
0.55765052 & -0.53508274 & -0.63459620 & 1 \\
0.11655855 & -0.69521398 & -0.70928951 & 1 \\
0.94015244 & -0.24164861 & -0.24024845 & 1 \\
-0.30585040 & -0.90411495 & 0.29838177 & 1 \\
0.47747915 & -0.87341685 & 0.09569044 & 1 \\
0.03199723 & -0.92686063 & 0.37403947 & 1 \\
-0.35970346 & -0.45960691 & -0.81201902 & 1 \\
0.99912603 & -0.01587999 & -0.03866503 & 1
\end{bmatrix}
$$

表 6.6.6　卫星位置、钟差及伪距观测值信息

卫星编号	卫星位置、钟差（ECEF/GPST）				伪距观测值/m
	X/m	Y/m	Z/m	T^s/s	
02	−15007280.2052	14399944.6194	17078013.1839	−0.0003573582	21156313.448
05	−3078265.6773	18360328.2077	18732057.2702	−0.0000041146	20496522.742
06	−24995638.1302	6424661.5073	6387435.8554	−0.0001400205	23046651.662
12	8170173.4739	24151598.0222	−7970664.3337	0.0001779794	24468416.774
13	−12668106.2229	23172817.9399	−2538784.5491	−0.0000295306	21731197.420
15	−847292.2743	24543431.2126	−9904630.5505	−0.0002688680	23671777.597
29	9543929.1755	12194644.4358	21545113.7193	0.0000303356	22959150.584
30	−26646184.4573	423511.2861	1031176.9844	−0.0000956974	24944859.077

同时，计算每颗卫星到近似测站之间的星地距离，并在伪距观测值中加入电离层延迟改正和对流层延迟改正，同时改正卫星钟差。将改正后的伪距观测值与计算得到的卫星与近似测站间的距离（简称星地距）作差，得到观测值减去计算值的矩阵，记为 L：

$$
L = \begin{bmatrix}
-5862438.78062348 \\
-5914315.81457048 \\
-3582120.85238389 \\
-2191196.86477185 \\
-4808877.66685028 \\
-2888999.29796921 \\
-3564523.03812119 \\
-1753325.91303581
\end{bmatrix}
$$

此外，考虑到对同一测站而言，不同卫星的高度角不同，对应的信号质量也不同，为合理有效地利用不同质量的信号，采用高度角定权方法对各观测值进行定权，这里采用经典的正余弦函数模型，其计算方法如下：

$$
\sigma_i^2 = \begin{cases}
a^2, & E_i \geqslant 30^\circ \\
a^2 / (4\sin^2 E_i), & E_i < 30^\circ
\end{cases}
$$

其中，E_i 为第 i 颗卫星的高度角；σ_i 为第 i 颗卫星伪距观测值的标准差；a 为伪距测量精度标准差。因此，第 i 颗卫星伪距观测值对应的权重为 $p_i = 1/\sigma_i^2$。针对观测值定权的方法有许多，这里不再一一赘述。

依据上述高度角定权方法，计算得到各个观测值的权，并记为矩阵 P，该矩阵为对角线矩阵，每个对角线上的值对应其所在行的观测值的权重，对角线外其他元素均为 0，表示不同观测值之间无相关性，具体如下所示：

$$P = \begin{bmatrix} 0.0840 & 0 & 0 & & \cdots & & 0 & 0 \\ 0 & 0.1638 & 0 & & & & & 0 \\ 0 & 0 & 0.1638 & & & & & \\ & & & 0.1638 & \ddots & & & \vdots \\ \vdots & & & \ddots & 0.1638 & & & \\ & & & & & 0.1638 & 0 & 0 \\ 0 & & & & & 0 & 0.0840 & 0 \\ 0 & 0 & & \cdots & & 0 & 0 & 0.1638 \end{bmatrix}$$

因此，由最小二乘法计算得到第一次迭代后的坐标改正量 $\hat{v}$ 和改正后的坐标 V_1^0 为

$$V_1^0 = V_0^0 + \hat{v} = \begin{bmatrix} 0 \\ 0 \\ 0 \\ 0 \\ 0 \end{bmatrix} + \begin{bmatrix} -2646542.468 \\ 5833718.081 \\ 3782680.983 \\ 1170630.894 \end{bmatrix} = \begin{bmatrix} -2646542.468 \\ 5833718.081 \\ 3782680.983 \\ 1170630.894 \end{bmatrix}$$

其中，第四行为归化在视线方向的距离上的接收机等效钟差。对得到的改正量进行判断，确定此次改正后的坐标是否为最优解并以此判断是否结束迭代循环。通常情况下判断依据为 $|\hat{v}|$ 小于一定的阈值(这里选择 $|\hat{v}| < 0.0001$)。若未能满足迭代收敛条件，则将第 i 次迭代改正后的坐标 V_i^0 作为第 $i+1$ 次迭代的坐标近似值再次进行最小二乘解算。同时还需要设定一定的迭代次数(这里设定为 10 次)，若超过次数仍未满足收敛条件，则本历元解算失败。

很明显，第一次迭代后的坐标改正量不能满足收敛条件，因此需要进行多次迭代。本次计算总共迭代了 6 次后解算成功。迭代的中间过程省略，直接给出第 6 次迭代过程中计算得到的 L、H、P 矩阵以及结果，具体如下所示：

$$L = \begin{bmatrix} -0.55250247 \\ 0.34976013 \\ 0.14402594 \\ -0.79230061 \\ -0.31469785 \\ 0.89928497 \\ -0.06836928 \end{bmatrix}, \quad H = \begin{bmatrix} 0.60562120 & -0.44642636 & -0.65873094 & 1 \\ 0.03957297 & -0.65186295 & -0.75730354 & 1 \\ 0.98855686 & -0.06156799 & -0.13771237 & 1 \\ -0.42589813 & -0.78106840 & 0.4566501 & 1 \\ 0.47908857 & -0.83670246 & 0.2633586 & 1 \\ -0.06024644 & -0.82851570 & 0.55671544 & 1 \\ -0.51456901 & -0.31303181 & -0.79826675 & 1 \end{bmatrix}$$

$$P = \begin{bmatrix} 0.0794 & 0 & 0 & & \cdots & & 0 \\ 0 & 0.1476 & 0 & & & & 0 \\ & & 0.1203 & & & & \\ \vdots & & & 0.0932 & \ddots & & \vdots \\ & & & & 0.1374 & & \\ 0 & & & & 0 & 0.1077 & 0 \\ 0 & & \cdots & & & 0 & 0.0708 \end{bmatrix}$$

再进行第 6 次最小二乘解算，可得到迭代后的参数改正量 $\hat{v}$ 和改正后的坐标和接收机钟差参数向量 V_i^0 为

$$\hat{v} = \begin{bmatrix} 1.5393e-5 \\ -2.4023e-5 \\ -1.7752e-5 \\ -3.9015e-5 \end{bmatrix}, \quad V_i^0 = \begin{bmatrix} -2267749.220 \\ 5009153.198 \\ 3221293.639 \\ 13712.864 \end{bmatrix}$$

由于 $|\hat{\boldsymbol{v}}| < 0.0001$，满足收敛条件，因此可以结束迭代，本次迭代计算得到的改正后坐标 $\boldsymbol{V}_i^0$ 即为最终的解算坐标，即该历元的伪距单点定位结果为 (−2267749.220，5009153.198，3221293.639)。本次解算采用了 MEGX 静态测站，可以将其与现有分析机构所提供的周解坐标文件 (.snx) 中的测站精确坐标进行对比，得到 X、Y、Z 三个方向的解算精度为 (0.9036m，1.3218m，0.7566m)。

同时可以发现，与第一次迭代相比，最后一次迭代所用的卫星数量有所减少 (第一次迭代为 8 颗，最后一次迭代为 7 颗)，这是由于随着迭代次数的增加，坐标近似值越来越接近真实值。而由坐标近似值计算得到的卫星高度角也会有所改变，在迭代过程中会出现由于卫星高度角小于所设高度截止角而被剔除的情况。

例 6.6.4 以例 6.6.3 中的单历元解算单点定位为例，已知一测站某一历元观测到的所有卫星位置和钟差 (由广播星历计算得出) 及某一频率上的伪距观测值 (由观测文件得到)，由此进行历元间递推解算。

解 在单点定位中，利用本节介绍的最小二乘法，第 $k-1$ 个历元的待估参数向量 $\boldsymbol{X}_{k-1}$ 和权向量 $\boldsymbol{P}_{k-1}$ 分别为

$$\boldsymbol{X}_{k-1} = \begin{bmatrix} -2267749.160 \\ 5009150.469 \\ 3221293.236 \end{bmatrix}, \quad \boldsymbol{P}_{k-1} = \begin{bmatrix} 3.10314 & -2.7034 & -1.13216 \\ -2.7034 & 12.17114 & 3.168524 \\ -1.13216 & 3.168524 & 2.860275 \end{bmatrix}$$

第 k 个历元的系数矩阵 $\boldsymbol{H}$、残差向量 $\boldsymbol{V}$ 矩阵分别为

$$\boldsymbol{H}_k = \begin{bmatrix} 0.60856483 & -0.44663 & -0.65588 \\ 0.60856483 & -0.44663 & -0.65588 \\ 0.60856483 & -0.44663 & -0.65588 \\ 0.60856483 & -0.44663 & -0.65588 \\ 0.041873534 & -0.64912 & -0.75953 \\ 0.041873534 & -0.64912 & -0.75953 \\ 0.041873534 & -0.64912 & -0.75953 \\ 0.041873534 & -0.64912 & -0.75953 \\ 0.989130211 & -0.06135 & -0.13363 \\ 0.989130211 & -0.06135 & -0.13363 \\ 0.989130211 & -0.06135 & -0.13363 \\ 0.989130211 & -0.06135 & -0.13363 \\ 0.479989742 & -0.8375 & 0.26115 \\ 0.479989742 & -0.8375 & 0.26115 \\ 0.479989742 & -0.8375 & 0.26115 \\ 0.479989742 & -0.8375 & 0.26115 \\ -0.059339889 & -0.8306 & 0.553701 \\ -0.059339889 & -0.8306 & 0.553701 \\ -0.059339889 & -0.8306 & 0.553701 \\ -0.059339889 & -0.8306 & 0.553701 \\ -0.513146187 & -0.31635 & -0.79787 \\ -0.513146187 & -0.31635 & -0.79787 \\ -0.513146187 & -0.31635 & -0.79787 \\ -0.513146187 & -0.31635 & -0.79787 \end{bmatrix}, \quad \boldsymbol{V}_k = \begin{bmatrix} 2.878871813 \\ 2.544258915 \\ 2.877117045 \\ 3.090153228 \\ 2.890316766 \\ 2.925617896 \\ 2.891673442 \\ 3.061761532 \\ 2.877151813 \\ 3.126992151 \\ 2.868281804 \\ 2.824259892 \\ 2.88814529 \\ 2.730257619 \\ 2.893678974 \\ 3.165829163 \\ 2.885546617 \\ 3.475145366 \\ 2.895187598 \\ 2.683045272 \\ 2.88271011 \\ 2.123809665 \\ 2.881877333 \\ 1.90583954 \end{bmatrix}$$

状态矩阵 $\boldsymbol{R}$ 为一个对角阵，其对角线元素为

$$
\boldsymbol{R}_k =
\begin{bmatrix}
0.00125 \\
0.20125 \\
0.00012 \\
0.20125 \\
0.00012 \\
0.19876 \\
0.00012 \\
0.19876 \\
0.00015 \\
0.50205 \\
0.00013 \\
0.27642 \\
0.00013 \\
0.27642 \\
0.00013 \\
0.82738 \\
0.00018 \\
0.82738 \\
0.00015 \\
0.49532 \\
0.00015 \\
0.49532
\end{bmatrix}
$$

由上式计算可得

$$
\boldsymbol{Q}_k =
\begin{bmatrix}
3607.303 & 3607.426 & 3607.909 \\
3607.426 & 3607.885 & 3608.038 \\
3607.303 & 3607.426 & 3607.909 \\
3607.228 & 3607.391 & 3607.83 \\
3607.291 & 3607.415 & 3607.896 \\
3607.556 & 3607.728 & 3608.135 \\
3607.291 & 3607.415 & 3607.896 \\
3607.13 & 3607.224 & 3607.75 \\
3607.282 & 3607.404 & 3607.886 \\
3606.313 & 3606.496 & 3606.888 \\
3607.277 & 3607.4 & 3607.882 \\
3607.895 & 3607.98 & 3608.519 \\
3607.322 & 3607.446 & 3607.928 \\
3607.49 & 3607.636 & 3608.139 \\
3607.321 & 3607.445 & 3607.927 \\
3607.226 & 3607.338 & 3607.808 \\
3607.337 & 3607.462 & 3607.945 \\
3606.787 & 3606.866 & 3607.358 \\
3607.341 & 3607.466 & 3607.949 \\
3607.643 & 3607.793 & 3608.271 \\
3607.342 & 3607.466 & 3607.952 \\
3606.343 & 3606.457 & 3607.009 \\
3607.349 & 3607.473 & 3607.96 \\
3607.909 & 3608.038 & 3609.471
\end{bmatrix}, \quad
\boldsymbol{K}_k^{\mathrm{T}} =
\begin{bmatrix}
0.028913 & -0.07451 & 8.668567 \\
0.76361 & -0.303 & -0.56624 \\
0.228425 & -0.13557 & 6.210078 \\
-0.46404 & 0.183999 & 0.362073 \\
-3.91892 & 24.26011 & 1.985493 \\
-0.11765 & -0.94096 & -0.64173 \\
-2.93824 & 17.82174 & 1.334643 \\
0.063544 & 0.620888 & 0.393947 \\
-5.74061 & 9.009769 & 8.412373 \\
0.251346 & 0.997821 & 0.259869 \\
0.741497 & 2.923836 & 0.75696 \\
-0.17069 & -0.57782 & -0.13145 \\
1.683567 & -15.5419 & -11.5261 \\
0.248146 & -0.84701 & 0.313659 \\
-0.23071 & -3.86902 & -6.78292 \\
-0.14546 & 0.494195 & -0.18709 \\
1.97609 & -11.5593 & -4.86191 \\
-0.26121 & 0.022383 & 0.322157 \\
0.632769 & 2.660366 & -0.20258 \\
0.155921 & -0.02493 & -0.19477 \\
4.42957 & -21.8962 & -3.48129 \\
-0.72887 & 0.779823 & 0.10549 \\
3.078689 & -3.52377 & -0.48384 \\
0.434661 & -0.48186 & -0.06569
\end{bmatrix}
$$

$$X_k = \begin{bmatrix} -2267749.591 \\ 5009151.251 \\ 3221293.477 \end{bmatrix}, \quad P_k = \begin{bmatrix} 1.558752 & -1.04249 & -0.55789 \\ -1.04249 & 4.567596 & 1.164392 \\ -0.55789 & 1.164402 & 1.192935 \end{bmatrix}$$

则得到第 k 个历元的解算结果为 $X_k = (-2267749.591, 5009151.251, 3221293.477)$，并且作为状态向量参与第 $k+1$ 个历元的滤波解算。

2. 多系统单点定位

例 6.6.5 表 6.6.7 为例 6.6.4 相同测站、相同历元所观测到的所有 GPS 和 BDS 卫星位置和钟差(由广播星历计算得出)及其对应的某一频率上伪距观测值(由观测文件得到)。由此进行伪距单点定位解算。

表 6.6.7 卫星位置、钟差及伪距观测值信息

系统	卫星编号	卫星位置、钟差(ECEF/GPST)				伪距观测值
		X/m	Y/m	Z/m	T^s/s	
GPS	G02	−15007280.2052	14399944.6194	17078013.1839	−0.0003573582	21156313.448
	G05	−3078265.6773	18360328.2077	18732057.2702	−0.0000041146	20496522.742
	G06	−24995638.1302	6424661.5073	6387435.8554	−0.0001400205	23046651.662
	G12	8170173.4739	24151598.0222	−7970664.3337	0.0001779794	24468416.774
	G13	−12668106.2229	23172817.9399	−2538784.5491	−0.0000295306	21731197.420
	G15	−847292.2743	24543431.2126	−9904630.5505	−0.0002688680	23671777.597
	G29	9543929.1755	12194644.4358	21545113.7193	0.0000303356	22959150.584
	G30	−26646184.4573	423511.2861	1031176.9844	−0.0000956974	24944859.077
BDS	C01	−32319476.4141	27062639.3599	−340750.8438	0.0002047687	37397617.584
	C02	4452039.3688	41932275.6424	1016892.4778	0.0007055742	37396533.211
	C03	−14825637.6117	39487405.7639	670741.9902	0.0000830091	36771388.757
	C04	−39599310.3738	14426961.1142	−43420.3984	0.0004255553	38780609.599
	C05	21902677.3953	36037521.1032	1115026.7055	0.0001670702	39451747.522
	C06	−19637023.8922	37508158.3610	2304831.7768	0.0003004377	36784431.072
	C08	−21736245.8512	20241092.4043	29878993.4577	0.0000447927	36381880.204
	C09	−9244446.90122	38840336.4552	−13861285.2043	0.0001546548	38503561.567
	C10	5828445.45007	34919146.4369	−22434032.1619	0.0004174219	40367647.591
	C13	−4384393.26471	23461169.8577	34802349.4655	0.0001332354	36611472.769
	C14	−15931775.7240	2481866.73100	22799897.3105	0.0003450600	23918896.832
	C16	−17112489.9635	38635806.1637	−743896.6610	0.0009381062	37265770.228
	C27	7047692.10563	14955555.5944	22472490.0424	0.0002344781	23529816.617
	C28	−10272325.8762	22665451.4542	12623306.4315	0.0002255392	21491776.385
	C33	−12011246.7372	12726154.7657	21732096.3938	0.0006221376	22496799.038

解 第一次迭代时默认测站近似值 V_0^0 为 $(0, 0, 0, 0, 0)$，分别为接收机三个位置参数、接收机钟差参数以及系统间偏差，H 矩阵也会有相应的变化。计算 BDS 和 GPS 系统的每颗卫星到近似测站视线方向上的单位向量，得到 H 矩阵；同时计算每颗卫星到近似测站之间的星地距，并在伪距观测值中加入电离层延迟改正和对流层延迟改正，同时改正卫星钟差。将改正后的伪距观测值与星地距作差得到 L 矩阵。

$$H = \begin{bmatrix} 0.55765053 & -0.53508275 & -0.63459620 & 1 & 0 \\ 0.11655856 & -0.69521399 & -0.70928951 & 1 & 0 \\ 0.94015245 & -0.24164861 & -0.24024846 & 1 & 0 \\ -0.30585040 & -0.90411495 & 0.29838178 & 1 & 0 \\ 0.47747915 & -0.87341685 & 0.09569044 & 1 & 0 \\ 0.03199723 & -0.92686064 & 0.37403948 & 1 & 0 \\ -0.35970347 & -0.45960692 & -0.81201903 & 1 & 0 \\ 0.99912604 & -0.01587999 & -0.03866504 & 1 & 0 \\ 0.76668039 & -0.64197807 & 0.00808327 & 1 & 1 \\ -0.10554805 & -0.99412192 & -0.02410828 & 1 & 1 \\ 0.35145022 & -0.93607154 & -0.01590032 & 1 & 1 \\ 0.93958538 & -0.34231308 & 0.00103025 & 1 & 1 \\ -0.51919086 & -0.85424952 & -0.02643109 & 1 & 1 \\ 0.46313389 & -0.88461976 & -0.05435883 & 1 & 1 \\ 0.51593512 & -0.48044591 & -0.70921272 & 1 & 1 \\ 0.21873583 & -0.91901369 & 0.32797633 & 1 & 1 \\ -0.13906437 & -0.83315684 & 0.53526702 & 1 & 1 \\ 0.10389520 & -0.55594988 & -0.82469723 & 1 & 1 \\ 0.57051621 & -0.08887554 & -0.81646335 & 1 & 1 \\ 0.40490986 & -0.91418717 & 0.01760183 & 1 & 1 \\ -0.25261496 & -0.53606159 & -0.80549590 & 1 & 1 \\ 0.36814087 & -0.81228722 & -0.45239560 & 1 & 1 \\ 0.43048324 & -0.45610555 & -0.77887862 & 1 & 1 \end{bmatrix}, \quad L = \begin{bmatrix} -5862438.7806 \\ -5914315.8146 \\ -3582120.8524 \\ -2191196.8648 \\ -4808877.6669 \\ -2888999.2980 \\ -3564523.0381 \\ -1753325.9130 \\ -4696083.4700 \\ -4572156.1408 \\ -5387902.3424 \\ -3492486.5524 \\ -2784516.0129 \\ -5525820.2696 \\ -5761357.1840 \\ -3713142.9589 \\ -1669347.2244 \\ -5548735.1247 \\ -3902853.3941 \\ -5277934.8000 \\ -4298837.4865 \\ -6343854.1372 \\ -5591475.2058 \end{bmatrix}$$

根据高度角定权的方法确定权重矩阵。该权重矩阵为对角阵，对角线上的权值为依据高度角定权公式得到的，其余元素均为 0，另外，采用与例 6.6.3 相同的定权方法，得到各个观测值的权阵 P，具体如下所示：

$$P = \mathrm{diag} \left\{ \begin{matrix} 0.84, 0.1638, 0.1638, 0.1638, 0.1638, 0.1638, 0.054, 0.0638, 0.0638, 0.0638, 0.0638, \\ 0.0638, 0.0638, 0.0638, 0.0638, 0.0638, 0.0638, 0.0638, 0.0638, 0.0638, 0.0638 \end{matrix} \right\}$$

其中，diag 表示以该组数据为对角线元素的对角线矩阵。则由最小二乘法计算得到第一次迭代后的参数改正量 $\hat{v}$ 和改正后的参数向量 V_1^0 为

$$V_1^0 = V_0^0 + \hat{v} = \begin{bmatrix} 0 \\ 0 \\ 0 \\ 0 \\ 0 \\ 0 \end{bmatrix} + \begin{bmatrix} -2594977.456 \\ 5776610.131 \\ 3629065.452 \\ 1098396.878 \\ -134793.838 \end{bmatrix} = \begin{bmatrix} -2594977.456 \\ 5776610.131 \\ 3629065.452 \\ 1098396.878 \\ -134793.838 \end{bmatrix}$$

其中，第四行为归化在视线方向的距离上的接收机钟差；第五行为系统间偏差。同时对得到的改正数进行判断，从而确定是否结束迭代循环获得坐标最优解。通常情况下判断依据为 $|\hat{v}|$ 小于一定阈值(这里选择 $|\hat{v}| < 0.0001$)。若未能满足迭代收敛条件，则将第 i 次迭代改正后的坐标 V_i^0 作为下一次迭代的坐标近似值再次进行最小二乘解算。同时设定一定的迭代次数(这里设定为 10 次)，若超过次数仍未满足收敛条件，则本次解算失败。

很明显上式中坐标改正量不能满足收敛条件，因此需要进行多次迭代。本次计算总共迭代了 6 次后解算成功。迭代的中间过程省略，直接给出第 6 次迭代的 H、L、P 矩阵以及结果，具体如下所示：

$$H = \begin{bmatrix} 0.605621 & -0.44643 & -0.65873 & 1 & 0 \\ 0.039573 & -0.65186 & -0.7573 & 1 & 0 \\ 0.988557 & -0.06157 & -0.13771 & 1 & 0 \\ -0.4259 & -0.78107 & 0.456665 & 1 & 0 \\ 0.479089 & -0.8367 & 0.265336 & 1 & 0 \\ -0.06025 & -0.82852 & 0.556715 & 1 & 0 \\ -0.51457 & -0.31303 & -0.79827 & 1 & 1 \\ 0.80255 & -0.58895 & 0.095127 & 1 & 1 \\ -0.17874 & -0.98215 & 0.058637 & 1 & 1 \\ 0.341409 & -0.93735 & 0.069341 & 1 & 1 \\ 0.966154 & -0.24374 & 0.084492 & 1 & 1 \\ -0.61365 & -0.78776 & 0.053475 & 1 & 1 \\ 0.471213 & -0.88167 & 0.024863 & 1 & 1 \\ 0.535515 & -0.41898 & -0.73327 & 1 & 1 \\ 0.181043 & -0.87791 & 0.443287 & 1 & 1 \\ -0.20125 & -0.7435 & 0.637736 & 1 & 1 \\ 0.057772 & -0.50363 & -0.86198 & 1 & 1 \\ 0.56913 & 0.105266 & -0.81548 & 1 & 1 \\ 0.401526 & -0.90955 & 0.107252 & 1 & 1 \\ -0.39495 & -0.4217 & -0.8162 & 1 & 1 \\ 0.371517 & -0.81948 & -0.43638 & 1 & 1 \\ 0.436995 & -0.34611 & -0.83021 & 1 & 1 \end{bmatrix}, \quad L = \begin{bmatrix} -0.315528 \\ 0.304015 \\ 0.485401 \\ -1.154954 \\ -0.110760 \\ 0.761397 \\ -0.527181 \\ -0.798866 \\ -0.984684 \\ -0.206910 \\ 0.055883 \\ 0.997141 \\ 0.345468 \\ -1.227313 \\ 0.437450 \\ 0.355391 \\ 0.044692 \\ -0.317543 \\ -0.242116 \\ -0.301188 \\ 0.689721 \\ 1.416281 \end{bmatrix}$$

$$P = \mathrm{diag} \left\{ \begin{matrix} 0.0794, 0.1476, 0.1203, 0.0932, 0.1374, 0.1077, 0.0708, 0.1378, 0.1365, 0.1422, 0.1223, \\ 0.1107, 0.1453, 0.147, 0.1225, 0.0871, 0.1456, 0.1260, 0.1433, 0.1316, 0.1499, 0.1454 \end{matrix} \right\}$$

其中，diag 表示以该组数据为对角线元素的对角线矩阵。再进行第 i 次最小二乘解算，可得迭代后的估计参数改正量 $\hat{v}$ 和改正后的估计参数向量 V_i^0 分别为

$$\hat{v} = \begin{bmatrix} 9.32\mathrm{e}-6 \\ -1.67\mathrm{e}-5 \\ -1.21\mathrm{e}-5 \\ -2.62\mathrm{e}-5 \\ 1.84\mathrm{e}-7 \end{bmatrix}, \quad V_i^0 = \begin{bmatrix} -2267749.820 \\ 5009153.445 \\ 3221293.698 \\ 13713.13873 \\ 4.773403172 \end{bmatrix}$$

由于 $|\hat{v}| < 0.0001$，满足收敛条件，因此可以结束迭代；而本次迭代计算得到的改正后参数向量 V_i^0 即为最终的解算结果，即该历元的伪距单点定位结果为（−2267749.820，5009153.445，3221293.698）。本次解算采用了 MEGX 测站，可以将其与现有分析机构所提供的周解坐标文件（.snx）中的测站精确坐标进行对比，得到 X、Y、Z 三个方向的解算精度为（0.3036m，1.0748m，0.6976m）。

同时可以发现，与第一次迭代相比，最后一次迭代所用的卫星数量有所减少（第一次迭代为 23 颗，最后一次为 22 颗），原因与例 6.6.3 相同。

6.7 本 章 小 结

本章着重介绍 PVT 解算，首先阐述定位基本原理，然后详细阐述定位中所需要的距离测量值，从基本观测量、组合观测量及其关系等方面详细说明，并对观测方程进行推导。最后基于原理、观测量及观测方程，对 PVT 解算的整体实现流程分步说明，依次从数据准备、卫星位置钟差解算、单历元线性化及最小二乘解方程组、多历元递推实现用户所需时长的 PVT 解算。

为了更好地理解基于 PVT 解算的服务精度，本节最后对目前北斗卫星导航系统所能提供的基本服务精度进行总结，如表 6.7.1 所示。

表 6.7.1　北斗定位授时精度指标（95%置信度）

信号类型	定位精度指标		授时精度指标
全球 B1I、B3I	水平方向	≤10m	≤20ns
	垂直方向	≤10m	
亚太大部分地区 B1I、B3I	水平方向	≤5m	≤10ns
	垂直方向	≤5m	
全球 B1C、B2a	水平方向	≤10m	≤20ns
	垂直方向	≤5m	

由表 6.7.1 可以看出，目前 PVT 解算精度在米级，测速精度取决于定位精度，授时精度在几十纳秒量级。

基于前面章节中介绍的定位基本原理、观测量及观测方程，实现用户接收机的最终定位解算需要两类信息：一类是包含卫星位置和钟差的数据，另一类是描述卫星与接收机之间距离信息的数据（即观测量）。描述卫星与接收机之间距离信息的数据主要是伪距、相位、多普勒观测值。目前国际指定了标准观测文件形式，即通常所说的 Rinex Observation 文件，其具体格式见附录 B。观测文件可用接收机实时接收，也可以从一些官方网站中下载。此外，包含卫星位置和钟差的数据称为卫星星历，按照星历更新的时间间隔、星历的精确程度可以分为广播星历、超快速星历、快速星历和精密星历，表 6.7.2 列出了这些星历的特点及适用的情况。

表 6.7.2　各类星历信息一览表

类型	精度	延迟	采样	获取方式	通信要求	适用
广播星历	轨道：约 100cm 钟差：约 5ns	实时	1～2h	导航电文解析	无	基本定位
超快速星历	轨道：约 10cm 钟差：约 3ns	实时	15min	网络下载	低	高精度定位
快速星历	轨道：约 5cm 钟差：约 3ns	滞后 1 周	15min	网络下载	中	
精密星历	轨道：约 3cm 钟差：约 3ns	滞后 15 天	15min	网络下载	高	

为了满足用户更高精度的需求，需要充分考虑各项误差及处理策略，进行精度提升，这将在第 7 章进行详细阐述。

习　题　6

6-1　阐述多普勒频移原理。

6-2　阐述伪码测距的基本原理。

6-3　阐述轨道六根数及其物理含义。

6-4　若一组卫星观测值的协因数矩阵为

$$Q = \begin{bmatrix} 0.6277 & 0.0936 & -0.6326 & 0.4320 \\ 0.0936 & 0.6460 & -0.7964 & 0.5685 \\ -0.6326 & -0.7964 & 3.7644 & -2.3417 \\ 0.4320 & 0.5685 & -2.3417 & 1.6146 \end{bmatrix}$$

求此时的 GDOP、PDOP、HDOP 以及 VDOP。

6-5　描述导航电文中的钟差参数，以及如何利用钟差参数求卫星钟差。

6-6　请列出伪距及载波相位观测的基本观测方程。

6-7　阐述 PVT 解算的具体流程。

6-8　若一组观测量的精度因子为 2.8，用户测距误差为 1.2cm，此时该用户的定位误差是多少？

6-9　请查阅文献整理我国北斗卫星导航系统的 PVT 基本性能参数。

第 7 章 高精度的定位技术

卫星导航系统可为全球用户提供全天候、实时的定位、测速和授时的基本服务，成为人们日常出行和生活中必不可少的基础设施。然而，随着信息技术的快速发展和基础设施的不断完善，人们对定位精度的需求也在不断提高。无论是在导航、物流、城市规划，还是在精密农业、紧急救援、安全监控等领域，都需要实时分米乃至厘米级的定位精度。然而，卫星导航系统的基本服务在米级水平，难以满足高精度的位置服务需求。因此，对定位精度的提升也在随着需求不断地演进。

第 6 章聚焦卫星导航的基本服务，详细阐述了 PVT 解算流程。该过程仅利用广播星历和伪距观测值，且忽略了信号从发射、传播到接收过程中的各项误差，因而精度有限。为了满足人们日益增长的精度需求，一些专家学者不断挖掘和认知卫星导航系统各环节的误差特性，先后在用户端提出了一系列方法来提升性能，并进一步实现从区域到全球的精度提升，全面提升系统对用户的实时、高精度服务能力。图 7.0.1 是定位精度提升的技术路线图，主要是结合不同的误差源及特性，按照对应的误差处理策略，先后实现区域精度提升和广域精度提升。

本章将从定位精度提升的技术路线出发，首先介绍误差源及特性，主要包括卫星导航系统整个链路的关键误差及其在时间和空间上的相关性；然后结合误差处理策略，介绍定位技术的发展历程。接着依次深入介绍区域精度提升技术、广域精密定位以及新一代系统下的定位，最后给出总结，对比不同技术的定位精度以及未来的发展方向。

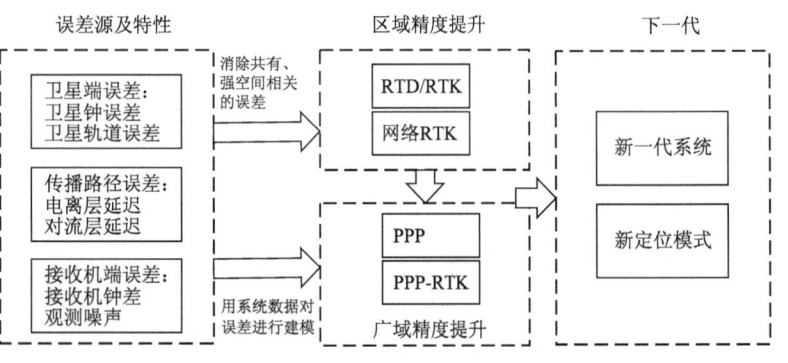

图 7.0.1 定位精度提升的技术路线图

7.1 误差源及特性

导航卫星信号从发射、介质中传播再到接收机接收，每个环节都会受到不同因素的影响而引入误差。认识主要的误差源及其特性，是定位精度提升的关键。本节将系统性地介绍目前认知到的各类误差源，并阐述其时空特性。

7.1.1 主要误差

目前，大部分教材将主要误差源按照误差来源划分为三类，分别为与卫星有关的误差、与信号传播有关的误差以及与接收机有关的误差。更严谨地说，一些误差与卫星、传播及接收机均相关，不能单独地归为某一类误差，因此本书在此基础上归类出其他误差。图 7.1.1 详细描述了卫星定位过程中的主要误差源以及对精度影响的大致量级。

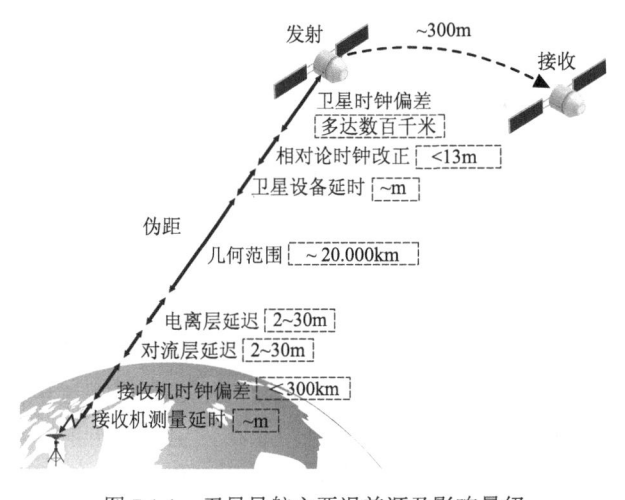

误差源

图 7.1.1　卫星导航主要误差源及影响量级

1. 与卫星有关的误差

与卫星有关的误差，主要包括卫星轨道误差、卫星钟的钟误差、卫星端硬件延迟、卫星天线相位中心偏差及其变化等误差。也有部分教材将天线相位缠绕、相对论效应也归类为与卫星有关的误差，然而，考虑到天线相位缠绕、相对论效应与接收机天线、时钟也有关，本书将其归入其他误差，在后续部分详细介绍。与卫星有关的各误差的基本含义如下。

卫星轨道误差，又称为卫星星历误差，是指由卫星星历给出的卫星位置和速度与卫星的实际位置和速度之差。由于卫星星历是系统先进行轨道解算、再外推、然后拟合得到的，因此卫星轨道误差大小主要取决于三个方面，一是卫星定轨的质量，包括参与定轨解算测站的分布及数量、观测值精度以及定轨所用的数学模型完善程度等影响因素；二是轨道外推时所用的力模型和数学模型精确度；三是星历拟合模型精度。

卫星钟的钟误差(也称卫星钟差)，主要是指星载时钟与系统时的误差，包括系统性误差和随机误差两类。其中，系统性误差主要指钟差、钟速和频偏等偏差，可进行建模表征。随机误差难以精确建模，只能通过钟的稳定度来描述其统计特性，无法确定具体值。一般地，系统性误差远大于随机误差，通常在改正时仅以模型改正的方式考虑系统误差。

卫星端硬件延迟，又称为群延迟误差。其产生原因是，不同的信号在卫星内的时延并不相同，尽管是在同一个卫星钟的参考下产生的，但是离开天线相位中心的时间并不相同，因此，理论上不同信号对应的卫星钟差也有差异，而广播星历中卫星钟差是参考发射天线的平均相位中心的，且以特定频点，如 GPS 是以调制在 L1 和 L2 载波上的双 P 码来测定和预报的。因此，用其他测距码进行导航和定位时，不能直接使用广播星历给出的钟差参数，应在此基础上进行硬件延迟改正。

卫星天线相位中心偏差及其变化的产生原因是，卫星导航信号是从卫星发射天线的相位中心计算的，而卫星的坐标通常以卫星质心为参考进行表示，这两者之间不一致，因此需要进行卫星天线相位中心偏差及其变化的改正。其中，卫星天线相位中心偏差，通常又称为天线平均相位中心(天线瞬时相位中心的平均值)与天线参考点(ARP)之间的偏差；天线相位中心偏差变化，则是指天线的瞬时相位中心与平均相位中心的差值。一般地，卫星天线相位中心偏差可以看成一个固定的偏差向量，而天线相位中心偏差变化则与信号的方位角和天底角有关。

2. 与信号传播有关的误差

与信号传播有关的误差，主要包括电离层延迟误差、对流层延迟误差。有部分教材也将多路径误差归为该类误差，但是考虑到多路径误差与测站周围的环境、接收机性能以及观测时间的长度有关，因此本书将其归为其他误差，在后续章节进行详细介绍。

电离层延迟，是指信号经过电离层所产生的误差。具体而言，电离层是地球大气的一个部分，位于 60～1000km 的高度区间内。这一区域的大气由于受到太阳辐射和宇宙线的影响而处于部分或完全电离的状态。当 GNSS 信号穿过电离层时，信号路径中的自由电子会改变信号的传播速度，这种现象称为电离层折射。具体来说，电离层对 GNSS 信号的影响主要体现在两个方面。一是相速和群速：电离层对信号的相速(载波相位的传播速度)和群速(测距码的传播速度)有不同的影响。相速通常比群速快，这导致在计算信号传播时间时会出现差异。二是测距码和载波：在 GNSS 定位中，测距码和载波受到电离层延迟的影响，这种影响在信号处理中需要被正确理解和补偿。

对流层延迟，是指信号经过对流层产生的测距误差。具体而言，对流层位于大气的最底层，延伸至大约 50km 的高度，包含了大气中约 99%的质量。当 GNSS 信号穿过对流层时，由于大气中气体(主要是氮气和氧气)和水蒸气的影响，会发生折射现象。这种折射导致了信号路径的弯曲以及传播速度的变化，进而影响了基于信号传播时间进行的距离测量。对流层延迟的计算通常需要根据大气压力、温度和湿度等气象参数来估算。这些参数随着高度的不同而变化，因此对流层延迟的计算相对复杂。在实际的 GNSS 应用中，常采用经验公式将对流层折射率转换为折射数 N，并将其划分为干分量折射数和湿分量折射数两部分来进行计算。为了减少对流层延迟对 GNSS 定位精度的影响，研究者开发了多种改正模型。例如，Saastamoinen 模型、Hopfield 模型、Black 模型和 EGNOS 模型等，它们利用地面气象数据来估计对流层天顶方向的总延迟。通过对不同模型在不同地理位置的应用效果进行评估，可为特定地区的 GNSS 精确定位提供最佳的改正模型选择。

3. 与接收机有关的误差

与接收机有关的误差，主要包括接收机钟误差、接收机位置误差以及接收机测量噪声三种。各误差的具体含义如下。

接收机钟误差，通常是由接收机中使用的时钟源的稳定性不足引起的。在卫星导航系统中，接收机的时钟稳定性对于精确测量信号的传播时间至关重要。该误差主要与两类因素有关。一是时钟源稳定性，卫星导航接收机为了降低成本，通常使用石英晶体振荡器作为时钟源。尽管石英钟的成本较低，但其稳定性和精确度远不如卫星上使用的原子钟，这导致了接收机钟差的存在，且这种误差比卫星钟差更为显著。二是环境因素，温度变化、机械振动等外部条件都可能影响时钟的稳定性。该误差会直接影响到定位精度。例如，如果卫星钟与接收机之间的时间同步误差为 1μs，那么由此引入的伪距观测误差将达到 300m。通常，为了减少接收机钟差的影响，可以通过解算导航电文来获取本地接收机钟时间相对于 GNSS 时间之间的偏差，并进行修正，以提高授时精度。

接收机位置误差，一般是指已知坐标值与真实值之间的差异。在进行授时和定轨时，通常认为接收机的位置是已知的，该已知值与真实值之间存在的误差，会导致授时和定轨的结果产生系统性误差。接收机位置误差通常由测站的置平和对中误差、量取天线高误差以及天线相位中心的位置偏差共同影响决定。在进行卫星基线解算时，需要知道至少一个端点在 WGS-84 坐标系中的近似坐标，如果这个近似坐标存在误差，也会对解算结果产生影响。

接收机测量噪声，主要指的是在接收机进行信号测量时，由于内部元件和外部环境因素而产生的随机干扰信号。接收机的噪声可以分为两大类：内部噪声和外部噪声。其中，内部噪声主要包括电感噪声、电阻噪声、晶体管噪声、本振噪声和混频器噪声。这些噪声来自接收机内部的元件，如放大器、混频器、本振等，它们会因为不同的物理机制(如电子热运动、非线性失真等)产生噪声。外部噪声则主要来源于天线接收到的信号中所包含的噪声，如宇宙背景辐射产生的热噪声等。为了衡量和控制接收机的噪声水平，通常会使用噪声系数这一参数。噪声系数定义为网络输入端的信号与噪声功率比与网络输出端的信号与噪声功率比的比值。它反映了信号在通过接收机后信噪比的恶化程度，也就是接收机对信号质量的影响大小。

4. 其他误差

其他误差，则是指不单纯地与卫星、传播路径以及接收机中的某一个相关的误差，主要包括天线相位缠绕、相对论效应以及多路径效应。各误差的具体内涵如下。

天线相位缠绕，是指卫星导航信号通常是右旋极化波，当卫星发射天线或接收机天线绕自己的纵轴旋转时，载波相位观测值相应地会发生变化，该误差称为天线相位缠绕。该误差不影响码相位测量。严谨地说，天线相位中心偏差分为接收机天线相位缠绕和卫星天线相位缠绕。其中，对于接收机天线而言，在静态测量时其指向是固定不变的，在动态测量时可能会变化，但此时的天线相位缠绕可以自动地被接收机钟差吸收，因此通常情况下不考虑接收机天线相位缠绕。对于卫星天线相位缠绕，主要是指卫星发射天线旋转引起的相位误差。具体可以理解为，卫星上太阳能帆板时钟对准太阳方向，因此卫星在运动过程中发射天线的方向也会随之旋转。通常，对于两个相距较近的测站差异不大，但是对于远距离测站，可达到厘米级的误差，因此在高精度测量中该误差不可忽略，需进行精确改正。

相对论效应，是指由于卫星和接收机所处引力场和速度场不同，导致它们之间时间流逝的差异，这种差异需要通过相对论的时间校正来补偿，以保证定位的准确性。具体可以理解为，一是时间膨胀现象，狭义相对论指出，高速移动物体的时间流逝会比静止或低速移动的物体慢。卫星在绕地球轨道上以高速运行，因此相对于地面的接收机来说，卫星上的原子钟会出现时间膨胀现象。二是引力时间延缓，广义相对论提出，处于不同引力势能的物体会感受到不同的时间流逝速度。卫星处于较弱的地球引力场中，相对于地面上的接收机，其原子钟会走得更快。三是同步问题，为了确保卫星导航系统提供的精确时间与地理位置信息，必须对卫星钟进行校准，使其与地球上的时钟同步。这就涉及相对论效应的校正，包括光速不变原理、等效原理、Sagnac 效应、时间延缓以及引力红移等因素的考量。如果没有适当的校正，它们将直接影响到导航定位的精度。

多路径效应，是指多个路径的信号传播所引起的干涉时延效应。具体而言，在理想情况下，接收机仅接收到卫星发射后直线路径到达的信号。然而，在现实环境中，接收机同样会收到经天线周围地物(如建筑物、水面等)一次或多次反射的卫星信号。这些反射信号改变了传播方向、振幅、极化以及相位等,并与直线信号产生叠加,从而造成观测值偏离真值。多路径效应的影响程度取决于反射面的性质和环境条件。例如,光滑的地面、水面、玻璃幕墙等的反射系数很大,反射强烈,会导致较大的多路径误差。此外,多路径效应误差与测站位置密切相关,不同地点的环境可能导致完全不同的多路径效应影响。

7.1.2 基本特性

在对卫星导航系统主要误差源的具体含义进行介绍时,部分地方提到了其对码相位和载波相位的影响、在时间和空间上的相关性等主要特征。正确地认识这些误差源的基本特性,有助于对其进行正确处理,以提高卫星导航系统的整体服务精度。本节从对测量值的影响、时空相关性两个方面,对主要误差源的基本特性进行阐述和总结。

1. 对测量值的影响

根据误差对伪距、载波相位测量值的影响情况,各主要误差源的特性有三种。第一种是同时影响伪距和载波相位测量,主要包括卫星钟差、卫星端硬件延迟等与时间相关的误差以及电离层延迟、对流层延迟与大气传播相关的误差。其中,卫星钟差、卫星端硬件延迟等,由于卫星和接收机钟与标准时间存在差异,导致所有依赖于时间测量的导航信号均会受到影响。电离层引起的信号延迟会对不同频率的信号产生不同程度的影响,进而影响伪距和载波相位观测值。对流层延迟对伪距和载波相位的影响程度相似。第二种是影响伪距,主要是指接收机钟差,其时钟偏差主要影响伪距。第三种是主要影响载波相位,包括多路径效应、天线相位缠绕。其中,多路径效应是反射信号干扰了原始信号的相位信息,而天线相位缠绕则是天线围绕其极化轴旋转时导致载波相位测量值发生变化。综上可知,各主要误差源对测量值的影响情况如表 7.1.1 所示。

表 7.1.1 GNSS 主要误差源对测量值的影响情况

误差分类	主要测量误差	对测量值的影响特性
卫星端	卫星钟差	伪距、相位
	卫星轨道误差	伪距、相位
	卫星天线相位中心偏差(PCO)/变化(PCV)	伪距、相位
接收机端	接收机钟差	伪距
	接收机天线相位中心偏差	伪距、相位
	地球自转	伪距、相位
	地球固体潮、海潮	伪距、相位
传播误差	对流层延迟	伪距、相位
	电离层延迟	伪距、相位
其他	相对论效应	伪距、相位
	相位缠绕	相位
	多路径效应	相位

根据各误差源对测量值的影响特性,在精确考虑各项误差时对应地改正到各测量值上。同时,根据对不同频率、不同伪距和相位观测值的影响特性,可以采用对应的

策略进行消除或者削弱。这将在下一章节进行详细介绍。

2. 时空相关性

根据误差在时空上的相关性,主要误差源的特性可分为三种。第一种是与时间强相关的误差,主要包括卫星钟差、接收机钟差,它们均是由于时钟与系统标准时间的差异导致该类误差随时间的变化而变化。第二种是与空间强相关的误差,主要包括卫星轨道误差、多路径效应。其中,卫星位置预测不准确造成的误差,主要取决于卫星的位置和地面跟踪站的分布,多路径效应则主要与接收机所处的位置周围环境有关。第三种是同时与时间和空间相关的误差,主要包括与传播路径相关的电离层延迟、对流层延迟。综上可知,各主要误差源的时空相关性情况如表 7.1.2 所示。

表 7.1.2 GNSS 主要误差源的时空相关性

误差分类	主要测量误差	时空相关性
卫星端	卫星钟差	时间强相关
	卫星轨道误差	空间强相关
	卫星天线相位中心偏差(PCO)/变化(PCV)	时间、空间强相关
接收机端	接收机钟差	时间强相关
	接收机天线相位中心偏差	时间、空间强相关
	地球自转	时间、空间强相关
	地球固体潮、海潮	时间、空间强相关
传播误差	对流层延迟	时间、空间强相关
	电离层延迟	时间、空间强相关
其他	相对论效应	时间、空间强相关
	相位缠绕	时间、空间强相关
	多路径效应	空间强相关

了解这些误差的时间和空间相关性对于采取适当的改正措施以减少其对定位精度的影响至关重要。例如,如果误差在空间上强相关,那么在相距较近的两个测站,对相同卫星引起的误差可以通过作差进行消除或削弱。具体的误差处理方法将在 7.2 节进行详细介绍。

7.2 定位技术发展

导航卫星信号从发射、介质中传播再到接收机接收,每个环节都会受到不同因素的影响而引入误差。认识主要的误差源及其特性,是定位精度提升的关键。本节将基于 7.1 节所述各类误差源的特性,介绍常用的处理方法,然后阐述 GNSS 定位技术的发展历程。

7.2.1 处理策略

全球卫星导航系统建立之初,对各项误差特性及其机理认知有限。随着系统的完善、实测数据的分析以及计算机等技术的发展,人们对误差特性的认知逐步清晰,同时精密定位技术也随之发展。结合主要误差源及其基本特性,其处理方法可分为误差建模、误差消除以及误差估计三大类。

1. 误差建模

误差建模方法指的是依据 GNSS 误差源的特性建立恰当的数学函数来描述该类误差的变化特性。这些数学模型通常可以根据全球监测网的数据进行综合解算得到合理的模型产品。常用的误差建模改正项有：精密轨道和精密钟差产品来改正卫星的轨道误差和钟差项、全球电离层模型来改正电离层延迟误差项，此外还有一些经验模型如 Klobuchar 电离层模型、Saastamoinen 对流层模型或者一些外部校准的码间偏差、卫星天线相位中心偏差等产品。数学模型适用于处理卫星相关的偏差，是因为该类误差项对所有的地面用户通用，可以通过全球地面测站网进行精确地解算而提取相应的产品。经验模型则主要针对大气延迟误差的处理与改正，这类模型一般是通过对大气长时间的观测与分析，深刻认知其变化特征及其对电磁波的影响后提出的经验类模型。但需要注意的是，经验类模型通常只能修正一部分误差，并且大气变化也存在很大的复杂性和变化性，也会影响经验模型的建模精度。

2. 误差消除

误差消除方法是通过对观测值的线性组合或者观测值在测站、卫星间差分来消除或削弱原始观测值中的某些误差的方法。该方法直接利用误差之间的相关性或者函数关系进行消除或削弱，与偏差的大小或者变化特性无关，简单易操作且效果较好。常用的方法有：通过无电离层组合来削弱电离层延迟误差，通过无几何距离组合来削弱距离相关的误差，通过两个站间的差分来消除共视卫星本身相关的误差，还有通过卫星间的差分来消除与测站有关的误差。然而，该方法的前提是误差在时间或者空间上的相关性，因此适用范围比较受限制，缺乏灵活性。此外，在线性组合或者差分的过程中会损失部分原始观测值信息，也会放大噪声。

3. 误差估计

误差估计方法则是将误差看作未知的参数，和其他需要估计的参数(如位置、接收机钟差等)一起参与解算进行参数估计。该方法在处理误差的过程中具有较高的灵活性，不仅可以消除观测值中包含的误差项，还可以从中提取出误差的大小，一举两得，一般来说可以用于处理任何性质的误差项。然而值得注意的是，过度地参数化各项误差会导致参数估计精度下降，甚至在观测值数量有限的情况下引起观测方程组秩亏从而无法正确定位。因此，该方法一般用于不能建模并且不能通过观测值线性组合或者差分来消除的误差，也着重应用于用户端需要提取误差项大小的误差处理过程中。

通过以上概括和分析可以得出以下结论。①针对与卫星有关的误差，由于卫星端的误差对地面用户都是相同的，因而主要采用建模的方法进行消除。例如，卫星轨道误差和卫星钟差这两类误差目前是通过利用全球地面测站网精确建模从而获得精密卫星轨道和精密卫星钟差产品来进行消除的。此外，卫星天线相位中心偏差及该中心偏差的变化、相对论效应以及相位缠绕都是通过模型改正来进行消除的。②针对与接收机和测站相关的误差，如地球自转、地球固体潮及海洋负荷潮汐等一般也是通过现有的模型进行误差改正的。类似地，接收机天线相位中心偏差也可以通过模型进行改正，但该类误差通常情况下和接收机的品牌、型号甚至固件版本有关，不同类型的接收机模型改正存在差异，因此也有部分接收机通过制造商预先标定进行改正。然而对于接收机钟差，用户端接收机的时钟稳定性较差，因此一般采用参数估计的方式进行处理。③针对与信号传播路径有关的误差，多路径效应较为复杂，一般对其进行规避，也可对其进行建模。对于电离层延迟误差而言存在经验模型，因此会首先采用模型改正。但经验电离层修正模型只能修正 60%～80%的电离层延迟影响，因此大多数处理策略中都会利用无电离层组合消除电离层影响，或者在利用经验模型改正后再将残余的电离层影响作为未知参数进行估计。而就对流层延迟误差而言，一般用经验模型改正后再进行参数估计。

综上可知，各主要误差源的处理方法汇总如表 7.2.1 所示。

表 7.2.1　GNSS 测量中的各类误差项

误差分类	主要测量误差	处理策略
卫星端	卫星钟差	产品改正
	卫星轨道误差	产品改正
	卫星天线相位中心偏差（PCO）/变化（PCV）	模型改正
	相对论效应	模型改正
	相位缠绕	模型改正
接收机端	接收机钟差	估计
	接收机天线相位中心偏差	模型改正
	地球自转	模型改正
	地球固体潮	模型改正
	海洋负荷潮汐	模型改正
传播误差	对流层延迟	模型改正、参数估计
	电离层延迟	消元、参数估计或模型
	多路径效应	规避

7.2.2　定位技术

随着对各类误差特性的认知和处理，以及基础理论和科学技术的发展，定位技术不断发展，精度也随之阶梯式提升，具体如图 7.2.1 所示。

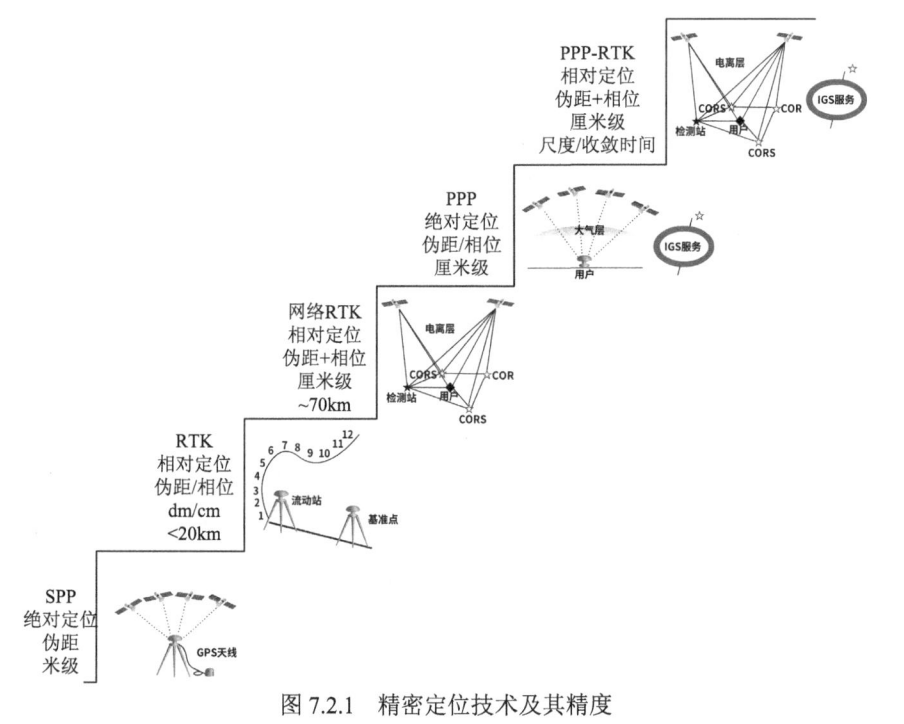

图 7.2.1　精密定位技术及其精度

通常，可将其归纳为三个阶段。

精密定位技术

第一阶段：基本定位，对应的技术原理是忽略大多数误差项的影响，进行基本的定位解算。卫星导航系统建立之初，对误差机理及特性认知有限，因此在进行定位服务时，采用标准单点定位(SPP)进行定位服务。解算过程中忽略各项误差项的影响。该时期精密单点定位(PPP)技术虽然有规划，但受限于各类误差项的改正精度不够，未能应用。

第二阶段：区域提升，对应的技术原理是利用差分消除有相关性的误差。随着对误差项认知的深入，除了对电离层、对流层的认知，人们进一步发现卫星存在轨道、钟差、天线相位中心偏差等误差，接收机存在钟差、天线相位中心偏差等误差，此外还发现相对论效应、多路径效应等误差。但是对各项误差的模型认知仍然有限，仅发现其时间和空间上的相关性。因此该阶段采用单差、双差和三差的方式直接对误差进行消除。其中，单差是指在卫星间或测站间做一次差，星间单差可消除接收机端的误差，站间单差可消除卫星端相关的误差；双差则是在单差的基础上进一步作差，如两个测站两颗卫星间进行站间单差后进一步做星间单差，形成双差，可消除卫星端、接收机端以及与空间距离有关的误差；三差则是在双差的基础上进一步在相邻时刻间作差，从而消除与时间相关的误差。该方法直接利用误差之间的相关性或者函数关系进行消除或削弱，与偏差的大小或者变化特性无关，简单易操作且效果较好。此阶段对应的代表性技术有实时动态相对定位(RTK)技术和网络RTK(NRTK)技术。

第三阶段：广域精度提升，其技术原理是将误差进行精确地建模，以适用于更大范围的误差。随着测站数量的增加、卫星导航定位理论的发展以及计算机等技术的快速推进，人们逐步加深对各项误差的机理认知，发现部分误差是不能通过简单的差分完全消除的。同时，人们对实时、高精度的要求越来越高。因此，该阶段发展出通过全球大量的测站实测数据对各项误差进行精确建模，建模后用户可以直接对各项误差进行改正，无须进行站间差分，单站即可实现高精度定位。基于此，该阶段可在很大程度上解决最初阶段规划的PPP技术的瓶颈问题，推动了PPP技术的发展。同时，结合PPP和RTK技术的优势，发展了PPP-RTK技术。

对误差处理模式进行归纳，并对应梳理定位精度提升的关键技术发展过程，各项技术的特点总结见表7.2.2。

表 7.2.2　GNSS 测量中的各类误差项处理、对应技术及服务精度

误差处理策略	技术	定位模式	采用观测值	精度	服务范围
忽略大部分误差	SPP	绝对定位	伪距	米级	全球
差分消除	RTK	相对定位	伪距/相位	分米级	<20km
误差建模	网络RTK	相对定位	伪距+相位	厘米级	~70km
误差建模/估计	PPP	绝对定位	伪距/相位	厘米级	全球
误差建模/估计	PPP-RTK	相对定位	伪距+相位	厘米级	全球

对于RTK和网络RTK技术，由于采用相对定位模式，误差消除和建模依赖空间相关性，服务存在区域性，又称为区域精度提升；而PPP、PPP-RTK技术采用绝对定位和广域相对定位技术，可实现全球服务，因此又称为广域精度提升。后续章节将分别对区域精度提升、广域精度提升技术的原理、特点及应用模式进行详细介绍。

微课视频

7.3 区域精密定位

影响实时单点定位精度的因素有很多，其中最主要的因素有卫星轨道误差、大气延迟误差、卫星钟差等。以上误差都有较好的空间相关性，即相距不太远的两个测站在相同时间分别进行单点定位时，上述误差对两个测站的影响大体相同。如果同时在已知点上、用户站点分别配置一台接收机，就能根据已知点精确的位置信息和观测值求得每个观测时刻中各类误差改正数，将求得的误差改正数通过通信链路发送给附近的用户，用户加上该改正数后，定位精度就能大幅度提高。这就是差分技术的基本原理。

根据已知位置测站(常称为基准站)提供的改正数的类型不同，差分技术可以分为位置差分和距离差分两种形式；根据数据处理的时效性不同，差分技术可分为实时差分和事后差分；根据观测值类型不同，差分技术可以分为伪距差分和相位差分；按照其工作原理以及数学模型不同，差分技术可以分为单基准站差分、多基准站局部差分以及广域差分。

伪距差分是目前应用最广的一种差分方法。该方法是基准站根据自身精确坐标和所有可视卫星的坐标，计算出每颗卫星每一时刻到基准站的真实距离，再与测得的伪距进行比较，得出伪距改正数，并将其传输给附近的流动站接收机来改正伪距测量值，从而达到提高测距精度、提升定位精度的目的。伪距差分精度相对于载波观测值差分精度较低，但是数据处理较为方便，因此被广泛采用。载波相位差分技术，是实时处理两个观测站载波相位观测量的差分方法。位于基准站上的接收机通过数据通信链路实时地把载波相位观测值以及已知的站坐标信息播发给附近工作的流动用户。这些用户就能根据基准站以及自己所采集的载波相位测量值进行实时定位，进而根据基准站的坐标求得自己的三维坐标，并估计其精度。

区域差分定位技术中，实时动态伪距/载波相位差分(RTD/RTK)技术和网络 RTK 技术是两种典型的技术。本节将分别对这两种技术的原理、实现方式等进行具体说明。

7.3.1 RTD/RTK

RTK 技术的基本原理是将基准站采集的载波相位观测值和基准站坐标等信息经由通信链路实时播发给附近的移动站(或流动站)接收机，流动站对接收到的基准站观测数据以及自身采集的观测数据进行双差相对定位处理，进而实现厘米级的位置解算。

可见，实现 RTK 技术需要一个坐标精确已知的基准站，用户作为流动站，利用基准站的相关信息进行实时快速的精密定位。在 RTK 实现及实时数据处理中，还包含 RTD 技术，该技术的原理与 RTK 技术的原理一致，区别在于采用的是伪距观测值。后续将 RTK 技术和 RTD 技术一起进行说明。RTD/RTK 实现可分为基准站实时数据编码与播发、流动站实时 RTD/RTK 解算两部分，包括基准站实时数据播发、流动站实时数据接收、实时 RTD/RTK 解算。系统的整体结构与工作原理如图 7.3.1 所示。

其中，基准站实时数据播发，是按照标准 RTCM 协议对基准站输出的观测值及差分数据进行编码并播发，播发内容及流程如图 7.3.2 所示。具体为：基准站实时数据播发子系统对基准站采集的广播星历数据、原始伪距观测值、载波相位观测值以及基准站坐标等，按照标准 RTCM 3.3 协议进行广播星历数据、基准站伪距观测值、载波相位观测值以及基准站坐标的编码，最后将编码后的二进制数据流送入实时数据播发模块，通过 Ntrip 等通信协议进行播发。

流动站实时数据接收，是指按照标准 RTCM 协议对流动站接收的观测值及差分数据等进行解码，具体流程如图 7.3.3 所示。其功能为：首先实时数据接收模块按照指定的通信 IP 和通信端口等通信配置，采用 Ntrip 等数据通信协议建立通信连接，对基准站发送的数据信息以及流动站采集的数据信息进行实时接收；然后，在数据解码模块，对标准 RTCM 3.3 协议的观测数据信息进行解码，解码后存储在实时数据管理模块中的对应数据单元中。

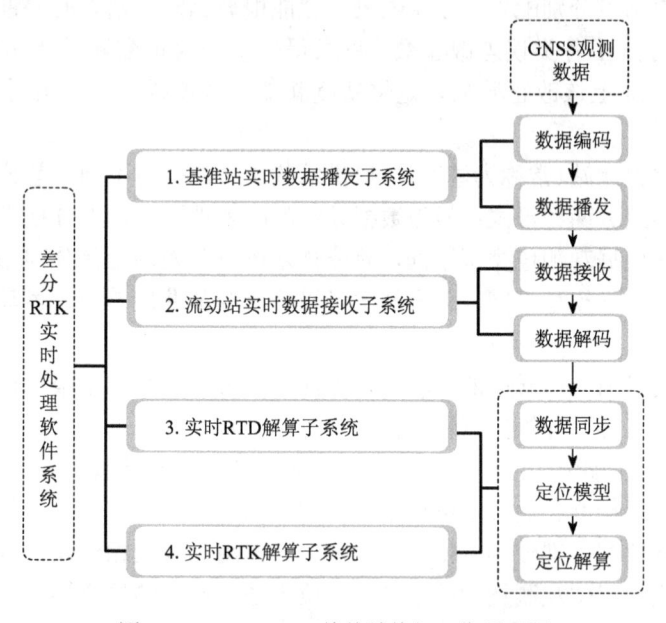

图 7.3.1 RTD/RTK 整体结构与工作原理图

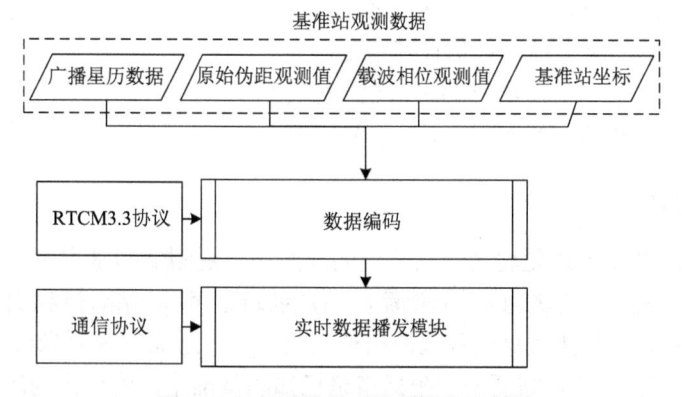

图 7.3.2 基准站实时数据播发流程图

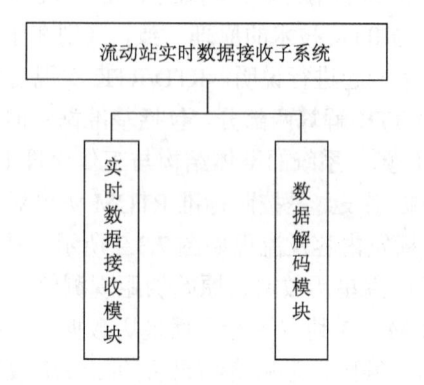

图 7.3.3 流动站实时数据接收流程图

实时 RTK 解算，是指根据实时获取的载波相位观测值和广播星历等数据进行定位解算，包括：第一步，数据预处理，剔除观测值中的粗差，探测并修复载波相位周跳；第二步，计算卫星位置；第三步，消除大气延迟误差、计算流动站的近似坐标；第四步，利用同一时刻的观测值(以下简称为同步观测值)构建 RTK 相对定位的数学模型，包括函数模型和随机模型；第五步，进行参数估计，求解基线向量和模糊度参数，并实现模糊度的快速、可靠固定，一旦固定成功则输出 RTK 固定解，否则保留浮点解。其处理过程如图 7.3.4 所示，具体原理同前述章节。

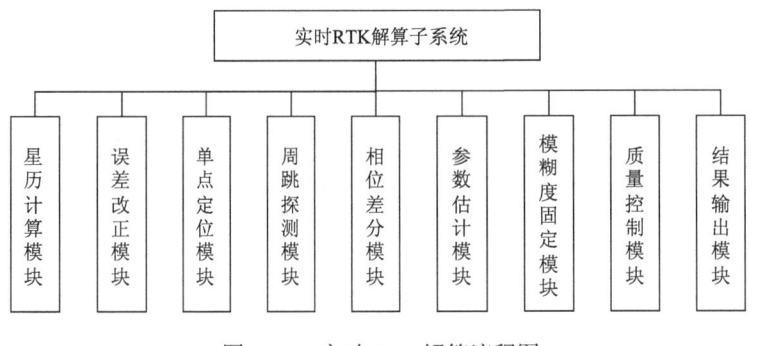

图 7.3.4　实时 RTK 解算流程图

实时 RTD 解算与 RTK 解算基本一致，主要区别在于 RTD 采用伪距观测值，无模糊度处理相关的周跳探测、模糊度固定等环节。其处理过程如图 7.3.5 所示。

RTK 定位技术

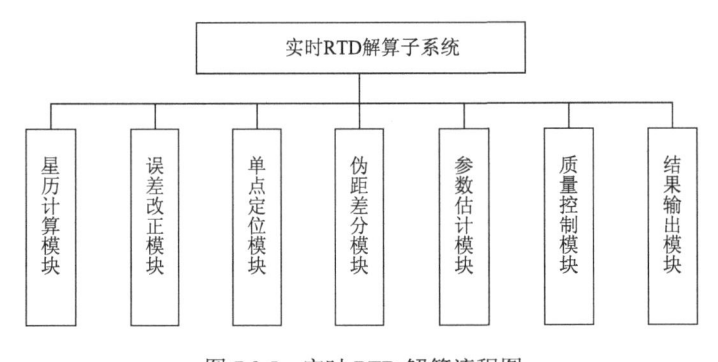

图 7.3.5　实时 RTD 解算流程图

可见，RTK 实现的前提条件是基准站和流动站所受到的电离层、对流层的误差一致，能够通过差分消除。因此其典型工作距离为 10km，一般为 5～15km。RTK 技术可实时得到流动站接收机的三维位置坐标，平均精度可达到水平 1～3cm、高程 2～5cm 的定位性能。此外，一个参考站可同时服务多个流动站，各流动站之间独立工作，不会出现误差积累，可全天候作业。

7.3.2　网络 RTK

差分定位中，当流动站距离基准站较远时，差分观测值无法准确消除电离层、对流层误差，仍存在较大残余，精度下降，因此又发展出了网络 RTK 技术。

网络 RTK 技术是相对于常规 RTK 技术提出的，该技术是在某一区域内建立多个(一般为 3 个或 3 个以上)基准站，对该地区构成网状覆盖，并以这些基准站中的一个或多个为基准，计算和播发区域内厘米级精度的误差改正信息，对该地区内的 RTK 用

户进行实时改正的定位方式，又称为多基准站 RTK。该技术的基本思想是：利用流动
站周围的基准站观测数据和已知坐标，计算出流动站处的误差改正数。其具体原理示
意图如图 7.3.6 所示，其中播发的改正信息采用 NMEA 协议，它是目前接收设备之间
进行通信采用的标准信息格式。

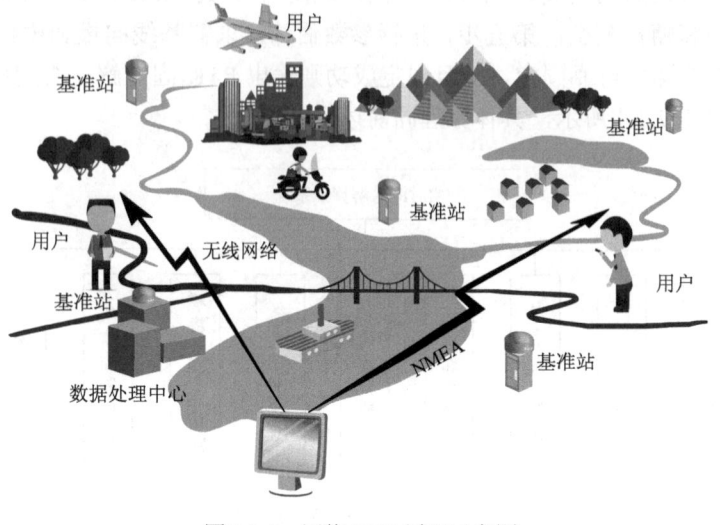

图 7.3.6 网络 RTK 原理示意图

在实际系统建设和用户使用过程中，根据网络 RTK 技术的基本思想衍生出不同的
技术模式。目前主要有四类技术，分别是虚拟参考站技术、主辅站技术、区域改正参
数法以及综合误差内插法。

（1）虚拟参考站技术（VRS），是利用参考站网数据建立起各种误差模型，流动站在
作业的时候，先发送概略坐标给数据处理中心，数据处理中心生成虚拟参考站观测值，
并回传给流动站，流动站利用虚拟参考站的数据进行高精度的差分定位。其作业模式
为双向数据通信。虚拟参考站作业流程如图 7.3.7 所示。

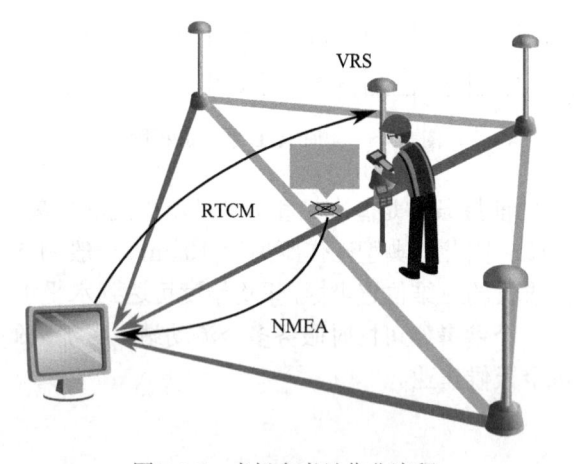

图 7.3.7 虚拟参考站作业流程

（2）主辅站技术，是选定一个基准站为主站，其余基准站则为辅站，控制中心计算
出辅站相对于主站的差分改正数，流动站利用主站的改正数和辅站的相对改正数计算
流动站的误差后，进行高精度实时定位，作业模式包含单向数据通信和双向数据通信。
主辅站技术模式如图 7.3.8 所示。

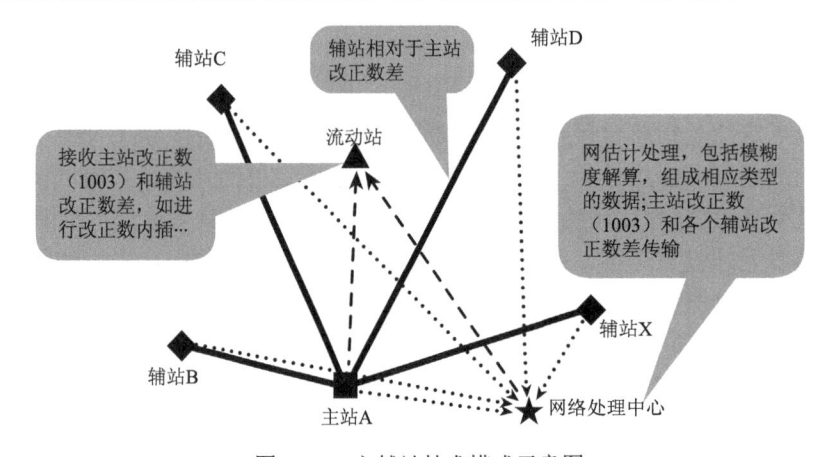

图 7.3.8　主辅站技术模式示意图

（3）区域改正参数法，是数据处理中心计算出基准网内电离层和几何信号的误差影响，然后把误差影响描述成南北方向和东西方向上的区域参数，流动站根据参数计算出误差并进行改正，作业模式为单向数据通信。

（4）综合误差内插法，是数据处理中心计算出网内基准站间的综合误差，然后内插出流动站的综合误差，流动站基于误差对观测值进行改正，实现高精度定位，作业模式有单向数据通信和双向数据通信。

综上可知，网络 RTK 技术在具体实现时，不仅包括导航信号和信息的处理，还要有通信手段联合使用。表 7.3.1 整体地梳理了目前主流网络 RTK 技术的特点，包括主要定位原理及通信方式。

表 7.3.1　四种常用的网络 RTK 技术特点一览表

技术分类	主要定位原理	通信方式
虚拟参考站技术	通过基准站生成一个虚拟的参考站，给用户做 RTK 定位	双向数据通信
主辅站技术	通过确定一个主站、若干个辅站，综合主站的误差和辅站能够提供的误差信息进行精密定位	单向、双向数据通信
区域改正参数法	通过参考站生成的改正参数格网式划分，给用户提供精度提升的改正信息	单向数据通信
综合误差内插法	通过将基准网内的误差进行综合建模，内插出用户的误差提供给用户做精密定位	单向、双向数据通信

不同技术对应的使用场景有差异，需要结合具体需求进行使用。

7.4　广域精密定位

7.3 节重点介绍了区域精度提升的主要技术及原理。随着社会的发展，人们期望拓展更大范围的高精度服务和更简单的用户操作，同时得益于系统基础设施的完善和理论的发展，很多学者再次关注到精密单点定位的模式，期望将区域精度提升中的误差处理放到系统侧，在保证用户精度的同时简化用户使用复杂度，因此又发展出 PPP 技术和 PPP-RTK 技术。本节将对这两种广域精度提升技术进行介绍。

7.4.1 PPP

精密单点定位是指单台接收机利用载波相位观测值以及由国际 GNSS 服务（IGS）组织提供的高精度卫星星历和卫星钟差来进行高精度定位的方法。其定位精度可以达到厘米级甚至毫米级，相比于伪距绝对定位精度大幅提升。其具体原理示意图如图 7.4.1 所示。该技术无须设置基准站或者参考站网，仅利用单个接收机，采用伪距与相位观测量，引入精密轨道和钟差产品，并对各项误差进行精确改正。

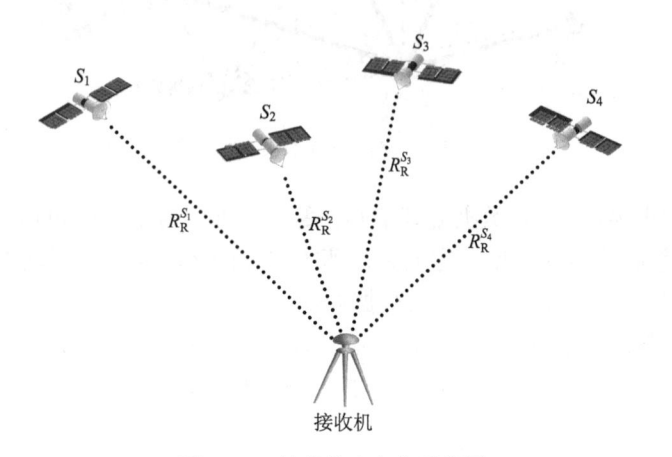

图 7.4.1　精密单点定位示意图

精密单点定位中，GNSS 的原始伪距和载波相位观测方程可以表示为

$$\begin{cases} L_{r,f}^S = \rho_r^S + c\left(\delta\tilde{t}_r - \delta\tilde{t}^S\right) + T_r^S - I_{r,f}^S + \lambda_f^g\left(b_{r,f}^g - b_f^S\right) + \lambda_f^g N_{r,f}^S + \varepsilon_{L,f} \\ P_{r,f}^S = \rho_r^S + c\left(\delta\tilde{t}_r - \delta\tilde{t}^S\right) + T_r^S + I_{r,f}^S + c\left(d_{r,f}^g - d_f^S\right) + \varepsilon_{P,f} \end{cases} \quad (7.4.1)$$

其中，各参数的含义如下：r、S 分别表示地面站和卫星的编号；L、P 则分别表示载波相位观测值和伪距观测值(m)；$P_{r,f}^S$ 代表的是接收机 r 至卫星 S 的几何距离，若测站的位置坐标记为 (x_r,y_r,z_r)，卫星的位置坐标记为 (x^S,y^S,z^S)，则有 $\rho_r^S = \sqrt{\left(x_r-x^S\right)^2 + \left(y_r-y^S\right)^2 + \left(z_r-z^S\right)^2}$；$c$ 是真空中的光速，其值为 299792458m/s；g、f 分别为卫星导航系统和对应系统的导航信号频率编号；λ_f^g 是 g 系统卫星所发射的信号频率编号为 f 的波长，对于指定的系统和信号频率，该值为常数；$\delta\tilde{t}_r$ 为接收机钟差；$\delta\tilde{t}^S$ 则对应地表示卫星钟差；T_r^S 为对流层延迟误差；$I_{r,f}^S$ 表示 f 频率上的电离层延迟误差，电离层延迟误差不仅与频率有关，而且对同一频率的伪距与载波相位观测值的影响大小相同，符号相反；b 代表载波相位观测的硬件延迟；$b_{r,f}^g$ 为接收机端的频率 f 的载波相位硬件延迟项(周)；b_f^S 则为卫星端相应频率的载波相位硬件延迟(周)；$d_{r,f}^g$ 和 d_f^S 则分别代表接收机端和卫星端在频率 f 上的硬件延迟(s)；$N_{r,f}^S$ 是载波相位观测值的整周模糊度(周)；$\varepsilon_{L,f}$ 和 $\varepsilon_{P,f}$ 则分别表示载波相位观测值和伪距观测值的测量噪声项。需要说明的是，按照 7.2 节对 GNSS 主要测量误差及其处理方式的概述，部分误差如天线相位中心偏差、相位缠绕等，可直接利用模型改正，因此在上述观测方程中未详细列出，仅显示需要估计或组合消除的误差项。

观察上述式(7.4.1)可以发现，需要估计的参数较多，基于该观测方程组进行参数估计会存在矩阵秩亏问题。在 GNSS 数据处理中，为合理有效地解决秩亏问题，常采用两方面的思路。一方面是增加观测方程个数，通过引入外部的约束关系来实现；另一方面则是减少未知参数的个数，此时可将线性相关的参数合并。一般地，伪距的硬件延迟与钟差具有线性相关性，因此将接收机端和卫星端的伪距硬件延迟分别与对应的钟差合并，可表示为

$$\begin{cases} \delta t_r^g = \delta \tilde{t}_r + d_{r,f}^g \\ \delta t^S = \delta \tilde{t}^S + d_{r,f}^S \end{cases} \tag{7.4.2}$$

载波相位观测值的相位硬件延迟和模糊度参数具有线性相关性，较难分离，因此将这两项进行合并，表示为

$$n_{r,j}^S = N_{r,j}^S + b_{r,j}^g - b_{r,j}^S \tag{7.4.3}$$

其中，$n_{r,j}^S$ 表示的是吸收了接收机端和卫星端相位硬件延迟的模糊度参数，不再为整数，因此在传统的 PPP 中一般采用的是浮点解。

此外，尽管不同信号传播方向上的对流层延迟不同，但对于同一测站而言，所有卫星的信号传播路径上的斜对流层延迟和测站的天顶对流层延迟存在函数关系。因此一个测站只需要引入一个对流层延迟参数 ZTD，各颗卫星观测量的对流层延迟通过投影函数由天顶对流层延迟计算得到，从而简化了观测方程组中的对流层延迟参数。

对于电离层延迟而言，考虑到其与频率的相关性，只需保留一个频率上的电离层延迟参数，其余各频率的电离层延迟均可表示为该频率上电离层延迟量的线性函数，从而简化电离层延迟参数。记第 1 个频率观测量的电离层延迟大小为 I_1，则频率 f 的电离层延迟项就可以表示为

$$\begin{cases} I_f = \beta_f \cdot I_1 \\ \beta_f = \dfrac{f_1^2}{f_2^2} \end{cases} \tag{7.4.4}$$

由此，对误差进行有效改正并对部分参数进行合理合并后，即可依据观测方程组进行精密单点定位。对于精密单点定位而言，采用精密轨道和钟差产品，可认为卫星位置和钟差精确已知。因此，只需要估计用户的位置坐标参数、接收机钟差参数、对流层参数、电离层参数以及若干个模糊度参数。精密单点定位技术需要使用精密轨道和精密钟差产品，而精密轨道和精密钟差产品通常存在一定时间的滞后，所以常用于事后研究。近年来，随着实时产品的效率和精度提升，实时 PPP 技术也逐渐得到应用。

7.4.2　PPP-RTK

结合精密单点定位技术单站作业实现高精度定位但是收敛慢，网络 RTK 收敛快但服务范围有限的特点，发展出了 PPP-RTK 技术。结合前面有关精密单点定位和网络 RTK 的内容，网络 RTK 技术逐步演变成 PPP-RTK 技术的过程可以形象地理解为图 7.4.2。

PPP-RTK 技术结合了 PPP 与网络 RTK 技术，服务端通过提供导航增强信息 (非差改正数)，用户端无须参考站观测数据即可实现精密单点定位。PPP-RTK 技术可为用户提供几乎与网络 RTK 数据处理模式精度相当的定位结果。PPP-RTK 技术和网络 RTK 技术的主要区别在于，网络 RTK 技术需要使用基准站，通过双差模式进行定位，而 PPP-RTK 技术则无须通过基准站进行差分，其具体实现示意图如图 7.4.3 所示。

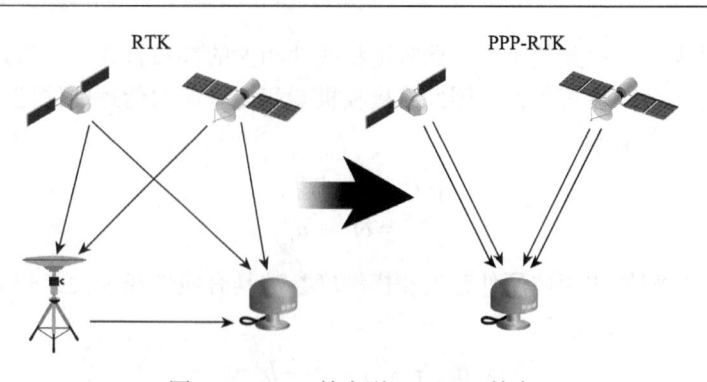

图 7.4.2　RTK 技术到 PPP-RTK 技术

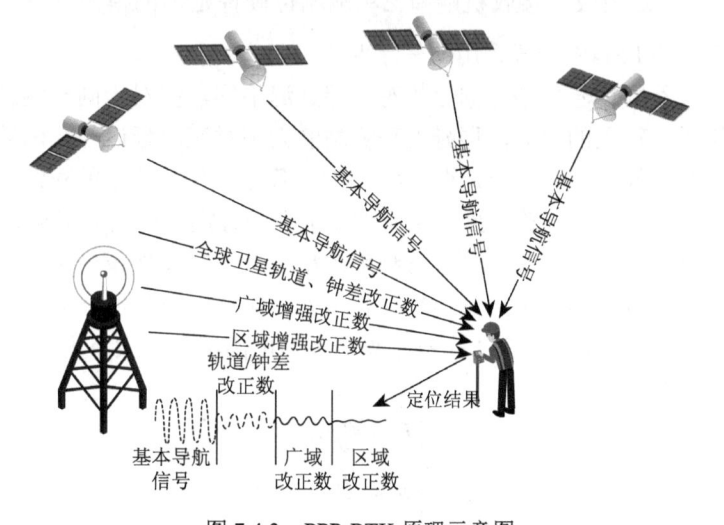

图 7.4.3　PPP-RTK 原理示意图

　　该技术利用高精度的轨道、钟差产品、区域站网信息增强 PPP，可以实现快速模糊度固定的 PPP，提高定位精度，同时可以实现大气增强，加快定位收敛速度。因此，该技术既具备 PPP 的易操作特性，又具备 RTK 的实时高精度特性。对 PPP、RTK 和 PPP-RTK 技术的精度增强信息进行对比分析，如图 7.4.4 所示。

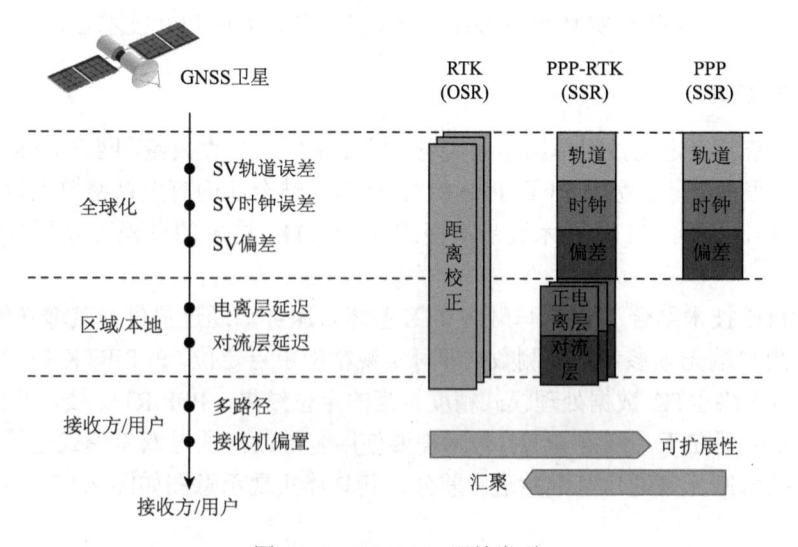

图 7.4.4　PPP-RTK 误差类型

OSR：观测空间表示；SSR：状态空间表示

7.5　新一代系统定位

为了提高全球导航卫星系统的精度、可靠性和覆盖范围，满足多样化的用户需求，并应对未来的技术挑战，国内外正在发展新一代卫星导航系统，这也给定位技术带来了新的机遇和挑战。本节将首先概述以伽利略高精度服务系统(HAS)、北斗三号星基增强系统、低轨卫星导航系统等为代表的新一代系统的基本特点。

7.5.1　新一代系统

新一代系统，既包括对现有四大 GNSS 系统的升级，又包括建设新的增强系统，来实现整体性能提升。

1. 伽利略高精度服务系统

伽利略的高精度服务系统(HAS)是一项重大创新，旨在通过伽利略信号和互联网提供全球用户免费的高精度精密单点定位改正。下面将全面分析伽利略高精度服务系统的具体特点、技术路线。

1)系统构成与工作原理方面

该系统将在伽利略 E6B 数据组件中，通过地面方式为伽利略和 GPS(单频和多频)提供免费的高精度 PPP 校正，以实现实时改进的用户定位性能(在标称条件下定位误差小于 2dm)。图 7.5.1 提供了伽利略 HAS 高级架构的简化视图，其中包括基于以下伽利略系统功能的广播 HAS 数据所涉及的主要元素。

(1)与其他 GNSS 信号相比，具有较高的数据带宽(伽利略 E6B 组件中每颗连接卫星每秒 448bit)。

(2)通过与地面上的伽利略上行站连接的卫星传输数据。

HAS 校正模块将负责生成 HAS 数据，这些数据将通过伽利略 E6B 信号组件实时中继到其上行链路并广播。伽利略广播高精度校正的能力将随着基础设施的持续部署而发展，主要受运行卫星数量的驱动，但也受地面基础设施发展的影响。

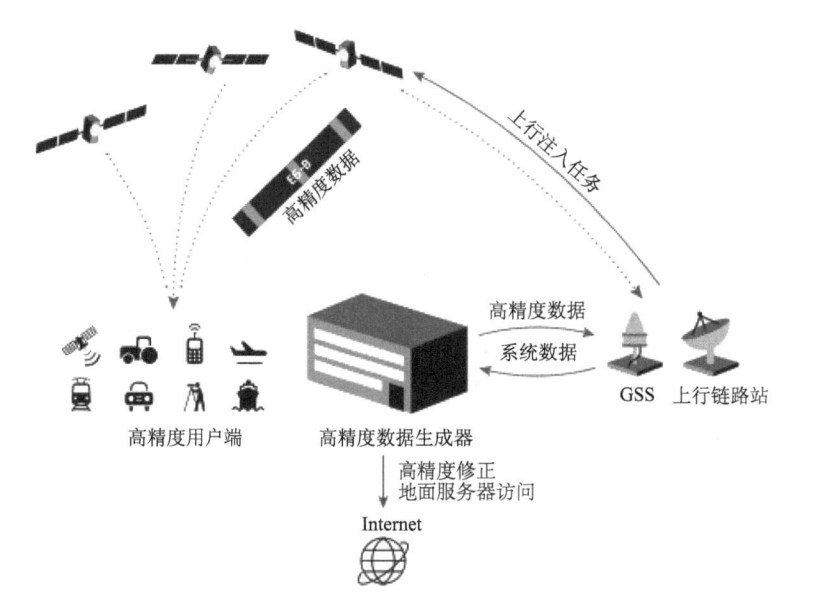

图 7.5.1　伽利略高精度服务系统架构示意图

定位技术的发展与新的
系统定位

2）服务范围和设计性能

服务范围分别覆盖全球和区域。其中，服务等级 1 为覆盖全球，服务等级 2 为区域覆盖。其预期的服务特性和目标性能如表 7.5.1 所示。

表 7.5.1　伽利略高精度服务系统的服务特性及目标性能

HAS	服务等级 1	服务等级 2
覆盖范围	全球	欧洲覆盖区（ECA）
校正类型	PPP-轨道、时钟、偏差（码和相位）	PPP-轨道、时钟、偏差（码和相位），包括大气校正
校正格式	类似于 Compact-SSR（CSSR）的开放格式	类似于 Compact-SSR（CSSR）的开放格式
校正传播	使用每秒每颗卫星 448bit 的 Galileo E6B/地面（互联网）	使用每秒每颗卫星 448bit 的 Galileo E6B/地面（互联网）
支持的星座	Galileo, GPS	Galileo, GPS
支持的频率	E1/E5a/E5b/E6, E5 AltBOC L1/L5, L2C	E1/E5a/E5b/E6, E5 AltBOC L1/L5, L2C
水平精度 95%	<20cm	<20cm
垂直精度 95%	<40cm	<40cm
收敛时间	<300s	<100s
可用性	99%	99%
用户帮助台	24/7	24/7

除了通过空间信号进行 HAS 校正外，预计还将使用地面信道进行校正，旨在为不同服务等级用户提供空间信号的替代或补充输入源。此外，欧洲 GNSS 服务中心将提供用户支持功能，如提供服务状态信息、性能预测、事件管理和用户帮助台支持等。

2. 北斗三号星基增强系统

北斗三号（BDS-3）是北斗系统建设发展的第三个阶段，星座设计由 30 颗卫星组成，包括 3 颗地球同步轨道（GEO）卫星、3 颗倾斜地球同步轨道（IGSO）卫星和 24 颗中地球轨道（MEO）卫星。北斗三号系统可以为全球用户提供定位导航授时、全球短报文通信和国际搜救服务；同时，还能为中国及周边地区用户提供星基增强、地基增强、精密单点定位和区域短报文通信四种区域服务。BDS-3 PPP 服务使用 PPP-B2b 信号作为数据广播信道，由北斗三号的 3 颗 GEO 卫星在我国及周边地区播发北斗三号系统和其他全球卫星导航系统的轨道和钟差等改正信息，可以为用户提供公开、免费的高精度服务。

PPP-B2b 服务系统由地面监测站、地面主控站、上行链路站/注入站和 GEO 卫星组成，其示意图如图 7.5.2 所示。

具体而言，地面监测站对 GNSS 的所有可见卫星进行连续监测，生成伪距和载波观测信息，并收集气象数据，预处理后将原始数据通过网络发送给地面主控站；地面主控站对原始数据进行验证和评估，解算卫星轨道和时钟校正，根据协议生成改正数和其他相关参数的增强信息，由上行链路站传输给 GEO 卫星，GEO 卫星再通过 PPP-B2b 信号进行广播；用户接收改正信息后即可进行实时精密单点定位。

其播发的电文类型定义如表 7.5.2 所示。

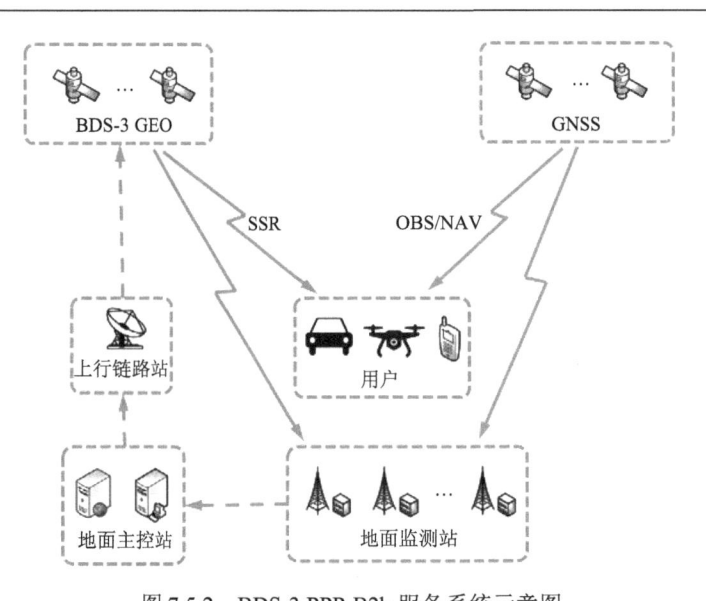

图 7.5.2　BDS-3 PPP-B2b 服务系统示意图

表 7.5.2　BDS-3 PPP-B2b 电子类型及内容

电文类型	电文内容
0	系统测试
31	卫星掩码
34、35、36	完好性信息（DFREI 和 DFRECI）
32	卫星时钟/轨道误差改正数与协方差矩阵
39、40	卫星星历与协方差矩阵
37	降效参数与 DFREI 对比表
47	BDSBAS 卫星历书
42	BDSBAS 系统时与 UTC 间的偏差
62	BDSBAS B2a 内部测试信息
63	BDSBAS B2a 空白信息

3. 低轨卫星导航系统

与现有全球定位系统类似，低轨卫星导航系统主要包括三大部分，具体如下。

（1）空间部分：主要包括不同星座构型、不同数量、不同轨道高度的低轨卫星。如图 7.5.3 所示，目前低轨卫星通常分布在 300～2000km 高度上，星座构型通常有近极轨卫星星座、倾斜轨卫星星座、混合星座等，低轨卫星数量为数十颗到几千颗。与 GNSS 的低轨卫星系统的空间部分相比，卫星更加小型化，星上增加导航信号发射机、星上对地激光终端，部分卫星增加原子钟；同时，原激光星间链载荷增加测距、时间同步功能；部分馈电链路和星间链路用于传输星历、观测数据等。

（2）地面控制部分：主要包括主控站、监测站、注入站、时频系统、信关站以及处理中心等。与 GNSS 系统地面控制部分相比，各部分功能基本相同，只是低轨卫星信号类型、服务体制与现有导航系统不同，各监测站需配备支持 GNSS 和低轨信号的接收机，同时数据处理中心需增加多种处理手段，以便对不同模式和体制进行数据处理。

（3）用户设备部分：主要包括导航和通信用户。与 GNSS 相比，低轨用户终端导航用户基带芯片增加导航信号接收、电文解调功能等。

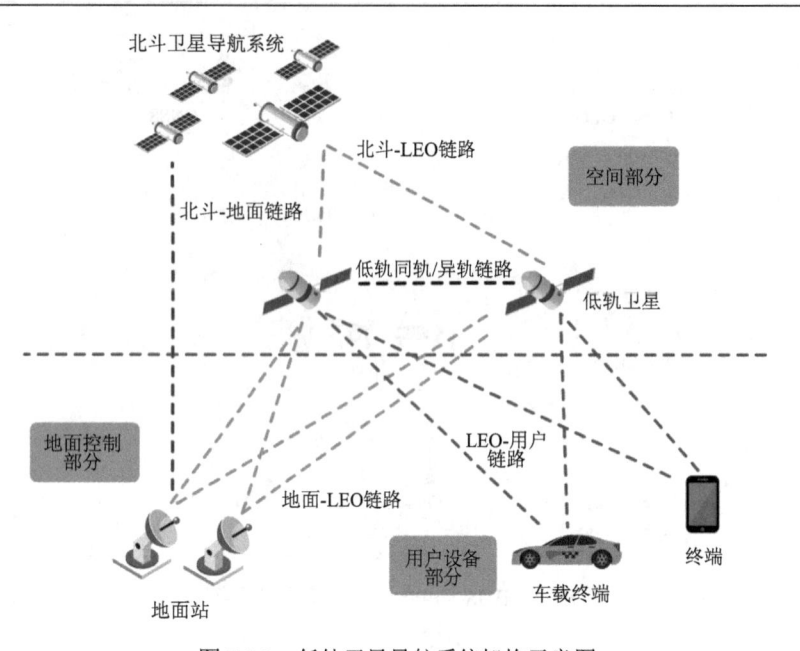

图 7.5.3 低轨卫星导航系统架构示意图

可见，低轨卫星处于北斗/GNSS 卫星的下层轨道，因此既可作为动态监测站对 GNSS 进行监测，又可作为导航卫星与 GNSS 联合实现用户导航定位功能。

国外比较知名的低轨卫星系统有铱星、OneWeb、SpaceX 等。国内的鸿雁系统、虹云计划、向日葵系统也发展得如火如荼，表 7.5.3 为部分低轨卫星星座的参数。

表 7.5.3 低轨卫星参数表

卫星名称	公司	在轨卫星数	轨道高度/km	频段	轨道面	倾角
Starlink	SpaceX	4425+7518	300～1325	Ka、Ku	72	53°
Globalstar	劳拉公司	48+8	1414	L、C	8	52°
Iridium	美国铱星公司	66+9	780	L、Ka	6	86.4°
OneWeb	OneWeb	648+234	1200	Ka、Ku	18	87.9°
鸿雁	中国航天科技集团	324	1000～1500	Ka、V	6	—
虹云	中国航天科工集团	156	1040/1048/1175	L、Ka、V、E	—	—
O3b	泰雷斯	16+26	8000	Ka	2	70°
LeoSat	LeoSat 公司	108	1400	Ka	6	—
波音	波音公司	2956	1200	V	35+6	45°/55°

国内正加快建设低轨卫星互联网系统，相关参数正在详细论证建设中。

7.5.2 新定位模式

随着新一代系统的发展，定位模式和技术也相应地更新，典型的有星基增强定位技术、低轨增强定位技术、低轨多普勒定位技术。

1. 星基增强定位技术

星基增强定位，是指利用卫星播发的广播星历和轨道与钟差改正数，对各种误差项进行改正后，通过单台接收机的观测数据进行单点定位，获取高精度的定位结果。其主要技术流程可分为五个部分，技术路线如图 7.5.4 所示。

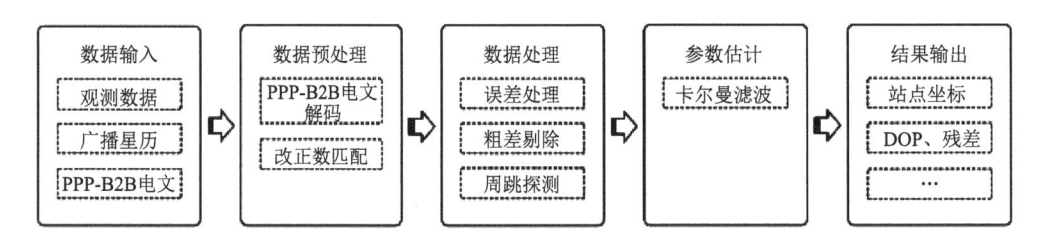

图 7.5.4　星基增强定位技术路线图

具体而言，主要包括以下五个步骤。

（1）数据输入：除了最基本的观测数据和广播星历信息之外，还需要接收卫星播发的 PPP-B2b 电文。

（2）数据预处理：将 PPP-B2b 电文进行解码得到具体的改正信息；还需要进行版本号匹配，包括基本导航数据和改正数的匹配，以及不同类型改正数之间的匹配，来确保改正数能够进行精准有效的误差修正。

（3）数据处理：对导航数据中各种各样的误差进行处理。目前 PPP-B2b 提供的改正数可以对卫星轨道和卫星钟差进行校正，在 PPP 中电离层误差一般是通过消电离层组合进行抵消，其他的一些误差可以采用一些标准的模型进行修正。经过这些就可以计算得到相对精密的卫星位置以及误差校正后的伪距和载波相位观测值，同时还需要进行一些粗差剔除和周跳探测的工作。

（4）参数估计：使用扩展卡尔曼滤波，未知参数包括站点的三维坐标值，以及数据处理中无法进行校正的误差项，有对流层延迟湿分量、接收机钟差和载波相位观测量中的整周模糊度。

（5）结果输出：除了最基本的站点坐标，对定位精度、DOP 值、残差等辅助信息也可以进行计算输出。

以上便是星基增强下的定位技术的具体流程。

2. 低轨增强定位技术

低轨增强 GNSS 可分两部分理解。一是当用户接收机在可视范围内可观测的 GNSS 导航卫星数量不足时（可能是由于建筑物遮挡或卫星失灵等），就可以由铱星等低轨卫星作为附加的测距源弥补测距卫星不足的问题。二是低轨卫星具有轨道高度低带来的运动速度快、周期短等特点，该特点可加速几何构型的变化，因此可增强 GNSS 几何构型及其变化速度，进而提高用户收敛时间。目前主流的研究是第二部分，其原理及技术流程如图 7.5.5 所示。

3. 低轨多普勒定位技术

由于低轨卫星信号落地功率大且多普勒频移非常明显，为 GNSS 卫星的 30～40 倍；并且低轨卫星信号的多普勒频移信息广泛存在。因此，基于低轨卫星多普勒频移信息的定位技术已成为备份导航技术的研究热点之一，尤其针对卫星数众多的通信业务而言。

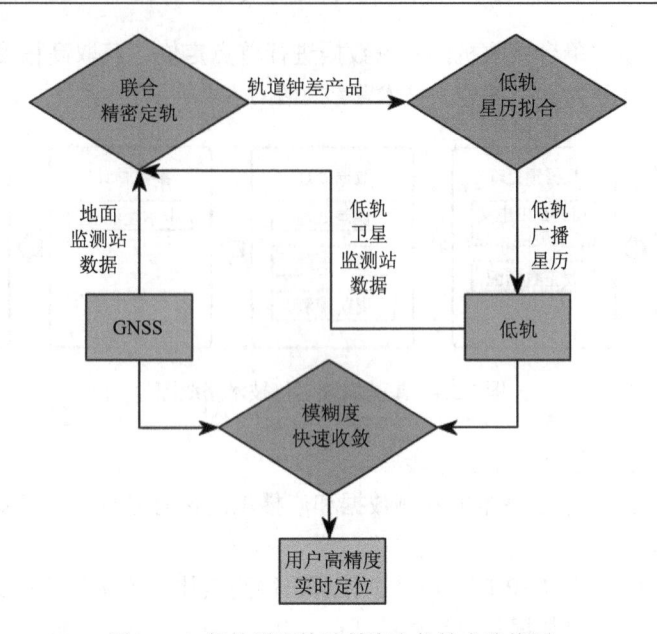

图 7.5.5 低轨增强快速精密定位技术路线图

低轨卫星多普勒定位可以分为三种：第一种是单星积分多普勒定位。例如，早在 1968 年就向公众提供定位和导航服务的 Transit 导航系统。该系统使用大约 2min 的多普勒频移观测可实现定位，单点定位精度为 100～200m。对于静止接收机，使用由美国国防测绘局确定的精密星历和持续几天的观测，可以实现亚米级的定位精度。这种定位模式精度低、单次定位时间长、定位时间间隔长，目前只有 Argos 系统还在使用这种定位方式。第二种是利用非合作的机会信号进行定位，这种定位方式需要处理大量异构的无线电信号，并且需要对多普勒频移信息进行盲估计。在这种定位方式中，卫星的位置、速度、钟差、钟漂信息都非常模糊，卫星的钟差通常需要作为未知数进行估计。第三种是利用合作的低轨卫星信号进行瞬时多普勒定位，如果卫星播发了星历和钟差产品，则卫星位置、速度和钟差信息可以视为已知量。现有学者对低轨卫星轨道误差、大气误差等进行建模，并利用高斯-牛顿法同时估计用户接收机位置、速度、钟漂，仿真结果达到了与 GNSS 相当的水平。其技术模式包括单星连续观测多普勒定位、多星瞬时观测多普勒定位、多普勒联合伪距定位等模式。其中后两者与传统 GNSS 的定位类似，此处不再赘述，仅详细介绍单星连续观测多普勒定位技术。

如果低轨卫星可见数量为 1 或者小于 4，则只能采用单星多普勒信息连续观测的方法实现定位解算。其示意图如图 7.5.6 所示。由于低轨卫星运行速度快，用户可观测

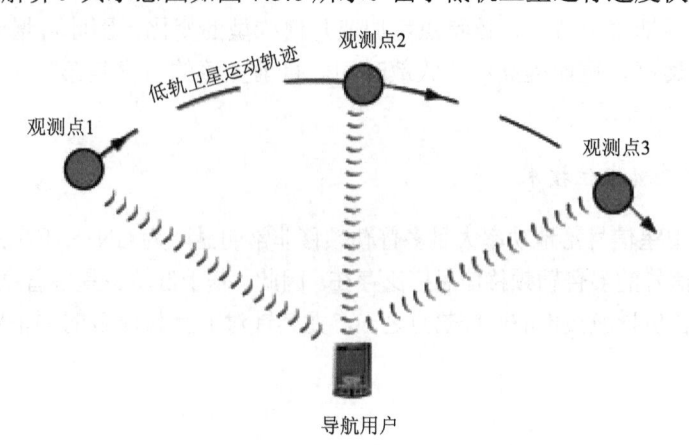

图 7.5.6 单星连续观测多普勒定位示意图

时间约为几分钟，在有限的观测时间内选取 3 个及以上的多普勒信息观测点，即可实现用户的连续观测定位解算，观测点的选取应尽量满足分布最优的原则。此时，通常忽略由用户本地时钟的漂移所引入的误差。

以上就是新一代系统下的新定位模式和基本技术。

7.6　本 章 小 结

本章在第 6 章 PVT 解算的基础上，着重阐述了定位精度提升。首先分析了所有影响精度的潜在误差项，然后阐述了误差的处理方法，不同的误差处理方法对应不同的技术。最后，分别对区域精度提升技术和广域精度提升技术的基本原理、特点进行了介绍。

RTK、PPP 和 PPP-RTK 处理方法，在本质上是等价和可转换的。但 PPP 具有全球性、浮点模糊度的特性，而网络 RTK 具有局域/区域性、固定解模糊度的特性。融合 PPP-RTK 兼具两者的优点，即具有局域/区域性、固定解模糊度的特性。这几类方法的特征与关系如表 7.6.1 所示。可以看出，PPP、PPP-RTK 的显著优势在于其可以广播、覆盖范围广、所需带宽小、表达误差小。融合 PPP-RTK 既可以充分利用 PPP 的优势，又可以借助区域参考站网实现快速模糊度固定的高精度定位。

表 7.6.1　RTK、PPP 和 PPP-RTK 的特征及关系

项目	RTK	网络 RTK			PPP	SPP	PPP-RTK
	RS	FKP	MAC	VRS/PRS	（载波相位）	（伪距）	
服务分类（1）	CS2	CS2			CQ2	DS1	CS2
是否可以广播	√	√	√	×	√	√	√
精度	∼ cm	∼ cm	∼ cm	∼ cm	< dm	∼ 3dm	∼ cm
所需时间（2）	< 5s	< 5s	< 5s	< 5s	∼ 20min	< 1s	< 5s 1min（3）
服务范围	局域	区域			全球	全球/区域	全球/区域
单频	×	×	×	×	×	√	×
所需带宽	中等	中等	高等	中等	低等	低等	低−中等
附注	（1）CQ2：基于 2 个频率的约 15min 级的厘米级服务；DS1：基于 1 个频率的秒钟级的分米级服务；CS2：基于 2 个频率的秒钟级的厘米级服务； （2）不考虑多路径效应影响； （3）取决于服务端实时更新的效率						

注：√表示可以用卫星广播；×表示不可以用卫星广播。

习　题　7

7-1　请阐述精密单点定位的基本原理。

7-2　阐述卫星导航定位中主要的误差源。

7-3　简要概述定位精度提升的技术途径。

7-4　目前网络 RTK 技术主要包括哪几类？

7-5　什么是 RTK？请阐述其基本操作流程。

7-6　请阐述定位技术的发展及对应精度水平的变化。

7-7　电离层延迟、对流层延迟具体是什么，其误差一般在什么量级？

7-8　RTK 数据链发送的数据具体有哪些？

7-9　为什么 RTK 基于米级精度的广播星历可以实现厘米级的定位精度？

7-10　请简要阐述 PPP-RTK。

第8章 导航接收机

导航接收机通过接收卫星播发的导航信号，并在数字部分进行信号的捕获、跟踪和解调，获取伪距、载波相位、多普勒等观测量，最终完成位置、速度和钟差的解算。按照功能模块，导航接收机可划分为导航接收天线、模拟前端处理、基带信号处理和导航定位处理四部分，具体如图8.0.1所示。由于第6章已对导航定位处理做了详细深入的介绍，本章将重点介绍接收机中其他三个部分的设计，即接收天线、模拟前端处理模块、基带信号处理模块的设计。

导航接收机组成

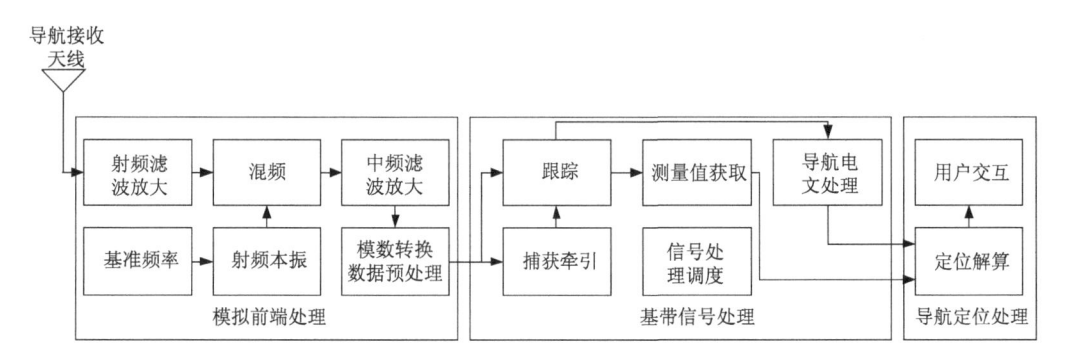

图 8.0.1 接收机结构示意图

8.1 导航接收天线

微课视频

导航接收天线作为接收机处理卫星信号的首个器件，对输入信号质量以及接收机性能具有直接的影响。导航天线设计涉及电磁场与微波等方面的大量基础知识，考虑到这部分内容相对比较独立，本书不对此展开介绍。本节将首先根据电磁波自由空间传播公式分析接收信号的功率，并在此基础上介绍与接收性能密切相关的载噪比的基本概念，最后介绍接收天线的性能指标要求。

8.1.1 接收信号功率

当仅考虑单颗卫星信号时，导航接收天线接收信号 $r_a(t)$ 应表示为

$$r_a(t) = \sqrt{2P_R}d(t-\tau_0)c(t-\tau_0)\cos\left[2\pi(f_0+f_d)t+\theta_0\right] + \iota_i(t) + \iota_o(t) + n_t(t) \qquad (8.1.1)$$

其中，$d(t)$ 表示电文符号；$c(t)$ 表示测距码；τ_0 表示信号传输时延；f_0 表示标称频率；f_d 表示多普勒频率；θ_0 表示载波初相；P_R 表示天线口面处的信号功率；$\iota_i(t)$ 和 $\iota_o(t)$ 分别表示带内和带外的干扰；$n_t(t)$ 表示天线热噪声。

天线热噪声通常建模为功率谱密度为 N_0 的高斯白噪声，其功率谱密度 N_0 通常使用噪声温度来表征，即

$$N_0 = k_B T_n \qquad (8.1.2)$$

其中，$k_B \approx 1.38\times10^{-23} \mathrm{J/K}$ 为玻尔兹曼常数；T_n 为噪声温度，通常直接取为环境温度 290K。

根据电磁波自由空间传播公式，导航天线入口处的导航信号功率 P_R 为

$$P_R = P_T \frac{G_T G_R \lambda^2}{(4\pi d)^2}$$

$$= P_T G_T G_R L_d \tag{8.1.3}$$

其中，P_T 表示发射信号功率；G_T 和 G_R 分别表示发射天线和接收天线的增益；λ 表示信号波长；d 表示信号传输距离；L_d 表示因为空间传播而引入的信号功率衰减。

当卫星轨道高度固定时，传输距离取决于卫星相对于接收机的仰角。如图 8.1.1 所示，假设卫星高度为 H_s，地球半径为 R_e，那么信号传播距离 d 与卫星相对于接收机的仰角 θ 之间的关系为

$$d = \frac{R_e \cos(\alpha + \theta)}{\sin\alpha} \tag{8.1.4}$$

其中，角度 α 的计算表达式为

$$\alpha = \arcsin\left(\frac{R_e \cos\theta}{H_s + R_e}\right) \tag{8.1.5}$$

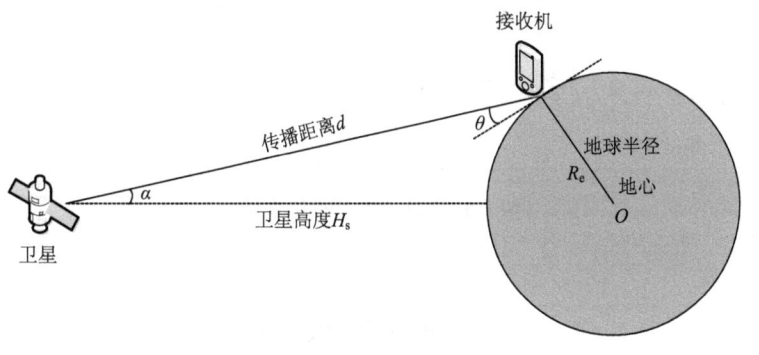

图 8.1.1　卫星仰角与距离的关系

根据式 (8.1.3)～式 (8.1.5)，可以得到不同仰角下卫星信号的空间传播损耗 L_d。以 GPS 系统为例，其 MEO 卫星的轨道高度约为 20190km，那么不同仰角下 L1C/A 信号 (载波频率为 1575.42MHz) 的空间传播损耗如图 8.1.2 所示。

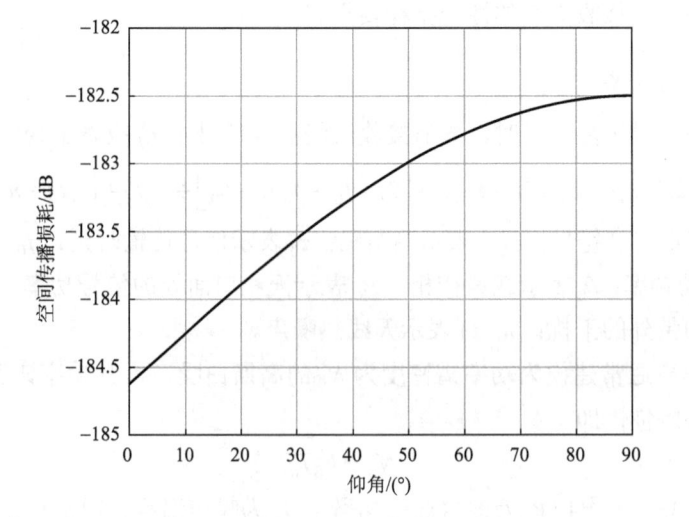

图 8.1.2　不同仰角下导航信号的空间传播损耗

由图 8.1.2 可知，GPS MEO 卫星播发的 L1C/A 信号经过空间传播到达地面后其信号功率衰减达 183dB 左右，且不同仰角的损耗最大相差约 2dB。对于采用 CDMA 体制的卫星导航系统而言，希望不同仰角卫星的信号到达地面时具有相近的功率。为了实现这一目标，导航卫星的发射天线通常会调整其方向图使得中心方向的增益比其他方向略低。

下面在考虑收发天线增益的情况下，计算卫星信号到达地面时的功率。GPS L1C/A 信号卫星的发射功率约为 26.8W，假设仰角为 0° 时发射天线的增益 G_T 为 12dB，大气损耗约为 2dB，对于接收增益 G_R 为 0dB 的全向天线，地面信号功率为

$$P_R = 14.3 + 12 - 184.5 - 2 + 30 \approx -130.2 (\text{dBm}) \tag{8.1.6}$$

由式 (8.1.6) 中的计算可知，到达地面的卫星信号功率非常微弱，因此在对导航信号进行数字处理前，首先需要进行功率放大。由于决定接收机性能的是信号相对于噪声的强度，而非信号绝对功率，因此第 4 章和第 5 章中的信号模型均使用信噪比 R_{sn} 和载噪比 R_{cn} 来反映导航信号的强弱。下面首先给出信噪比和载噪比的具体概念，并介绍两者的区别和联系。

信噪比 R_{sn} 定义为信号功率与噪声功率的比值。在不考虑带外干扰 $\iota_i(t)$ 和带内干扰 $\iota_o(t)$ 的情况下，式 (8.1.1) 的信号的信噪比 R_{sn} 为

$$R_{sn} = \frac{P_R}{N_0 B_n} \tag{8.1.7}$$

众所周知，对接收信号进行相干积分可以减小噪声的等效带宽，进而达到提高信噪比的目的。当相干积分时长为 T_c 时，对应的等效噪声带宽为 $1/T_c$，此时信噪比的表达式为

$$R_{sn} = \frac{P_R}{N_0} T_c \tag{8.1.8}$$

由式 (8.1.8) 可知，在接收信号功率确定的情况下，信噪比主要取决于相干积分时间。在雷达或通信系统中，相干积分时间通常直接取为信号持续时间或者信息比特长度，因此使用信噪比可以方便、准确地反映接收信号功率对系统性能的影响。然而在卫星导航系统中，不同场景下接收机会使用不同的相干积分时间，因此与相干积分时间无关的载噪比 R_{cn} 能够更加方便地建立导航信号功率与接收性能之间的关系。载噪比 R_{cn} 定义为接收信号功率 C 与噪声功率谱密度 N_0 的比值。根据式 (8.1.8)，易知信噪比 R_{sn} 与载噪比 R_{cn} 之间的关系为

扩展阅读：很多文献中使用 C/N_0 来表示载噪比，本书根据物理量符号表示规则，采用 R_{cn} 的形式。

$$R_{sn} = R_{cn} T_c \tag{8.1.9}$$

下面简单计算导航信号对应的载噪比和信噪比。当天线入口处的信号功率为 −131dBm，前端放大器对应的热噪声温度为 290K 时，易知此时信号的载噪比约为 44dB·Hz。当相干积分时间为 1ms 时，相关值的信噪比为 14dB。

上述计算得到的载噪比是不考虑前端损耗情况下的理想值。实际上，导航接收机在进行信号处理前，需要对信号进行滤波、放大等处理，这些处理均会导致信号载噪比的恶化，在后面的 8.2 节将对此进行详细分析。

8.1.2 天线性能指标

卫星导航主要关注测量和定位精度，因此其对天线的性能要求与其他应用也存在一定差异。除了接收信号频带范围、极化方式、相位中心稳定度、天线增益方向图也是导航天线需重点关注的参数。

电磁波的极化方式决定了信号传播过程中电场强度矢量的方向。导航接收机通常

采用右旋圆极化(RHCP)天线,这可以带来两方面的好处:一方面,采用与导航卫星发射天线相同的极化方式,能够获得最高的信号接收效率;另一方面,导航信号在经过奇数次反射后会变为左旋圆极化(LHCP)信号,使用 RHCP 天线可以有效抑制这类多径反射信号。与普通导航应用不同,GNSS-R 技术会利用多径信号分析反射体的材料特性信息,此时接收机就需要同时配置右旋和左旋两种天线。

相位中心稳定度是天线应用于测量和定位时需要关注的特性。卫星导航接收机的测量值是相对于接收天线相位中心而言的,然而不同卫星由于仰角和方位角的差异,对应的天线相位中心可能存在差异。由于普通导航接收机只能达到米级的定位精度,此时不同卫星天线相位中心差异所引入的测量偏差对定位精度的影响可以忽略。但是对于高精度测量型应用,其定位精度可达到厘米甚至毫米量级,在这种情况下,不同卫星的天线相位中心差异便成为不可忽略的误差源,因此高精度应用通常要求天线相位中心稳定度在 2mm 以内。

天线增益方向图描述了导航天线对不同来向的卫星信号的增益。导航接收机为了能够接收到视场内的所有卫星,通常采用增益方向图为半球形的全向天线。对于要求高精度伪距测量值的基准站接收机,一般使用具有较高反向抑制的扼流圈天线(其模型如图 8.1.3 所示)来抑制低仰角入射的多径信号。

除了上述具有固定天线方向图的单阵元天线,具有空间选择性的阵列天线(如图 8.1.4 所示的典型的四阵元阵列天线)因抗干扰方面的优异性能在军事领域得到广泛的应用。

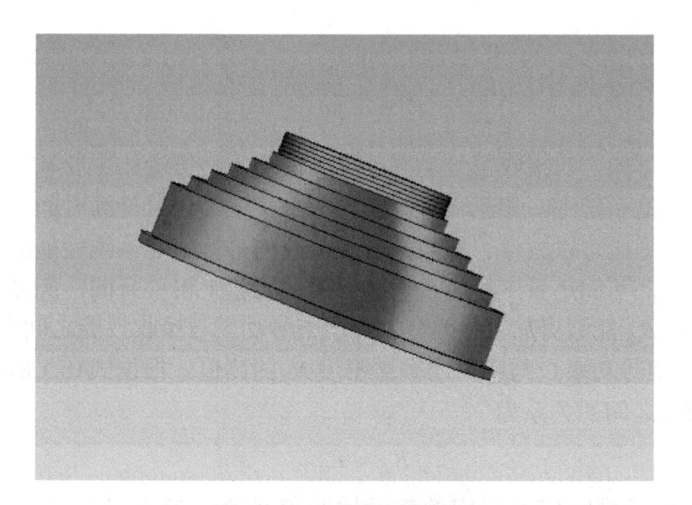

图 8.1.3 扼流圈天线模型

图 8.1.4 典型的四阵元阵列天线

8.2 模拟前端处理

模拟前端处理的主要功能是对导航天线接收到的卫星信号进行滤波和放大处理，再将其与本振信号进行混频后变至中频，最后经模数转换和正交下变频变成基带复信号。导航接收机的模拟前端通常采用超外差技术，该技术将接收到的高频窄带信号通过混频变至较低的频率，具有噪声系数低和参数调节灵活的优点，其实现结构如图 8.2.1所示。下面简要介绍模拟前端中各环节的实现方式及其对应的信号模型。

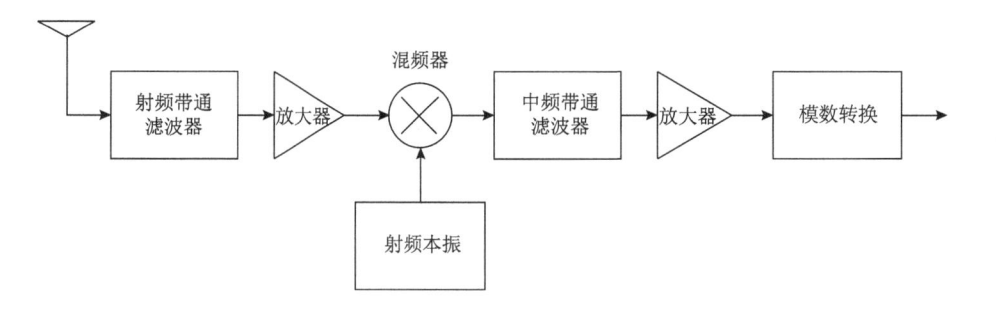

图 8.2.1 射频前端处理实现结构

由图 8.2.1 可知，导航接收机的射频前端处理可分为前置滤波放大、下变频混频和模数转换三部分，以下简要介绍这三部分的实现方式。

8.2.1 前置滤波放大

射频前端首先要对导航信号进行带通滤波和高增益放大。从降低载噪比损耗的角度来看，接收机应尽可能减小天线与放大器之间线缆传输引起的信号衰减。对于接收机无法与导航天线紧靠放置的情况，使用内置放大器的有源天线是降低线缆传输对载噪比影响的有效措施。除此以外，射频前端中放大和滤波的先后顺序(具体的连接关系如图 8.2.2 所示)同样对信号载噪比有重要的影响。

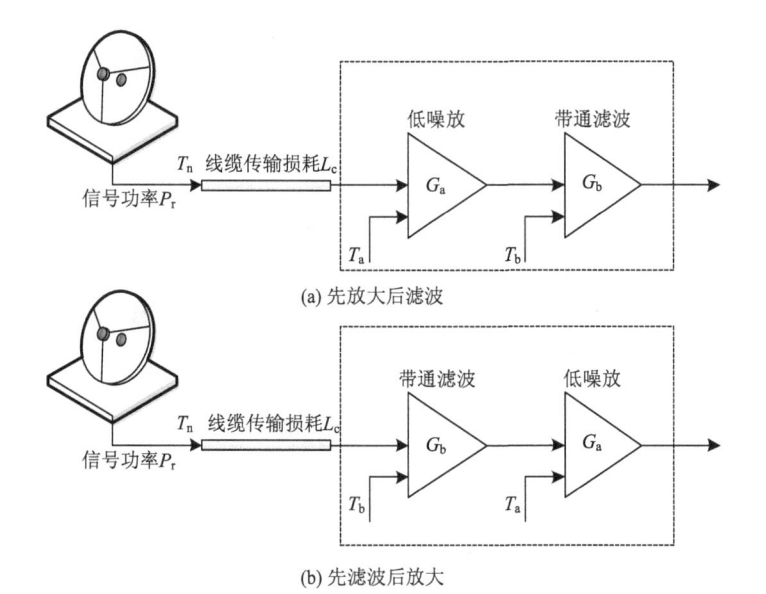

图 8.2.2 两种方案的连接关系图

假设低噪声放大器的噪声温度和增益分别为 T_a 和 G_a，带通滤波的噪声温度和增益分别为 T_b 和 G_b，根据 Friis 公式，那么"先放大后滤波"和"先滤波后放大"两种方案中两级串联系统的等效噪声温度分别为

$$T_t^{ab} = T_a + \frac{T_b}{G_a} \tag{8.2.1}$$

$$T_t^{ba} = T_b + \frac{T_a}{G_b} \tag{8.2.2}$$

根据串联系统等效噪声温度 T_t 的定义，即可得到经过前置滤波放大处理后的信号载噪比，其表达式为

$$
\begin{aligned}
R'_{cn} &= \frac{\dfrac{P_R}{L_c}}{k_B T_n} \times \frac{T_n}{T_n + T_t} \\
&= \frac{T_n}{L_c (T_n + T_t)} R_{cn} \\
&\triangleq R_{cn} / L
\end{aligned}
\tag{8.2.3}
$$

其中，L_c 表示线缆传输损耗；L 表示射频前端处理引入的载噪比损耗。

假设线缆传输损耗为 1dB，低噪放的增益为 26dB，噪声温度为 170K，带通滤波器的增益为–1dB，噪声温度为 75K，那么"先放大后滤波"和"先滤波后放大"两种方案对应的信号载噪比损耗分别为 3.1dB 和 4.2dB。

根据上述计算结果可知，在低噪放之后进行带通滤波具有更低的载噪比损耗。但是当带外干扰信号功率较强时，滤波前放大可能直接导致放大器饱和，使信号出现非线性失真。为了使接收机对电磁干扰有更好的适应性，先滤波后放大所额外引入的 1.1dB 载噪比损耗是可以接受的。

8.2.2　下变频混频

卫星导航信号属于频域窄带信号，通常不采用高速率的射频直接采样方案，而是变至中频后再进行低速率的中频采样。导航接收机使用混频器将射频信号与本振信号相乘，在滤除混频产生的和频分量后，剩余的差频分量就是保留了导航信号所有有用信息的中频信号。下面使用数学表达式描述下变频的过程。

假设接收机产生的本振信号 $s_{LO}(t)$ 的表达式为

$$s_{LO}(t) = A_{LO} \cos(2\pi f_{LO} t + \theta_{LO}) \tag{8.2.4}$$

其中，A_{LO} 表示本振信号的幅度；f_{LO} 表示本振信号的频率；θ_{LO} 表示本振信号的初相。

如果要求变频后的中频频率为 f_{IF}，那么本振信号可以选频率为 $f_{LO} + f_{IF}$ 的高本振或者频率为 $f_{LO} - f_{IF}$ 的低本振。以通常使用的低本振为例，接收信号和本振信号混频之后所得到的信号为

$$
\begin{aligned}
s_m(t) &= r(t) \cdot s_{LO}(t) \\
&= \sqrt{2C_m} d(t - \tau_0) c(t - \tau_0) \cos\left[2\pi(2f_0 - f_{IF} + f_d)t + \theta_0 + \theta_{LO}\right] \\
&\quad + \sqrt{2C_m} d(t - \tau_0) c(t - \tau_0) \cos\left[2\pi(f_{IF} + f_d)t + \theta_0 - \theta_{LO}\right] \\
&\quad + n_{HF}(t) + n_{LF}(t)
\end{aligned}
\tag{8.2.5}
$$

其中，$C_m = CA_{LO}/4$ 表示混频后的信号功率；$n_{HF}(t)$ 和 $n_{LF}(t)$ 分别表示噪声混频后的高频分量和低频分量。

对混频后的信号进行低通滤波就可以得到不含和频分量的中频信号，其具体表达式为

$$
\begin{aligned}
s_{\mathrm{IF}}(t) &= \mathrm{LF}\{s_{\mathrm{m}}(t)\} \\
&= \sqrt{2C_{\mathrm{m}}}\, d(t-\tau_0)\, c(t-\tau_0)\cos\left[2\pi(f_{\mathrm{IF}}+f_{\mathrm{d}})t+\theta_0-\theta_{\mathrm{LO}}\right] + n_{\mathrm{LF}}(t)
\end{aligned}
\tag{8.2.6}
$$

其中，$\mathrm{LF}\{\bullet\}$ 表示低通滤波处理。

混频后的中频信号经过进一步放大满足幅度要求后，即可对其进行模数转换，以做进一步的数字信号处理。

8.2.3 模数转换

模数转换（ADC）是将模拟信号转换为数字信号，包括低通采样和带通采样两种方案。模数转换的采样率是接收机设计的重要参数，其中低通采样要求采样率满足 Nyquist 采样定理，带通采样可以使用更低的频率，但同样要求采样后的信号频谱不能产生混叠。假设经过下变频混频后的中频信号频率为 f_{IF}，导航信号带宽为 B_{r}，则低通采样的采样率 f_{s} 需满足如下约束：

$$
f_{\mathrm{s}} \geqslant 2f_{\mathrm{IF}} + B_{\mathrm{r}}
\tag{8.2.7}
$$

与低通采样相比，带通采样的约束条件略微复杂，具体为

$$
\frac{2f_{\mathrm{IF}}+B_{\mathrm{r}}}{m} \leqslant f_{\mathrm{s}} \leqslant \frac{2f_{\mathrm{IF}}-B_{\mathrm{r}}}{m-1}
\tag{8.2.8}
$$

其中，$1 \leqslant m \leqslant \left\lfloor \dfrac{2f_{\mathrm{IF}}+B_{\mathrm{r}}}{2B_{\mathrm{r}}} \right\rfloor$，$\lfloor x \rfloor$ 表示不大于 x 的最大整数。

扩展阅读：满足 Nyquist 采样定理的最低频率称为 Nyquist 采样频率。

由于滤波器的通带不可能为理想的矩形，而是均存在一定的过渡带，因此接收机选择的采样率均会高于 Nyquist 采样频率。由式 (8.2.7) 和式 (8.2.8) 可知，提高采样率意味着模拟前端滤波器可以有更宽的过渡带范围，这不仅可以简化滤波器的设计，还能够改善滤波器的通道特性。

除了采样率，有效位数是模数转换的另一个重要性能参数，它会直接影响基带信号的等效载噪比。对于普通民用导航接收机，模数转换有效位数不低于 4bit 时即可忽略量化噪声引入的载噪比损耗，但对于军用导航接收机，模数转换有效位数是实现强抗干扰能力的基础。由于带通采样相比于低通采样具有更低的有效位数，因此在工作频率满足 Nyquist 采样定理的情况下，接收机通常使用低通采样方案。

假设采样率为 $1/T_{\mathrm{s}}$，则模拟中频信号 $s_{\mathrm{IF}}(t)$ 经过模数转换后的数字信号可表示为

$$
\begin{aligned}
s_{\mathrm{IF}}[k] &= s_{\mathrm{IF}}(kT_{\mathrm{s}}) \\
&= \sqrt{2C}\, d(kT_{\mathrm{s}}-\tau_0)\, c(kT_{\mathrm{s}}-\tau_0)\cos\left[2\pi(f_{\mathrm{IF}}+f_{\mathrm{d}})kT_{\mathrm{s}}+\theta_0'\right] + n[k]
\end{aligned}
\tag{8.2.9}
$$

对模拟中频信号进行采样时，采样率会大于 2 倍的信号带宽。为了降低计算量，基带信号处理前还需要对采样数据进行预处理，主要完成正交下变频、低通滤波和抽取等处理。使用频率为 f_{DO} 的数字本振信号 $s_{\mathrm{DO}}[k]=\sqrt{2}\mathrm{e}^{\mathrm{j}2\pi f_{\mathrm{DO}}kT_{\mathrm{s}}}$ 进行正交下变频和低通滤波后的基带复信号可表示为

$$
\begin{aligned}
s_{\mathrm{B}}'[k] &= \mathrm{LF}\{s_{\mathrm{IF}}[k]s_{\mathrm{DO}}^{*}[k]\} \\
&= \sqrt{C}\, d(kT_{\mathrm{s}}-\tau_0)\, c(kT_{\mathrm{s}}-\tau_0)\mathrm{e}^{\mathrm{j}\left[2\pi(f_{\mathrm{B}}+f_{\mathrm{d}})kT_{\mathrm{s}}+\theta_0'\right]}
\end{aligned}
\tag{8.2.10}
$$

其中，$f_{\mathrm{B}} = f_{\mathrm{IF}} - f_{\mathrm{DO}}$ 表示基带信号的残留频率；$\mathrm{LF}\{\bullet\}$ 表示低通滤波操作。

对信号进行 N 倍抽取即简单的 N 选 1 操作，对应的表达式为

$$s_B[k] = s'_B[kN] \tag{8.2.11}$$

在式(8.2.9)和式(8.2.10)所示的处理过程中,低通滤波带宽和抽取倍数的选择应保证信号频谱不发生混叠。

在某些对功耗和成本有严苛要求的应用场景中,导航接收机会采用零中频方案。在零中频方案中,接收机直接使用两路相位正交的本振信号将接收信号下变频变至基带,从而可使用略高于信号带宽的采样率对基带信号进行复采样,其实现结构如图8.2.3所示。

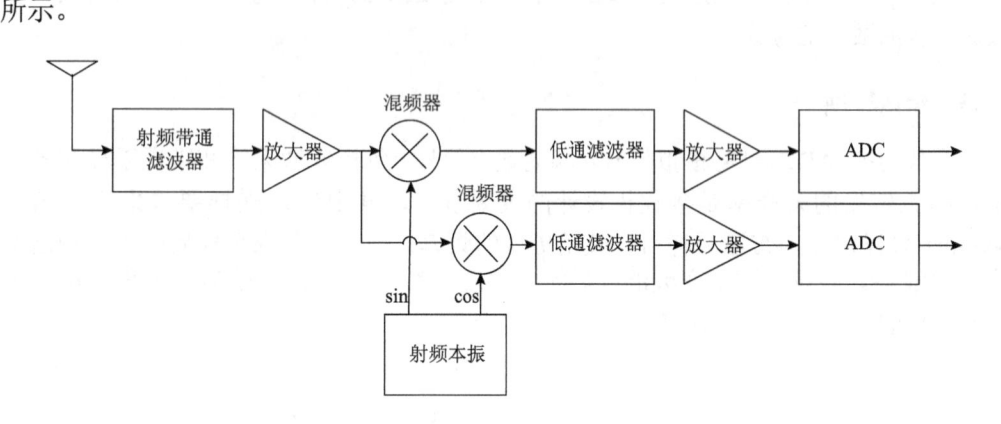

图 8.2.3　零中频方案射频前端处理实现结构

在使用分立器件时,图 8.2.3 中同相/正交通道的一致性难以得到保证,这会导致基带信号的等效载噪比存在一定的损耗。随着射频集成电路技术的快速发展,因通道特性不一致引入的损耗几乎可忽略,因此零中频方案在低功耗导航接收机中得到了广泛的应用。

8.3　基带信号处理

微课视频

基带信号处理是导航接收机中的关键环节,直接决定了信号接收的性能,同时其输出的观测量作为导航定位处理的输入,是实现高精度定位的基础。如图8.0.1所示,基带信号处理由信号处理调度、捕获牵引跟踪、导航电文处理和测量值获取等模块所组成,本节将对这些内容进行详细介绍。

8.3.1　信号处理调度

扩展阅读:传统导航接收机跟踪通道资源非常紧张,多星调度还需要根据卫星空间几何对卫星进行优选。

信号处理调度是基带信号处理的"指挥机构",为各可见卫星不同阶段的处理分配资源。根据调度的层次,可以将信号处理调度分为多星调度和单星调度两个层次。

在多星调度层次,调度模块的主要任务是选择当前需要处理的卫星。根据导航接收机启动后多星调度时所具有的先验信息,可以将启动方式分为冷启动、温启动和热启动三种。在冷启动模式中,导航接收机没有任何关于可见卫星的先验信息,只能遍历星座中的所有卫星,而在温启动和热启动模式中,可以根据预存的历书或星历来确定当前可视卫星。得益于导航芯片强大的并行捕获能力,低动态场景的民用信号接收机完成单颗卫星捕获仅需几十毫秒,因此在没有可视卫星先验信息的情况下也能够快速完成所有可视卫星的接收。但是在高动态或者长码直捕场景,可视卫星信息对缩短捕获时间仍具有重要的意义。

在单星调度层次,调度模块的主要任务是调整卫星信号接收的状态。信号接收状态分为未处理、接收失败、捕获、牵引和跟踪等，当某卫星被多星调度确定为待处理卫星后，单星调度首先进入未处理状态，然后根据处理结果进行状态间的跳转，具体的跳转关系如图 8.3.1 所示。

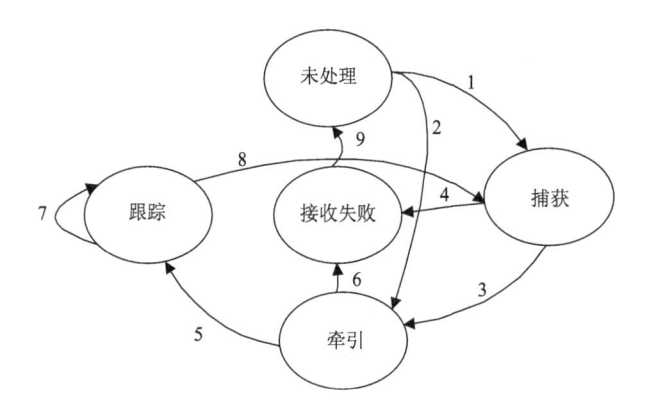

图 8.3.1　单星调度状态跳转关系

图 8.3.1 中的连线描述了不同状态间的跳转关系，具体如下（下面的序号与图中连线的编号一一对应）。

(1)卫星时频不确定度较大，不满足牵引条件，并且捕获模块空闲，则占用捕获模块，进入信号捕获状态。

(2)卫星时频不确定度较小，满足牵引条件，并且牵引模块空闲，则占用牵引模块，进入信号牵引状态。

(3)信号捕获成功，并且牵引模块空闲，则占用牵引模块，进入信号牵引状态。

(4)信号捕获失败，返回接收失败状态。

(5)信号牵引成功，并且存在空闲的跟踪通道，则占用跟踪通道，进入信号跟踪状态。

(6)信号牵引失败，返回接收失败状态。

(7)信号持续处于稳定跟踪状态，同时进行电文处理及测量值获取。

(8)信号跟踪失锁，进入失锁重捕状态。

(9)接收失败等待一段时间后，再次被多星调度确定为待处理卫星。

8.3.2　捕获牵引跟踪

捕获牵引跟踪是基带信号处理中计算复杂度最高的环节，通常由大规模的逻辑器件来完成。本书的第 4 章和第 5 章已详细介绍了捕获和跟踪的原理和实现，本节将对牵引进行详细介绍。

在信号捕获完成后，码相位和多普勒频率的不确定范围已缩小至捕获的时频搜索间隔。考虑到捕获模块通常会选择较大的时频搜索间隔，并且信号参数在捕获过程中会发生一定的变化，为了使捕获结果的误差范围满足信号跟踪的要求，通常需要在捕获完成后进行牵引处理。牵引处理主要是对捕获结果做进一步的精细估计，使码相位和多普勒频率估计值满足信号跟踪的要求。

对于码相位的精细估计，牵引过程通常会按照一定的间隔并行计算多个码相位的相关值，并选择最大相关值对应的码相位作为最终的结果。由于仅需要计算有限个码相位对应的相关值，因此牵引过程可以进行长时间的非相干积累，以获得更加准确的码相位估计结果。

使用第4章中所定义的符号，假设捕获得到的码相位和多普勒频率分别为 $\tilde{\tau}_0$ 和 $\tilde{f}_d$，牵引的码相位搜索间隔为 τ_Δ，搜索范围为 $[-U\tau_\Delta, U\tau_\Delta]$，后积累次数为 K，那么码相位序号为 $u(-U \leqslant u \leqslant U)$ 的积累值为

$$
\begin{aligned}
W_u &= \sum_{i=0}^{K-1} \left| \int_{t=iT_c}^{(i+1)T_c} s_B(t+\tilde{\tau}_0) c(t-u\tau_\Delta) \mathrm{e}^{-\mathrm{j}2\pi(f_B+\tilde{f}_d)t} \, \mathrm{d}t \right|^2 \\
&= \sum_{i=0}^{K-1} \left| w_u[i] \right|^2
\end{aligned}
\tag{8.3.1}
$$

其中，T_c 表示相干积分时间；$w_u[i]$ 表示码相位为 $\tilde{\tau}_0 + u\tau_\Delta$ 在时间段 $[iT_c, (i+1)T_c]$ 内的相关值；$s_B(t)$ 表示基带信号（为了表示简洁，这里仍然使用连续信号的形式）。

假设码相位序号为 $\tilde{u}$ 的相关值 $W_{\tilde{u}}$ 最大，那么码相位估计值 $\tilde{\tau}_0 + \tilde{u}\tau_\Delta$ 的估计误差在 $\pm\tau_\Delta/2$ 以内。通常牵引阶段码相位搜索间隔选为 1/2 码片即可，而搜索范围则需要根据捕获时长和信号动态来确定，捕获时长和信号动态越大，需要搜索的码相位范围也越大。

在完成码相位估计后，还需要对多普勒频率进行精细估计。易知，码相位 $\tilde{\tau}_0 + \tilde{u}\tau_\Delta$ 在 $[iT_c, (i+1)T_c]$ 时段的相干积分结果 $w_{\tilde{u}}[i]$ 可表示为如下形式：

$$
w_{\tilde{u}}[i] = \alpha_u d_i \mathrm{e}^{\mathrm{j}(2\pi f_\varepsilon iT_c + \theta_u)} + n_u[i]
\tag{8.3.2}
$$

其中，$f_\varepsilon = f_d - \tilde{f}_d$ 表示多普勒频率牵引误差；d_i 表示在 $[iT_c, (i+1)T_c]$ 时段的电文符号；α_u 和 θ_u 分别表示相关值的幅度和相位；$n_u[i]$ 表示相关值中的噪声部分。

为了消除式 (8.3.2) 中电文调制的影响，对 $w_{\tilde{u}}[i]$ 取平方，即

$$
\begin{aligned}
v[i] &= w_{\tilde{u}}^2[i] \\
&= \alpha_u^2 \mathrm{e}^{\mathrm{j}2(2\pi f_\varepsilon iT_c + \theta_u)} + n_v[i]
\end{aligned}
\tag{8.3.3}
$$

很显然，使用正弦波频率估计方法对 $v[i]$ 进行处理，即可得到 2 倍的多普勒频率残留误差 $2\tilde{f}_\varepsilon$，从而得到多普勒频率的精细估计值 $\tilde{f}_d + \tilde{f}_\varepsilon$。

综上可知，经过牵引处理后，码相位和多普勒频率的误差范围被进一步缩小以满足信号跟踪的要求。

8.3.3 导航电文处理

导航接收机处于稳定跟踪状态时即可使用准时支路同相分量的相关值进行电文处理。除了提取广播星历等数据，电文处理的另一项重要任务是通过电文同步获得民用信号完整的信号时间。

未调制载波的导航信号由扩频码、次级码、编码后电文所组成。其中，扩频码和编码后电文的含义是明确的，而次级码则是为了实现电文统一处理所引入的概念，其定义为扩频码上所调制的 1000symbol/s 的周期性序列。根据次级码的定义，不同信号的接口控制文件（ICD）对次级码具有不同的命名，对于未调制次级码的信号，可将次级码视为全 0。各卫星导航系统中非授权信号对应的次级码如表 8.3.1 所示。

以 BDS 系统 MEO 卫星播发的 B1I 信号为例，信号生成过程可表示为如图 8.3.2 所示的结构。

表 8.3.1　各卫星导航系统中非授权信号的次级码

导航系统	信号类型	ICD 中次级码名称	次级码
BDS	GEO B1I/B3I	无	[0,0]
	MEO/IGSO 1I/B3I	二次编码	[0,0,0,0,0,1,0,0,1,1,0,1,0,1,0,0,1,1,1,0]
	B1Cd/B1Cp	无	[0,0,0,0,0,0,0,0,0,0]
	B2ad	子码	[0,0,0,1,0]
	B2ap	子码	码长 100 的截短 Weil 码
	B2b	无	[0]
GPS	L1C/A	无	[0,0,0,0,0,0,0,0,0,0,0,0,0,0,0,0,0,0,0,0]
	L1C	无	[0,0,0,0,0,0,0,0,0,0]
	L2CM/L2CL	无	[0,0,0,0,0,0,0,0,0,0,0,0,0,0,0,0,0,0,0,0]
	L5I	同步序列	[0,0,0,0,1,1,0,1,0,1]
	L5Q		[0,0,0,0,0,1,0,0,1,1,0,1,0,1,0,0,1,1,1,0]
Galileo	E1B/E1C	无	[0,0,0,0]
	E5a-I		[1,0,0,0,0,1,0,0,0,0,1,0,1,1,1,0,1,0,0,0,1]
	E5a-Q	次级码	码长 100
	E5b-I		[1,1,1,0]
	E5b-Q		码长 100
GLONASS	G1/G2	无	[0,0,0,0,0,0,0,0,0,0]

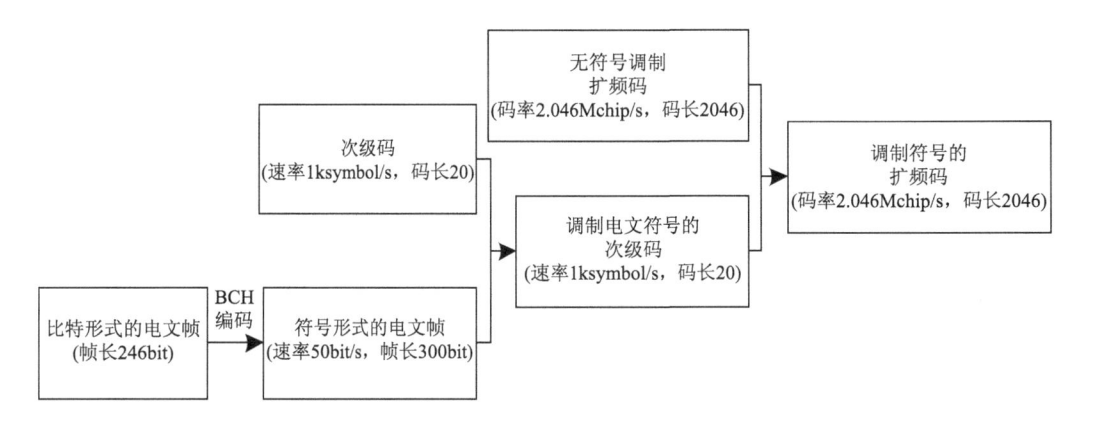

图 8.3.2　BDS 系统 MEO 卫星播发的 B1I 信号的生成结构

实际上，卫星导航系统其他信号的生成结构同样可表示为图 8.3.2 所示的形式，只是电文、次级码和伪码的参数存在区别。根据图 8.3.2 所示的导航信号生成结构，可以将基带信号处理各阶段的主要任务描述为：信号跟踪主要是确定扩频码的边界，电文处理中位同步和帧同步则分别是确定次级码和电文帧的边界。导航信号的电文处理流程如图 8.3.3 所示。

图 8.3.3　导航信号的电文处理流程

下面介绍电文处理中位同步和帧同步的基本原理。当载波跟踪环路锁定后即可进行位同步处理。位同步基于次级码良好的自相关特性，通过滑动相关寻找最大相关值确定次级码的边界。假设准时支路同相分量的相关值序列为 $I_p[k]$，次级码 $c_s[k]$ 的周期为 L_s，则各种次级码边界 $\delta_s \in [0, L_s)$ 的相关值 $w_s[\delta_s]$ 为

$$w_s[\delta_s] = \sum_{i=0}^{M_s-1} \left| \sum_{k=0}^{L_s-1} I_p[iL_s + k + \delta_s] c_s[k] \right| \tag{8.3.4}$$

其中，M_s 表示相关值积累的次级码周期数。

最大相关值对应的 δ_{s0} 即为次级码边界相对于 $I_p[0]$ 的偏移量。现代化的导航信号通常使用自相关特性良好的次级码，即使在弱信号条件下，选择较小的 M_s 也能够正确完成位同步。但传统导航信号，例如 GPS L1C/A 信号并未调制次级码，此时只有电文符号翻转才会影响不同位边界的相关值。为了保证位同步的正确性，需要选择较大的 M_s，并比较最大相关值和次大值以确认是否有足够多的电文翻转。

在得到正确的位边界之后，就可以根据相关值得到电文符号 $d_s[k]$，具体如下所示：

$$d_s[i] = \text{sgn}\left\{ \sum_{k=0}^{L_s-1} I_p[iL_s + k + \delta_{s0}] c_s[k] \right\} \tag{8.3.5}$$

其中，$\text{sgn}\{\bullet\}$ 表示取符号操作。

在得到电文符号后即可进行帧同步处理。帧同步的原理和位同步类似，同样是利用帧头良好的自相关特性，通过滑动搜索的方式寻找帧头所在位置。由于电文中可能包含和帧头相同的数据，为了避免因此导致的帧同步错误，通常需要使用连续多帧数据进行确认。假设电文帧长度为 L_r，帧头为 $c_h[k]$，其长度为 L_h，那么正确的帧头位置 δ_r 对应的相关值 $w_r[\delta_r]$ 应满足如下条件：

$$|w_r[\delta_r]| = \left| \sum_{i=0}^{M_r-1} \sum_{k=0}^{L_h-1} d_s[iL_r + k + \delta_r] c_h[k] \right| \geqslant \lambda_r \tag{8.3.6}$$

其中，M_r 表示连续确认的电文帧数；λ_r 表示帧同步的门限值。由于电文符号的信噪比较高，出现误码的概率比较小，因此选择的门限值通常等于或略小于 $M_r L_h$。

式 (8.3.6) 对 $w_r[\delta_r]$ 取绝对值的原因是载波跟踪存在半周模糊，导致相关值 $w_r[\delta_r]$ 符号可能为负，这同时也意味着根据 $w_r[\delta_r]$ 的符号可以消除载波跟踪的半周模糊。

在完成帧同步处理后，即可对电文帧进行译码，并根据接口控制文件提取电文中的信息以及获得信号的完整时间。以民用信号为例，信号时间 t_s 可以表示为

$$t_s = t_c + k_c T_c + k_b T_b + t_f \tag{8.3.7}$$

其中，t_c 表示扩频码周期内伪码相位表征的时间；k_c 表示相对于电文比特边界的扩频码周期偏移量；T_c 表示扩频码周期；k_b 表示相对于电文帧起始位置的电文偏移量；T_b 表示电文比特时长；t_f 表示从电文中获取的电文帧起始位置对应的时间。式 (8.3.7) 中的 T_c 和 T_b 与具体的信号类型有关。

8.3.4 测量值获取

除了电文解调以外，获取测量值是基带信号处理的另一个重要任务。导航接收机输出的测量值包括反映星地距离的伪码伪距和载波伪距、反映相对速度的多普勒频率以及反映信号功率的载噪比。由于多普勒频率和载噪比可直接由跟踪过程获得，因此本节将重点介绍两种距离测量值的获取过程。

距离测量值包括伪码跟踪得到的伪码伪距以及载波跟踪得到的载波伪距。其中，伪码伪距不存在模糊度，但是抖动较大，且受多径影响较大；载波伪距精度很高，但

是存在整周模糊度。很多文献将伪码伪距和载波伪距分别称作伪距和载波相位,但载波相位这个名称容易引起误解,而且无法体现这两种距离测量值之间的联系。

根据 1.2.1 节所介绍的信号到达时间测距的基本原理,假设信号发射时对应的信号时间为 t_s,信号接收时对应的本地时间为 t_r,在收发时钟同步且不考虑各种误差因素的情况下,卫星与接收机之间的几何距离即为 $c(t_r - t_s)$。如果收发之间存在钟差,那么 $c(t_r - t_s)$ 不再等于真实的几何距离,而是包含了钟差的观测量,因此称其为伪距。

根据伪距的定义即可知道伪码伪距 ρ 的测量方式。假设在本地时间 t_r 时刻,本地信号伪码相位所表征的信号时间为 t_s,则该时刻所对应的伪码伪距为

$$\rho(t_r) = c(t_r - t_s) \tag{8.3.8}$$

式 (8.3.7) 介绍了信号时间 t_s 的获取方法,下面简单描述本地时间 t_r 的获取过程。本地时间是基于采样节拍来维持的,主要问题在于初始时刻的设置。在没有外部辅助的情况下,接收机启动后是无法获得本地时间的,只能初始化为任意值。在获得第一颗卫星的信号时间 t_s^1 后,即可将本地时间初始化为 $t_r = t_s^1 + 80\text{ms}$。很显然,这种方式得到的本地时间存在百毫秒量级的误差。当接收机接收到足够多的卫星信号并完成定位解算后,即可得到本地时与系统时之间的钟差 δt_r,根据该钟差可以对本地时间进行修正,最终得到钟差在百纳秒以内的本地时间。

扩展阅读:本地时间初始化中增加的 80ms 为卫星信号传播的粗略时间,此过程通常称为粗略校时。

载波伪距的获取方法本质上和伪码伪距是一致的,只是因下变频和载波相位的周期性增加了实现复杂性。与伪码伪距以米 (m) 为单位不同,载波伪距通常以标称频率对应的波长为单位。假设在本地时间 t_r 时刻,表征本地时间和信号时间的载波相位分别为 $\theta_r(t_r)$ 和 $\theta_s(t_r)$,则该时刻对应的载波伪距的表达式为

扩展阅读:此过程通常称为精确校时。

$$\phi(t_r) = \frac{1}{2\pi}\left[\theta_r(t_r) - \theta_s(t_r)\right] \tag{8.3.9}$$

很显然,式 (8.3.9) 中表征本地时间的载波相位 $\theta_r(t_r)$ 的表达式为

$$\theta_r(t_r) = 2\pi f_0 t_r \tag{8.3.10}$$

下面介绍式 (8.3.9) 中表征信号时间的载波相位 $\theta_s(t_r)$ 的计算过程。接收机通过载波跟踪可恢复出本地时间 t_r 时刻基带信号的载波相位 $\theta_B(t_r)$,根据式 (8.2.4)~式 (8.2.6) 可知中频信号载波相位与原始信号载波相位 $\theta_s(t_r)$ 存在如下关系:

$$\theta_s(t_r) = \theta_B(t_r) + 2\pi(f_{LO} + f_{DO})t_r + \theta_{LO} \tag{8.3.11}$$

虽然式 (8.3.11) 中的载波初相 θ_{LO} 是未知的,但该值对于所有卫星是相同的,在计算载波伪距时可以不予考虑,由此可以得到载波伪距的计算方法:

$$\begin{aligned}\phi(t_r) &= \frac{1}{2\pi}\left[2\pi f_0 t_r - \theta_B(t_r) - 2\pi(f_{LO} + f_{DO})t_r\right] \\ &= f_B t_s - \frac{\theta_B(t_r)}{2\pi}\end{aligned} \tag{8.3.12}$$

在实际接收机中,通常采用递推的方式来简化载波伪距的测量过程。假设载波伪距的测量周期为 T_s,那么测量的具体步骤如下。

(1) 载波伪距初始化。

假设在 t_0 时刻开始进行载波伪距的测量,那么载波伪距的初值 $\phi[0]$ 可表示为

$$\phi[0] = \text{mod}\left(f_B t_0 - \frac{\theta_B(t_s)}{2\pi}, 1\right) \tag{8.3.13}$$

由于载波伪距初值存在整周的模糊度,因此理论上整数部分取任意值均是可行的。

式(8.3.13)表示将载波伪距的整周部分初始化为 0，某些情况下接收机会使用伪码伪距来初始化载波伪距的整周部分。

(2)载波伪距递推。

假设 kT_s 时刻和 $(k-1)T_s$ 时刻载波跟踪得到的载波相位分别为 $\theta_B[k]$ 和 $\theta_B[k-1]$，那么根据 $(k-1)T_s$ 时刻载波伪距 $\phi[k-1]$ 推算 kT_s 时刻载波伪距的表达式为

$$\phi[k]=\phi[k-1]+f_B T_s-\frac{\theta_B[k]-\theta_B[k-1]}{2\pi} \tag{8.3.14}$$

由于载波跟踪通常使用 Costas 环，在输出载波伪距前，还需要根据导航电文帧同步的结果对载波伪距进行半周模糊度修正。

8.4 本 章 小 结

本章对导航接收机中的接收天线、模拟前端处理和基带信号处理进行了详细的介绍，使读者获得对导航接收机设计相对完整的认识，从而能够从更高的层面加深对接收机各环节的理解。

在导航接收天线部分，本章首先根据自由空间传播公式，估算卫星信号到达地面接收机时的功率，然后在此基础上介绍了信噪比和载噪比的基本概念以及两者之间的联系，最后介绍了相位中心稳定度和天线增益方向图等卫星导航接收天线的关键性能指标。

在模拟前端处理部分，本章按照模拟信号处理顺序，依次介绍了前置滤波放大、下变频混频和模数转换的实现。在前置滤波放大中，比较了"滤波前放大"和"放大前滤波"之间的差异；在模数转换部分，介绍了低通采样和带通采样方案对采样率的要求。

在基带信号处理部分，本章详细介绍了信号处理调度、捕获牵引跟踪、导航电文处理和测量值获取等模块的实现。其中，信号处理调度部分重点介绍了单星调度层面的状态跳转关系，捕获牵引跟踪部分主要介绍了牵引环节伪码和多普勒频率精细估计方法，导航电文处理部分在统一的信号结构基础上介绍了位同步和帧同步的通用处理方法，测量值获取部分则重点介绍了载波伪距的基本概念和测量方法。

习 题 8

8-1 推导式(8.1.4)中信号传播距离与卫星相对于接收机的仰角之间的关系。

8-2 已知北斗 MEO 卫星的轨道高度约为 21528km，试计算卫星仰角分别为 10°和 9°时空间传播损耗的差异。

8-3 假设天线接收信号经线缆传输后首先经低噪放放大，然后进行带通滤波，其中线缆传输损耗为 1.5dB，低噪放的增益为 30dB，噪声温度为 170K，带通滤波器增益为−1.5dB，噪声温度为 75K，试求射频链路引入的载噪比损耗。

8-4 已知北斗 B3I 信号的主瓣带宽约为 20MHz，当本振频率为 1200MHz 时，试求低通采样和带通采样可选的频率范围。

8-5 假设式(8.3.2)中引导阶段得到的相关值的实部和虚部分别为 $w_i[k]$ 和 $w_q[k]$，当使用 FFT 进行残留多普勒频率估计时，给出 FFT 输入实部和虚部的具体表达式。

8-6 假设 B3I 信号采用复信号采样的方式，本振频率为 1561MHz，当载波相位计算的更新周期为 20ms 时，试求每个更新周期内由残留频率所引入的载波相位变化。

参 考 文 献

边少锋, 纪兵, 李厚朴, 2016. 卫星导航系统概论[M]. 2 版. 北京: 测绘出版社.

李征航, 2016. GPS 测量与数据处理[M]. 3 版. 武汉: 武汉大学出版社.

鲁郁, 2016. 北斗/GPS 双模软件接收机原理与实现技术[M]. 北京: 电子工业出版社.

米斯拉, 恩格, 2008. 全球定位系统: 信号、测量与性能[M]. 2 版. 罗鸣, 曹冲, 肖雄兵, 等译. 北京: 电子工业出版社.

魏子卿, 葛茂荣, 1998. GPS 相对定位的数学模型[M]. 北京: 测绘出版社.

谢钢, 2017. GPS 原理与接收机设计[M]. 北京: 电子工业出版社.

严恭敏, 翁浚, 2019. 捷联惯导算法与组合导航原理[M]. 西安: 西北工业大学出版社.

BLEWITT G, 1990. An automatic editing algorithm for GPS data [J]. Geophysical research letters, 17(3): 199-202.

CAI C S, LIU Z Z, XIA P F, et al., 2013. Cycle slip detection and repair for undifferenced GPS observations under high ionospheric activity [J]. GPS solutions, 17(2): 247-260.

PETER J G T, OLIVER M, 2017. Springer handbook of global navigation satellite systems[M]. Cham: Springer International Publishing AG.

附 录

附录 A 中英文对照缩写表

英文简称	英文全称	中文全称
AltBOC	alternate binary offset carrier	交替二进制偏移载波
APV	approach with vertical guidance	垂直引导进近
BOC	binary offset carrier	二进制偏移载波
BPSK	binary phase shift keying	二进制相移键控
CASM	coherent adaptive subcarrier modulation	相干自适应子载波调制
CBOC	composite binary offset carrier	合成二进制偏移载波
CCRW	code correlation reference waveform	码相关参考波形
CDMA	code division multiple access	码分多址
CGCS	China Geodetic Coordinate System	中国大地坐标系
CS	commercial service	商业服务
CTP	conventional terrestrial pole	协议地极
DOP	dilution of precision	精度因子
DOY	day of year	年积日
DSSS	direct sequence spread system	直接序列扩频
ECEF	earth centered earth fixed	地心地固坐标系
ECI	earth centered inertial	地心惯性坐标系
ESD	energy spectrum density	能量谱密度
FDMA	frequency division multiple access	频分多址
GAGAN	GPS and GEO augmented navigation system	印度星基增强系统
GDOP	geometric dilution of precision	几何精度因子
GEO	geostationary orbit	地球同步轨道
GF	geometric-free	无几何距离
GLONASS	global navigation satellite system	(俄罗斯)全球卫星导航系统
GNSS	global navigation satellite system	全球卫星导航系统
GPS	global positioning system	全球定位系统
GSO	geostationary earth orbit	对地静止轨道
GSS	Galileo sensor station	伽利略的传感站
GTRF	Galileo terrestrial reference frame	Galileo 地球参考框架
HDOP	horizontal dilution of precision	水平精度因子
HEO	high elliptical orbit	高椭圆轨道
IERS	International Earth Rotation Service	国际地球自转服务
IGS	International GNSS Service	全球 GNSS 服务站
IGSO	inclined geo synchronous orbit	倾斜地球同步轨道
IM	intermodulation	交调
IRNSS	Indian Regional Navigation Satellite System	印度区域卫星导航系统
ITRF	International Terrestrial Reference Frame	国际地球参考框架
ITU	International Telecommunications Union	国际电信联盟
IURE	instantaneous user range error	瞬时用户测距误差

续表

英文简称	英文全称	中文全称
JD	Julian day	儒略日
LAGEOS	Laser Geodynamic Satellite	激光地球动力学卫星
LEO	low earth orbit	低轨道
LFSR	linear feedback shift register	线性反馈移位寄存器
LHCP	left hand circular polarized	左旋圆极化
MBOC	multiplexed binary offset carrier	混合二进制偏移载波
MEDLL	multipath estimation delay locked loop	多径延迟锁定环
MEO	medium earth orbit	中轨道
MSE	mean square error	均方误差
MTBF	mean time between failure	平均故障间隔时间
MTTR	mean time to repair	平均修复时间
MV	majority voting	多数表决
NavIC	Navigation with Indian Constellation	印度导航星座
NCO	numerically-controlled oscillator	数控振荡器
NMEA	National Marine Electronics Association	美国国家海洋电子协会
NNSS	Navy Navigation Satellite System	海军卫星导航系统
NRTK	network real-time kinematic	网络实时动态相对定位
PDOP	position dilution of precision	位置精度因子
PLL	phase-locked loop	相位锁定环路
POCET	phase optimized constant envelope transmission	相位最优恒包络发射
PPP	precise point positioning	精密单点定位
PRN	pseudorandom noise	伪随机噪声
PSD	power spectral density	功率谱密度
PVT	position，velocity，and time	位置、速度和时间
QMBOC	quadrature multiplexed binary offset carrier	正交复用二进制偏移载波
QPSK	quadrature phase-shift keying	正交相移键控
QZSS	Quasi-zenith Satellite System	(日本)准天顶卫星导航系统
RDSS	radio determination service of satellite	卫星无线电定位业务
RHCP	right hand circular polarized	右旋圆极化
RIRT	Russian Institute of Radionavigation and Time	俄罗斯无线电导航和时间研究院
RMSE	root mean square error	均方根误差
RNSS	radio navigation service of satellite	卫星无线电导航服务
ROC	receiver operating characteristic	接收机工作特征
RTD	real time differential	载波相位差分定位
RTK	real time kinematic	实时动态相对定位
RTT	round trip time	往返时间
SAR	search and rescue	搜寻与援救(搜救)
SBAS	satellite based augmentation systems	星基增强系统
SISRE	signal in space user range error	空间信号测距误差
SPP	standard point positioning	标准单点定位
ST	sidereal time	恒星时
ST	solar time	太阳时
STD	standard deviation	标准差
TAI	International Atomic Time	国际原子时

表

英文简称	英文全称	中文全称
TDOP	time dilution of precision	时间精度因子
续 TEC	total electron content	电子总含量
TGD	signal transmission group delay	信号传播群时延
TMBOC	time multiplexed binary offset carrier	时分复用二进制偏移载波
TOA	time of arrival	到达时间
TOF	time of flight	飞行时间
UEE	user equipment error	用户设备误差
UERE	user equivalent range error	用户等效距离误差
UERRE	user equivalent range rate error	用户等效测距率误差
URE	user range error	用户测距误差
UT	universal time	世界时
UTC	coordinated universal time	协调世界时
VCO	voltage controlled oscillator	压控振荡器
VDOP	vertical dilution of precision	垂直精度因子
WGS	World Geodetic System	大地系

附录 B Rinex 数据格式

Rinex 数据格式,从形式上包括文件头(header section)和文件数据(data record);从内容上包括观测数据和导航电文数据。本节首先介绍 Rinex 数据格式的文件头,然后分别以 GPS 和 BDS 系统为例,介绍 Rinex3.05 版本中的导航电文数据和观测数据。

1. Rinex 数据格式的文件头

下面从文件头标识、描述和格式三个方面对 Rinex 文件头进行说明。

文件头标识(行 61~80)	描述	格式
Rinex VERSION /TYPE	- 格式版本 - 文件类型("N"是电文,"O"是观测数据) - 卫星系统 G:GPS R:GLONASS E:Galileo J:QZSS C:BDS I:NavIC/IRNSS S:SBAS M:混合	F9.2,11X A1,19X A1,19X
PGM / RUN BY / DATE	- 产生当前文件的程序名称 - 产生当前文件的机构名称 - 文件产生日期和时间 格式:yyyymmdd hhmmss zone Zone :3-4 char. 建议"UTC"	A20 A20 A20

续表

文件头标识(行 61～80)	描述	格式
*COMMENT	论述行	A60
*IONOSPHERIC CORR	电离层改正参数	
	- 改正类型	A4，1X
	GAL = Galileo ai0-ai2	
	GPSA = GPS alpha0- alpha3	
	GPSB = GPS beta0-beta3	
	QZSA = QZS alpha0-alpha3	
	QASB = QZS beta0-beta3	
	BDSA = BDS alpha0-alpha3	
	BDSB = BDS beta0-beta3	
	IRNA = NavIC/IRNSS alpha0-alpha3	
	IRNB = NavIC/IRNSS beta0-beta3	
	- 参数	4D12.4
	GAL：ai0, ai1,Blank	
	GPS：alpha0-alpha3 或者 beta0-beta3	
	QZS：alpha0-alpha3 或者 beta0-beta3	
	BDS：alpha0-alpha3 或者 beta0-beta3	
	IRN：alpha0-alpha3 或者 beta0-beta3	
	- 时间标识，传递时间(周内秒)转换成天内小时，然后表示成字母 A-X。以 BDS 为例，有	1X,A1
	A=BDT 00h-01h ;	
	B=BDT 01h-02h ;	
	⋮	
	X=BDT 23h-34h；	
	- 卫星 ID，表示提供电离层参数的卫星	1X,I2
*TIME SYSTEM CORR	GNSS 系统时间和 UTC 或其他时间系统的差异	
	- Type	A4，1X
	GPUT = GPS-UTC (a0,a1)	
	GLUT = GLO-UTC (a0=-TanC, a1=zero)	
	GAUT = GAL-UTC (a0,a1)	
	BDUT = BDS-UTC (a0=A0UTC,a1=A1UTC)	
	- a0,a1 系数 线性多项式 $\Delta t = a_0 + a_1(t - t_{\text{ref}})$ 的系数	D17.10
	- T 多项式的参数时间(GPS/GAL/QZS/BDS 周内秒)	D16.9
		1XI6
	- W 参考周数，GPS/GAL/QZS/IRN/SBAS 对其 GPS； GLONASS 的 T 和 W 为 0； BDS 周从 2006.01.01 开始	1XI4
	- 卫星 ID 卫星的系统表示和 PRN	
	- U UTC 标识；若未知，则为 0；	1X,A5,1X
	1=UTC (NIST)，2=UTC (USNO)	
	3=UTC (SU)，4=UTC (BIPM)	I2，1X
	5=UTC (Eurpo Lab),6=UTC (CRL)	
	7=UTC (NTSC)(BDS)，>7 = 未对齐	

续表

文件头标识(行 61~80)	描述	格式
*LEAP SECONDS	- 当前跳秒数	I6
	- 未来/过去跳秒数	I6
	- 跳秒参考的相对周数	I6
	- 参考的相对天数	I6
	- 时间系统标识，仅 GPS 和 BDS 系统是可用标识，空格标识 GPS	A3

注：*表示可选项，BNK 表示如果未知或未定义，则为空

2. Rinex 数据格式的数据块

(1)GPS 的 Rinex 格式导航电文。

下面从数据块、描述和格式三个方面对 GPS 的 Rinex 格式导航电文进行描述。

文件头标识(行 61~80)	描述	格式
SV / EPOCH /SV CLK	- 卫星系统(G)，卫星号(PRN)	A1，I2.2
	- 时刻：Toc-GPS 钟的时间	1X，I4
	- 月，天，时，分，秒	5(1X,I2.2)
	- SV 钟偏(s)	3D19.12
	- SV 钟漂(s/s)	
	- SV 钟漂移率(s/s^2)	*
BROADCAST ORBIT -1	- IODE 星历数据的期龄	4X，4D19.12
	- Crs (m)	
	- Delta n (rad/s)	
	- M0 (rad)	***
BROADCAST ORBIT -2	- Cuc (rad)	4X，4D19.12
	- e Eccentricity	
	- Cus (rad)	
	- Sqrt(A)（sqrt(m)）	
BROADCAST ORBIT -3	- Toe 星历时间	4X，4D19.12
	- Cic (rad)	
	- OMEGA0 (rad)	
	- Cis (rad)	
BROADCAST ORBIT -4	- i0 (rad)	4X，4D19.12
	- Crc (m)	
	- omega (rad)	
	- OMEGA DOT (rad/s)	
BROADCAST ORBIT -5	- IDOT(rad/s)	4X，4D19.12
	- Codes on L2 频段	
	- GPS 周	
	- L2 P 数据表示	
BROADCAST ORBIT -6	- SV 精度(m)	4X，4D19.12
	- SV 健康状态	
	- TGD(s)	
	- IDOC 钟差数据的期龄	
BROADCAST ORBIT -7	- 信息传输时间	4X，4D19.12
	- 拟合间隔(h)	
	- 空闲(x2)	

（2）GPS 的 Rinex 格式观测数据。

为了保持观测数据尽可能详细但简短地描述，对不同观测类型以不同缩略符表示，具体如下所示。

t: observation type	C=pseudo-range	L=carrier phase	D=doppler	S=signal strength	X= hannel number
n: band/frequency	1,2,…,9				
a：attribute	跟踪模式或通道，如 I、Q、C、P 等				

例如：

L1C：L1 频点上的 C/A 码（GPS/GLONASS）；

C2L：从 L 通道推导出的 L2C 伪距（GPS）；

C2X：从混合（M+L）码推导出的 L2C（GPS）。

对 GPS 观测数据，从频点、通道/码、观测数据块编码三个方面进行阐述。

系统	频点	通道/码	观测数据块编码			
			伪距	相位	多普勒	信号强度
GPS	L1/1575.42	C/A	C1C	L1C	D1C	S1C
		L1C(D)	C1S	L1S	D1S	S1S
		L1C(P)	C1L	L1L	D1L	S1L
		L1C(D+P)	C1X	L1X	D1X	S1X
		Z-追踪(AS)	C1W	L1W	D1W	S1W
		Y	C1Y	L1Y	D1Y	S1Y
		M	C1M	L1M	D1M	S1M
		codeless		L1N	D1N	S1N
	L2/1227.60	C/A	C2C	L2C	D2C	S2C
		L1(C/A)+(P2-P1)	C2D	L2D	D2D	S2D
		L2C(M)	C2S	L2S	D2S	S2S
		L2C(L)	C2L	L2L	D2L	S2L
		L2C(M+L)	C2X	L2X	D2X	S2X
		P(AS)	C2P	L2P	D2P	S2P
		Z-追踪(AS)	C2W	L2W	D2W	S2W
		Y	C2Y	L2Y	D2Y	S2Y
		M	C2M	L2M	D2M	S2M
		Codeless		L2N	D2N	S2N
	L3/1176.45	I	C5I	L5I	D5I	S5I
		Q	C5Q	L5Q	D5Q	S5Q
		I+Q	C5X	L5X	D5X	S5X

（3）BDS 的 Rinex 格式导航电文。

下面从数据块、描述和格式三个方面对 BDS 的 Rinex 格式导航电文进行描述。

文件头标识(行 61~80)	描述	格式
SV / EPOCH /SV CLK	- 卫星系统(C)，卫星号(PRN)	A1，I2.2
	- 时刻：Toc-BDT 钟的时间	1X，I4
	- 月，天，时，分，秒	5,1X,I2.2
	- SV 钟偏(s)	3D19.12
	- SV 钟漂(s/s)	
	- SV 钟漂移率(s/s^2)	*
BROADCAST ORBIT -1	- AODE 星历数据的期龄	4X，4D19.12
	- Crs (m)	
	- Delta n (rad/s)	
	- M0 (rad)	**
BROADCAST ORBIT -2	- Cuc (rad)	4X，4D19.12
	- e Eccentricity	
	- Cus (rad)	
	- Sqrt (A) (sqrt (m))	
BROADCAST ORBIT -3	- Toe 星历时间	4X，4D19.12
	- Cic (rad)	
	- OMEGA0 (rad)	
	- Cis (rad)	
BROADCAST ORBIT -4	- i0 (rad)	4X，4D19.12
	- Crc (m)	
	- omega (rad)	
	- OMEGA DOT (rad/s)	
BROADCAST ORBIT -5	- IDOT (rad/s)	4X，4D19.12
	- 置留	
	- BDT 周	
	- 置留	
BROADCAST ORBIT -6	- SV 精度(m)	4X，4D19.12
	- SV 健康状态	
	- TGD1 B1/B3 (s)	
	- TGD1 B2/B3 (s)	
BROADCAST ORBIT -7	- 信息传输时间	4X，4D19.12
	- AODC 钟差数据期龄	
	- 置留(x2)	

注：

*表示可选项；

**表示以半圆和半圆/秒为单位传输的角及其导数，必须通过 Rinex 发生器转换为弧度。

(4) BDS 的 Rinex 格式观测数据。

BDS 观测数据的简略标识规律与 GPS 一致，但频点和通道/码有差异。此处，从频点、通道/码、观测值码三个方面进行阐述。

系统	频点	通道/码	观测值码			
			伪距	相位	多普勒	信号强度
BDS	B1/1561.098	I	C2I	L2I	D2I	S2I
		Q	C2Q	L2Q	D2Q	S2Q
		I+Q	C2X	L2X	D2X	S2X

系统	频点	通道/码	观测值码			
			伪距	相位	多普勒	信号强度
BDS	B1C/1575.42	Data	C1D	L1D	D1D	S1D
		Pilot	C1P	L1P	D1P	S1P
		Data+Pilot	C1X	L1X	D1X	S1X
	B1A /1575.42	Data	C1S	L1S	D1S	S1S
		Pilot	C1L	L1L	D1L	S1L
		Data+Pilot	C1Z	L1Z	D1Z	S1Z
	B2a/1176.45	Data	C5D	L5D	D5D	S5D
		Pilot	C5P	L5P	D5P	S5P
		Data+Pilot	C5X	L5X	D5X	S5X
	B2/1207.140	I	C7I	L7I	D7I	S7I
		Q	C7Q	L7Q	D7Q	S7Q
		I+Q	C7X	L7X	D7X	S7X
	B2b/1207.140	Data	C7D	L7D	D7D	S7D
		Pilot	C7P	L7P	D7P	S7P
		Data+Pilot	C7Z	L7Z	D7Z	S7Z
	B2（B2a+B2b）	Data	C8D	L8D	D8D	S8D
		Pilot	C8P	L8P	D8P	S8P
		Data+Pilot	C8X	L8X	D8X	S8X
	B3/1268.52	I	C6I	L6I	D6I	S6I
		Q	C6Q	L6Q	D6Q	S6Q
		I+Q	C6X	L6X	D6X	S6X
	B3A/1268.52	Data	C6D	L6D	D6D	S6D
		Pilot	C6P	L6P	D6P	S6P
		Data+Pilot	C6Z	L6Z	D6Z	S6Z

附录C　习题答案

第1章

1. std = 0.058m; rms = 0.244m。

2. 一维测量值 x 服从正态分布，可以由表 1.3.1 得到 95.5%置信度（2σ）与 68.3%置信度（1σ）的关系：

$$x(95\%)=x(1\sigma)\times1.96$$
$$x(1\sigma)=10/1.96=5.1(m)$$

3. 332.83h。

4. 360°/24=15°。

5. 没有真正实现三维定位，通过两颗卫星转发，提供了用户至两颗卫星的距离测量值，两个球相交于一个圆。要实现定位，还需要第三个球（数字地球），中心站定位解算时默认用户在数字地球上。若要实现用户的真正三维定位，则需要利用其他手段测量用户高程，再把高程信息发送至中心站，中心站在定位解算时加入高程信息才能得到较准确的三维位置。

6. 基于到达时间的定位方式对用户终端的时钟误差要求高，因为时钟误差(与系统时钟的差)直接影响星地距离的测量值；而基于往返时间的定位方式，用户终端对信号只是转发，钟差不体现在距离测量值中。

第 2 章

1. ECEF 坐标值为(-2196716.512769，5177312.266384，2998480.377583)。

2. 经度、纬度和高程分别为 013°13'16.904290"N；122°11'41.445696"E；2211m。

4. 对应的公历日分别为 2014-02-21 12:00:00、2080-06-06 00:00:00、2053-01-19 12:00:00。

5. 对应的儒略日分别为 2460095.5、2454648、2460310.5。

6. 根据转换原理可以分别计算得到以下结果。

BDT 的转换结果：

周数为 WN_{BDT}= 911；

周内秒数为 SOW_{BDT}= 345604。

GPST 的转换结果：

周数为 WN_{GPST}= 219；

周内秒数为 SOW_{GPST}= 345618。

GLST 的转换结果：

UTC_{SU} 可表示为 2023-06-22 03:00:00；

使用"N_4:N_T:h:m:s"的形式可表示为"27:173:03:00:00"。

GST 的转换结果：

周数为 WN_{GST}= 1243；

周内秒数为 SOW_{GST}= 345618。

7. 对应的 UTC 为 2024-02-23 23:03:02。

第 3 章

1. 1.023MHz；10.23MHz。

2. G_p=T_d/T_c。

1.023MHz 伪码的扩频增益 G_p=10×lg(1.023×106/50)=43.11(dB)；

10.23MHz 伪码的扩频增益 G_p=10×lg(10.23×106/50)=53.11(dB)。

3. m 序列的生成步骤如下：

(1) 使用初相初始化移位寄存器；

(2) 直接将最高位寄存器作为输出；

(3) 根据抽头产生反馈输入；

(4) 寄存器移位；

(5) 根据序列长度重复步骤(2)～步骤(4)。

$B2b_p$ 伪码类型：

伪码周期为 10230；

G1 特征多项式为 0×3803；

G1 初相为 0×1FFF；

G2 特征多项式为 0×2F05；

G2 初相为无。

编写扩频码生成函数(根据 G2 初相区分卫星)，具体实验步骤如下：

(1) 根据 G1 的特征多项式和初相，参考 m 序列生成方式生成 G1 参数对应的 m 序列(注意，8190 码片后复位寄存器)；

(2) 根据 G2 的特征多项式和初相，参考 m 序列生成方式生成 G2 序列；

(3) 将 G1 和 G2 异或或者相乘得到最终的扩频码序列。

4. 三个频点上的自由空间传输损耗分别为 B1：183.0498dB；B2：180.6259dB；B3：181.1678dB。

5. 在频域上，BOC 信号的功率谱与 BPSK 信号的功率谱有较大区别，主瓣不再存在于中心频点处，而是向中心频点两边偏移，偏移量的大小与 BOC 调制的调制系数有关，系数越大、偏移量越大；在时域上，与 BPSK 信号相比，BOC 信号的自相关函数的相关峰更尖锐，即相关精度更高，利用相关峰实现伪码相位同步精度更高，但是 BOC 信号相关值存在多个相关峰的现象，在伪码同步过程中容易同步到其他相关峰上。

6. 利用表 3.4.1 提供的函数，可以计算任意余弦 BOC 信号的功率谱密度函数，它与正弦 BOC 的功率谱密度函数不一样。

第 4 章

1. 推导过程如下：

$$
\begin{aligned}
L_{\mathrm{f}} &= \left| \frac{1}{T_{\mathrm{c}}} \int_{t=kT_{\mathrm{c}}}^{(k+1)T_{\mathrm{c}}} \mathrm{e}^{\mathrm{j}2\pi f_{\varepsilon}t}\, \mathrm{d}t \right|^2 \\
&= \left| \frac{\mathrm{e}^{\mathrm{j}2\pi f_{\varepsilon}(k+1)T_{\mathrm{c}}} - \mathrm{e}^{\mathrm{j}2\pi f_{\varepsilon}kT_{\mathrm{c}}}}{\mathrm{j}2\pi f_{\varepsilon}T_{\mathrm{c}}} \right|^2 \\
&= \left| \frac{\mathrm{e}^{\mathrm{j}2\pi f_{\varepsilon}kT_{\mathrm{c}}} \cdot \mathrm{e}^{\mathrm{j}\pi f_{\varepsilon}T_{\mathrm{c}}} \cdot \left(\mathrm{e}^{\mathrm{j}\pi f_{\varepsilon}T_{\mathrm{c}}} - \mathrm{e}^{-\mathrm{j}\pi f_{\varepsilon}T_{\mathrm{c}}} \right)}{\mathrm{j}2\pi f_{\varepsilon}T_{\mathrm{c}}} \right|^2 \\
&= \left| \frac{\mathrm{j}2\sin \pi f_{\varepsilon}T_{\mathrm{c}}}{\mathrm{j}2\pi f_{\varepsilon}T_{\mathrm{c}}} \right|^2 \\
&= \operatorname{sinc}^2\left(\pi f_{\varepsilon}T_{\mathrm{c}} \right)
\end{aligned}
$$

2. 由 BDS 卫星轨道高度可知，对于地面静止的接收机，卫星运动速度在与用户接收机连线方向上投影的最大值接近 1000m/s。根据 BDS B1I 信号的载波频率 $f_0 = 1561.098\mathrm{MHz}$，可以得到对应的最大多普勒频率为

$$
f_{\mathrm{dmax}} = \frac{v_{\max}}{c} f_0 = \frac{1000}{299792458} \times 1561.098 \times 10^6 \approx 5.2\mathrm{kHz}
$$

已知 BDS B1I 信号扩频码周期为 2046 码片，因此可以得到二维搜索总的方格数为

$$
N_{\mathrm{c}} = \left\lceil \frac{2f_{\mathrm{dmax}}}{f_{\Delta}} \right\rceil \times \left\lceil \frac{\tau_{\max}}{\tau_{\Delta}} \right\rceil = \left\lceil \frac{2 \times 5200}{500} \right\rceil \times 2046 \times 2 = 85932
$$

3. 易知，码相位和多普勒频率偏差最小的搜索方格对应的最大误差分别为 250Hz 和 1/4 码片。根据包络检波输入信噪比的表达式可得

$$
\begin{aligned}
R_{\mathrm{sn}} &= R_{\mathrm{cn}} T_{\mathrm{c}} R^2\left(\tau_{\varepsilon} \right) \operatorname{sinc}^2\left(\pi f_{\varepsilon}T_{\mathrm{c}} \right) \\
&= 10^4 \times 10^{-3} \times \left(\frac{3}{4} \right)^2 \times \operatorname{sinc}^2\left(\pi/4 \right) \\
&\approx 4.56
\end{aligned}
$$

4. 频域并行搜索中需要对频域包络取最大，这导致难以得到信噪比损耗的准确表

达式。这里假定信噪比较高，频域包络最大值对应正确的频域搜索方格。

假设 FFT 点数为 N_f，分段相干积分长度为 T'_c，则相关值信噪比损耗为

$$L_f = \mathrm{sinc}^2\left(\frac{\pi T_c}{N_f T'_c}\right)$$

5. 当信号相关的时长为 1ms 时，时域并行搜索需要使用 2ms 的基带数据与 2ms 的本地伪码(1ms 伪码的采样序列以及 1ms 全 0)进行循环相关处理。假设 2ms 数据的点数为 $N = 2^L$，那么单个频域方格时域并行搜索的计算量如下：

处理步骤	复加法次数	复乘法次数
2ms 基带数据进行 N 点 FFT	$L2^L$	$L2^{L-1}$
2ms 本地伪码进行 N 点 FFT	$L2^L$	$L2^{L-1}$
2ms 数据进行 N 点的复乘法	2^L	0
复乘法后的数据进行 N 点 IFFT	$L2^L$	$L2^{L-1}$

因此，单个频域方格时域并行搜索的计算量为 $(3L+1)2^L$ 次复加法和 $3L2^{L-1}$ 次复乘法。

6. 将 A=2，B=1，P_d=0.9，P_{fa}=0.1 代入 Tong 检测器检测概率和虚警概率的表达式：

$$P_D = \frac{\left(\dfrac{1-P_d}{P_d}\right)^B - 1}{\left(\dfrac{1-P_d}{P_d}\right)^{A+B+1} - 1} = \frac{\dfrac{1-0.9}{0.9} - 1}{\left(\dfrac{1-0.9}{0.9}\right)^4 - 1} \approx 0.89$$

$$P_{FA} = \frac{\left(\dfrac{1-P_{fa}}{P_{fa}}\right)^B - 1}{\left(\dfrac{1-P_{fa}}{P_{fa}}\right)^{A+B+1} - 1} = \frac{\dfrac{1-0.1}{0.1} - 1}{\left(\dfrac{1-0.1}{0.1}\right)^4 - 1} \approx 0.001$$

由上述结果可知，通过使用 Tong 检测器，在检测概率基本不变的条件下，大幅降低了捕获模块的虚警概率。

第 5 章

1. 根据数控振荡器输出频率分辨率的表达式可知：

$$f_o = \frac{1}{2^{32}} \times 100\mathrm{MHz} \approx 0.02\mathrm{Hz}$$

2. 模拟锁相环系统传递函数的表达式为

$$\begin{aligned}
H(s) &= \frac{KF(s)}{s + KF(s)} \\
&= \frac{K\left(\dfrac{\omega_n^2}{s} + a_2\omega_n\right)}{s + K\left(\dfrac{\omega_n^2}{s} + a_2\omega_n\right)} \\
&= \frac{Ka_2\omega_n s + K\omega_n^2}{s^2 + Ka_2\omega_n s + K\omega_n^2}
\end{aligned}$$

3. 可得到环路滤波各状态量迭代更新的表达式为

$$a[k+1] = a[k] + \omega_n^3 T_c \varepsilon$$

$$v[k+1] = v[k] + \left(a_3 \omega_n^2 \varepsilon + a[k+1]\right) T_c$$

$$m[k+1] = m_0[k] + \left(b_3 \omega_n \varepsilon + v[k+1]\right) / f_s$$

4. 根据 PLL 热噪声引起的载波跟踪误差(周为单位)的公式：

$$\sigma_p = \frac{1}{2\pi} \sqrt{\frac{B_n}{R_{cn}} \left(1 + \frac{1}{2T_c R_{cn}}\right)}$$

将 $B_n = 10\text{Hz}$，$T_c = 1\text{ms}$，$R_{cn}=10000$ 代入上式，可以得到载波跟踪精度为 0.005 周。由于 B1I 信号中心频点为 1561.098MHz，其波长为 0.19m，因此载波跟踪精度为 0.95mm。

5. 已知 BDS B1I 的载波中心频点为 1561.098MHz，伪码码率为 2.046Mchip/s，多普勒频率辅助的比例系数即为载波中心频点与伪码码率之间的比值，即 1/763。

6. 当前端带宽为 5MHz 时，码率与射频前端带宽的比值 $\alpha = f_c / \beta \approx 0.26$。

当 Δ 为 1 码片时，有 $\Delta \geqslant \pi\alpha$，则

$$\sigma_D = \frac{c}{f_c} \sqrt{\frac{B_n \Delta}{2R_{cn}} \left[1 + \frac{1}{(1-\Delta/2)R_{cn}T_c}\right]} \approx 0.33\text{m}$$

当 Δ 为 1/2 码片时，有 $\alpha \leqslant \Delta \leqslant \pi\alpha$，则

$$\sigma_D = \frac{c}{f_c} \sqrt{\frac{B_n}{2R_{cn}} \left[\alpha + \frac{(\Delta-\alpha)^2}{\alpha(\pi-1)}\right] \left[1 + \frac{1}{(1-\Delta/2)R_{cn}T_c}\right]} \approx 0.20\text{m}$$

当 Δ 为 1/8 码片时，有 $\Delta \leqslant \alpha$，则

$$\sigma_D = \frac{c}{f_c} \sqrt{\frac{\alpha B_n}{2R_{cn}} \left(1 + \frac{1}{R_{cn}T_c}\right)} \approx 0.17\text{m}$$

第 6 章

1. 多普勒频移(Doppler shift)是指当移动台以恒定的速率沿某一方向移动时，由于传播路程差会造成相位和频率的变化，通常将这种变化称为多普勒频移。它揭示了波的属性在运动中发生变化的规律。当运动在波源前面时，波被压缩，波长变得较短，频率变得较高；当运动在波源后面时，会产生相反的效应，波长变得较长，频率变得较低。

2. 首先假设卫星钟和接收机钟均无误差，都能与标准的 GNSS 时间保持严格同步，在某一时刻 t，卫星在卫星钟的控制下发出某一结构的测距码，与此同时，接收机则在接收机钟的控制下产生或者说复制出相同的测距码(复制码)，由卫星所产生的测距码经过一段时间的传播后到达接收机并被接收机接收，由接收机所产生的复制码则经过一个时间延迟器延迟时间后与接收到的卫星信号进行对比，以保证两个信号对齐，此时信号传播时间就等于延迟时间，那么伪距测量值就是该时间与光速的乘积。由于卫星钟和接收机钟不可避免地会存在误差，且信号传播过程中还会存在电离层、对流层等误差，因此时间与光速的乘积并不等于卫星至接收机的真实距离，故称为伪距。

3. 轨道六根数及物理含义如下。

(1)升交点赤经 Ω：升交点是卫星由南向北运行与赤道面的一个交点，升交点赤经是赤道面上的春分点与升交点的夹角。

(2)轨道倾角 i：卫星运行的轨道面与地球赤道面的夹角。

（3）近地点角距 ω_s：卫星轨道是一个以地球为焦点的椭圆，地球位于这个椭圆的一个焦点上，卫星在轨道中离地心最近的一点称为近地点，离地心最远的点称为远地点。近地点角距则表示轨道升交点与近地点之间的地心夹角。

（4）轨道长半轴 a：椭圆轨道的长半轴。

（5）偏心率 e：椭圆轨道的偏心率。

（6）真近点角 v：此刻卫星在轨道上的位置与近地点之间的地心夹角。

4. 按照公式，计算得

$$\text{GDOP} = \sqrt{0.6277 + 0.6460 + 3.7644 + 1.6146} \approx 2.5793$$
$$\text{PDOP} = \sqrt{0.6277 + 0.6460 + 3.7644} \approx 2.2446$$
$$\text{HDOP} = \sqrt{0.6277 + 0.6460} \approx 1.1286$$
$$\text{VDOP} = \sqrt{3.7644} \approx 1.9402$$

导航电文中的钟差参数包括 t_{oc}、a_0、a_1 和 a_2，分别为钟差参数参考时刻、卫星钟偏差系数、卫星钟漂移系数、卫星钟漂移率系数。以北斗 B2b 电文中钟差参数为例，各参数具体定义及特性说明如表 6.1.3 所示。

理论上，用户接收机可通过下式计算出信号发射时刻的北斗时（BDT）时间：

$$t = t_{sv} - \Delta t_{sv}$$

其中，t 为信号发射时刻的 BDT 时间（s）；t_{sv} 为信号发射时刻的卫星测距码相位时间，即接收机时间减去信号的传播时间（s）；Δt_{sv} 为卫星测距码相位时间偏移（s），由下式给出：

$$\Delta t_{sv} = a_0 + a_1(t - t_{oc}) + a_2(t - t_{oc})^2 + \Delta t_r$$

其中，t 可用 t_{sv} 近似替代；Δt_r 为相对论改正项（s），其值可由广播星历参数计算得到：

$$\Delta t_r = -2\mu^{1/2}/c^2 \cdot e \cdot \sqrt{A} \cdot \sin E_k$$

式中，e 为卫星轨道偏心率，其余各参数由本卫星的星历参数得到，具体如下：

$\sqrt{A}$ 为卫星轨道长半轴的开方，由本卫星的星历参数计算得到；

E_k 为卫星轨道偏近点角，由本卫星的星历参数计算得到；

μ 为地心引力常数，其值为 $3.986004418 \times 10^{14}\,\text{m}^3/\text{s}^2$；

c 为光速，其值为 $2.99792458 \times 10^8\,\text{m/s}$。

5. 伪距和载波的观测方程为

$$\begin{cases} P_{r,j}^s(i) = \rho_r^s(i) + c \cdot dt_r(i) - c \cdot dt^s(i) + \xi_j \\ \lambda_j \phi_{r,j}^s(i) = \rho_r^s(i) + c \cdot dt_r(i) - c \cdot dt^s(i) - \lambda_j \cdot \left(N_{r,j}^s\right) + \varepsilon_j \end{cases}$$

其中，$\rho_r^s(i) = \sqrt{\left[x_r(i) - x^s(i)\right]^2 + \left[y_r(i) - y^s(i)\right]^2 + \left[z_r(i) - z^s(i)\right]^2}$，表示卫星与地面接收机之间的几何距离，通常称为卫地距。其余各符号的含义如下。

r, s, j：接收机、卫星和观测值频率序号，无量纲；

i：观测时刻（也称为历元），无量纲；

λ_j：第 j 个频率的波长，以 m 为单位；

$P_{r,j}^s(i)$：第 i 个历元第 s 颗卫星第 j 个频率的伪距观测值，以 m 为单位；

$\phi_{r,j}^s(i)$：第 i 个历元第 s 颗卫星第 j 个频率的相位观测值，以周为单位；

$\rho_r^s(i)$：接收机与卫星间的几何距离，以 m 为单位；

$dt_r(i)$：接收机钟差，以 s 为单位；

$dt^s(i)$：卫星钟差，以 s 为单位；

$N_{r,j}^s$：整周模糊度参数，以周为单位；

ξ_j, ε_j：伪距和相位噪声及其他未模型化的误差；

(x_r, y_r, z_r)：接收机的三维位置，以 m 为单位；

(x^s, y^s, z^s)：卫星的三维位置，以 m 为单位；

c：电磁波在真空中的光速，$c = 299792458$ m/s 。

6. PVT 解算的主要流程为：第一步，由接收机解析接收的多颗卫星信号，得到每颗卫星对应的观测值和广播星历数据(卫星的位置、钟差信息)；第二步，根据接收机观测历元时间标记、观测值信息以及广播星历中钟差参数推算每颗卫星发射信号的系统时刻；第三步，利用卫星信号播发时刻与广播星历计算卫星在发射时刻的位置；第四步，计算信号传播过程中的空间误差，并组建观测方程；第五步，对观测方程组线性化；第六步，利用最小二乘法解算得到当前历元接收机位置、速度和钟差信息，并对多个时刻递推处理实现多历元解算。

7. 定位误差标准差与测量误差、精度因子的关系为：$\sigma_H = \mathrm{HDOP} \cdot \sigma_{URE}$。因此该用户定位误差为 0.012×2.8=0.0336m。

8. 目前 PVT 解算精度在米级，测速精度取决于定位精度，授时精度在几十纳秒量级。

信号类型	定位精度指标		授时精度指标
全球 B1I、B3I	水平方向	≤10m	≤20ns
	垂直方向	≤10m	
亚太大部分地区 B1I、B3I	水平方向	≤5m	≤10ns
	垂直方向	≤5m	
全球 B1C、B2a	水平方向	≤10m	≤20ns
	垂直方向	≤5m	

9. 略

第 7 章

1. 精密单点定位是指单台接收机利用载波相位观测值以及由国际 GNSS 服务(IGS)组织提供的高精度卫星星历和卫星钟差来进行高精度定位的方法。

2. 卫星导航定位中主要的误差源有：一是与卫星有关的误差，包括卫星轨道误差、卫星钟差、相对论效应、卫星天线相位中心偏差及其变化；二是与传播路径有关的误差，包括电离层延迟、对流层延迟、多路径误差等；三是与接收机有关的误差，主要包括接收机天线相位中心偏差及其变化、接收机钟差以及接收机内部噪声等。

3. 定位精度提升主要经历四个阶段。第一阶段，绝对定位主要以伪距单点定位为主，未能有效合理地使用载波相位观测值。相对定位则包括伪距差分定位和载波静态定位，其试图利用差分方式消除伪距误差、载波观测值相关的误差及周跳，提升定位精度。第二阶段则主要针对相对定位技术，将伪距差分定位延伸扩展至广域差分定位，载波静态定位则进一步推向常规 RTK 技术。第三阶段，测站数量显著增加且计算机技术迅速发展，误差项认知愈加清晰，绝对定位技术也开始利用载波相位观测值进行定位，推动了精密单点定位技术的发展，与此同时，相对定位技术结合网络传输，进一步发展至网络 RTK 技术。到了第四阶段，则针对精密单点定位技术和网络 RTK 技术各自的优势和不足，将两者有效结合，提出并发展了 PPP-RTK 技术。

4. 目前，网络 RTK 主要有四类技术，分别是虚拟参考站技术、主辅站技术、区域改正参数法以及综合误差内插法。其主要原理及工作特点如下：①虚拟参考站技术，通过基准站生成一个虚拟的参考站，给用户做 RTK 定位；②主辅站技术，通过确定一个主站、若干个辅站，综合主站的误差和辅站能够提供的误差信息进行精密定位；③区域改正参数法，通过参考站生成的改正参数格网式划分，给用户提供精度提升的改正信息；④综合误差内插法，通过将基准网内的误差进行综合建模，内插出用户的误差提供给用户做精密定位。

5. RTK 是实时动态定位技术，将基准站采集的载波相位观测值和基准站坐标等信息经由通信链路实时播发给附近的移动站(或流动站)接收机，流动站对接收到的基准站观测数据以及自身采集的观测数据进行双差相对定位处理，进而实现厘米级的位置解算。可见，实现 RTK 技术需要一个坐标精确已知的基准站，用户作为流动站，利用基准站的相关信息进行实时快速的精密定位。在 RTK 实现及实时数据处理中，还包含 RTD 技术，该技术的原理与 RTK 技术的原理一致，区别在于采用的是伪距观测值。后续将 RTK 技术和 RTD 技术一起进行说明。RTD/RTK 实现可分为基准站实时数据编码与播发和流动站实时 RTK 解算两部分，包括基准站实时数据播发、流动站实时数据接收、实时 RTK 解算。

6. 详见本书图 7.2.1。

7. 电离层延迟和对流层延迟具体如下。

电离层延迟：由于地球周围的电离层对电磁波的折射效应，GPS 信号的传播速度发生变化，这种变化称为电离层延迟。电磁波所受电离层折射的影响与电磁波的频率以及电磁波传播途径上电子总含量有关。一般影响在 2~30m。

对流层延迟：卫星导航定位中的对流层延迟通常是泛指电磁波信号在通过高度为 50km 以下的未被电离的中性大气层时所产生的信号延迟。由于 80% 的延迟发生在对流层，所以我们将发生在该中性大气层中的信号延迟通称为对流层延迟。对流层是大气层较低的部分，对于直到高达 15GHz 的频率来说它是非色散的。在这种介质中，与 L1 和 L2 上 GPS 载波与信号信息(PRN 码和导航数据)相关联的相速和群速，相当于自由空间传播被同等地延迟了。这种延迟随对流层折射率而变化，其折射率取决于当地的温度、压力和相对湿度。如果不补偿，这种延迟的等效距离可从卫星在天顶和用户在海平面上的 2.4m 左右到卫星在约 5° 仰角上的 25m 左右。

8. RTK 数据链播发的是基准站载波相位观测量和坐标。

9. 主要是双差消除了星历中的轨道误差。

10. 结合精密单点定位技术(PPP)单站作业实现高精度定位但是收敛慢，网络 RTK 收敛快但服务范围有限的特点，发展出了 PPP-RTK 技术。PPP-RTK 技术结合了 PPP 与网络 RTK 技术，服务端通过提供导航增强信息(非差改正数)，用户端无须参考站观测数据即可实现精密单点定位。PPP-RTK 技术可为用户提供几乎与网络 RTK 数据处理模式精度相当的定位结果。PPP-RTK 技术和网络 RTK 技术的主要区别在于，网络 RTK 技术需要使用基准站，通过双差模式进行定位，而 PPP-RTK 技术则无须通过基准站进行差分。

第 8 章

1. 推导式(8.1.4)中信号传播距离与卫星相对于接收机的仰角之间的关系。

在地心 O、接收机 R、卫星 S 构成的三角形中应用正弦定理，得

$$\frac{R_{\text{e}}}{\sin\alpha} = \frac{H_{\text{s}} + R_{\text{e}}}{\sin\left(\theta + \dfrac{\pi}{2}\right)} = \frac{d}{\sin\left(\dfrac{\pi}{2} - \theta - \alpha\right)}$$

即

$$d = \frac{R_{\text{e}}\cos\left(\alpha + \theta\right)}{\sin\alpha}$$

其中

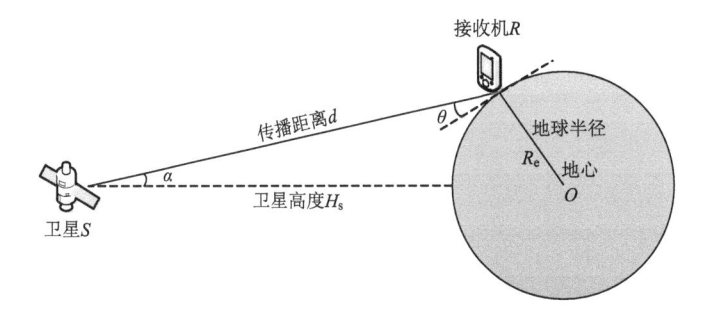

$$\alpha = \arcsin\left(\frac{R_{\text{e}}\cos\theta}{H_{\text{s}} + R_{\text{e}}}\right)$$

2. 将卫星高度 H_{s} 等于 21528km，地球半径 R_{e} 等于 6371km，仰角 θ 分别等于 10° 和 90° 代入式(8.1.4)可以得到空间传播距离约为 2607.8km 和 2152.8km。由式(8.1.3)可知，传播损耗与距离的平方成正比，因此卫星仰角为 10° 时的传播损耗比 90° 时高 1.67dB。

3. 先放大后滤波中两级串联系统的等效噪声温度为

$$T_{\text{t}}^{\text{ab}} = T_{\text{a}} + \frac{T_{\text{b}}}{G_{\text{a}}}$$

射频前端处理引入的载噪比损耗为

$$L = \frac{L_{\text{c}}\left(T_{\text{n}} + T_{\text{t}}\right)}{T_{\text{n}}}$$

将上述参数代入可得到载噪比损耗为 3.5dB。

4. 北斗 B3I 信号中心频点为 1268.52MHz，当本振频率为 1200MHz 时，下变频至中频后的信号频率范围为 (68.52 ± 10.23) MHz。

根据奈奎斯特采样定理，采样率不低于最高频率的 2 倍，因此低通采样的采样率应不低于 157.5MHz。由式(8.2.8)可知，带通采样的采样率 f_{s} 需满足

$$\frac{2f_{\text{IF}} + B_{\text{r}}}{m} \leqslant f_{\text{s}} \leqslant \frac{2f_{\text{IF}} - B_{\text{r}}}{m-1}$$

其中，$m = 1 \sim 3$。因此其可选的范围为 $[52.5\text{MHz}, 58.29\text{MHz}]$、$[78.75\text{MHz}, 116.58\text{MHz}]$ 和 $[157.5\text{MHz}, +\infty)$。

5. FFT 输入数据为相关值的复平方，因此其实部和虚部的表达式分别为

$$v_i[k] = w_i^2[k] - w_q^2[k]$$
$$v_q[k] = 2w_i[k]w_q[k]$$

6. 北斗 B1I 信号的中心频点为 1561.098MHz，当本振频率为 1561MHz 时，其残留频率为 0.098MHz。因此，在 20ms 更新周期内残留频率所引入的载波相位变化量为 $0.098\text{MHz} \times 20\text{ms} = 1960$ 周。